SÄCHSISCHE AKADEMIE DER WISSENSCHAFTEN
ZU LEIPZIG

JAHRBUCH
1979—1980

Mit 10 Tafeln und 7 Abbildungen im Text

AKADEMIE-VERLAG · BERLIN
1982

Nach dem Stand vom 31. Dezember 1980
Manuskript eingeliefert am 20. Juli 1981
Druckfertig erklärt am 25. November 1982

Im Auftrage der Akademie
bearbeitet und herausgegeben
von Gerald Wiemers

Erschienen im Akademie-Verlag, DDR-1080 Berlin, Leipziger Straße 3–4

Lizenznummer: 202 · 100/212/82
Gesamtherstellung: VEB Druckhaus „Maxim Gorki", 7400 Altenburg
Bestellnummer: 754 080 5 (1011/79-80) · LSV 0725
Printed in GDR
DDR 38,– M

INHALT

PRÄSIDIUM

Präsident
Schwabe, Kurt, em. Prof. Dr.-Ing., Dr. rer. nat. h. c. mult.

Vizepräsident
Lehmann, Edgar, em. Prof. Dr. phil., Dr.-Ing. e. h.

Sekretar der mathematisch-naturwissenschaftlichen Klasse
Neef, Ernst, em. Prof. Dr. phil.

Stellvertr. Sekretär der mathematisch-naturwissenschaftlichen Klasse
Drischel, Hans, Prof. Dr. med. † 14. Mai 1980

Sekretär der philologisch-historischen Klasse
Große, Rudolf, Prof. Dr. phil.

Stellvertr. Sekretar der philologisch-historischen Klasse
Brüning, Eberhard, Prof. Dr. phil.

Růžička, Rudolf, Prof. Dr. phil.

PRÄSIDIUM

nach der Wahl vom 10. Oktober 1980, bestätigt und eingeführt am 21. November 1981

Präsident
Bahner, Werner, Prof. Dr. phil.

Vizepräsident
Lehmann, Edgar, em. Prof. Dr. phil., Dr.-Ing. e. h.

Sekretar der mathematisch-naturwissenschaftlichen Klasse
Beckert, Herbert, Prof. Dr. phil.

Stellvertr. Sekretar der mathematisch-naturwissenschaftlichen Klasse
Oelßner, Wilhelm, Prof. Dr. med.

Sekretar der philologisch-historischen Klasse
Brüning, Eberhard, Prof. Dr. phil.

Stellvertr. Sekretar der philologisch-historischen Klasse
Lieberwirth, Rolf, Prof. Dr. jur.

Czok, Karl, Prof. Dr. phil.

SATZUNG DER AKADEMIE

siehe Jahrbuch *1969–1970* (Berlin 1972) S. 9–13

ARCHIV

7010 Leipzig, Goethestraße 3–5, Tel. 29 28 86
Leiter des Archivs: Diplom-Archivar/Diplom-Historiker Gerald Wiemers
Wiss. Archivarin: Dipl. phil. Elisabeth Lea
Sekretärin: Marianne Zabelt

VERZEICHNIS DER MIT DER AKADEMIE IM SCHRIFTENTAUSCH STEHENDEN KÖRPERSCHAFTEN

siehe Jahrbuch *1977–1978* (Berlin 1980) S. 330–366.

BIBLIOTHEK

Bibliothekar im Nebenamt: Dr. Dietmar Debes, Kustos an der Karl-Marx-Universität Leipzig, Universitätsbibliothek, 7010 Leipzig, Beethovenstraße 6, Tel. 3 43 91
Bibliothekarin im Nebenamt: Jutta Sporleder
Magazinverwalter: Paul Tottermusch

SEKRETARIAT

7010 Leipzig, Goethestraße 3–5, Tel. 28 10 81
Wiss. Sekretär: Dipl. paed. Manfred Kobialka
Leiterin für Haushaltwirtschaft: Renate Bauer
Wiss.-techn. Mitarbeiterin: Marion Wernick
Angestellte: Gertrud Klein

VERLAG DER AKADEMIE

Akademie-Verlag, 1080 Berlin, Leipziger Straße 3–4, Tel. 2 23 60

VERTRAGSHEIM DER AKADEMIE

Kurhaus 6113 Masserberg, Tel. Masserberg/Thür. 221

MITGLIEDER

(Die eingeklammerten Zahlen bedeuten das Datum der Zuwahl)

Ordentliche Mitglieder der mathematisch-naturwissenschaftlichen Klasse

Beckert, Herbert, Dr. phil., o. Professor für Mathematik (Analysis) an der Karl-Marx-Universität Leipzig, Nationalpreisträger, Verdienter Hochschullehrer der DDR, Inhaber der Ehrennadel der Karl-Marx-Universität, Mitglied der Deutschen Akademie der Naturforscher Leopoldina in Halle, der Mathematischen Gesellschaft der DDR in Berlin und der Österreichischen Mathematischen Gesellschaft in Wien, geb. 12. X. 1920 in Colmnitz, Kreis Freital, 7113 Markkleeberg, Raschwitzerstraße 12, Tel. Leipzig 31205 (17. X. 1975).

Berg, Hermann, Dr. rer. nat., Prof. für physikalische Chemie an der Akademie der Wissenschaften der DDR, Zentralinstitut für Mikrobiologie und experimentelle Therapie in Jena, Leiter der Abt. Biophysikochemie und der URANIA Gruppe der Akademieinstitute in Jena, Inhaber der Heyrovský-Medaille des Heyrovský-Instituts für Polarographie der Tschechoslowakischen Akademie der Wissenschaften in Prag, Mitglied der Gesellschaft für mathematische und physikalische Biologie der DDR, der International Society of Electrochemistry (ISE), der Bioelectrochemical Society und der American Society for Photobiology, geb. 16. VII. 1924 in Greifswald, 6900 Jena, Greifbergstraße 15, Tel. 24817 (28. VI. 1971).

Bethge, Heinz, Dr. rer. nat., Dr. rer. nat. h. c. (Karl-Marx-Stadt), Honorarprofessor für Physik an der Martin-Luther-Universität Halle—Wittenberg, Direktor des Instituts für Festkörperphysik und Elektronenmikroskopie der Akademie der Wissenschaften der DDR in Halle, Nationalpreisträger, Inhaber des Vaterländischen Verdienstordens, der Verdienstmedaille der DDR und der Carus-Medaille der Deutschen Akademie der Naturforscher Leopoldina in Halle, o. Mitglied der Akademie der Wissenschaften der DDR, korresp. Mitglied der Bayerischen Akademie der Wissenschaften in München und der Österreichischen Akademie der Wissenschaften in Wien, auswärtiges Mitglied der Bulgarischen Akademie der Wissenschaften in Sofia und der Holländischen Akademie der Wissenschaften in Haarlem, Mitlied und Präsident der Deutschen Akademie der Naturforscher Leopoldina in Halle, Mitglied der Physikalischen Gesellschaft der DDR, Ehrenmitglied der Roland Eötvös Physikalischen Gesellschaft in Ungarn, geb. 15. X. 1919 in Magdeburg, 4020 Halle (Saale), Ginsterweg 15, Tel. 24659 (17. X. 1975).

Buchheim, Wolfgang, Dr. phil., em. o. Professor für theoretische Physik an der Bergakademie Freiberg, Inhaber der Ehrennadel der Bergakademie Freiberg, Mitglied der Poggendorff-Kommission und der Kommission für spezielle Umweltprobleme der Akademie, Mitglied der Deutschen Akademie der Naturforscher Leopoldina in Halle, berufener ständiger Gast der Klasse „Umweltschutz und Umweltgestaltung" der Akademie der Wissenschaften der DDR, Mitglied der Permanenten Kommission für die Festerdegezeiten der Internationalen Association für Geodäsie in Strasbourg, geb. 18. X.

1909 in Leipzig, 9200 Freiberg (Sachsen), Richard-Wagner-Straße 25, Tel. 48383 (7. XII. 1959).

Busch, Karl-Franz, Dr.-Ing., Dr.-Ing. E. h. (Freiberg), Diplom-Gewerbelehrer, o. Professor für Wasserversorgung und Abwasserbehandlung an der TU Dresden, Direktor der Sektion Wasserwesen der TU Dresden und Leiter des Wissenschaftsbereiches Wasserversorgung und Abwasserbehandlung, Träger des Vaterländischen Verdienstordens in Bronze, der Hubert-Engels-Plakette und der Lohrmann-Plakette der TU Dresden, der Goldenen und Silbernen Ehrennadel der Kammer der Technik, Inhaber der Medaille „30. Jahrestag der Gründung der DDR“, Held der sozialistischen Arbeit, Verdienter Techniker des Volkes, Verdienter Hochschullehrer der DDR, Mitglied der Deutschen Agrarwissenschaftlichen Gesellschaft, o. Mitglied des Forschungsrates der DDR, geb. 22. III. 1917 in Oberhausen, 8053 Dresden, Waldparkstraße 2, Tel. 31743 (25. III. 1977)

Dörter, Klaus, Dr. agr. (Wissenschaftsgebiet Grünland und Meliorationswesen sowie Landeskultur), o. Professor für landwirtschaftliche Meliorationen an der Martin-Luther-Universität Halle—Wittenberg, Inhaber der Verdienstmedaille der DDR, der Erinnerungsmedaille zum 20. Jahrestag der Demokratischen Bodenreform, der Ehrennadel in Gold der Agrarwissenschaftlichen Gesellschaft und der Erinnerungsmedaille der Landwirtschaftlichen Hochschulen Póznan und Nitra, Mitglied und Leiter der Kommission für spezielle Umweltprobleme der Akademie, Mitglied der Agrarwissenschaftlichen Gesellschaft der DDR, der Bodenkundlichen Gesellschaft der DDR, der Internationalen Bodenkundlichen Gesellschaft in Amsterdam/Holland und der Sektion Landeskultur und Naturschutz der Akademie der Landwirtschaftswissenschaften der DDR, berufener ständiger Gast der Klasse „Umweltschutz und Umweltgestaltung“ der Akademie der Wissenschaften der DDR, geb. 10. I. 1922 in Breslau, 4020 Halle/S., Elsa-Brändström-Straße 190, Tel. 45211 (18. VI. 1974).

Dürwald, Wolfgang, Dr. med., o. Professor für Gerichtliche Medizin an der Karl-Marx-Universität Leipzig, Direktor des Instituts für Gerichtliche Medizin und Kriminalistik am Bereich Medizin der Karl-Marx-Universität, Held der sozialistischen Arbeit, Verdienter Arzt des Volkes, Obermedizinalrat, Friedrich-Engels-Preisträger, Inhaber der Hufeland-Medaille in Gold, der Kopernikus-Medaille der Universität Kraków und der Richard-Kockel-Medaille der Gesellschaft für Gerichtliche Medizin der DDR, Mitglied der Internationalen Akademie für Gerichtliche und Soziale Medizin, seit 1976 Vizepräsident dieser Akademie, Mitglied der Royal Society of Medicine in London, der Gesellschaft für Gerichtliche Medizin der DDR, der Gesellschaft für Militärmedizin der DDR, der Gesellschaft für Hämatologie und Bluttransfusion der DDR, der Gesellschaft für Humangenetik der DDR und der Gesellschaft für Experimentelle Medizin der DDR, Ehrenmitglied der Allunions-Gesellschaft für Gerichtliche Medizin der UdSSR, der Gesellschaft für gerichtliche Medizin und Kriminologie der VR Polen und der Sociedad de Medicina Legal in Chile, geb. 13. I. 1924 in Hagen (Westfalen), 7027 Leipzig, Naunhofer Straße 18, Tel. 8611636 (20. X. 1978).

Emons, Hans-Heinz, Dr. rer. nat., Dr. rer. nat. h. c. (Leningrad), o. Professor für anorganische und anorganisch-technische Chemie an der Bergakademie Freiberg, Nationalpreisträger, Träger des Vaterländischen Verdienstordens in Silber, der Verdienstmedaille der DDR, der Humboldt-Medaille, der Emil-Voitacek-Medaille der TH Prag und der Arthur-Becker-Medaille der Freien Deutschen Jugend in Gold, Inhaber des Carl-

Schorlemmer-Preises der TH Leuna—Merseburg, o. Mitglied der Akademie der Wissenschaften der DDR, Mitglied des Forschungsrates der DDR in Berlin, der Chemischen Gesellschaft der DDR in Berlin, Vereinigung für Kristallographie, der Electrochemical Society in New York und des IUPAC-Nationalkomitees, geb. 1. VI. 1930 in Herford (Westf.), 9200 Freiberg, Richard-Wagner-Straße 23, Tel. 48911 (12. X. 1979).

Eßbach, Hasso, Dr. med., Dr. med. h. c. (Magdeburg), em. o. Professor für pathologische Anatomie an der Medizinischen Akademie Magdeburg und an der Deutschen Akademie für Ärztliche Fortbildung Berlin, Gründungsrektor der Medizinischen Akademie Magdeburg, Träger des Vaterländischen Verdienstordens, Inhaber des Rudolf-Virchow-Preises des Ministeriums für Gesundheitswesen, der Humboldt-Medaille des Ministeriums für Hoch- und Fachschulwesen der DDR und der Otto-v.-Guericke-Plakette der Stadt Magdeburg, Mitglied der Deutschen Gesellschaft für Pathologie in Münster, der Gesellschaft für Experimentelle Medizin der DDR in Berlin, der Gesellschaft für Pathologie der DDR in Berlin, der Gesellschaft für Neuropathologie der DDR in Leipzig und der Deutschen Gesellschaft für Elektronenmikroskopie in Düsseldorf, Ehrenmitglied der Gesellschaft für Perinatale Medizin der DDR in Halle, geb. 9. III. 1909 in Chemnitz, 3271 Möser über Burg bei Magdeburg, Kastanienallee 5, Tel. 274 (24. V. 1965).

Freimuth, Ulrich, Dr. rer. nat., em. Professor mit Lehrstuhl für Lebensmittelchemie an der TU Dresden, Inhaber der Verdienstmedaille der DDR, der Kekulé-Medaille der Chemischen Gesellschaft und der Pettenkofer-Medaille der Gesellschaft für Allgemeine und kommunale Hygiene in der DDR, Mitglied der Kommission für spezielle Umweltprobleme der Akademie, Mitglied der Chemischen Gesellschaft der DDR, des Fachverbandes Lebensmittelchemie dieser Gesellschaft und der Gesellschaft für Ernährung, Ehrenmitglied des Ungarischen Wissenschaftlichen Vereins für Lebensmittelindustrie, geb. 16. X. 1914 in Wismar, 8020 Dresden, Bernerstraße 1, Tel. 40644 (28. VI. 1971).

Gersch, Manfred, Dr. phil., em. o. Professor für Zoologie an der Friedrich-Schiller-Universität Jena, Nationalpreisträger, Inhaber des Heinrich-Greif-Preises der DDR, Mitglied der Kommission für spezielle Umweltprobleme der Akademie, o. Mitglied der Akademie der Wissenschaften der DDR, Mitglied der Deutschen Akademie der Naturforscher Leopoldina in Halle und der International Brain Research Organisation (IBRO) der UNESCO, Gründungsmitglied der European Society for Comparative Endocrinology in Bristol/Großbritannien, Ehrenmitglied der Entomologischen Gesellschaft der UdSSR, der Deutschen Zoologischen Gesellschaft, der Biologischen Gesellschaft in der DDR und der Gesellschaft für Neurowissenschaften der DDR, geb. 12. VIII. 1909 in Dresden, 6900 Jena, Beethovenstraße 8, Tel. 23518 (11. XII. 1961). † 4. XII. 1981 Jena.

Görlich, Paul, Dr.-Ing., Dr. rer. nat. h. c. (Leipzig), Dr.-Ing. E. h. (Dresden), Professor, ehem. Direktor für Forschung und Entwicklung des VEB Carl Zeiss Jena, Nationalpreisträger, Verdienter Techniker des Volkes, Inhaber des Vaterländischen Verdienstordens in Silber, der Goldenen und Silbernen Ehrennadel der Kammer der Technik und der Lenin-Erinnerungsmedaille des Obersten Sowjet der UdSSR, Ehrensenator der TH Karl-Marx-Stadt, Mitglied der Kommission für spezielle Umweltprobleme der Akademie, o. Mitglied der Akademie der Wissenschaften der DDR, em. Direktor am Institut für Optik und Spektroskopie dieser Akademie, Mitglied der Deutschen Akademie der

Naturforscher Leopoldina in Halle, Vorstandsmitglied der Physikalischen Gesellschaft der DDR und der Deutschen Gesellschaft für Meßtechnik und Automatisierung in der DDR, Mitglied der Royal Microscopical Society in London—Oxford, geb. 7. X. 1905 in Dresden, 6900 Jena, Schillbachstraße 24, 320—32, Tel. 24496 (15. III. 1965).

Jordan, Herbert, Dr. med., Honorarprofessor für Physiotherapie an der Friedrich-Schiller-Universität Jena, Direktor des Forschungsinstituts für Balneologie und Kurortwissenschaft Bad Elster, Verdienter Arzt des Volkes, Obermedizinalrat, Träger der Hufeland-Medaille in Gold und der Medaille für treue Dienste im Gesundheits- und Sozialwesen in Gold, Mitglied der Kommission für spezielle Umweltprobleme der Akademie, der Gesellschaften für Innere Medizin, Kardiologie, Physiotherapie und Rheumatologie der DDR und der Internationalen Gesellschaft für Biologische Rhythmusforschung, korresp. Mitglied der Deutschen Gesellschaft für Physikalische Medizin und Rehabilitation, Ehrenmitglied der Medizinisch-Wissenschaftlichen Allunionsgesellschaft für Physiotherapie und Kurortologie der UdSSR, der Bulgarischen Gesellschaft für Physikalische Therapie, Kurortologie und Rehabilitation, der Československá fyziatrická spoločnost' und der Polnischen Gesellschaft für Balneologie, Bioklimatologie und Physikalische Therapie, geb. 8. XII. 1919 in Markneukirchen (Vogtland), 9933 Bad Elster, Karl-Marx-Straße 30, Tel. 467 (18. VI. 1974).

Keller, Ott-Heinrich, Dr. phil. nat., em. o. Professor für Mathematik an der Martin-Luther-Universität Halle—Wittenberg, Nationalpreisträger, Mitglied der Deutschen Akademie der Naturforscher Leopoldina in Halle, geb. 22. VI. 1906 in Frankfurt (Main), 4020 Halle (Saale), Dölauer Straße 82, Tel. 31480 (15. IX. 1958).

Krug, Herbert, Dr.-Ing., o. Professor für Verfahrenstechnik an der Bergakademie Freiberg, Nationalpreisträger, Inhaber der Verdienstmedaille der DDR, der Medaille zum 30. Jahrestag der Gründung der DDR, der Humboldt-Medaille in Gold, der Medaille für Verdienste in der Kohlenindustrie in Gold, der Arthur-Becker-Medaille der FDJ in Silber, der Ehrenplakette der Stadt Freiberg in Silber, der Karl-Kegel-Medaille der ehem. Brennstofftechnischen Gesellschaft in der DDR, Mitglied der wissenschaftlich-technischen Gesellschaft „Energiewirtschaft“ und der montanwissenschaftlichen Gesellschaft der Kammer der Technik, geb. 10. I. 1919 in Brossen (Kr. Zeitz), 9200 Freiberg, Lindenweg 10, Tel. 47801 (20. X. 1978).

Lösche, Artur, Dr. phil., o. Professor für experimentelle Physik an der Karl-Marx-Universität Leipzig, Nationalpreisträger, Verdienter Hochschullehrer der DDR, Inhaber des Vaterländischen Verdienstordens in Bronze und des Gustav-Hertz-Preises der KMU Leipzig, Mitglied der Poggendorff-Kommission der Akademie, o. Mitglied der Akademie der Wissenschaften der DDR, Mitglied der Deutschen Akademie der Naturforscher Leopoldina in Halle, korresp. Mitglied der Société Royale des Sciences de Liège, Mitglied des Vorstandes des Groupement AMPERE (Internationale Gesellschaft für HF-Spektroskopie), geb. 20. X. 1921 in Leipzig, 7027 Leipzig, Egon-Erwin-Kisch-Weg 35, Tel. 8612553 (24. V. 1965).

Matzen, Peter Friedrich, Dr. med., em. o. Professor für Orthopädie an der Karl-Marx-Universität Leipzig, Verdienter Arzt des Volkes, Inhaber der Priorev-Medaille, der Cothenius-Medaille der Deutschen Akademie der Naturforscher Leopoldina in Halle 1980 und des Erich-Lexer-Preises der Deutschen Gesellschaft für Chirurgie bzw. der Deutschen Gesellschaft für Orthopädie und Traumatologie 1974, Mitglied der Deutschen Akademie der Naturforscher Leopoldina in Halle und Senator dieser Akademie, Mitglied der Société Internationale de Chirurgie orthopédique et de Traumatologie in Brüssel, korresp. Mitglied der Società Italiana di Ortopedia e Traumatologia in Rom und der Polnischen Gesellschaft für Osteologie, Fellow of the International College of Surgeons in Chicago, Ehrenmitglied der Bulgarischen Orthopädischen Gesellschaft, der Gesellschaft für Orthopädie der DDR, der Deutschen Gesellschaft für Orthopädie und Traumatologie und der Vereinigung der Orthopäden Österreichs in Wien, geb. 11. X. 1909 in München, 7031 Leipzig, Marpergerstraße 21, Tel. 46944 (7. XII. 1964).

Mothes, Kurt, Dr. phil., Dr. med. h. c. (Halle—Wittenberg), Dr. agr. h. c. (Kiel), Dr. phil. h. c. (Wien), Dr. rer. nat. h. c. (Halle—Wittenberg, Greifswald), Dr. pharm. h. c. (Szeged/Ungarn), em. Professor mit Lehrstuhl für Botanik, Pharmakognosie und Biochemie der Pflanzen an der Martin-Luther-Universität Halle—Wittenberg, Nationalpreisträger, Hervorragender Wissenschaftler des Volkes, Träger des Vaterländischen Verdienstordens und des Österreichischen Ehrenzeichens für Wissenschaft und Kunst, Mitglied des Ordens Pour le mérite für Verdienste um die Wissenschaft und die Künste, Inhaber des Ordens „Banner der Arbeit“, der Cothenius-Medaille der Deutschen Akademie der Naturforscher Leopoldina, der Döbereiner-Medaille der Pharmazeutischen Gesellschaft Berlin, der Hoest-Madsen-Medaille der Fédération Internationale Pharmaceutique, der goldenen Gregor-Mendel-Medaille der Tschechoslowakischen Akademie der Wissenschaften, der Pazmany-Medaille der Universität Budapest, der Paul-Karrer-Medaille der Universität Zürich, der silbernen Medaille der Académie Nationale de Médecine de France, der August-Kekulé-Medaille der Chemischen Gesellschaft in der DDR, der Charles Reid-Barnes Honorary Life Membership of the American Society of Plant Physiologists, Mitglied der Kommission für spezielle Umweltprobleme der Akademie, Alt-Präsident der Deutschen Akademie der Naturforscher Leopoldina in Halle, o. Mitglied der Akademie der Wissenschaften der DDR und em. Direktor des Instituts für Biochemie der Pflanzen dieser Akademie, korresp. Mitglied der Heidelberger Akademie der Wissenschaften, der Akademie der Wissenschaften und der Literatur in Mainz, der Bayerischen Akademie der Wissenschaften in München, der Rumänischen Akademie der Wissenschaften in Bukarest, der Rajasthan-Academy of Sciences in Pilani (Indien) und der kungl. Vetenskaps-Societen in Uppsala, ausländisches Mitglied der Akademie der Wissenschaften der UdSSR, der Royal Society in London, der Französischen Akademie de Pharmacie in Paris und correspondant étranger der Académie Nationale de Médecine de France in Paris, Ehrenmitglied der math.-nat. Klasse der Österreichischen Akademie der Wissenschaften in Wien, der Japanischen Akademie der Wissenschaften in Tokio, des Gesamtverbandes der Ungarischen Medizinisch-Wissenschaftlichen Gesellschaften in Budapest, der American Society of Plant Physiologists in Ithaca und der American Society of Pharmacognosy in Storrs/Conn., Mitglied der American Chemical Society in Washington, der Fédération Internationale Pharmaceutique in Amsterdam, der British Society for Experimental Biology in London, der Japanese Society of Plant Physiologists in Tokio, der Societas Physiologiae Plantarum Scandinavica in Lund, der Deutschen Arzneibuch-Kommission in Berlin und des Kuratoriums der Flückiger-Stiftung in Bern, Ehrenmitglied der Deutschen Vereinigung für angewandte Botanik in Berlin-Dahlem, der Indian Society of Plant Physiologists in New Delhi, der Indian Botanical Society in Bombay, der Sowjetischen Botanischen Allunionsgesellschaft in Leningrad, der Biologischen Gesellschaft der DDR, der Gesellschaft für Arzneipflanzenforschung (Camberg, BRD), der Gesellschaft Deutscher Chemiker (BRD), der Gesellschaft für Biologische Chemie (BRD), der Deutschen Botanischen Gesellschaft (BRD), der Gesellschaft Deutscher Naturforscher und Ärzte (BRD), der Deutschen Pharmazeutischen Gesellschaft (BRD), des Verbandes Deutscher Biologen (BRD), der Regensburger Botanischen Gesellschaft, der International Physiological Society (USA), der Biochemischen Gesellschaft der DDR, der Chemischen Gesellschaft der DDR und der Pharmazeutischen Gesellschaft der DDR, Ehrensenator der Martin-Luther-Universität Halle—Wittenberg, geb. 3. XI. 1900 in Plauen (Vogtland), 4020 Halle (Saale), Hoher Weg 23, Tel. 21717 (10. V. 1954).

Neef, Ernst, Dr. phil., em. o. Professor für Geographie an der Technischen Universität Dresden, Inhaber der Verdienstmedaille der DDR, der Hermann-Haack-Medaille der Geographischen Gesellschaft in der DDR, der Verdienstmedaille der Polnischen Geographischen Gesellschaft und der Goldenen Carl-Ritter-Medaille der Gesellschaft für Erdkunde in Berlin (West), Vorsitzender der Kommission für spezielle Umweltprobleme (bis 10. X. 1980) und der Poggendorff-Kommission der Akademie, Mitglied der Deutschen Akademie der Naturforscher Leopoldina in Halle, Ehrenmitglied der Geographischen Gesellschaft der DDR, der Österreichischen Geographischen Gesellschaft in Wien und der Ungarischen Geographischen Gesellschaft in Budapest, korresp. Mitglied der Geographischen Gesellschaft in München und der Geographischen Gesellschaft in Frankfurt/M., geb. 16. IV. 1908 in Dresden, 8019 Dresden, Florian-Geyer-Straße 44/032, Tel. 693415 (17. XI. 1956).

Oelßner, Wilhelm, Dr. med., o. Professor für Radiologie an der Karl-Marx-Universität Leipzig, Verdienter Arzt des Volkes, Träger des Vaterländischen Verdienstordens in Bronze, Inhaber der Ehrenplakette der Deutschen Gesellschaft für klinische Medizin und der Ehrennadel der Karl-Marx-Universität Leipzig, Mitglied der Deutschen Akademie der Naturforscher Leopoldina in Halle, der Gesellschaft für Medizinische Radiologie der DDR und der Gesellschaft für Geschwulstbekämpfung der DDR, korresp. Mitglied der Deutschen Röntgengesellschaft und Ehrenmitglied der Tschechoslowakischen Radiologischen Gesellschaft, Ehrenmitglied der Gesellschaft für Medizinische Radiologie der DDR, geb. 3. II. 1920 in Leipzig, 7124 Holzhausen (Sachsen), Richard-Wagner-Straße 15, Tel. Leipzig 2012363 (17. X. 1975).

Paetzold, Roland, Dr. rer. nat., o. Professor für anorganische Chemie an der Friedrich-Schiller-Universität Jena, Inhaber der Verdienstmedaille der DDR und der Verdienstmedaille der Friedrich-Schiller-Universität Jena in Silber, Mitglied und Präsidiumsmitglied der Deutschen Akademie der Naturforscher Leopoldina in Halle, Mitglied der Chemischen Gesellschaft der DDR, geb. 13. VII. 1931 in Großhartmannsdorf, 6900 Jena, Wilhelm-Stadte-Straße 4, Tel. 23206 (26. III. 1977). † 23. VII. 1982 Flur Vítkovice, Krkonoše (ČSSR).

Parthier, Benno, Dr. rer. nat., Professor für Molekularbiologie an der Akademie der Wissenschaften der DDR, Institut für Biochemie der Pflanzen in Halle, Mitglied, Präsidiumsmitglied und Sekretar für Mathematik und Naturwissenschaften der Deutschen Akademie der Naturforscher Leopoldina in Halle, Mitglied und Vorstandsmitglied der Biochemischen Gesellschaft in der DDR, Mitglied der Biologischen Gesellschaft in der DDR und der American Society of Photobiology, geb. 21. VIII. 1932 in Holleben (Saalkreis), 4020 Halle (Saale), Am Birkenwäldchen 7, Tel. 31990 (20. X. 1978).

Rammler, Erich, Dr.-Ing., Dr.-Ing. E. h. (Aachen), em. Professor mit Lehrstuhl für Brennstofftechnik, Wärmewirtschaft und Brikettierung an der Bergakademie Freiberg, Nationalpreisträger, Hervorragender Wissenschaftler des Volkes, Verdienter Bergmann der DDR, Träger des Vaterländischen Verdienstordens in Silber und Gold mit Ehrenspange, Inhaber der Carl-Exter-Medaille und der Karl-Kegel-Medaille der ehemaligen Brennstofftechnischen Gesellschaft in der DDR, der Agricola-Medaille der Bergakademie Freiberg, der Medaille für Verdienste in der Kohlenindustrie der DDR in Gold und der Medaille zum 30. Jahrestag der Gründung der Deutschen Demokratischen Republik, o. Mitglied der Akademie der Wissenschaften der DDR, Ehrenmitglied der ehemaligen Gesellschaft Deutscher Berg- und Hüttenleute und der ehemaligen Brennstofftechnischen Gesellschaft in der DDR, Ehrensenator der Bergakademie Freiberg, geb. 9. VII. 1901 in Tirpersdorf (Vogtland), 9200 Freiberg, Richard-Wagner-Straße 12, Tel. 48812 (15. IX. 1958).

Ries, Werner, Dr. med., o. Professor für Innere Medizin-Gerontologie an der Karl-Marx-Universität Leipzig, Obermedizinalrat, Träger der Medaille für treue Dienste im Gesundheits- und Sozialwesen in Gold, der Ehrennadel der Karl-Marx-Universität Leipzig, der Theodor-Brugsch-Medaille des Koordinierungsrates der medizinisch-wissenschaftlichen Gesellschaften der DDR, des Preises für Medizin „Dr. Margarete Blank“ der Stadt Leipzig, der Reiman-Medaille für präventive Medizin der Slowakischen Ärzte-Gesellschaft in Bratislava und des Ehrenpreises der Gesellschaft für Gerontologie der DDR, Mitglied der Gesellschaft für Innere Medizin der DDR, der Gesellschaft für Gerontologie der DDR, der Gesellschaft für Ernährung der DDR und der Gesellschaft für Endokrinologie und Stoffwechselkrankheiten der DDR, Ehrenmitglied der Sektion Ernährung der Bulgarischen Wissenschaftlichen Gesellschaft, der Gesellschaft für Gerontologie der DDR und Vorstandsmitglied dieser Gesellschaft, geb. 20. III. 1921 in Nürnberg, 7030 Leipzig, Hermann-Schein-Straße 3, Tel. 311720 (25. III. 1977).

Sachsenweger, Rudolf, Dr. med., em. o. Professor für Augenheilkunde an der Karl-Marx-Universität Leipzig, Verdienter Arzt des Volkes, Präsident des European Ophthalmological Council, Inhaber des von-Graefe-Preises der Deutschen Ophthalmologischen Gesellschaft (Heidelberg), Mitglied und Senatsmitglied der Deutschen Akademie der Naturforscher Leopoldina in Halle, Mitglied der Gesellschaft der Augenärzte der DDR, des Internationalen Gonin-Klubs in Lausanne und der Französischen Ophthalmologischen Gesellschaft in Paris, Mitglied und Vorstandsmitglied der Europäischen Strabologischen Gesellschaft und der Europäischen Glaukomgesellschaft, Mitglied der Academia Ophthalmologica Internationalis in Chicago, Ehrenmitglied der Academia Barraquer in Barcelona und der Deutschen Ophthalmologischen Gesellschaft in Heidelberg, geb. 29. II. 1916 in Nahlendorf (Kreis Querfurt), 7030 Leipzig, Heinzelmannweg 12, Tel. 8611971 (10. X. 1980).

Schwabe, Kurt, Dr.-Ing., Dr. rer. nat. h. c. (Dresden, Karl-Marx-Stadt, Merseburg, Freiberg), em. Professor mit Lehrstuhl für physikalische Chemie und Elektrochemie an der TU Dresden, Nationalpreisträger 1. und 2. Klasse, Hervorragender Wissenschaftler des Volkes, Verdienter Hochschullehrer der DDR, Held der Arbeit, Träger des Karl-Marx-Ordens, des Vaterländischen Verdienstordens in Gold, des Ordens „Banner der Arbeit“, der Goldenen Ehrennadel und der Ernst-Abbe-Medaille der Kammer der Technik, der Hans-Clemm-Gedenkmünze des Vereins der Zellstoff- und Papierchemiker und -ingenieure, der Clemens-Winkler-Medaille der Chemischen Gesellschaft in der DDR und der Arthur-Becker-Medaille der Freien Deutschen Jugend in Gold, Inhaber des Preises 1. Stufe der TU Dresden anläßlich des 150jährigen Bestehens der TU Dresden, Ehrenmitglied des Forschungsrates der DDR in Berlin, Vorsitzender des wissenschaftlich-technischen Rates für Korrosionsschutz des Koordinationszentrums der RGW-Länder bis 1978, Direktor des Forschungsinstitutes Meinsberg des Ministeriums für Wissenschaft und Technik, Mitglied der Kommission für spezielle Umweltprobleme der Akademie, o. Mitglied und Vizepräsident der Akademie der Wissenschaften der DDR bis 1980, Mitglied der Deutschen Akademie der Naturforscher Leopoldina Halle, korresp. Mitglied der Jugoslawischen Akademie der Wissenschaften und Künste in Zagreb und der mathematisch-naturwissenschaftlichen Klasse der Österreichischen Akademie der Wissenschaften in Wien, auswärtiges Mitglied der Bulgarischen Akademie der Wissenschaften in Sofia, Mitglied der Electrochemical Society in New York, der Faraday Society in London, der International Society of Electrochemistry (ISE) in Genf und Vizepräsident dieser Society, Mitglied des International Corrosion Council und der Chemischen Gesellschaft der DDR in Berlin, Mitglied des Wissenschaftlichen Rates der Hauptforschungsrichtung Elektrochemie der DDR, Ehrenmitglied der Kammer der Technik in Berlin und der Gesellschaft für Strahlenschutz der DDR in Berlin, Ehrensenator der TU Dresden, geb. 29. V. 1905 in Reichenbach (Vogtland), Meinsberg/Sa., Post 7305 Waldheim, Tel. 3665 (11. XII. 1950).

Strack, Erich, Dr. med., Dr. phil., Dr. med. h. c. (Leipzig und Rostock), Dr. rer. nat. h. c. (Leipzig), Diplom-Chemiker, em. Professor mit Lehrstuhl für physiologische Chemie an der Karl-Marx-Universität Leipzig, Nationalpreisträger, Träger des Vaterländischen Verdienstordens, Mitglied der Kommission für spezielle Umweltprobleme der Akademie, Mitglied der Deutschen Akademie der Naturforscher Leopoldina in Halle, Ehrenmitglied der Biochemischen Gesellschaft in der DDR, Ehrensenator der Karl-Marx-Universität Leipzig, geb. 20. XI. 1897 in Wollin (Pommern), 7010 Leipzig, Philipp-Rosenthal-Straße 19, Tel. 322081 (14. II. 1949).

Stubbe, Hans, Dr. agr., Dr. agr. h. c. (Berlin, Jena, Kraków, Halle/S.), Dr. Sc. h. c. (Brno), em. Professor mit Lehrstuhl für allgemeine und spezielle Genetik an der Martin-Luther-Universität Halle—Wittenberg, Nationalpreisträger, Hervorragender Wissenschaftler des Volkes, Träger des Vaterländischen Verdienstordens mit Ehrenspange, des Ordens „Banner der Arbeit“, des Sterns der Völkerfreundschaft der Helmholtz-Medaille der Akademie der Wissenschaften der DDR, der Darwin-Plakette der Deutschen Akademie der Naturforscher Leopoldina, der Alexander-von-Humboldt-Gedenkmedaille der DDR, der Gregor-Mendel-Medaille der Tschechoslowakischen Akademie der Wissenschaften, der Erwin-Baur-Medaille der Akademie der Landwirtschaftswissenschaften der DDR und der Purkyně-Medaille der Universität Brno, Ehrenpräsident der Akademie der Landwirtschaftswissenschaften der DDR, o. Mitglied der Akademie der Wissenschaften der DDR, em. Direktor des Zentralinstituts für Genetik und Kulturpflanzenforschung Gatersleben dieser Akademie, Mitglied der Deutschen Akademie der Naturforscher Leopoldina in Halle, ausländ. Mitglied der W. I. Lenin-All-Unions-Akademie für Landwirtschaftswissenschaften in Moskau, der Rumänischen Akademie der Wissenschaften in Bukarest, der Bulgarischen Akademie der Wissenschaften und der Bulgarischen Akademie der Landwirtschaftswissenschaften in Sofia, der Polnischen Akademie der Wissenschaften in Warschau, Ehrenmitglied der Ungarischen Akademie der Wissenschaften in Budapest, der All-Unions Botanischen Gesellschaft der UdSSR, der Schwedischen Saatzuchtgesellschaft Svalöf, der Mendel-Gesellschaft in Lund, der Biologischen Gesellschaft und der Agrarwissenschaftlichen Gesellschaft in der DDR, geb. 7. III. 1902 in Berlin, 4325 Gatersleben, Schmiedestraße 1, Tel. 212 (13. II. 1950).

Uhlmann, Dietrich, Dr. rer. nat., Prof. für Hydrobiologie an der TU Dresden, Mitglied der Kommission für spezielle Umweltprobleme der Akademie, des International Council sowie des Advisory Board der International Association of Theoretical and Applied Limnology (SIL), Nationaler Korrespondent im Wissenschaftlichen Komitee für Umweltfragen (SCOPE) des International Council of Scientific Unions (ICSU), Mitglied des Nationalkomitees der DDR für das Internationale Hydrologische Programm (IHP), des Nationalkomitees für das Programm Man and Biosphere (MAB) und des Herausgeberstabes der „Internationalen Revue der gesamten Hydrobiologie" in Berlin, geb. 4. VIII. 1930 in Chemnitz, 8021 Dresden, Schlüterstraße 19, Tel. 32856 (28. VI. 1971).

Watznauer, Adolf, Dr. rer. nat., em. o. Professor für Geologie an der Bergakademie Freiberg, Hervorragender Wissenschaftler des Volkes, Inhaber des Fourmarier-Preises (1972) in Gold der Académie Royale des Sciences, des Lettres et des Beaux-Arts de Belgique in Brüssel, der Humboldt-Medaille, der silbernen Ehrennadel der Gesellschaft für Geologische Wissenschaften der DDR und der Gustav-Steinmann-Medaille der Internationalen Geologischen Vereinigung, Mitglied der Kommission für spezielle Umweltprobleme der Akademie, o. Mitglied der Akademie der Wissenschaften der DDR und Mitglied der Klassen „Umweltschutz und Umweltgestaltung", „Physik in Naturwissenschaft und Technik" und „Geo- und Kosmoswissenschaften" dieser Akademie, Mitglied der Deutschen Akademie der Naturforscher Leopoldina in Halle, korresp. Mitglied der Geologischen Gesellschaft in Wien, Ehrenmitglied der Geologischen Gesellschaft der ČSSR, der Gesellschaft für Geologische Wissenschaften der DDR und der Ungarischen Geologischen Gesellschaft, geb. 29. IV. 1907 in Reichenberg in Böhmen, 9030 Karl-Marx-Stadt, Dieselstraße 8, Postschließfach 30 (18. XII. 1972).

Wolf, Friedrich, Dr. rer. nat., Dr. rer. nat. h. c. (Poznań), o. Professor für Technische Chemie an der Martin-Luther-Universität Halle—Wittenberg, Nationalpreisträger 1958 und 1966, Träger des Ordens „Banner der Arbeit" und der Ehrenmedaillen der Universitäten Halle/S., Poznań, Bratislava und Bagdad, Mitglied der Kommission für spezielle Umweltprobleme der Akademie, korresp. Mitglied der Akademie der Wissenschaften der DDR in Berlin, Mitglied der Chemischen Gesellschaft der DDR in Berlin und der Faraday Society in London, geb. 9. II. 1920 in Leipzig, 7031 Leipzig, Karl-Heine-Straße 4b, Tel. 484415 (18. VI. 1974).

Auswärtige Mitglieder der mathematisch-naturwissenschaftlichen Klasse

Benetin, Ján, Dr.-Ing., Professor für Meliorationswesen an der Landwirtschaftlichen Hochschule in Nitra, Direktor des Instituts für Hydrologie und Hydraulik der Slowakischen Akademie der Wissenschaften in Bratislava, Inhaber von Gedenkmedaillen des ZK der Kommunistischen Partei der ČSSR, der Medaille für Verdienste um die biologischen Wissenschaften in Silber der Slowakischen Akademie der Wissenschaften in Bratislava, der Medaille für Verdienste um die sozialistische Erziehung des ZK des Sozialistischen Jugendverbandes der ČSSR, der Medaille der Naturwissenschaftlichen Fakultät der Universität „J. A. Komenský" in Bratislava, der Gedenkmedaille der Landwirtschaftlichen Hochschule in Brno und der Landwirtschaftlichen Hochschule in Nitra, Mitglied der Tschechoslowakischen Akademie der Landwirtschaftswissenschaften in Prag und Präsidiumsmitglied dieser Akademie, Mitglied im Kollegium der Slowakischen Akademie der Wissenschaften für Wissenschaften der Erde und des Kosmos, Präsidiumsmitglied der Kommission für Wasserwirtschaft bei der Tschechoslowakischen Akademie der Wissenschaften in Prag, Mitglied des Nationalkomitees der Internationalen Gesellschaft für wissenschaftliche Hydrologie und des Nationalkomitees der Internationalen Kommission für Be- und Entwässerung, geb. 18. VI. 1924 in Trhoviste, Kr. Michalovze [ČSSR], Dienstanschrift: Institut für Hydrologie und Hydraulik bei der Slowakischen Akademie der Wissenschaften in Bratislava, Trnavská 32, 88146 Bratislava, Tel. 68497 (10. X. 1980).

Bredt, Heinrich, Dr. med., em. o. Professor für allgemeine Pathologie und pathologische Anatomie an der Johannes-Gutenberg-Universität Mainz, Nationalpreisträger, Mitglied der Akademie der Wissenschaften und der Literatur in Mainz, auswärt. Mitglied der Akademie der Wissenschaften der DDR, Mitglied der Deutschen Akademie der Naturforscher Leopoldina in Halle, geb. 29. I. 1906 in Oberneudorf (Siebenbürgen), 6500 Mainz, Fintherlandstraße 58, Tel. 42417 (12. II. 1951).

Budevski, Evgeni Bogdanov, Dr. rer. nat., Professor für Chemie und Elektrochemie bei der Bulgarischen Akademie der Wissenschaften in Sofia, Zentrallaboratorium für elektrochemische Stromquellen, Inhaber des Staatspreises „Georgi Dimitrov" für Wissenschaft und der Auszeichnung „100 Jahre Bulgarische Akademie der Wissenschaften", Träger des Ordens „Kirill und Metodi" 1. und 2. Stufe, Mitglied der Bulgarischen Akademie der Wissenschaften in Sofia, Mitglied der International Society of Electrochemistry (ISE), geb. 29. VII. 1922 in Sofia, Sofia 1113, Bul. Samokov 82, Tel. Institut 723454 (9. XI. 1974).

Dabelow, Adolf, Dr. med., Dr. phil. nat., Dr. med. h. c. (Salamanca), em. o. Professor für Anatomie an der Johannes-Gutenberg-Universität Mainz, o. Mitglied der Akademie der Wissenschaften und der Literatur in Mainz, korresp. Mitglied der Bayerischen Akademie der Wissenschaften in München, geb. 28. VI. 1899 in Magdeburg, 7800 Freiburg/Breisgau, Sautierstraße 75, Postfach 352 (24. VI. 1944).

Fejes Tóth, László, Dr. phil., Professor, Direktor des Mathematischen Forschungsinstituts der Ungarischen Akademie der Wissenschaften in Budapest, Kossuth- und Staatspreisträger, Inhaber der Gauss-Medaille (1977) der Braunschweigischen Wissenschaftlichen Gesellschaft, Mitglied der Ungarischen Akademie der Wissenschaften in Budapest, auswärt. Mitglied der Akademie der Wissenschaften der DDR, korresp. Mitglied der Braunschweigischen Wissenschaftlichen Gesellschaft, Klasse für Mathematik und Naturwissenschaften, geb. 12. III. 1915 in Szeged, 1025 Budapest, Pusztaszeri út. 32, Tel. 688636 (13. VI. 1966).

Gerasimov, Innokentij Petrovič, Dr. der geographischen Wissenschaften, em. Professor für Geographie an der Lomonosov-Universität in Moskau, Vizepräsident der International Geographical Union, Inhaber des Lenin-Ordens, des Ordens Roter Stern und des Staatspreises „Georgi Dimitrov" der VR Bulgarien, Träger der Goldenen Dokučaev-Medaille, der Goldenen Przenalski-Medaille und der Moritz-Wilhelm-Drobisch Medaille der SAW, Mitglied der Deutschen Akademie der Naturforscher Leopoldina in Halle, der Akademie der Landwirtschaftswissenschaften der DDR, der Bulgarischen Akademie der Wissenschaften in Sofia, auswärtiges Mitglied der Akademie der Wissenschaften der DDR und Ehrenmitglied der Geographischen Gesellschaft in Columbien, England, Finnland, Frankreich, Italien, Österreich, Polen, Schottland, Serbien und Ungarn, geb. 9. XII. 1905 in St. Kostroma, Moskva V — 312, Leninsky prospekt 13, Tel. 231-61-44 (12. XI. 1971).

Helferich, Burckhardt, Dr. phil., Dr. rer. nat. h. c. (Stuttgart), em. o. Professor für Chemie an der Rheinischen Friedrich-Wilhelms-Universität Bonn, Träger des Großen Verdienstkreuzes des Verdienstordens der Bundesrepublik Deutschland, Inhaber der Emil-Fischer-Medaille der Gesellschaft Deutscher Chemiker, Mitglied der Deutschen Akademie der Naturforscher Leopoldina in Halle und der Rheinisch-Westfälischen Akademie der Wissenschaften in Düsseldorf, Ehrenmitglied der Chemischen Gesellschaft der DDR, geb. 10. VI. 1887 in Greifswald, 5300 Bonn, Bonner Talweg 66, Tel. 210585 (23. II. 1931). † 5. VII. 1982 Bonn.

Hertwig, Paula, Dr. phil., Dr. med. h. c. (Halle—Wittenberg, Heidelberg), em. Professor mit Lehrstuhl für allgemeine Biologie an der Martin-Luther-Universität Halle—Wittenberg, Nationalpreisträger, Hervorragender Wissenschaftler des Volkes, Träger des Vaterländischen Verdienstordens, Inhaber des Theobald-Christ-Preises der Senkenbergischen Naturforschenden Gesellschaft in Frankfurt (Main), Mitglied der Deutschen Akademie der Naturforscher Leopoldina in Halle, geb. 11. X. 1889 in Berlin, 7730 Villingen Brandenkopfweg 7 (14. III. 1955).

Hölder, Ernst, Dr. phil., em. o. Professor für Mathematik an der Johannes-Gutenberg-Universität Mainz, Inhaber der Silbernen Medaille der Universität Helsinki, auswärtiges Mitglied der Akademie der Wissenschaften der DDR, Mitglied der Deutschen Akademie der Naturforscher Leopoldina in Halle, geb. 2. VI. 1901 in Leipzig, 6500 Mainz-Gonsenheim, Friedrichsstraße 36 (1. VII. 1948).

Hopf, Eberhard, Dr. phil., em. Forschungs-Professor für Mathematik an der Indiana University, Bloomington, Indiana (USA), korresp. Mitglied der Bayerischen Akademie der Wissenschaften in München, geb. 17. IV. 1902 in Salzburg, Bloomington/Indiana, 47401, USA, 512 S. Swain Avenue (26. XI. 1938).

Hund, Friedrich, Dr. phil., Dr. phil. nat. h. c. (Frankfurt [Main]), Dr. phil. h. c. (Uppsala), em. o. Professor für theoretische Physik an der Georg-August-Universität Göttingen, Nationalpreisträger, Träger der Max-Planck-Medaille der Deutschen Physikalischen Gesellschaft, der Cothenius-Medaille der Deutschen Akademie der Naturforscher Leopoldina, des Otto-Hahn-Preises für Chemie und Physik und des Großen Verdienstkreuzes des Verdienstordens der Bundesrepublik Deutschland, auswärt. Mitglied der Akademie der Wissenschaften der DDR, Mitglied der Akademie der Wissenschaften in Göttingen und der Deutschen Akademie der Naturforscher Leopoldina in Halle, Ehrenmitglied der Deutschen Bunsengesellschaft für Physikalische Chemie und der Deutschen Physikalischen Gesellschaft, geb. 4. II. 1896 in Karlsruhe, 3400 Göttingen, Charlottenburgerstraße 19, Tel. (0551) 7901—2009 (18. XI. 1933).

Kähler, Erich, Dr. phil., em. o. Professor für Mathematik an der Universität Hamburg, Hon.-Professor an der Technischen Universität Berlin, auswärt. Mitglied der Akademie der Wissenschaften der DDR, Mitglied der Deutschen Akademie der Naturforscher Leopoldina in Halle, auswärt. Mitglied der Accademia Nazionale dei Lincei in Rom, geb. 16. I. 1906 in Leipzig, 2000 Wedel (Holstein), Mozartstraße 42, Tel. (04103) 86535 (14. II. 1949).

Kaišev, Rostislav, Dr.-Ing., em. o. Professor für physikalische Chemie an der Universität Sofia, Vizepräsident der Bulgarischen Akademie der Wissenschaften in Sofia, Mitglied der Deutschen Akademie der Naturforscher Leopoldina in Halle, auswärt. Mitglied der Akademie der Wissenschaften der DDR, geb. 16. II. 1908 in St. Petersburg, Universität Sofia, ul. „7. noemvri" 1 (19. II. 1968).

Karšulin, Miroslav, Dr. techn., em. o. Professor für physikalische Chemie an der Universität Zagreb, Träger des Staatspreises für Chemie, des Republikanischen Preises, des Staatsordens II. Klasse und des Ordens für Arbeit mit der roten Fahne, o. Mitglied der Jugoslawischen Akademie der Wissenschaften und Künste in Zagreb, der Makedonischen Akademie der Wissenschaften in Skopje, der Faraday Society in London, der Electrochemical Society in New York, der Kroatischen Chemischen Gesellschaft, des Vereins der Ingenieure und Techniker Jugoslawiens, der Deutschen Keramischen Gesellschaft und des Internationalen Komitees zur Erforschung der Bauxite, Aluminium-Hydroxide und Oxyde, geb. 4. IV. 1904 in Przemyśl (Polen), 41000 Zagreb, Palmotićeva 4/I, Tel. 273754 (9. XI. 1974).

Kersten, Martin, Dr.-Ing., Hon.-Professor für Physik an der Technischen Universität Carola-Wilhelmina Braunschweig, o. Mitglied der Braunschweigischen Wissenschaftlichen Gesellschaft, Klasse für Mathematik und Naturwissenschaften, Mitglied des Kuratoriums der Physikalisch-Technischen Bundesanstalt, Präsident i. R. dieser Bundesanstalt, Ehrenmitglied der Internationalen Kommission für Maß und Gewicht, geb. 28. IV. 1906 in Zittau, 3300 Braunschweig, Knappstraße 8, Tel. (0531) 511383 (14. II. 1949).

Klimaszewski, Mieczysław, Dr. phil., Dr. rer. nat. h. c. (Jena, Kiew, Bratislava, Alliance College, Cambridge Springs [USA], St. Andrews, Uppsala, Katowice), em. o. Professor für physische Geographie an der Jagiellonischen Universität Kraków, Stellvertreter des Vorsitzenden des Staatsrates der VR Polen 1965—1972, Träger des Offizierkreuzes, des Kommandeur-Kreuzes mit Stern Polonia Restituta und der Standarde der Arbeit I. Klasse, Grand officier du l'Ordre de Mérite, Inhaber der Alexander-von-Humboldt-Gedenkmedaille der DDR, der Karl-Sapper-Medaille der Geographischen Gesellschaft in Würzburg und der „Patron Medal" der Royal Geographical Society, o. Mitglied der Polnischen Akademie der Wissenschaften in Warschau, auswärtiges Mitglied der Königl. Schwedischen Akademie der Wissenschaften in Stockholm, Mitglied der Deutschen Akademie der Naturforscher Leopoldina in Halle, der Societas Scientiarum Fennica, der Jugoslawischen Akademie der Wissenschaften und Künste in Zagreb, der Wissenschaftlichen Gesellschaft in Wrocław, der Geographischen Gesellschaft der UdSSR in Leningrad, der Koninklijk Nederlands Aardrijkskundig Genootschap in Amsterdam, der Société Belge de Géologie, de Paléontologie et d'Hydrologie in Brüssel, der Suomen Maantieteellinen Seura-Geografiska Sällskapet i Finland in Helsinki und der Magyar

Fóldrajzi Társaság in Budapest, Ehrenmitglied des Wissenschaftlichen Rates der Universitäten Kiew und Jena, geb. 26. VII. 1908 in Stanisławów, Kraków, Wynspiańskiego 3, Tel. 37573 (13. VI. 1966).

Kolotyrkin, Jakov Michajlovič, Dr. der chemischen Wissenschaften, Professor für Elektrochemie und Korrosionsschutz, Direktor des Instituts für Physikalische Chemie „L. Ja. Karpov" in Moskau, Inhaber des Lenin-Ordens und des Ordens des Roten Arbeiterbanners, Träger der Goldmedaille der Tschechoslowakischen Gesellschaft für Internationale Zusammenarbeit und der Gedenkmedaille zu Ehren des 50. Jahrestages des Bestehens der Kommunistischen Partei der ČSSR, o. Mitglied der Akademie der Wissenschaften der UdSSR, der Internationalen Elektrochemischen Gesellschaft, des Staatlichen Komitees für Wissenschaft und Technik beim Ministerrat der UdSSR und Vertreter der UdSSR im wissenschaftlich-technischen Rat des Koordinationszentrums der RGW-Länder für Korrosionsschutz, nationaler Sekretär der Internationalen Elektrochemischen Gesellschaft, geb. 14. XI. 1910 im Dorf Canino des Jarcevsker Bezirks im Smolensker Gebiet, 107120 Moskva B-120, ul. Obuche 10, Karpov-Institut, Tel. 297-32-57 (12. XI. 1971).

Kramer, Kurt, Dr. med., em. o. Professor für Physiologie an der Ludwig-Maximilian-Universität München, o. Mitglied der Akademie der Wissenschaften in Göttingen, Mitglied der Deutschen Akademie der Naturforscher Leopoldina in Halle und der Gesellschaft zur Förderung der Naturwissenschaften in Marburg (Lahn), geb. 16. VI. 1906 in Münster, 8000 München 15, Schubertstraße 4, Tel. 531199 (24. VI. 1944).

Lange, Erich, Dr.-Ing., em. o. Professor für physikalische Chemie an der Friedrich-Alexander-Universität Erlangen—Nürnberg, Mitglied der Deutschen Bunsengesellschaft für physikalische Chemie in Frankfurt (Main), der Gesellschaft Deutscher Chemiker in Frankfurt (Main), der Gesellschaft Deutscher Naturforscher und Ärzte in Bonn, Mitglied der International Society of Electrochemistry (ehemals Comité International de Thermodynamique et de Cinétique Élektrochimiques, Nomenklaturkommission) in Brüssel und der American Electrochemical Society in New York, geb. 26. XI. 1896 in Hartha b. Waldheim, 8520 Erlangen, Sieglitzhofer Straße 51, Postfach 2542, Tel. 52741 (10. VI. 1961). † 20. IV. 1981 Erlangen.

Maier, Wilhelm, Dr. phil., em. Professor mit Lehrstuhl für Mathematik an der Friedrich-Schiller-Universität Jena, Mitglied der Heidelberger Akademie der Wissenschaften, geb. 4. I. 1896 in Neuenbürg (Schwarzwald), 6500 Mainz 31, Rubensallee 48 (5. XII. 1960).

Myrberg, Pekka Juhana, Dr. phil., Dr. techn. h. c. (Helsinki), Dr. phil. h. c. (Turku und Stockholm), em. o. Professor für Mathematik an der Universität Helsinki, ehem. Kanzler der Universität Helsinki, Mitglied der Suomen Tiedeseura in Helsinki, ausländ. Mitglied der Kongelige Danske Videnskabernes Selskap in Kopenhagen und der Norske Videnskaps-Akademi in Oslo, Ehrenmitglied der Suomalainen Tiedeakatemia in Helsinki, geb. 30. XII. 1892 in Viipuri, Helsinki, Mannerheimintie 75 A (5. XII. 1942). 8. XI. 1976 Helsinki

Răduleţ, B. Remus, Dr. phil., em. Professor für Grundlagen der Elektrotechnik an der Technischen Hochschule „Gh. Gheorgiu-Dej" in Bukarest, Rektor e. h. der Universität

Bukarest, Staatspreisträger, o. Mitglied der Rumänischen Akademie der Wissenschaften in Bukarest, Direktor e. h. des Forschungsinstitutes ICPET in Bukarest, Mitglied der Académie du Monde Latin in Paris, Präsident des Comité d'Etudes Nr. 1 der Internationalen Elektrotechnischen Kommission in Genf, geb. 3. V. 1904 in Hendorf-Bradeni, Bucureşti, Strada Dimitrie Orbescu 11, Tel. 12-56-29 (24. X. 1966).

Rozenfel'd, Iosif L'vovič, Dr. chem., Professor, Leiter der Abteilung für Korrosionsschutz im Institut für physikalische Chemie der Akademie der Wissenschaften der UdSSR in Moskau, Verdienter Wissenschaftler und Techniker der RSFSR, Träger des Ordens für chinesisch-sowjetische Freundschaft und der Medaille für tschechoslowakisch-sowjetische Freundschaft, Mitglied des Präsidiums der Gesellschaft für Korrosionsschutz der UdSSR, geb. 22. VIII. 1914 in Satanov (Ukraine), Dienstanschrift: Institut für physikalische Chemie der Akademie der Wissenschaften der UdSSR, V-312 Moskva, Leninsky prospekt 31, Tel. 2320462 (10. X. 1980). † 31. VIII. 1981 Moskau.

Schmid, Erich, Dr. phil., Dr. mont. h. c. (Montanistische Hochschule Leoben), Dr. rer. nat. h. c. (TU Clausthal), em. o. Professor für Physik an der Universität Wien, Träger des Österreichischen Ehrenzeichens für Wissenschaft und Kunst und der Moritz-Wilhelm-Drobisch-Medaille der Sächsischen Akademie, wirkliches Mitglied der Österreichischen Akademie der Wissenschaften in Wien, Präsident 1963—1973, dann Vizepräsident dieser Akademie und Vorsitzender der mathematisch-naturwissenschaftlichen Klasse, Mitglied der Deutschen Akademie der Naturforscher Leopoldina in Halle und der Academy of Sciences in New York, auswärtiges Mitglied der Akademie der Wissenschaften der DDR, korresp. Mitglied der Accademia di Studi Economici e Sociali in Triest, auswärtiges wiss. Mitglied des Max-Planck-Instituts für Metallforschung in Stuttgart, geb. 4. V. 1896 in Bruck an der Mur (Österreich), A-1090 Wien, Universitätsstraße 10, Tel. 4240062 (12. XI. 1971).

Skrjabin, Georgij Konstantinovič, Dr. rer. nat., Professor, Generalsekretär der Akademie der Wissenschaften der UdSSR, Direktor des Akademie-Instituts für Biochemie und Physiologie der Mikroorganismen in Puščino, Staatspreisträger der UdSSR, korresp. Mitglied der Akademie der Wissenschaften der UdSSR und auswärt. Mitglied der Akademie der Wissenschaften der DDR, geb. 17. IX. 1917 in Petrograd, Moskva V-71, Leninsky prospekt 13 AN 117901, GSP (15. X. 1976).

Smiałowski, Michał, Dr.-Ing., em. o. Prof. für physikalische Chemie, ehemaliges Mitglied der polnischen Pugwash-Kommission, Staatspreisträger, Träger des Ordens Sztandar Pracy I. und II. Klasse und Inhaber des Kommandeurkreuzes des Ordens Polonia Restituta, o. Mitglied der Polnischen Akademie der Wissenschaften, Mitglied der Polnischen Chemischen Gesellschaft in Warschau, der Electrochemical Society in New York, der Faraday Society in London und der Société de Chemie Physique in Paris, geb. 14. XII. 1906 in Hordynia (Ost-Galizien), 00-656 Warszawa, ul. Marszałkowska 55/73 m. 18, Tel. 283773 (12. XI. 1971).

Spitcyn, Viktor Ivanovič, Dr. chem., Dr. rer. nat. h. c. (Leipzig und Wrocław), Professor für anorganische Chemie an der Lomonossov-Universität in Moskau, Held der Sozialistischen Arbeit der UdSSR, Inhaber von vier Leninorden, des Ordens der Oktoberrevolution und des Ordens des Roten Arbeitsbanners, o. Mitglied der Akademie der Wissenschaften der UdSSR in Moskau, Direktor des Instituts für Physikalische Chemie dieser

Akademie, auswärt. Mitglied der Akademie der Wissenschaften der DDR, geb. 25. IV. 1902 in Moskau, V-312 Moskva, Leninsky prospekt 31, Tel. 2320462 (24. X. 1966).

Staude, Herbert, Dr. phil., em. o. Professor für physikalische Chemie an der Johann-Wolfgang-Goethe-Universität Frankfurt (Main), Mitglied der Deutschen Bunsengesellschaft für Physikalische Chemie in Frankfurt (Main), der Gesellschaft Deutscher Chemiker in Frankfurt (Main), der Faraday Society in London und der Chemischen Gesellschaft in der DDR, geb. 20. III. 1901 in Schmölln, 6000 Frankfurt/M., Ostpreußenstraße 13, Tel. (606194) 33636 (17. XI. 1956).

Szabó, Zoltán Gábor, Dr. rer. nat., Dr. rer. nat. h. c. (München, FU Berlin [West]), em. o. Professor und Direktor des Instituts für anorganische und analytische Chemie an der Eötvös-Loránd-Universität Budapest, Inhaber von zwei Staatspreisen der VR Ungarn, der Goldmedaille des Arbeitsordens der VR Ungarn, des Apáczai Csere János-Preises der VR Ungarn und der Prechtl-Medaille der Technischen Universität Wien, o. Mitglied der Ungarischen Akademie der Wissenschaften in Budapest, korresp. Mitglied der Jugoslawischen Akademie der Wissenschaften und Künste in Zagreb, Mitglied der Deutschen Bunsengesellschaft für physikalische Chemie in Frankfurt (Main), der American Chemical Society, der Chemical Society in London und des Council of the International Congress on Catalysis, Vertreter des „The Combustion Institutes, Philadelphia, Pa" in der VR Ungarn, geb. 30. V. 1908 in Debrecen, 1118 Budapest, Somlói u. 44, Tel. 665—565 (8. VI. 1979).

Ţiţeica, G. Şerban, Dr. phil., em. Professor für Physik an der Universität Bukarest, o. Mitglied der Rumänischen Akademie der Wissenschaften in Bukarest, Vizepräsident dieser Akademie, korresp. Mitglied der Akademie der Wissenschaften der UDSSR in Moskau, geb. 27. II. 1908 in Bukarest, Bucureşti, B-dul-Magheru 35, Tel. 15-81-99 (24. X. 1966).

Tomašov, Nikon Danilovič, Dr., Prof. für physikalische Chemie der Metalle, Korrosions- und Metallschutz, Leiter des Laboratoriums für Korrosionsforschung von Metall-Legierungen am Institut für physikalische Chemie der Akademie der Wissenschaften der UdSSR in Moskau, Verdienter Wissenschaftler der UdSSR, Träger des Ordens des Roten Arbeitsbanners, Inhaber der W. R. Whitney-Auszeichnung der NACE (USA), Mitglied der International Society of Electrochemistry (ISE), geb. 24. XII. 1905 in Kiev, V-312 Moskau, Vavilov-Straße 55/7, Wohnung 48, Tel. 124-61-27; dienstlich: Institut für physikalische Chemie der Akademie der Wissenschaften der UdSSR, V-312 G. S. P. Moskva, Leninsky prospekt 31, Tel. 234-00-14, -6-29 (14. IV. 1978).

Van der Waerden, Bartel L., Dr. phil., Dr. h. c. (Athen), em. o. Professor für Mathematik an der Universität Zürich, Mitglied des Ordens Pour le mérite für Wissenschaft und Künste, Inhaber der Goldenen Cothenius Medaille der Deutschen Akademie der Naturforscher Leopoldina, Mitglied der Deutschen Akademie der Naturforscher Leopoldina in Halle, korresp. Mitglied der Bayerischen Akademie der Wissenschaften in München, der Akademie der Wissenschaften in Göttingen und der Heidelberger Akademie der Wissenschaften, ausländ. Mitglied der Koninklijke Nederlandse Akademie van Wetenschappen in Amsterdam und der Académie Royale de Belgique, geb. 2. II. 1903 in Amsterdam, CH 8053 Zürich, Wiesliacher 5, Tel. 552179 (31. VIII. 1934).

Ždanov, German Stepanovič, Dr. phys. math., Professor für Metallphysik an der Lomonossov-Universität Moskau, Verdienter Wissenschaftler und Techniker der UdSSR,

Inhaber des A. N. Bach-Preises und des D. I. Mendeleev-Preises, Vorsitzender der Kommission für Röntgenographie der Akademie der Wissenschaften der UdSSR in Moskau, Mitglied des Nationalkomitees für Kristallographie in Moskau, geb. 11. VIII. 1906 in St. Petersburg, Moskva B-234, Moskauer Staatliche Universität, Block I, W. 52, Tel. 139-16-34 (13. VI. 1966).

Ordentliche Mitglieder
der philologisch-historischen Klasse

Bahner, Werner, Dr. phil., Professor, Direktor des Zentralinstituts für Sprachwissenschaft bei der Akademie der Wissenschaften der DDR, Träger des Vaterländischen Verdienstordens, Inhaber des Friedrich-Engels-Preises der Akademie der Wissenschaften der DDR, Mitglied der Sprachwissenschaftlichen Kommission der Sächsischen Akademie, o. Mitglied und Vizepräsident der Akademie der Wissenschaften der DDR, Vorsitzender des Nationalkomitees für Sprachwissenschaft der DDR, Vorsitzender des Nationalkomitees für Südosteuropäische Studien bei der Akademie der Wissenschaften der DDR, Vizepräsident des Comité International Permanent des Linguistes, Mitglied der Société de Linguistique Romane in Paris und Strasbourg, des Comité International der Internationalen Vereinigung für Südosteuropäische Studien (AIESEE) in Bukarest und der Asociación Internacional de Hispanistas, geb. 18. VI. 1927 in Neuwiese/Erzgeb., 7010 Leipzig, Reichsstraße 13, Post: SAW, 7010 Leipzig, Goethestr. 3—5.

Blumenthal, Lieselotte, Dr. phil., em. Professor an der Akademie der Wissenschaften der DDR, Inhaber der Ehrenplakette des Wiener Goethe-Vereins, geb. 30. IX. 1906 in Bielefeld, 7027 Leipzig, Kommandant-Prendel-Allee 107, Tel. 8612336 (5. XII. 1960).

Brüning, Eberhard, Dr. phil., o. Professor für Amerikanistik an der Karl-Marx-Universität Leipzig, Verdienter Lehrer des Volkes, Inhaber der Johann-Heinrich-Pestalozzi-Medaille in Bronze, Silber und Gold und der Ehrennadel der Karl-Marx-Universität Leipzig, korresp. Mitglied der Akademie der Wissenschaften der DDR, Mitglied der Deutschen Shakespeare-Gesellschaft in Weimar und der Association Internationale de Littérature Comparée (AILC), Vorstandsmitglied des Nationalkomitees für Literaturwissenschaft bei der Akademie der Wissenschaften der DDR, Mitglied des Rates für akademische Grade beim Ministerium für Hoch- und Fachschulwesen, geb. 4. VI. 1925 in Chemnitz, 7030 Leipzig, Scheffelstraße 53, Tel. 321193 (28. VI. 1971).

Coblenz, Werner, Dr. phil., Hon.-Professor für Ur- und Frühgeschichte an der Karl-Marx-Universität Leipzig, Direktor des Landesmuseums für Vorgeschichte in Dresden, Träger des Vaterländischen Verdienstordens in Bronze, Inhaber der Verdienstmedaille der DDR, der Leibniz-Medaille der Akademie der Wissenschaften der DDR, der Johannes-R.-Becher-Medaille des Kulturbundes der DDR in Silber und Gold, der Ehrennadel für heimatkundliche Leistung und des Ehrenzeichens der Tausendjahrfeier des polnischen Staates, Mitglied und Leiter der Historischen Kommission der Akademie, o. Mitglied des Deutschen Archäologischen Instituts in Berlin-Dahlem, Mitglied im Conseil Permanent der Union Internationale des Sciences Protohistoriques et Préhistoriques, des Nationalkomitees für Ur- und Frühgeschichte der DDR, des wissenschaftlichen Beirates für Heimatforschung beim Geographischen Institut der AdW, Vorsitzender des Wissenschaftlichen Beirats für Bodendenkmalpflege beim Ministerium für Hoch- und Fachschulwesen der DDR, Mitglied des Hoch- und Fachschulrates beim Minister für Hoch- und Fachschulwesen der DDR und des Wissenschaftlichen Rates für Archäologie und Alte Geschichte bei der AdW, korresp. Mitglied der Österreichischen Arbeitsgemeinschaft für Ur- und Frühgeschichte, geb. 24. V. 1917 in Pirna/Elbe, 8020 Dresden, Geystraße 6, Tel. 40916 (18. XII. 1972).

Czok, Karl, Dr. phil., o. Professor für Deutsche Regionalgeschichte an der Karl-Marx-Universität Leipzig, Träger des Ordens „Banner der Arbeit", der Johann-Heinrich-Pestalozzi-Medaille in Silber, der Johannes-R.-Becher-Medaille in Silber und Gold und der Ehrennadel der Karl-Marx-Universität Leipzig, Mitglied der Commission internationale pour l'histoire des Villes, korresp. Mitglied der Österreichischen Arbeitskreises für Stadtgeschichte, Mitglied und stellvertr. Leiter der Historischen Kommission der Akademie, Mitglied des Zentralvorstandes der Gesellschaft für Heimatgeschichte im Kulturbund der DDR und des Nationalkomitees der Historiker der DDR, geb. 12. III. 1926 in Görlitz, 7050 Leipzig, Theodor-Neubauer-Straße 21, Tel. 691311 (25. III. 1977).

Diesner, Hans-Joachim, Dr. phil., o. Professor für Alte Geschichte an der Martin-Luther-Universität Halle—Wittenberg i. R., Inhaber der Deutschen Friedensmedaille des Friedensrates der DDR in Berlin, der Johann-Heinrich-Pestalozzi-Medaille in Bronze und Silber und der Verdienstmedaille der DDR, Mitglied der Historischen Kommission der Akademie, der Fachkommission Alte Geschichte und der Fachkommission Byzantinistik bei der Historiker-Gesellschaft der DDR, Mitglied der Association Internationale des Études Patristiques in Paris und der International Association for the History of Religions (IAHR), geb. 21. I. 1922 in Böhlitz-Ehrenberg bei Leipzig, 4020 Halle (Saale), August-Bebel-Straße 69, Tel. 31788 (17. X. 1975).

Dietze, Walter, Dr. phil., Generaldirektor der Nationalen Forschungs- und Gedenkstätten der Klassischen Deutschen Literatur in Weimar (bis 7. I. 1982), Honorar-Professor für Geschichte der deutschen Literatur an der Karl-Marx-Universität Leipzig, Nationalpreisträger, Kunstpreisträger der Stadt Leipzig, Literatur- und Kunstpreisträger der Stadt Weimar, Inhaber der Johannes-R.-Becher-Medaille in Silber und Gold und der Johann-Heinrich-Pestalozzi-Medaille in Bronze und Silber, o. Mitglied der Akademie der Wissenschaften der DDR, Mitglied des Nationalen Rates der Deutschen Demokratischen Republik zur Pflege und Verbreitung des deutschen Kulturerbes, Mitglied und Vorstandsmitglied der Goethe-Gesellschaft in Weimar, Mitglied der Modern Language Association of America (MLA), der Internationalen Vereinigung für germanische Sprach- und Literaturwissenschaften (IVG) und der Association Internationale de Littérature Comparée (AILC), geb. 22. V. 1926 in Leipzig, 5300 Weimar, Hermann-Löns-Straße 10/043, Tel. dienstl. 2945 (17. X. 1975).

Dudek, Gerhard, Dr. phil., o. Professor für Russische Literatur an der Karl-Marx-Universität Leipzig, Inhaber der Johann-Heinrich-Pestalozzi-Medaille in Bronze, Mitglied der Kommission für Slawische Poetik und Stilistik beim Internationalen Slawistenkomitee, geb. 30. XII. 1922 in Groß-Peterwitz (Westpreußen), 7050 Leipzig, George-Bähr-Straße 15, Tel. 66462 (20. X. 1978).

Eichler, Ernst, Dr. phil., o. Professor für Tschechische Sprache an der Karl-Marx-Universität Leipzig, Inhaber der Johann-Heinrich-Pestalozzi-Medaille in Bronze und Silber,

Mitglied der Historischen und der Sprachwissenschaftlichen Kommission der Akademie, des Nationalkomitees der Slawisten der DDR, Vorsitzender der Onomastischen Kommission dieses Nationalkomitees, Mitglied der Kommission für slawische Schriftsprachen beim Nationalkomitee der Slawisten der DDR, der Onomastischen Kommission beim Internationalen Slawistenkomitee, des International Comittee of Onomastic Sciences (ICOS) und des Nordischen Komitees für Zusammenarbeit auf dem Gebiet der Namenforschung (NORNA), der Societas Jablonoviana in Leipzig, der Bilateralen Kommission DDR/ČSSR für Bohemistik und Slowakistik beim Ministerium für Hoch- und Fachschulwesen der DDR und des Linguistischen Arbeitskreises an der Karl-Marx-Universität Leipzig, geb. 15. V. 1930 in Mimoň (ČSR), 7030 Leipzig, Kantstraße 36, Tel. 322240 (20. X. 1978).

Forberger, Rudolf, Dr. rer. pol., Dr. rer. oec., em. Honorar-Professor für Wirtschaftsgeschichte, Träger der Ehrennadel für heimatkundliche Leistungen in Gold des Kulturbundes der DDR, Mitglied der Historischen Kommission der Akademie, geb. 13. IV. 1910 in Carlsfeld (Kreis Aue), 8019 Dresden, Eibenstocker Straße 14, Tel. 31261 (17. X. 1975).

Große, Rudolf, Dr. phil., o. Professor für Deutsche Philologie an der Karl-Marx-Universität Leipzig, Inhaber des Jacob- und Wilhelm-Grimm-Preises der DDR, der Johann-Heinrich-Pestalozzi-Medaille in Silber und der Ehrennadel der Karl-Marx-Universität Leipzig, Leiter der Sprachwissenschaftlichen Kommission und Mitglied der Historischen Kommission der Akademie, o. Mitglied der Akademie der Wissenschaften der DDR, Vorsitzender der Germanisten-Kommission der DDR und der VR Polen, Mitglied der Societas Jablonoviana in Leipzig, Mitglied des Senats der Internationalen Vereinigung für Germanische Sprach- und Literaturwissenschaft, Mitglied des Comité International de Dialectologie in Louvain und des Comité International de l'Atlas Linguarum Europae (Nimègue — Pays Bas), geb. 28. VII. 1924 in Heldrungen, 7030 Leipzig, Aschenbrödelweg 36, Tel. 872957 (24. V. 1965).

Hiebsch, Hans, Dr. phil., o. Professor für Psychologie an der Friedrich-Schiller-Universität Jena, Nationalpreisträger, Inhaber der Verdienstmedaille der DDR, der Verdienstmedaille der Nationalen Volksarmee der DDR in Silber und der Humboldt-Medaille in Silber, Mitglied der Sprachwissenschaftlichen Kommission der Akademie, der Gesellschaft für Psychologie in der DDR und Mitglied der European Association of Experimental Social Psychology in Den Haag, geb. 10. VIII. 1922 in Bodenbach (ČSR), 6900 Jena, Professor-Ibrahim-Straße 35, Tel. 25935 (28. VI. 1971).

Kühnert, Friedmar, Dr. phil., o. Professor für Klassische Philologie mit besonderer Berücksichtigung der Lateinischen Sprache und Literatur an der Friedrich-Schiller-Universität Jena, Inhaber der Friedrich-Schiller-Medaille in Silber der Friedrich-Schiller-Universität Jena und der Theodor-Neubauer-Medaille in Silber, stellvertr. Vorsitzender des Wissenschaftlichen Beirats für Altertumswissenschaften beim Ministerium für Hoch- und Fachschulwesen der DDR, Mitglied des Wissenschaftlichen Rates für Archäologie und Alte Geschichte bei der Akademie der Wissenschaften der DDR und der Winckelmann-Gesellschaft der DDR, geb. 16. XI. 1924 in Dreißigacker (Kreis Meiningen), 6900 Jena, Johannisplatz 22 (18. VI. 1974).

Lehmann, Edgar, Dr. phil., Dr.-Ing. e. h. (Eidgenössische Technische Hochschule Zürich), em. Professor, Direktor i. R. des Instituts für Geographie und Geoökologie der Akademie der Wissenschaften der DDR, Träger des Vaterländischen Verdienstordens in Silber, Inhaber der Alexander-von-Humboldt-Gedenkmedaille der DDR, der Hermann Haack-Medaille der Geographischen Gesellschaft der DDR, der Gauss-Ehrenplakette, der Lajós-Loczy-Gedenkmedaille der Ungarischen Geographischen Gesellschaft und der Medaille für wissenschaftliche Verdienste der Polnischen Geographischen Gesellschaft, Mitglied der Historischen Kommission und der Kommission für spezielle Umweltprobleme der Akademie, o. Mitglied der Akademie der Wissenschaften der DDR und Vorsitzender der Klasse „Umweltschutz und Umweltgestaltung“, Vorsitzender der „Kommission zur Herausgabe des Atlas der DDR“, Vorsitzender des Wissenschaftlichen Beirates für Heimatforschung, Mitglied des Wissenschaftlichen Rates der Hauptforschungsrichtung Geographie/Hydrologie/Meteorologie der Akademie der Wissenschaften der DDR, Mitglied der Working group „Environmental atlases“ der Internationalen Geographischen Union (IGU), Ehren- und Vorstandsmitglied der Geographischen Gesellschaft der DDR, Mitglied des Nationalkomitees für Geographie und Kartographie der DDR, Ehrenmitglied der Geographischen Gesellschaft der UdSSR, geb. 25. III. 1905 in Berlin, 7030 Leipzig, Prinz-Eugen-Straße 44, Tel. 311219 (7. XII. 1959).

Lieberwirth, Rolf, Dr. jur., o. Professor für Deutsche Rechtsgeschichte an der Martin-Luther-Universität Halle—Wittenberg, Inhaber des Vaterländischen Verdienstordens in Bronze, der Verdienstmedaille der DDR, der Christian-Thomasius-Plakette der Martin-Luther-Universität Halle—Wittenberg und der Wilhelm-Külz-Ehrennadel der LDPD, Mitglied der Historischen Kommission der Akademie, Mitglied der Asociaţia de Istorie Comparativă a Instituţiilor şi Dreptului din Republica Socialistă România, der Gesellschaft für Völkerrecht der DDR, der International Law Association in London und des Wissenschaftlichen Beirats für Rechtswissenschaft beim Ministerium für das Hoch- und Fachschulwesen der DDR, geb. 1. XII. 1920 in Halle (Saale), 4020 Halle (Saale), Rainstraße 3b, Tel. 30465 (18. XII. 1972).

Markov, Walter, Dr. phil., Dr. phil. h. c. (Leipzig), em. o. Professor für mittelalterliche und neuere Geschichte an der Karl-Marx-Universität Leipzig, Nationalpreisträger, Träger des Vaterländischen Verdienstordens in Silber und Gold, Inhaber der Medaille für Kämpfer gegen den Faschismus 1933—1945, des Sterns der Völkerfreundschaft, des Friedrich-Engels-Preises der Akademie der Wissenschaften der DDR, der Ehrenmedaille des Komitees der antifaschistischen Widerstandskämpfer der DDR, der Bronzemedaille der Universität Helsinki und der Ehrennadel für Verdienste um die Freundschaft der Völker in Gold, Mitglied der Historischen Kommission der Akademie, o. Mitglied der Akademie der Wissenschaften der DDR, Ehrenvorsitzender des Interdisziplinären Zentrums für Revolutionsforschung an der Karl-Marx-Universität Leipzig, Vizepräsident der Commission Internationale für Geschichte der Französischen Revolution des Comité International des Sciences Historiques in Paris, Vorstandsmitglied der Société des Études robespierristes in Paris und der Association pour l'histoire contemporaine de l'Europe in Strasbourg, Vorstandsmitglied der Association des Études napoléoniennes in Portoferraio, Mitglied der Société d'Histoire moderne et contemporaine in Paris und der Historical Society of Nigeria in Ibadan, Ehrenmitglied der Historikergesellschaft der DDR, Ehrensenator der KMU, Verdienter Hochschullehrer der DDR, geb. 5. X. 1909 in Graz, 7124 Holzhausen (Sachsen), Weißdornweg 4, Tel. 61384 (7. XII. 1964).

Meyer, Rudolf, Dr. theol., D. theol. h. c. (Humboldt-Universität Berlin), em. o. Professor für Altes Testament und rabbinische Literatur sowie Leiter des Fachbereiches Altes

Testament an der Friedrich-Schiller-Universität Jena, Sektion Theologie, em. Vorstand der Hilprecht-Sammlung Vorderasiatischer Altertümer, Inhaber der Gedächtnisplakette der Humboldt-Universität Berlin und der Schiller-Medaille der Friedrich-Schiller-Universität Jena in Bronze und Silber, korresp. Mitglied der Heidelberger Akademie der Wiss., geb. 8. IX. 1909 in Leipzig, 6900 Jena, Hornstraße 1, Tel. 24382 (15. IX. 1958).

Möbius, Friedrich, Dr. phil., Diplomkunstwissenschaftler, o. Professor für Kunstwissenschaft an der Friedrich-Schiller-Universität Jena, Träger des Vaterländischen Verdienstordens in Bronze, Inhaber der Johann-Heinrich-Pestalozzi-Medaille in Bronze, Mitglied der Association internationale du critique de l'art (AICA) und des Verbandes Bildender Künstler der DDR, geb. 24. V. 1928 in Dresden, 6901 Rothenstein 163, Postfach 523, Tel. Kahla 631 (25. III. 1977).

Müller, Joachim, Dr. phil., em. o. Professor für Deutsche Literatur an der Friedrich-Schiller-Universität Jena, Inhaber des Grillparzer-Ringes 1982, verliehen durch den Österreichischen Vizekanzler und Bundesminister für Kunst, der Schiller-Plakette der Deutschen Schiller-Stiftung, der Schiller-Medaille in Silber und der Ehrennadel in Gold der Friedrich-Schiller-Universität Jena sowie der Johann-Heinrich-Pestalozzi-Medaille in Bronze, korresp. Mitglied des Adalbert-Stifter-Institutes des Landes Oberösterreich in Linz, Mitglied des PEN-Clubs, geb. 12. VII. 1906 in Oberwiesenthal (Sachsen), 6900 Jena, Schillbachstraße 39, Tel. 23808 (7. XII. 1959).

Neubert, Albrecht, Dr. phil., o. Professor an der Sektion Theoretische und angewandte Sprachwissenschaft an der Karl-Marx-Universität Leipzig, Inhaber der Ehrennadel der Karl-Marx-Universität Leipzig und der Johann-Heinrich-Pestalozzi-Medaille in Silber, Mitglied und stellvertr. Leiter der Sprachwissenschaftlichen Kommission der Akademie, o. Mitglied der Akademie der Wissenschaften der DDR, Vorsitzender des Wissenschaftlichen Rates für Sprachwissenschaft bei dieser Akademie, Mitglied des Nationalkomitees für Sprachwissenschaft der DDR, Vorsitzender des Linguistischen Arbeitskreises der Karl-Marx-Universität Leipzig, Mitglied der Deutschen Shakespeare-Gesellschaft in Weimar, Mitglied des Internationalen Komitees der International Association of Applied Linguistics, geb. 3. III. 1930 in Hartenstein (Sachsen), 7022 Leipzig, Poetenweg 5, Tel. 50131 (18. XII. 1972).

Neumann, Werner, Dr. phil., Professor, em. Direktor des von ihm 1950 gegründeten Bach-Archivs Leipzig, Nationalpreisträger, Träger des Vaterländischen Verdienstordens in Bronze und Silber und der Verdienstmedaille der DDR, Mitglied des Johann-Sebastian-Bach-Komitees der DDR, des Verbands der Komponisten und Musikwissenschaftler der DDR, des Musikrates der DDR, des Herausgeberkollegiums der Neuen Bach-Gesamtausgabe (Sitz Göttingen) und deren Redaktionsleiter (Leipzig), der Internationalen Gesellschaft für Musikwissenschaft (Sitz Basel, Ländergruppe der DDR), des Kuratoriums des Bachhauses Eisenach, des Beirates der Eterna-Edition, Ehrenmitglied der Neuen Bachgesellschaft (Sitz Leipzig), geb. 21. I. 1905 in Königstein (Sachsen), 7113 Markkleeberg, Robert-Schumann-Straße 3, Tel. 314325 (18. VI. 1974).

Rathmann, Lothar, Dr. phil., o. Professor für Geschichte der arabischen Länder an der Karl-Marx-Universität Leipzig, Rektor dieser Universität, Nationalpreisträger, Träger des Ordens „Banner der Arbeit“ und des Verdienstordens der VAR, Inhaber der Verdienstmedaille der DDR, der Verdienstmedaille der Nationalen Volksarmee der DDR in Gold, der Johann-Heinrich-Pestalozzi-Medaille in Silber und der Ehrennadel der Liga für Völkerfreundschaft der DDR, korresp. Mitglied der Akademie der Wissenschaften der DDR, geb. 16. II. 1927 in Werdau (Sachsen), 7124 Holzhausen (Sachsen), Rehwagenstraße 10, Tel. 2011441 (25. III. 1977).

Rudolph, Kurt, Dr. theol., Dr. phil., o. Professor für Religionsgeschichte an der Karl-Marx-Universität Leipzig, Inhaber der Johann-Heinrich-Pestalozzi-Medaille, auswärtiges Mitglied der Königlich Dänischen Akademie der Wissenschaften in Kopenhagen (Det Kongelige Danske Videnskabernes Selskab), korresp. Mitglied des Institute for Antiquity and Christianity in Claremont/Californien (USA), Mitglied der Society for Mithraic-Studies in Manchester, der Union of Arab Historians in Bagdad, der Fachkommission Alte Geschichte der Deutschen Historiker-Gesellschaft in Berlin, der Deutschen Morgenländischen Gesellschaft in Mainz und der Internationalen Association for the History of Religions (IAHR), geb. 3. IV. 1929 in Dresden, 7060 Leipzig-Grünau, Ringstraße 9^{V} (18. VI. 1974).

Růžička, Rudolf, Dr. phil., o. Professor für Slawistik und Allgemeine Sprachwissenschaft an der Karl-Marx-Universität Leipzig, Inhaber der Verdienstmedaille der DDR, o. Mitglied der Akademie der Wissenschaften der DDR, Mitglied des Wissenschaftlichen Rates für Sprachwissenschaften bei dieser Akademie, Mitglied der Sprachwissenschaftlichen Kommission der Akademie, des Nationalkomitees der Slawisten der DDR, der Internationalen Terminologischen Kommission und der Internationalen Grammatikkommission des Internationalen Slawistenkomitees, geb. 20. XII. 1920 in Löbau, 7022 Leipzig, Gohliser Straße 16, Tel. 592181 (18. XII. 1972).

Schubart-Fikentscher, Gertrud, Dr. jur., em. Professor mit Lehrstuhl für Rechtsgeschichte und Zivilrecht an der Martin-Luther-Universität Halle—Wittenberg, Trägerin des Vaterländischen Verdienstordens, Mitglied der Historischen Kommission der Akademie, korresp. Mitglied der Monumenta Germaniae Historica in München, geb. 23. XII. 1896 in Zwickau (Sachsen), 4030 Halle (Saale), Marsstraße 10, Tel. 32710 (7. XII. 1959).

Straub, Werner, Dr. phil., em. Professor mit Lehrstuhl für Psychologie an der Technischen Universität Dresden, Träger des Vaterländischen Verdienstordens in Silber und Bronze, des Ordens „Banner der Arbeit“ und der Verdienstmedaille der DDR, Ehrenmitglied der Gesellschaft für Psychologie in der DDR, geb. 14. VII. 1902 in Stuttgart, 8051 Dresden-Bad Weißer Hirsch, Collenbuschstraße 10, Tel. 36036 (16. V. 1949).

Träger, Claus, Dr. phil., o. Professor für Allgemeine Literaturwissenschaft an der Karl-Marx-Universität Leipzig, Verdienter Hochschullehrer der DDR, Inhaber des Lessingpreises der DDR, der Verdienstmedaille der DDR, der Johann-Heinrich-Pestalozzi-Medaille in Silber, der Goethe- und Schiller-Plakette in Gold der Nationalen Forschungs- und Gedenkstätten der klassischen deutschen Literatur in Weimar, der Ehrennadel und des Gustav-Hertz-Preises der Karl-Marx-Universität Leipzig, Vorsitzender des Beirats für Kultur-, Kunst- und Sprachwissenschaften beim Ministerium für Hoch- und Fachschulwesen der DDR, Mitglied des Hoch- und Fachschulrates beim Minister für Hoch- und Fachschulwesen der DDR, des Rates für Kultur- und Kunstwissenschaften bei der Akademie für Gesellschaftswissenschaften beim ZK der SED, des Nationalkomitees für Literaturwissenschaft bei der Akademie der Wissenschaften der DDR, der Association Internationale de Littérature Comparée (AILC) und Ausschußmitglied der Internationalen Vereinigung für Germanische Sprach- und Literaturwissenschaft (IVG), geb. 4. II. 1927 in Leipzig, 7113 Markkleeberg-Ost, Heinrich-v.-Kleist-Straße 19, Tel. 311959 (17. X. 1975).

Werner, Ernst, Dr. phil., o. Professor für Geschichte des Mittelalters an der Karl-Marx-Universität Leipzig, Nationalpreisträger, Träger des Vaterländischen Verdienstordens in Bronze, Inhaber der Verdienstmedaille der DDR und der Erinnerungsmedaille zum 50. Jahrestag der Großen Sozialistischen Oktoberrevolution der Universität Kiew, Verdienter Hochschullehrer der DDR, Mitglied der Sprachwissenschaftlichen Kommission und der Historischen Kommission der Akademie, o. Mitglied der Akademie der Wissenschaften der DDR, geb. 20. XI. 1920 in Tyssa (ČSR), 7022 Leipzig, Braunschweiger Straße 19, Tel. 52762 (18. VI. 1971).

Wittich, Dieter, Dr. phil., o. Professor für Philosophie (Erkenntnistheorie) an der Karl-Marx-Universität Leipzig, Nationalpreisträger, Inhaber der Humboldt-Plakette der Humboldt-Universität Berlin und des Gustav-Hertz-Preises der Karl-Marx-Universität Leipzig, Träger der Johann-Heinrich-Pestalozzi-Medaille in Silber, Mitglied des Rates für Philosophie bei der Akademie für Gesellschaftswissenschaften beim ZK der SED und Mitglied des Beirates für Philosophie beim Ministerium für Hoch- und Fachschulwesen der DDR, geb. 7. II. 1930 in Mansbach (Hessen), 7022 Leipzig, Braunschweiger Straße 2, Tel. 581390 (12. X. 1979).

Wollgast, Siegfried, Dr. phil., o. Professor für Geschichte der Philosophie an der Technischen Universität Dresden, Inhaber der Johann-Gottfried-Herder-Medaille in Gold, der Silbernen Ehrennadel der „Urania“, der Erinnerungsmedaille „20 Jahre Kampfgruppen der Arbeiterklasse“ und des Preises der TU Dresden II. Klasse, Mitglied der Poggendorff-Kommission und der Historischen Kommission der Akademie, geb. 27. IX. 1933 in Schönlanke (Netzekreis), 8019 Dresden, Thomas-Müntzer-Platz 10, Tel. 691264 (20. X. 1978).

Auswärtige Mitglieder der philologisch-historischen Klasse

Aland, Kurt, D., D. theol. h. c. (Göttingen), D. D. h. c. (St. Andrews), Dr. Litt. h. c. (Wartburg College, Iowa), o. Professor für Geschichte der Alten Kirche und Neutestamentliche Textforschung im Fachbereich Evangelische Theologie der Westfälischen Wilhelms-Universität Münster, Direktor des Instituts für neutestamentliche Textforschung, Träger des Großen Verdienstkreuzes des Verdienstordens der Bundesrepublik Deutschland, Geschäftsführer der Stiftung zur Förderung der neutestamentlichen Textforschung, Leiter der Arbeitsstelle Münster der Patristischen Kommission, Träger des Athos-Kreuzes in Gold, verliehen vom Ökumenischen Patriarchen von Konstantinopel und der Burkitt-Medal for Biblical Studies der British Academy, korresp. Mitglied der British Academy in London und der Göttinger Akademie der Wissenschaften, auswärt. Mitglied der Königlich Niederländischen Akademie der Wissenschaften in Amsterdam, Mitglied der Studiorum Novi Testamenti Societas (England), des Kuratoriums der Vetus Latina in Beuron (Hohenzollern), Ehrenmitglied auf Lebenszeit der American

Bible Society und Ehrenmitglied der Society of Biblical Literature and Exegesis (USA), geb. 28. III. 1915 in Berlin, 4400 Münster (Westf.) Einsteinstraße 12, Tel. 22409 (14. III. 1955).

Angelov, Dimiter Simeonov, Dr. phil., o Professor für byzantinische Geschichte an der Universität Sofia, Nationalpreisträger der VR Bulgarien, o. Mitglied der Bulgarischen Akademie der Wissenschaften in Sofia und Direktor des Archäologischen Instituts dieser Akademie, Vizepräsident der Association Internationale des études byzantines und Vorsitzender des Bulgarischen Nationalkomitees für Byzantinistik, Mitglied des Exekutivkomitees der Internationalen Association für Slawische Archäologie, geb. 2. II. 1917 in Sofia, Sofia 11, bulv. Chr. cabakčiev 79 g (15. X. 1976).

Avanesov, Ruben Ivanovič, Dr. phil., Dr. phil. h. c. (Warszawa), Prof. für russische und slawische Sprachwissenschaft, dialektologisch-historische Phonologie und Theorie der Orthographie an der Lomonossov-Universität in Moskau, Vizepräsident der Association Phonétique Internationale und der Redaktion des Sprachatlasses von Europa, Leiter und Chefredakteur des Wörterbuches der altrussischen Sprache, Leiter der Kommission für den Gesamtslawischen Sprachatlas beim Internationalen Slawistenkomitee und Vorsitzender des Redaktionskollegiums, Staatspreisträger der UdSSR, Inhaber des Ordens des Roten Arbeitsbanners, zweier Ehrenzeichen, der Verdienstmedaille der Akademie der Wissenschaften der ČSSR für Verdienste im Bereich der ganzen Wissenschaften, korresp. Mitglied der Akademie der Wissenschaften der UdSSR, Ehrenmitglied der Linguistischen Gesellschaft der Akademie der Wissenschaften der ČSSR, geb. 14. II. 1902 in Šuša (Aserbaidschan), 117333 Moskau, Vavilov-Straße 48, Wohnung 169, Tel. 137-51-97; dienstlich: Institut für russische Sprache der AdW der UdSSR, 121019 Moskva, Volchonka 18/2, Tel. 202-59-71 (14. IV. 1978). † 1. V. 1982 Moskau.

Beševliev, Veselin, Dr. phil., em. ao. Professor für altgriechische Philologie an der Universität Sofia, Professor für altgriechische Philologie am Institut für Balkanistik der Bulgarischen Akademie der Wissenschaften in Sofia, Inhaber des Gottfried-von-Herder-Preises der Universität Wien, Träger des Ordens für Wissenschaft „Kirill i Metodi", I. Stufe, und des Verdienstordens „Cervenc zname" (rote Fahne), I. Stufe, korresp. Mitglied der Bulgarischen Akademie der Wissenschaften in Sofia, Mitglied des Bulgarischen Archäologischen Instituts in Sofia und der Ungarischen Orientalischen Gesellschaft in Budapest, geb. 25. III. 1900 in Sofia, 1142 Sofia, L. Karavelov 2^{V}, Tel. 87-96-08 (9. XI. 1974).

Białostocki, Jan, Dr. phil., Dr. phil. h. c. (Groningen), o. Professor für neuere Kunstgeschichte an der Universität Warschau, Leiter der Gemäldegalerie (ausländische Schulen) im Muzeum Narodowe, Warschau, Inhaber des Polnischen Nationalpreises I. Klasse, des Kavalierkreuzes und Offizierskreuzes Polonia Restituta, des Goldenen Verdienstkreuzes und des Kavalierkreuzes Corona d'Italia, Herder-Preisträger 1970 in Wien, Aby M. Warburg-Preisträger der Freien und Hansestadt Hamburg 1980, korresp. Mitglied der Polnischen Akademie der Wissenschaften in Warschau, der Bayerischen Akademie der Wissenschaften in München, der Akademie der Wissenschaften und der Literatur in Mainz, der Koninklijke Nederlandse Akademie van Wetenschappen in Amsterdam, der Koninklijke Vlaamse Academie voor Wetenschappen, Letteren en Schone Kunsten van België in Brüssel und der Academia de Bellas Artes San Fernando in Madrid, geb.

14. VIII. 1921 in Saratov (UdSSR), 00238 Warszawa, Długa 30/34-7, Tel. 318094 (10. X. 1980).

Bischoff, Karl, Dr. phil., em. o. Professor für deutsche Philologie und Volkskunde an der Johannes Gutenberg-Universität Mainz, Mitglied der Historischen Kommission der Akademie, o. Mitglied der Akademie der Wissenschaften und der Literatur in Mainz, korresp. Mitglied der Akademie der Wissenschaften in Göttingen und Buitenlands erelid der Koninklijke Academie voor Nederlandse Taal- en Letterkunde in Gent, geb. 19. V. 1905 in Aken (Elbe), 6500 Mainz, In der Meielache 15, Tel. 32174 (14. III. 1955).

Bruford, Walter Horace, M. A., LL. D. h. c. (Aberdeen), D. Litt. h. c. (Newcastle. Edinburgh), em. Professor für Germanistik an der Universität Cambridge (England), Inhaber der Goethe-Medaille in Gold des Goethe-Instituts in München, Mitglied der British Academy in London, korresp. Mitglied der Deutschen Akademie für Sprache und Dichtung in Darmstadt, Mitglied der Modern Humanities Research Association in London, 1965 deren Präsident, Mitglied der Internationalen Vereinigung für germanische Sprach- und Literaturwissenschaft, 1955—1960 deren Vizepräsident, geb. 14. VII. 1894 in Manchester (England), 15 Strathfillan Road, Edinburgh EH9 2AG, Tel. 031/447/5935 (21. VI. 1965).

Droz, Jacques, Dr. phil., o Professor für neuere Geschichte an der Sorbonne (Panthéon) in Paris, Direktor des Instituts für Geschichte der Gewerkschaftsbewegung, Träger des Bandes der Ehrenlegion, Mitglied der Gesellschaft Frankreich—DDR, geb. 12. III. 1909 in Paris, Université Paris I, Centre histoire du Syndicalisme, 16, rue de la Sorbonne, 75005 Paris (9. XI. 1974).

Erben, Johannes, Dr. phil., o. Professor für deutsche Sprache und ältere deutsche Literatur an der Rheinischen Friedrich-Wilhelms-Universität Bonn, Nationalpreisträger, Inhaber des Konrad-Duden-Preises 1969 der Stadt Mannheim, auswärt. Mitglied der Akademie der Wissenschaften der DDR, Kuratoriumsmitglied des Instituts für deutsche Sprache in Mannheim, geb. 12. I. 1925 in Leipzig, 5300 Bonn-Beuel, Ringstraße 39 (11. III. 1961).

Gadamer, Hans-Georg, Dr. phil., Dr. phil. h. c. (Ottawa, Washington), em. o. Professor für Philosophie an der Ruprecht-Karl-Universität Heidelberg, Mitglied des Ordens Pour le mérite für Wissenschaft und Kunst, Träger des großen Verdienstkreuzes mit Stern der Bundesrepublik Deutschland, Inhaber des Reuchlinpreises 1971 der Stadt Pforzheim, des Hegelpreises 1979 der Stadt Stuttgart und des Siegmund-Freud-Preises der Deutschen Akademie für Sprache und Dichtung in Darmstadt, o. Mitglied der Heidelberger Akademie der Wissenschaften, Mitglied der Deutschen Akademie für Sprache und Dichtung in Darmstadt, der Akademie der Wissenschaften in Athen, der Accademia Nazionale dei Lincei in Rom und der American Academy of Arts and Sciences in Boston, korresp. Mitglied der Académie Royale de Belgique in Brüssel, geb. 11. II. 1900 in Marburg, 6900 Heidelberg, Am Büchsenackerhang 53, Tel. 802536 (15. VI. 1940).

Georgiev, Vladimir. I., Dr. phil., Dr. phil. h. c. (Berlin und Prag), o. Professor für allgemeine und indoeuropäische Sprachwissenschaft, Slawistik und Balkanistik an der Universität Sofia, Inhaber des Nationalpreises für Wissenschaft, Mitglied und Vizepräsident (1959—1972), gegenwärtig Direktor des Zentrums für Sprache und Literatur der Bulgarischen Akademie der Wissenschaften in Sofia, korresp. Mitglied des Institut de France/Académie des Inscriptions et Belles-Lettres in Paris, der Finska Vetenskaps-Societeten-Souomen Tiedeseura in Helsinki, der Académie Royale des Sciences, des Lettres et des Beaux-Arts de Belgique in Brüssel und der Akademie der Wissenschaften in Athen, geb. 3. II. 1908 in Gabare (Bulg.), Sofia, ul. Čapaev 52, Tel. 72-20-58, Privatanschrift: Sofia, Oboriste 11, Tel. 44-16-40 (19. II. 1968).

Hamann, Günther, Dr. phil., o. Professor für Geschichte der Neuzeit an der Universität Wien, Inhaber des Förderungspreises der Stadt Wien (1957), des Portugiesischen Nationalpreises für Wissenschaft „Prémio Camões", der Jan-Amos-Comenius-Medaille der Karls-Universität Prag, der Nicolaus-Copernicus-Medaille der Polnischen Akademie der Wissenschaften in Warschau und des Deutschen Museums der Naturwissenschaft und Technik in München, des Kommandeurkreuzes des Ordens für Verdienste um die Volksrepublik Polen und der Johannes-Kepler-Medaille der Kepler-Kommission der ČSSR in Prag, wirkliches Mitglied der Österreichischen Akademie der Wissenschaften in Wien, Mitglied und Vizeobmann der Kommission für Geschichte der Mathematik, Naturwissenschaften und Medizin dieser Akademie, korresp. Mitglied der Académie Internationale d'Histoire des Sciences in Paris und evangelisches Mitglied der Katholischen Akademie in Wien, Mitglied des Instituts für österreichische Geschichtsforschung, der Bibliothekskommission des Akademischen Senats der Universität Wien, der Copernicus-Kommission in München, des Wissenschaftlichen Kuratoriums für den Theodor-Körner-Stiftungsfonds der Republik Österreich zur Förderung von Wissenschaft und Kunst, Vorstandsmitglied der Gesellschaft der Freunde der Österreichischen Nationalbibliothek und der Österreichischen Geographischen Gesellschaft in Wien, Mitglied und Vizepräsident der Internationalen Coronelli-Gesellschaft für Globen- und Instrumentenkunde in Wien, Mitglied und Leiter der Österreichischen Sektion der Commission d'Histoire de la Pensée Géographique der Union Géographique Internationale in Paris, Mitglied und Leiter des Arbeitskreises Geschichte der Forschungsreisen der Alexander-von-Humboldt-Gesellschaft, geb. 12. X. 1924 in Wien, 1190 Wien, Tallesbrunngasse 8, Tel. 3246724 u. 3246725 (8. VI. 1979).

Heimpel, Hermann, Dr. phil., Dr. jur. h. c. (Freiburg i. B.), em. o. Professor für mittelalterliche und neuere Geschichte an der Georg-August-Universität Göttingen, ehemals Direktor des Max-Planck-Instituts für Geschichte in Göttingen, Träger des großen Verdienstkreuzes des Verdienstordens der Bundesrepublik Deutschland, Inhaber des Kulturpreises der Stadt Goslar, der Ehrenmedaille der Stadt Göttingen und der Silbermedaille „München leuchtet", o. Mitglied der Akademie der Wissenschaften Göttingen, korresp. Mitglied der Deutschen Akademie für Sprache und Dichtung in Darmstadt, der Bayerischen Akademie der Wissenschaften in München, der Heidelberger Akademie der Wissenschaften, der Akademie der Wissenschaften und der Literatur in Mainz, der Österreichischen Akademie der Wissenschaften in Wien und der Royal Historical Society in London, o. Mitglied der Zentraldirektion der Monumenta Germaniae Historica in München und der Historischen Kommission bei der Bayerischen Akademie der Wissenschaften in München, Ehrenmitglied des Instituts für Österreichische Geschichtsforschung in Wien und des Germanischen Nationalmuseums in Nürnberg, geb. 19. IX. 1901 in München, 3400 Göttingen, Dahlmannstraße 14, Tel. 59382 (5. VI. 1935).

Hunger, Herbert, Dr. phil., Dr. phil. h. c. (Chicago, Thessaloniki), o. Professor für Byzantinistik an der Universität Wien, Inhaber des Wilhelm-Hartel-Preises der Österreichischen Akademie der Wissenschaften, des Theodor-Innitzer Preises des Kardinal-Innitzer Studienfonds, des Preises der Stadt Wien für Geisteswissenschaften 1979, des Großen goldenen Ehrenzeichens für Verdienste um die Republik Österreichs und des Großen goldenen Ehrenzeichens der Stadt Wien, wirkliches Mitglied und Präsident der Österreichischen Akademie der Wissenschaften in Wien, ausw. Mitglied der Akademie der Wissenschaften in Athen, der Bulgarischen Akademie der Wissenschaften in Sofia, der Societas Scientiarum Fennica in Helsinki, der Tschechoslowakischen Akademie der Wissenschaften in Prag, der Akademie der Wissenschaften und der Literatur in Mainz und der Holländischen Gesellschaft der Wissenschaften in Haarlem, Associé der Academie Royale de Belgique in Brüssel, korresp. Mitglied der Bayerischen Akademie der Wissenschaften in München und der Heidelberger Akademie der Wissenschaften, Socio straniero Accademia di Scienze in Palermo, Socio ordinario non resistente Accademia Pontaniana in Neapel, Mitglied der American Philosophical Society in Philadelphia, Ehrenmitglied der Ungarischen Akademie der Wissenschaften in Budapest, geb. 9. XII. 1914 in Wien, A-1030 Wien, Weißgerberlände 40/23, Tel. 7340382 (10. X. 1980).

Iordan, Iorgu, Dr. phil., Dr. phil. h. c. (Humboldt-Universität Berlin, Gent, Jassy, Montpellier, Rom, Budapest), em. o. Professor für romanische Philologie an der Universität Bukarest, Verdienter Wissenschaftler, Staatspreisträger I. und II. Klasse, Inhaber des „Ordinul Muncii“ I. Klasse, des Ordens „Steaua Republicii Populare Române“ I. Klasse, des Ordens „Meritul Ştiinţific“ I. Klasse, des Ordens „23. August“ I. und II. Klasse, des Ordens „Tudor Vladimirescu“ II. Klasse, der Medaille „40 de ani de la întemeierea Partidului Comunist din România“, der Medaille „A XX-a aniversare a Eliberării Patriei“, der Medaille „A cincizecea aniversare a P. C. R.“, der Medaille „25 de ani de la proclamarea Republicii“ und der Medaille „30 de ani de la Eliberarea de sub dominatia fascistă“, Inhaber des Titels „Eron al Muncii Socialiste“, o. Mitglied der Rumänischen Akademie der Wissenschaften in Bukarest, früher Vizepräsident dieser Akademie und Präsident der Klasse für Sprache, Literatur und Kunst, auswärt. Mitglied der Akademie der Wissenschaften der DDR, der Bayerischen Akademie der Wissenschaften in München, der Österreichischen Akademie der Wissenschaften in Wien, der Real Academia Española, Präsident der Rumänischen Gesellschaft für romanische Sprachforschung und des Rumänischen Nationalkomitees für Volkskunst, Mitglied der Rumänischen Gesellschaft für Beziehungen mit der UdSSR, Ehrenpräsident der Société de Linguistique Romane in Paris und Strasbourg, Mitglied der Société de Linguistique in Paris, der Asociación International de Hispanistas, der Junta directiva dieser Asociación, der Asociación de Linguística y Filología Hispanoamericana, des Comité International des Sciences Onomastiques in Louvain und des Comité International Permanent des Linguistes (CIPL), korresp. Mitglied des Instituto Mexicano de Cultura in Mexico City und des Institut d'Estudis Catalans, geb. 29. IX. 1888 (11. X. 1888) in Tecuči (Rumänien), Bucureşti, str. Sofia 21^{I}, Tel. 121896 (10. III. 1958).

Ivić, Milka, Dr. phil., o. Professor für Slawistik, Serbokroatistik und allgemeine Sprachwissenschaft an der Universität Novi Sad, o. Mitglied der Serbischen Akademie der Wissenschaften und Künste in Beograd, korresp. Mitglied der Norwegischen Akademie der Wissenschaften in Oslo, geb. 11. XII. 1923 in Beograd, SFR Jugoslawien, 11000 Beograd, Ohridska 7, Tel. 438—619 (8. VI. 1979).

Jarceva, Viktorija Nikolaevna, Dr. phil., Professor, korresp. Mitglied der Akademie der Wissenschaften der UdSSR und Leiter der Sektion für germanische Sprachen des Instituts für Sprachwissenschaft der Akademie der Wissenschaften der UdSSR, geb. 3. XI. 1906 in St. Petersburg, Moskva, ul. Marksa i Engelsa 1/14 (15. X. 1976).

Jedlička, Alois, Dr. phil., o. Professor für Tschechische Sprache an der Karls-Universität Prag, Inhaber der goldenen Josef-Dobrovský-Medaille für Verdienste um die Gesellschaftswissenschaften, des Klement-Gottwald-Staatspreises (1958) und des Preises der Tschechoslowakischen Akademie der Wissenschaften (1972), Mitglied der Societas linguistica europea und der International Association of Applied Linguistics (AILA), geb. 20. VI. 1912 in Brno, 10000 Praha 10, Kišiněvská 16, Tel. 743962 (10. X. 1980).

Ladendorf, Heinz, Dr. phil., em. o. Professor für Kunstgeschichte an der Universität Köln, Träger des Ordens Officier des Palmes Académiques, Commendatore dell'Ordine al Merito, o. Mitglied des Deutschen Archäologischen Instituts in Berlin-Dahlem, geb. 29. VI. 1909 in Leipzig, 5000 Köln 41, Kunsthistorisches Institut, Albert-Magnus-Platz, Tel. 4704476 und 5000 Köln-Lindenthal, Kerpener Straße 4, Tel. 449658 (4. III. 1955).

Ligeti, Lajos, Dr. phil., Dr. lit., em. Professor mit Lehrstuhl für innerasiatische Studien an der Eötvös-Loránd-Universität Budapest, Träger des Arbeitsordens, Inhaber des Kossuth-Preises, des Fahnenordens I. und II. Klasse der Ungarischen Volksrepublik, des mongolischen Nairamdalordens, der Goldmedaille der Ungarischen Akademie der Wissenschaften in Budapest, der Goldmedaille der Permanent International Altaistic Conference und des Ehrendiploms der Türkischen Republik, o. Mitglied der Ungarischen Akademie der Wissenschaften in Budapest, Präsident des Bibliotheksausschusses und des Ausschusses für Orientalistik dieser Akademie, auswärt. Mitglied der Akademie der Wissenschaften der Mongolischen Volksrepublik in Ulan-Bator, korresp. Mitglied des Institut de France/Académie des Inscriptions et Belles Lettres in Paris und der Soumalais-Ugrilainen Seura [Finnisch-ugrische Gesellschaft] in Helsinki, Ehrenmitglied des Société Asiatique in Paris, der Royal Asiatic Society in London und der Türk Dil Kurumu in Ankara, Vizepräsident des Permanent Commitee of the International Congres of Mongolists, geb. 25. X. 1902 in Balassagyarmat, Budapest V., Belgrád-rkp. 25, Tel. 187-529 (18. I. 1965).

Lomov, Boris F., Dr. phil., Prof. für Psychologie des Instituts für Psychologie bei der Akademie der Wissenschaften der UdSSR in Moskau, Präsident der Allunionsgesellschaft der Psychologen in der UdSSR, Mitglied des Exekutivkomitees der International Union of Psychological Sciences, korresp. Mitglied der Akademie der Wissenschaften der UdSSR und der Akademie der Pädagogischen Wissenschaften der UdSSR, geb. 28. I. 1927 in Gorkij, Institut für Psychologie der Akademie der Wissenschaften der UdSSR, 129336 Moskva, ul. Jaroslavskaja 13 (14. IV. 1978).

Mayrhofer, Manfred, Dr. phil., o. Professor für Allgemeine und Indogermanische Sprachwissenschaft an der Universität Wien, Kommandeur des kaiserl. iranischen Humāyūn-Ordens, Träger des Ritterkreuzes I. Klasse des finnländischen Ordens der Weißen Rose, wirkliches Mitglied der Österreichischen Akademie der Wissenschaften in Wien und Sekretär der philosophisch-historischen Klasse dieser Akademie, auswärt. Mitglied der

Accademia di Scienze e Lettere in Mailand, der Königl. Schwedischen Akademie für Literatur, Geschichte und Altertümer in Stockholm und der Suomalais-Ugrilainen Seura [Finnisch-ugrische Gesellschaft] in Helsinki, korresp. Mitglied des Institut de France/Académie des Inscriptions et Belles-Lettres in Paris, der Heidelberger Akademie der Wissenschaften, der Bayerischen Akademie der Wissenschaften in München, der Königl. Dänischen Akademie der Wissenschaften in Kopenhagen und der Polnischen Akademie der Wissenschaften in Warschau, Corresponding Member of the Staff of the School of Oriental and African Studies, Universität London, Ehrenmitglied der Ungarischen Akademie der Wissenschaften in Budapest und der Linguistic Society of India in Calcutta, geb. 26. IX. 1926 in Linz a. d. Donau (Österreich), A-1190 Wien, Bauernfeldgasse 9/II/6, Tel. 362500, Post: Institut für Allgemeine und Indogermanische Sprachwissenschaft der Universität Wien, A-1010 Wien, Dr.-Karl-Lueger-Ring 1, Tel. 4300/2440 (12. XI. 1971).

Michałowski, Kazimierz, Dr. phil., Dr. phil. h. c. (Strasbourg, Cambridge, Uppsala), em. o. Professor für Mittelmeer-Archäologie an der Universität Warschau, stellv. Direktor des Nationalmuseums Warschau, Leiter des Polnischen Zentrums für Mittelmeer-Archäologie in Kairo und des Zentrums für Mittelmeer-Archäologie der Polnischen Akademie der Wissenschaften, Träger des Silbernen Kreuzes des Ordens Virtuti Militari, zweifacher Träger des Goldenen Verdienstkreuzes, der Fahne der Arbeit I. Klasse, des Kommandeurkreuzes Polonia Restituta, des Kommandeurkreuzes mit Stern Polonia Restituta, des Kommandeurkreuzes Corona d'Italia und des Offizierkreuzes der Ehrenlegion, Inhaber des Polnischen Nationalpreises I. und II. Klasse, der Medaille XXX-Jahre VR Polen und der Medaille George Perrot des Institut de France/Académie des Inscriptions et Belles-Lettres in Paris, Herder-Preisträger 1971 in Wien, o. Mitglied und Präsidiumsmitglied der Polnischen Akademie der Wissenschaften in Warschau, Mitglied der Accademia Nazionale dei Lincei in Rom und der British Academy in London, auswärt. Mitglied der Akademie der Wissenschaften der DDR und der Heidelberger Akademie der Wissenschaften, o. Mitglied des Deutschen Archäologischen Instituts in Berlin-Dahlem, der Association Internationale des Égyptologues und des Tschechoslowakischen Orientalischen Instituts, Ehrenmitglied des Institut d'Egypte in Kairo, des Archaeological Institute of America in Washington und des Archaeologiki Hetairia in Athen, stellv. Präsident der Association Internationale d'Epigraphie Latine und der International Association of Egyptologists, Präsident des Internationalen Komitees des Experten für Abu Simbel bei der UNESCO und der Society for Nubian Studies, geb. 14. XII. 1901 in Tarnopol, Warszawa, Sewerynów 6, Tel. 263979 (5. XII. 1960). † 1. I. 1981 Warszawa.

Mitchell, Terence Frederick, Bachelor of Arts, Professor für Linguistik an der Universität Leeds, Direktor des Department of Linguistics & Phonetics dieser Universität, Mitglied der Philological Society, Linguistics Association of Great Britain, in London, seit 1977 Vorstandsmitglied dieser Gesellschaft, früher Mitglied der Linguistic Society of America, geb. 3. V. 1919 in Torquay (England), ‚Oakhanger' 4 Youngwoods Way Alverstone Near Sandown, Isle of Wight PO 36 OHE, England (8. VI. 1979).

Pée, Willem, Dr. phil., em. Professor für Niederländische Linguistik, Dialektologie und experimentelle Phonetik an der Universität Gent (Belgien), Großoffizier im belgischen Leopold-II- und Kronorden, Kommandeur im Niederländischen Orden für Oranien-Nassau, Inhaber der Deutschen Friedensmedaille des Friedensrates der DDR, und des

Jacob- und Wilhelm-Grimm-Preises der DDR, des Sterns der Völkerfreundschaft in Gold, der Ehrennadel der Liga für Völkerfreundschaft der DDR in Gold für Verdienste um die Völkerfreundschaft und der goldenen Medaille des „Merite pour le développement de l'amitié et de la coopération avec la République Socialiste Tchéscolovaque", Mitglied der Maatschappij der Nederlandse Letterkunde in Leiden, der Fryske Akademy in Leeurwarden, des Provincial Utrechts Genootschap van Kunsten en Wetenschappen, der Commissie belast met de voorbereiding van de Nederlandse tekst van de Grondwet, de wetboeken en van de voornaamste wetten en besluiten, der Centrale Commissie voor de Nederlandse rechtstaal en bestuurstaal in België, Vizepräsident dieser Kommission seit 1969, Mitglied der Niederländisch-Belgischen Stiftung für niederländische Lexikologie, der Belgische Spellingcommissie und der Belgische Woordenlijstcommissie, Präsident dieser Kommission, Mitglied der Belgische Vaste Commissie van Advies voor de Spelling van de Nederlandse taal, Präsident der Terminologische Commissie bei het Ministerie van Binnenlandse Zaken, der Belgischen Abteilung der Belgisch-Nederlandse Commissie van Advies voor de Spelling van de Bastaardwoorden, Ehrenmitglied des Belgisch Centrum voor Neerlandistiek, Präsident der Gesellschaft Belgien—DDR in Brüssel, Ehrenmitglied der Koninklijke Commissie voor Toponymie & Dialectologie in Brüssel, geb. 9. IV. 1903 in Brügge (West-Flandern), 1170 Brüssel, Bosvoorde, Vuurkeienweg 3, Tel. 02/6722649 (12. XI. 1971).

Peek, Werner, Dr. phil., em. o. Professor für klassische Philologie an der Martin-Luther-Universität Halle—Wittenberg, Nationalpreisträger, Inhaber der Verdienstmedaille der Martin-Luther-Universität, auswärt. Mitglied der Akademie der Wissenschaften der DDR, korresp. Mitglied der Heidelberger Akademie der Wissenschaften, o. Mitglied des Deutschen Archäologischen Instituts in Berlin-Dahlem, auswärt. Mitglied der Akademie der Wissenschaften in Athen und der Kommission für die archäologische Erforschung Kleinasiens bei der Österreichischen Akademie der Wissenschaften in Wien, Ehrensenator der Griechischen Archäologischen Gesellschaft, geb. 6. VI. 1904 in Bielefeld, 4800 Bielefeld 1, Dornbergerstraße 86a (7. XII. 1959).

Petschow, Herbert, Dr. phil. et. jur., em. o. Professor für antike Rechtsgeschichte an der Ludwig-Maximilians-Universität in München, ehem. Gastprofessor für altorientalische Rechtsgeschichte an der Karl-Marx-Universität Leipzig, o. Mitglied der Bayerischen Akademie der Wissenschaften in München, Mitglied der Deutschen Morgenländischen Gesellschaft in Mainz, der Deutschen Orient-Gesellschaft in Berlin und der Société Jean Bodin pour l'Histoire comparative des Institutions in Brüssel, geb. 26. XII. 1909 in Dresden, 8033 Planegg, Rudolfstraße 36, Tel. 089/8598796 (10. XII. 1962).

Peukert, Herbert, Dr. phil., em. o. Professor für slawische Sprachen an der Friedrich-Schiller-Universität Jena, Inhaber der Johann-Heinrich-Pestalozzi-Medaille in Bronze und Silber und der Johann-Gottfried-Herder-Medaille in Gold, ausländ. Mitglied der Makedonischen Akademie der Wissenschaften und Künste zu Skopje, geb. 29. IV. 1907 in Reichenau, 8950 Kaufbeuren-Neugablonz, Antoniwalder Weg 20, Tel. 65728 (24. V. 1965).

Poulík, Josef, Dr. phil., o. Professor an der Universität J. E. Purkyně Brno, Direktor des Archäologischen Instituts der Tschechoslowakischen Akademie der Wissenschaften in Brno und Prag, Staatspreisträger, Ehrenbürger von Mikulčice, o. Mitglied der Tschechoslowakischen Akademie der Wissenschaften in Prag, auswärt. Mitglied der Akademie der Wissenschaften der DDR und der Bulgarischen Akademie der Wissenschaften in Sofia, Vizepräsident der Union Internationale d'Archéologie Slave, Mitglied des Conseil Permanent des Sciences Pré- et Protohistoriques, geb. 6. VIII. 1910 in Jiříkovice bei Brno, 60200 Brno, Mášova 10, ČSSR; Institutsanschrift: 66203 Brno, sady Osvobození 19, ČSSR (9. XI. 1974).

Tackenberg, Kurt, Dr. phil., em. o. Professor für Vor- und Frühgeschichte an der Westfälischen Wilhelms-Universität Münster, Träger des großen Verdienstkreuzes des Niedersächsischen Verdienstordens 1974, Mitglied der Historischen Kommission für Niedersachsen in Hannover, der Archäologischen Kommission für Niedersachsen und des Deutschen Archäologischen Instituts in Berlin-Dahlem, Ehrenmitglied des Niedersächsischen Landesvereins für Urgeschichte in Hannover und der Archäologischen Kommission für Westfalen, geb. 30. VI. 1899 in Tschammendorf (Schlesien), 4400 Münster/Westf., St. Mauritz, Parkallee 2, Tel. Münster 315158 (19. X. 1959).

Telegdi, Zsigmond, Dr. phil., em. o. Professor für allgemeine Sprachwissenschaften an der Eötvös-Loránd-Universität Budapest, Träger des Verdienstordens der Arbeit der VR Ungarn und Inhaber der Erinnerungsmedaille zum Jubiläum der Befreiung der VR Ungarn, Mitglied der Ungarischen Gesellschaft für Sprachwissenschaft und der Kőrösi-Csoma-Gesellschaft in Budapest, geb. 29. XII. 1909 in Enying (Ungarn), 1025 Budapest, Pusztaszeri út 49/I, em. 6 (15. X. 1976).

Thieme, Paul, Dr. phil., em. o. Professor für Indologie und vergleichende Sprachwissenschaft an der Eberhard-Karls-Universität Tübingen, geb. 18. III. 1905 in Berlin, 7400 Tübingen, Spemannstraße 14, Tel. 07071/64144 (12. XI. 1949).

Turner, Sir Eric Gardner, M. A., Dr. phil. h. c. (Brüssel, Genf, Liverpool), em. o. Professor für Papyrologie an der Universität London, ehem. Präsident der Union Académique Internationale und der Internationale Association of Papyrologists, o. Mitglied der British Academy in London, auswärtiges Mitglied der Académie Royale des Sciences, des Lettres et des Beaux-Arts de Belgique in Brüssel, der Accademia delle Science di Napoli, der Österreichischen Akademie der Wissenschaften in Wien und der Kongelige Danske Videnskarbenes Selskap in Kopenhagen, Ehrenmitglied der Finsca Vetenskaps Societeten-Suomen Tiedeseura in Helsinki, der American Philosophical Society und des Deutschen Archäologischen Instituts in Berlin-Dahlem, geb. 26. II. 1911 in London, University College London, Gower Street, London WC1E 6BT/Großbritannien, Tel. 01-387-7050 (15. X. 1976).

Vossler, Otto, Dr. phil., em. o. Professor für mittlere und neuere Geschichte an der Johann-Wolfgang-Goethe-Universität Frankfurt am Main, Inhaber der Jusserand Medal der American Historical Association in Washington, geb. 14. II. 1902 in Heidelberg, 6000 Frankfurt (Main), Grüneburgweg 143, Tel. 726269 (20. VI. 1942).

von Weizsäcker, Carl Friedrich Freiherr, Dr. phil., Dr. jur. h. c. (Freie Universität Amsterdam), Dr. theol. h. c. (Tübingen), Honorar-Professor für Philosophie an der Universität München, Wissenschaftliches Mitglied (em.) des Max-Planck-Instituts für Sozialwissenschaften in Starnberg (Obb.), Mitglied des Ordens Pour le mérite für Verdienste um die Wissenschaft und um die Künste, Träger des Großen Verdienstkreuzes mit Stern der

Bundesrepublik Deutschland und des Österreichischen Ehrenzeichens für Wissenschaft und Kunst, Inhaber der Goldenen Wilhelm-Bölsche-Medaille der Kosmos-Gesellschaft der Naturfreunde in Stuttgart, der Max-Planck-Medaille des Verbandes Deutscher Physikalischer Gesellschaften in Braunschweig, der Hans-Thoma-Medaille der Hans-Thoma-Gesellschaft in Reutlingen, des Goethe-Preises der Stadt Frankfurt (Main), des Prix Arnold Reymond der Universität Lausanne, des Friedenspreises des Deutschen Buchhandels, des Erasmus-Preises der Stiftung „Prämium Erasmianum" der Niederlande und der Verdienstmedaille der Deutschen Akademie der Naturforscher Leopoldina in Halle 1982, o. Mitglied der Akademie der Wissenschaften in Göttingen, Mitglied der Deutschen Akademie der Naturforscher Leopoldina in Halle, der Deutschen Akademie für Sprache und Dichtung in Darmstadt und der Joachim-Jungius-Gesellschaft der Wissenschaften in Hamburg, korresp. Mitglied der Bayerischen Akademie der Wissenschaften in München und der Österreichischen Akademie der Wissenschaften in Wien, Associé Etranger der Académie des Sciences Morales et Politiques in Paris, Senator der Max-Planck-Gesellschaft zur Förderung der Wissenschaft, geb. 28. VI. 1912 in Kiel, 8130 Starnberg/Obb., Riemerschmidstraße 7, Tel. 08151/149/1 und 8135 Söcking, Alpenstraße 15 (13. VI. 1966).

Wieacker, Franz, Dr. jur., Dr. phil. h. c. (Freiburg i. Br.), Dr. jur. h. c. (Uppsala), Ll. D. h. c. (Glasgow), em. o. Professor für römisches und bürgerliches Recht an der Georg-August-Universität Göttingen, Mitglied des Ordens Pour le mérite für Verdienste um die Wissenschaft und um die Künste, o. Mitglied der Akademie der Wissenschaften in Göttingen, korresp. Mitglied der Bayerischen Akademie der Wissenschaften in München, der Heidelberger Akademie der Wissenschaften, der Accademia Nazionale dei Lincei in Rom, der Königlichen Gesellschaft der Wissenschaften in Uppsala und des Istituto Lombardo in Mailand, geb. 5. VIII. 1908 in Stargard (Pommern), 3400 Göttingen, Prinzenstraße 21 (14. VI. 1941).

TODESFÄLLE

Ordentliche Mitglieder
der mathematisch-naturwissenschaftlichen Klasse

Drischel, Hans, Dr. med., o. Professor für Physiologie an der Karl-Marx-Universität Leipzig, geb. 8. VI. 1915 in Köln, gest. 14. V. 1980 in Leipzig.

Obenaus, Fritz, Dr.-Ing., em. o. Professor für Hochspannungstechnik an der TU Dresden, geb. 9. XII. 1904 in Niedersedlitz, gest. 20. I. 1980 in Dresden.

Auswärtige Mitglieder
der mathematisch-naturwissenschaftlichen Klasse

Fink, Julius, Dr. phil., o. Professor für Geographie an der Universität Wien, geb. 18. IV. 1918 in Wien, gest. 2. IV. 1981 in Wien.

König, Robert, Dr. phil., em. o. Professor für Mathematik an der Ludwig-Maximilans-Universität München, geb. 11. IV. 1885 in Linz (Österreich), gest. 10. VII. 1979 in München.

Lange, Erich, Dr.-Ing., em. o. Professor für physikalische Chemie an der Friedrich-Alexander-Universität Erlangen—Nürnberg, geb. 16. XI. 1896 in Hartha (Sachsen), gest 20. IV. 1981 in Erlangen.

Nissen, Rudolf, Dr. med., Dr. med. h. c., em. o. Professor für Chirurgie an der Universität Basel, geb. 9. IX. 1896 in Neisse (Schlesien), gest. 22. I. 1981 in Riehen bei Basel.

Das Ordentliche Mitglied der philologisch-historischen Klasse

Weller, Friedrich, Dr. phil., em. o. Professor für Indologie an der Karl-Marx-Universität Leipzig, geb. 22. VII. 1889 in Markneukirchen, gest. 19. XI. 1980 in Leipzig.

Auswärtige Mitglieder der philologisch-historischen Klasse

Lissa, Zofia, Dr. phil., em. o. Professor für Musikwissenschaft an der Universität Warschau, geb. 19. X. 1908 in Lwów, gest. 26. III. 1980 in Warschau.

Orlandos, Anastasios K., Dr. phil., em. o. Professor für Baugeschichte an der TH Athen und em. o. Professor für Byzantinische Archäologie an der Universität Athen, geb. 23. XII. 1887 in Athen, gest. 6. X. 1979 in Athen.

Préaux, Claire, Dr. phil., Dr. phil. h. c., Dr. jur. h. c., em. o. Professor für Klassische Altertumswissenschaft an der Universität Brüssel, geb. 21. XII. 1904 in Lüttich, gest. 29. III. 1979 in Brüssel.

EHRUNGEN

Nationalpreisträger der DDR für Wissenschaft und Technik

Ordentliche Mitglieder

Beckert, Herbert	1965	Neumann, Werner	1973
Bethge, Heinz	1967	Obenaus, Fritz †	1972
Dietze, Walter	1973	Rammler, Erich	1951
Drischel, Hans †	1967	Rathmann, Lothar	1972
Emons, Hans-Heinz	1970, 1982	Schwabe, Kurt	1954, 1961
Gersch, Manfred	1958	Strack, Erich	1960
Görlich, Paul	1954	Stubbe, Hans	1949, 1960
Hiebsch, Hans	1982	Uhlmann, Armin	1973
Keller, Ott-Heinrich	1966	Weller, Friedrich †	1955
Lehmann, Nikolaus Joachim	1964	Werner, Ernst	1966
Lösche, Artur	1958	Wittich, Dieter	1981
Markov, Walter	1961	Wolf, Friedrich	1958, 1966
Mothes, Kurt	1953		

Auswärtige Mitglieder

Bredt, Heinrich	1954	Hund, Friedrich	1949
Erben, Johannes	1961	Peek, Werner	1961
Hertwig, Paula	1956		

Träger des Vaterländischen Verdienstordens

Ordentliche Mitglieder

Bahner, Werner	Lieberwirth, Rolf
Bethge, Heinz	Lösche, Artur
Busch, Karl-Franz	Markov, Walter
Coblenz, Werner	Möbius, Friedrich
Emons, Hans-Heinz	Mothes, Kurt
Eßbach, Hasso	Müller, Fritz
Fanghänel, Egon	Neumann, Werner
Görlich, Paul	Obenaus, Fritz †
Lehmann, Edgar	Oelßner, Wilhelm
Lehmann, Nikolaus Joachim	Poppe, Eberhard

Rammler, Erich
Schubart-Fikentscher, Gertrud
Schubert, Manfred
Schwabe, Kurt
Strack, Erich
Straub, Werner
Stubbe, Hans
Ullmann, Ernst
Werner, Ernst

Das auswärtige Mitglied

Hertwig, Paula

Träger des Ordens „Banner der Arbeit“

Ordentliche Mitglieder

Czok, Karl
Fanghänel, Egon
Lehmann, Nikolaus Joachim
Mothes, Kurt
Rathmann, Lothar
Schubert, Manfred
Schwabe, Kurt
Straub, Werner
Stubbe, Hans
Wolf, Friedrich

Hervorragende Wissenschaftler des Volkes

Ordentliche Mitglieder

Mothes, Kurt
Rammler, Erich
Schwabe, Kurt
Stubbe, Hans
Weller, Friedrich †
Watznauer, Adolf

Das auswärtige Mitglied

Hertwig, Paula

Verdienter Hochschullehrer der DDR

Ordentliche Mitglieder

Beckert, Herbert
Busch, Karl-Franz
Lösche, Artur
Schwabe, Kurt
Rösler, Hans Jürgen
Träger, Claus
Werner, Ernst

Verdienter Bergmann der DDR

Das ordentliche Mitglied

Rammler, Erich

Verdienter Arzt des Volkes

Ordentliche Mitglieder

Dürwald, Wolfgang
Jordan, Herbert
Matzen, Peter Friedrich
Oelßner, Wilhelm

Verdienter Techniker des Volkes

Ordentliche Mitglieder

Busch, Karl-Franz
Görlich, Paul
Obenaus, Fritz †

Held der sozialistischen Arbeit

Ordentliche Mitglieder

Busch, Karl-Franz
Dürwald, Wolfgang
Schwabe, Kurt

Medaille für Kämpfer gegen den Faschismus 1933—1945

Das ordentliche Mitglied

Markov, Walter

Verdienstmedaille der DDR

Ordentliche Mitglieder

Bethge, Heinz
Coblenz, Werner
Diesner, Hans-Joachim
Dörter, Klaus
Emons, Hans-Heinz
Freimuth, Ulrich
Hiebsch, Hans
Krug, Herbert
Lieberwirth, Rolf
Müller, Fritz
Neef, Ernst
Neumann, Werner
Paetzold, Roland †
Poppe, Eberhard
Rathmann, Lothar
Ricken, Ulrich
Rösler, Hans Jürgen
Růžička, Rudolf
Straub, Werner
Träger, Claus
Werner, Ernst

Friedensmedaille des Friedensrates in der DDR

Das ordentliche Mitglied

Diesner, Hans-Joachim

Das auswärtige Mitglied

Pée, Willem

Johann-Heinrich-Pestalozzi-Medaille

Ordentliche Mitglieder

Brüning, Eberhard
Czok, Karl
Dietze, Walter
Diesner, Hans-Joachim
Dudek, Gerhard
Eichler, Ernst
Große, Rudolf
Möbius, Friedrich
Müller, Joachim
Neubert, Albrecht
Rathmann, Lothar
Ricken, Ulrich
Rudolph, Kurt
Träger, Claus
Wittich, Dieter

Das auswärtige Mitglied

Peukert, Herbert

GEDENKTAGE

200. Geburtstage

Philologisch-historische Klasse

1984	Wachsmuth, Wilhelm	28. Dezember
1986	Hand, Ferdinand	15. Februar

100. Geburtstage

Mathematisch-naturwissenschaftliche Klasse

1985	Harms, Jürgen	2. Februar
	Diepschlag, Ernst	20. Februar
	König, Robert	11. April
	Lissner, Anton	21. August
	Blaschke, Wilhelm	13. September
	Bürger, Max	16. November
1986	Buchner, Paul	12. April
	Hill, Archibald Vivian	26. September
	Brandt, Heinrich	8. November

Philologisch-historische Klasse

1984	Baetke, Walter	28. März
1986	Karg-Gasterstädt, Elisabeth	9. Februar
	Reinhardt, Karl	14. Februar
	Vasmer, Max	28. Februar
	Rohde, Erwin	2. Mai
	Frings, Theodor	23. Juli
	de Boor, Hans Otto	9. September

Johannes Leipoldt

zum 100. Geburtstage am 20. 12. 1980*

Wenn die Sächsische Akademie der Wissenschaften heute des 100. Geburtstages ihres einstigen ordentlichen Mitgliedes Johannes Leipoldt gedenkt, so ehrt sie damit das Gedächtnis eines Mannes, der schon frühzeitig in ihr Blickfeld getreten ist. Im Sommer 1900 hielt der Ägyptologe Georg *Steindorff* einen Vortrag vor der damaligen Königlich-Sächsischen Gesellschaft der Wissenschaften, in dem er über seine Forschungsreise nach der Oase Siwa berichtete; den Vorführapparat bediente sein Schüler Johannes Leipoldt, ein Student der Theologie und Ägyptologie im dritten Semester.

Bereits zwei Jahre später, am 26. Juli 1902, legte G. Steindorff eine Arbeit seines Schülers der philologisch-historischen Klasse vor, die den Titel trug: „Epiphanios' von Salamis ‚Ancoratus' in saidischer Übersetzung", die in den „Berichten" von 1902 auf S. 136—173 als seine erste wissenschaftliche Leistung erschien und die, soweit ich sehe, noch heute ihre Gültigkeit hat; weist er hier doch nach, daß der schlecht erhaltene griechische Text mitunter aus den Übersetzungen sinnvoll ergänzt werden kann. Nach Verlauf von einem weiteren Jahr, 1903, erwarb der junge Gelehrte in Leipzig bei G. Steindorff den Dr. phil. auf dem Gebiete der Koptologie mit der Dissertation „Schenūte von Atrīpe und die Entstehung des national ägyptischen Christentums". Diese Arbeit, die der noch nicht Dreiundzwanzigjährige vorlegte, sollte seine wissenschaftliche Laufbahn begründen, und er selbst hat mir gegenüber betont, daß er sie von seinem ganzen Lebenswerk als das Wesentlichste betrachtete.

Sein Weg führt ihn in den Jahren 1903 und 1904 an die Universität Berlin, wo er am Museum koptische Texte bearbeitete und herausgab. Aber er war nicht nur Koptologe, sondern in erster Linie Kirchenhistoriker; so promovierte er 1905 bei Albert Hauck zum Lincentiaten der Theologie in Leipzig und habilitierte sich daselbst für das Fach Kirchengeschichte. Bereits ein Jahr später erfolgte seine Umhabilitierung nach Halle, wo er 1908 zur Wissenschaft vom Neuen Testament überging. Aus dieser Zeit stammt — und dies darf nicht unerwähnt bleiben — seine meines Erachtens hervorragende „Geschichte des neutestamentlichen Kanons", die 1974 zu Recht im Nachdruck erschienen ist. Hier tritt uns der Kirchengeschichtler und der Neutestamentler zugleich entgegen, wobei besonders anzumerken ist, daß mit diesem zweibändigen Werk zum ersten Male jener Leipoldt erkennbar wird, der — noch nicht dreißigjährig — sich bemühte, seine Wissenschaft zu aktualisieren beziehungsweise sie in den Dienst der Allgemeinheit zu stellen. Dieser Wesenszug kennzeichnete ihn bis ins hohe Alter hinein.

Im Jahre 1909 ging er als Ordinarius nach Kiel, und 1914 gehörte er zu den Gründern der neuen evangelisch-theologischen Fakultät in Münster (Westfalen); doch bereits 1916 trat er in Leipzig die Nachfolge von Georg *Heinrici* an. Hier fand er den universalen akademischen Boden, auf dem er sich voll entfalten konnte. Nicht zuletzt wurde sein Wirkungsfeld dadurch entscheidend bestimmt, daß er im Anschluß an G. Heinrici die Religionswissenschaft in seine neutestamentlichen Forschungen einbezog und somit zu dem Koptologen Leipoldt, dem Kirchengeschichtler und Neutestamentler noch der Religionsgeschichtler trat, der das weite Gebiet des Hellenismus und des rabbinischen Judentums zu bestellen vermochte. Wertvoll ergänzt wurden seine Forschungen dadurch, daß er ab 1925, nach Überwindung der schweren Nachkriegsjahre, mehrere archäologische Reisen unternehmen konnte, von denen er ein unglaubliches, sachkundig ausgewähltes Bildmaterial mitbrachte, das heute in Jena archiviert ist und jederzeit wissenschaftlich ausgewertet werden kann.

Es ist hier nicht der Ort, über J. Leipoldts Leipziger Jahre 1916—1959 zu reden — das kommt seinem Nachfolger Christoph *Haufe* zu; doch sei es mir gestattet, nur auf zwei religionsgeschichtliche Monographien hinzuweisen, die noch heute ihre Gültigkeit haben: „Die urchristliche Taufe im Lichte der Religionsgeschichte“ (1928) und „Dionysos“ (1931), in denen er tief in die Beziehungen zwischen antikem Christentum und Hellenismus hineinführt. Hierzu kommen seine scharfen Beobachtungen in bezug auf den römischen Katholizismus, den er in den religionsgeschichtlichen Zusammenhang hineinstellt; so kann er am Schlusse seiner Abhandlung „Katholische Volksfrömmigkeit“ (1933), S. 66 sagen: „Als Forscher freue ich mich jeder Gelegenheit, ein Überbleibsel aus der alten Welt als lebendige Erscheinung der Gegenwart zu beobachten. Hier fühle ich deutlicher als sonst, wie lebensnahe die Beschäftigung mit der Vergangenheit ist.“

Als J. Leipoldt am 15. September 1958 zum ordentlichen Mitglied gewählt wurde, konnte er auf ein unglaublich weites und vielgestaltiges Lebenswerk zurückblicken und sich zahlreicher Schüler erfreuen, deren ganz unterschiedliche Entwicklung auch in verschiedene Fächer hinein er mit großzügigem Verständnis und stets gleichbleibender Güte begleitet hat; ich selbst bin hierfür als Alttestamentler und Orientalist ein beredtes Beispiel.

J. Leipoldt wurde in die Akademie vornehmlich als Vertreter der hellenistischen Religionsgeschichte, auf die sich sein Interesse in den späteren Jahren konzentriert hatte, berufen. Obwohl hochbetagt — er stand bei seiner Berufung bereits im 78. Lebensjahre — beteiligte er sich mit einer seltenen geistigen Frische am wissenschaftlichen Leben der Akademie. Am 16. Mai 1960 hielt er vor dem Plenum seinen ersten Vortrag über „Griechische Philosophie und frühchristliche Askese“; hierin wies er nach, daß die frühchristliche Askese — zumindest in ihren entscheidenden Ausprägungen — „aus philosophischem Einfluß entspringt“ (S. 60) und damit im Hellenismus wurzelt. Neben diesen Vortrag trat bereits ein zweiter am 9. Dezember 1963 mit dem bezeichnenden Titel „Der römische Kaiser Julian in der Religionsgeschichte“. Auf Grund eines umfangreichen Belegmaterials versucht er, „die Frömmigkeit und die theologischen Gedanken Julians als eine Einheit zu umfassen und aus der Geschichte der Zeit zu erläutern“, wobei er auf die Weihen beziehungsweise Sakramente der von ihm angestrebten hellenistischen Religion besonderen Wert legt. Zugleich versucht er, meines Erachtens mit Erfolg, die restaurativ-hellenistische und antichristliche Haltung des Kaisers, der aus christlichem Hause stammte und dem die Nachwelt den Beinamen Apostata „Abtrünniger“ zugelegt hat, verständlich zu machen. So weist er auf das Vorbilddenken des Griechentums hin und schließt seine Abhandlung mit den Worten: „Julian hat das Vorbild Jesu nicht erlebt; das ist ihm durch den vielfachen Abfall der Kirche von diesem Vorbild besonders erschwert. Wir sind dankbar, daß es in den Evangelien lebendig ist“ (S. 69).

Über seine beiden Vorträge hinaus hat sich J. Leipoldt stets rege an den Diskussionen beteiligt und durch sein ungeheures Wissen bereichert. Ihm waren freilich nur wenige Jahre der Mitgliedschaft in der Akademie vergönnt; am 22. Februar 1965 verstarb er in Ahrenshoop. In die Geschichte der Sächsischen Akademie der Wissenschaften aber ist er als ein Mann eingegangen, der mit seiner universalen Bildung und seiner weitgefächerten

Forschung in unserer Zeit mit ihrem verengten Spezialistentum zu einer absoluten Seltenheit geworden ist. Zugleich war Johannes Leipoldt, wie oben bereits angedeutet, als Gelehrter von dem Willen beseelt, seine wissenschaftlichen Erkenntnisse der Gegenwart zum Nutzen zu aktualisieren und damit im Sinne von Leibniz Theorie und Praxis zu verbinden. Seiner sei heute in Dankbarkeit und Verehrung gedacht!

Rudolf Meyer

* Vgl. den Nachruf im Jahrbuch *1963—1965* (Berlin 1967), S. 335—337.

JOHANNES LEIPOLDT

KOMMISSIONEN

Mathematisch-naturwissenschaftliche Klasse

Kommission für spezielle Umweltprobleme

7010 Leipzig, Goethestraße 3—5, Tel. 292886

Leiter: Neef (bis 10. X. 1980), Dörter
Mitglieder: Buchheim, Busch, Dörter, Freimuth, Gersch†, Görlich, Jordan, Lehmann, Neef, Schwabe, Strack, Uhlmann, Watznauer, Wolf
Wiss. Sekretär: Dipl.-Archivar Gerald Wiemers

Die Kommission für spezielle Umweltprobleme hat ihre Arbeiten planmäßig in den Forschungsunternehmungen weitergeführt, über die nachfolgend von deren verantwortlichen Leitern berichtet wird. Dort werden auch im Berichtszeitraum eingetretene Veränderungen mitgeteilt.

Weiterhin fanden mehrfach Diskussionen zur Frage einer „Rangordnung von Umweltproblemen" statt, worüber der folgende Bericht von den Herren Jordan und Neef vorliegt.

Auf Anregung des Herrn Präsidenten hat sich die Kommission für spezielle Umweltprobleme mit der Frage befaßt, nach welchen Gesichtspunkten eine rangmäßige Ordnung und damit Gewichtung von Umweltproblemen erfolgen könne, um sowohl praktisch begehbare Lösungswege als auch erfolgversprechende Forschungskonzeptionen zu erkennen. Hierzu ist eine interdisziplinär angelegte Analyse erforderlich, um die Komplexität der sachlichen Zusammenhänge in ihren systematischen und zeitlichen Interaktionen für den einzelnen Problemfall sichtbar zu machen, die konkrete oder potentielle Schadensmöglichkeit zu untersuchen und die mit der anzustrebenden Lösung zur Schädigungsabwehr verknüpften Risiken für die daran beteiligten Ökosysteme und damit auch für den Menschen einzuschätzen. Einer solchen Aufgabe können sich vorzugsweise Akademien annehmen, in denen die entsprechenden Fachrichtungen breit genug gestreut vertreten sind.

Herr Jordan hat hierzu als erster eine Konzeption vorgelegt, die von einer Einstufung der Umweltschädigungen in ihrer Wirkungstypik auf den Menschen ausgeht, in die die Schädigungscharakteristik, deren Inzidenzcharakteristik, das Expositionsrisiko, die Wertung betroffener für den Menschen wichtiger Nutzungsareale sowie der ökologische und zeitliche Interaktionsgrad einbezogen werden (Übersicht I). Dieser Kategorie steht eine ebensolche stufengegliederte Einschätzung der Verhütbarkeit und Lösbarkeit der Problematik gegenüber (Übersicht II). Eine Grundüberlegung war dabei, die Wertbarkeit der Beurteilungskriterien durch ein Punktsystem leicht handhabbar zu machen, um konkrete Fallbeispiele zunächst einmal rasch einordnen zu können. Mittels dieses Schemas sollten nun relevante Probleme von den an der Gesamtaufgabe beteiligten Experten durchgerechnet werden, wobei der hauptsächlichste Gewinn darin zu sehen wäre, ob die vorgegebene Auswahl der Beurteilungskriterien inhaltlich und zahlenmäßig für eine genügend klare Charakteristik des vorliegenden Problems und seiner Einordnung ausreicht.

Im Verfolg der weiteren Diskussionen hierzu hat Herr Neef den Versuch unternommen, die Umweltprobleme in verschiedene Kategorien einzuordnen und diese in Intensitätsstufen zu untergliedern. Ein wichtiger Ausgangspunkt dafür waren die von Herrn Jordan formulierten Faktoren, die die Umweltbeziehungen beherrschen und bis zu einem gewissen Grade auch quantifizierbar sind. Besonderer Wert muß auf einige sonst wenig verwendete Begriffe gelegt werden, wie z. B. Interaktionsgrad, Interaktionsrisiko u. a., weil sie für die Methode der Rangordnungsermittlung einen festen Bezug ermöglichen.

Vorgeschlagen werden drei Kategorien (römische Ziffern), die in Intensitätsstufen (arabische Ziffern, Zahl in Klammern beigefügt) untergliedert werden können. Es sind:

Kategorie I: Gefahrengruppe (lebensbedrohende Prozesse) mit 2 Stufen.
Kategorie II: Schadensgruppe mit 3 Stufen.
Kategorie III: Belästigungsgruppe mit 2 Intensitätsstufen.

Wichtig erscheint, daß jede dieser Stufen nach ihren Verursachern, ihren Wirkungen, ihrer gesellschaftlichen Bedeutung, nach geeigneten oder unerläßlichen Behandlungsweisen und nach ihrer ökonomischen Belastung charakterisiert werden.

Kategorie I (*Gefahrengruppe*):

Umfaßt Umwelteinflüsse, die lebensgefährdend sind oder unentbehrliche Naturressourcen zerstören. Hierzu sind auch Prozesse zu rechnen, die so rasch ablaufen, daß Regulationen durch Gegenmaßnahmen nicht wirksam werden.

— *Gefahrenstufe 1:* Einwirkungen biologisch zerstörender Stoffe, kurzzeitig, längerfristig wirksam, im Vererbungsgang möglicherweise keimschädigend. Hierher gehören toxische Stoffe von hoher Wirkung, radioaktive Strahlung sowie Stoffe, die karzinogene, teratogene oder mutagene Wirkungen haben.
  Gegenmaßnahmen: Aufstellung eines Kataloges der in Frage kommenden Substanzen, meines Wissens im internationalen Programm von SCOPE stehend (Scientific Committee of Problems of Environment). Strengste Kontrolle, mit Hilfe gesetzlicher Kontrollen über Produktion und Verwendung. Gegebenenfalls gesetzliche Verbote! Für alle territorialen und Fachplanungen einschließlich der Betriebe sind entsprechend strenge Auflagen zu erteilen.
  Mir ist bekannt, daß die Strahlungsschutz-Gesetzgebung höchsten Ansprüchen genügt und auch von allen Stellen ernst genommen wird. Dieser Sicherheitsgrad ist für alle in dieser Stufe registrierten Substanzen zu garantieren, wenn erforderlich, die notwendigen institutionellen Voraussetzungen zu schaffen. Regelmäßige Berichterstattung vor höchsten staatlichen Gremien.
— *Gefahrenstufe 2:* Umfaßt alle Prozesse mit irreversiblen Wirkungen auf die Naturressourcen, die deren Güte und Verwertbarkeit maßgeblich reduzieren. Ferner sollten in diese Gefahrenstufe alle Prozesse eingeordnet werden, die so rasch ablaufen, daß Gegenmaßnahmen zur Dämpfung oder Unterbindung wirkungslos bleiben; wenn festzustellen ist: „Die Gesellschaft kommt nicht nach"!
  Der Gesichtspunkt der Irreversibilität ist entscheidend dafür, daß eingehende Untersuchungen durchgeführt werden müssen, die (1) den Vorgang der Zerstörung aufklären und als naturgesetzlich unabwendbar feststellen, (2) die Zeitdauer und Phasen dieses Vorganges klarlegen und (3) die räumliche Ausweitung oder auch Reduktion des zerstörerischen Vorgangs sowie schließlich (4) die Kompensationsmöglichkeiten

ausweisen. Zusätzlich dazu und auf der Basis der Untersuchungsergebnisse müssen ferner die Kosten abgeschätzt werden, die für verschiedene Lösungsmöglichkeiten angesetzt werden müßten. Dazu gehört auch die Kostenabschätzung eventueller Ersatzmaßnahmen oder Aufwendungen für die Qualitäts- oder Gebrauchswertwiederherstellung. Ebenso müssen Untersuchungen durchgeführt werden, auf welche Art und Weise die verloren gehenden Naturressourcen ersetzt werden können.

Während in der Gefahrenstufe 1 die Umweltprobleme relativ klar liegen und die Gefahrenmomente kaum bestritten werden können, weswegen auch bereits eine Organisationsbasis aufgebaut worden ist, die allenfalls zu ergänzen wäre, ist bei der Gefahrenstufe 2 eine Reihe schwieriger und komplexer Probleme einer durchgreifenden Erforschung zu unterwerfen. Um nur ein solches Problem zu nennen: Das *Interaktionsrisiko*, das in Jordans Schema verzeichnet ist, bezeichnet die Gefahr, daß schädliche Prozesse auf andere, bisher kaum berührte Bereiche übergreifen. Je enger die Verflechtungen im Komplex sind, umso leichter kann die Ausweitung der Umweltgefährdung zeitlich, räumlich und sachlich erfolgen. Es entstehen Reaktionsketten. Die Rauchschäden im östlichen Erzgebirge betreffen zunächst die Vegetation, vor allem die anfälligen Nadelhölzer. Wenn der Schaden erkennbar wird, ist meistens die Schädigung schon so weit fortgeschritten, daß, wenn nicht der Gesamtverlust, so doch eine volkswirtschaftlich nicht tragbare Ertragsminderung eintritt. F. Lampadius hat in einer Veröffentlichung der SAW nachgewiesen, daß der Umbau des Burkhardswaldes bei Aue auf rauchharte Bestände nach den amtlich vorgeschriebenen Ertragsberechnungen (in Geld) 41% beträgt. Wesentlicher ist, daß die nachteiligen Veränderungen wegen der Interaktion, des Wirkungszusammenhangs im geographischen Komplex manifest werden, auf die Bodeneigenschaften (vor allem den Chemismus des Bodens) und von da aus auf die chemische Wasserqualität (zunehmender Säuregrad) übergreifen.

Maßnahmen der öffentlichen Hand sind vor allem die Aufsicht betroffener Bereiche und die Meldepflicht von Schadensprozessen, die sich zur Gefahrenstufe 1 ausweiten können.

Kategorie II (*Schadensgruppen*):

Sie umfassen alle Umweltschädigungen, die die Lebensgrundlagen mehr oder weniger stark mindern, ohne sie zu zerstören oder lebensbedrohend zu wirken. Sie lassen sich in der Regel durch Gegenmaßnahmen bekämpfen und zum Teil auch regulieren, jedoch entstehen erhebliche Kosten, meist von volkswirtschaftlicher Bedeutung. Hierher gehören neben gesundheitlichen Störungen vor allem Minderungen der Naturressourcen an Quantität und Qualität.

Die Bekämpfung der Schadensprozesse und ihrer Ursachen sowie die Kompensation der ausfallenden oder geminderten Funktionen haben wegen des hohen Interaktionsgrades meist einen komplexen Charakter und erfordern eine gute Übersicht über die in der Kulturlandschaft bestehenden Möglichkeiten der Wechselbeziehungen. Daher gehört zur Analyse der Schadensprozesse eine eingehende Erfassung der Wirkungsfelder nach Graduierung des Prozesses, seiner räumlichen und zeitlichen Entwicklung. Sie gehören in die Grundmaterialien der Planungsorgane. Sie bedürfen wegen der Intensivierung der Vorgänge der ständigen Kontrolle, wobei in Betracht zu ziehen ist, daß die Gefahrenstufe 2 erreicht werden könnte.

— *Schadensstufe 1* (II/1) umfaßt alle Vorgänge umweltschädigender Art, die auf die Dauer Lebensgrundlagen ernstlich gefährden oder auch zerstören können, Naturressourcen

Schädigungscharakteristik

I

Schädigungscharakteristik für Menschen	Inzidenzcharakteristik der Schädigung	Expositionsrisiko	von Schädigung vorwiegend betroffen	ökologischer Interaktionsgrad
4 teratogen, mutagen, karzinogen, hochtoxisch	4 ständig	4 massenwirksam; kein Expositionsschutz möglich	4 landwirtschaftliche Nutzflächen	4 lebensnotwendige Systeme betroffen (Luft, Wasser)
3 physische Schädigung sonstiger Art	3 kurzperiodisch auftretend	3 gruppenwirksam; kein Expositionsschutz möglich	2 Kur- und Erholungsgebiete, Schutzgebiete	3 hoher Interaktionsgrad
2 psychische oder psychasthenische Schädigung	2 längerperiodisch auftretend (linear, saisonal)	2 Expositionsschutz laufend erforderlich und möglich	2 Wohn- und Naherholungsgebiete	2 geringer Interaktionsgrad
1 Belästigung ohne Krankheitswert	1 singulär	1 Exposition weitgehend vermeidbar; Expositionsschutz unnötig	1 auf Arbeitsbereich (-platz) beschränkt	1 unerheblicher, zu vernachlässigender Interaktionsgrad

unbrauchbar machen und Gesundheitsschäden in größerem Umfang hervorrufen können. Kennzeichnend ist die sehr schwierige und kostspielige Wiederherstellung eines erforderlichen Gütezustandes. Die kostenaufwendige Kompensation des Schadens und die ebenso kostspieligen Sanierungsmaßnahmen und Regulierungen sind aus ökonomischen Gründen oft nicht realisierbar. Dann müßten die Schadensprozesse in die Gefahrenstufe 2 überführt werden. Besondere Beachtung verdienen die sogenannten Spätwirkungen.

— *Schadensstufe 2* umfaßt das Gros der Umweltprobleme, d. h. Erscheinungen, die reversibel oder auch durch andere Lösungen ersetzbar sind, jedoch insgesamt eine laufende und oftmals hohe Kostenbelastung mit sich bringen. In diese Schadensgruppe gehören die meisten Nebenwirkungen aus wirtschaftlich-technischen Maßnahmen, Der hohe Interaktionsgrad spielt eine große Rolle und erfordert präzise Analysen, die bei besonders schwerwiegenden Nebenwirkungen eine Einstufung in Schadensstufe 1 erfordern. Kräfte und Gegenkräfte im Gleichgewicht zu halten, ist hier besonders wichtig, um unnötige Kostennachteile zu vermeiden. Besonders wichtig sind Überlagerungen, die an sich relativ bescheidene Umweltbelastungen durch Summierungseffekte bedenklich steigern. Räumliche Analysen mit Schadstoffbilanzierungen sind daher wichtig. Sie bilden auch eine wesentliche Grundlage für eine zweckdienliche Standortverteilung, die vor allem bei den Emittenten unerläßlich ist.
Da der Schwerpunkt der Umweltbelastungen dieser Schadensgruppe entstammt, ist zur Erhaltung angemessener Umweltqualitäten eine ständige Gebietsüberwachung angezeigt. Nachfolgewirkungen einzelner Maßnahmen (auch Genehmigungen!) sind durch die prognostische Auswertung von Reaktionsketten auszuwerten und Spätwirkungen ins Auge zu fassen.

— *Schadensstufe 3:* Diese Schadensstufe könnte als Bedenklichkeitsstufe bezeichnet werden. Sie soll alle Fälle umfassen, die aus zunächst relativ harmlosen Belästigungen durch Nachlässigkeit oder mangelhafte Einsicht in die Landschaftsdynamik zu lästigen

Verhütungscharakteristik

II

zeitlicher Interaktionsgrad	Punkte-Summe I	Verhütbarkeit	Lösbarkeit	Zuschlag zu Punkte-Summe I	Kategorie
4 progressiv anwachsend	24	4 ohne ökologisches Risiko	4 über internationale Vereinbarung allein lösbar	8	I 1
3 konstant bleibend	18–23	3 ökologisches Risiko geringer als Schadensrisiko	3 Verbote ausreichend; geringe ökonomische Belastung; kurzfristig lösbar	6–7	I 2 II 1
2 langfristig	12–17	2 hohes ökologisches Risiko	2 interdisziplinär; hohe ökonomische Belastung; mittelfristig lösbar	4–5	II 2
1 kurzfristig	6–11	1 Verhütbarkeit unbekannt (unmöglich)	1 umfassende staatliche Aufgabe; sehr hohe ökonomische Belastungen; langfristig lösbar	2–3	III

Minderungen der Umweltqualität bei Luft, Wasser, in der Tier- und Pflanzenwelt, der baulichen Gestaltung Anlaß geben. Kostenmäßig schwer erfaßbar liegt das Hauptproblem auf der psychischen Seite. Störungen des Heimatempfindens und andere Unlustgefühle können aktivitätsmindernd wirken. Obwohl an der unteren Grenze liegend, sind Problemstudien dringend erwünscht.

Kategorie III (*Belästigungsgruppen*):

Die Belästigungen sind in der Regel ohne Krankheitssymptome. In vielen Fällen genügen Verhaltensänderungen. Die Interaktionen sind gering und träge. Die Zielbereiche sind meist leicht ersetzbar. Lösungen finden sich meist auf den untersten Entscheidungsebenen.

— *Belästigungsstufe 1:* Belästigungen rufen Minderung der Umweltqualität in größeren Arealen hervor, die zur Kooperation von Gemeinden Anlaß geben.
— *Belästigungsstufe 2* sind lokale Belästigungen, die zum Teil auch nur Teile der Bevölkerung betreffen und auf lokaler Ebene geregelt werden können.

Es ist zu beachten, daß lokale Belästigungen Symptome für tiefgreifende Veränderungen sein können und daher von der lokalen Ebene an höhere Instanzen gemeldet werden sollten.

Manche der genannten Gesichtspunkte lassen sich zusammenfassend interpretieren. Dadurch werden weitere Einzelheiten und Argumente für die Beurteilung erschlossen. In kurzer Form sei eines der möglichen weiterführenden Interpretationsmuster umrissen:

Bei vielen Umweltfragen spielen Schwellenwerte eine große Rolle. Sie trennen oft verschiedene Reaktionsweisen des Natursystems auf Umwelteinflüsse und werden dann zu kritischen Punkten, an denen ein Umschlag der Reaktion erfolgen kann. Manchmal werden solche kritischen Punkte erst nach längerer Entwicklung und nach Summierung von Teileffekten erreicht. Sie können rechtzeitig nur dann erfaßt werden, wenn eine Kontrolle des schädigenden Prozesses durch rechtzeitige Analysen möglich ist. Oft bilden die kritischen Punkte in der Schädigungscharakteristik die Grenze zwischen „irreparabel" bzw. „schwer" oder „gar nicht ersetzbar" und dem Bereich „reparabel" oder „ersetzbar". In entsprechender Weise liegen an diesen Punkten kritische Grenzen zwischen „irreversibel" und „reversibel". Die hierbei deutliche Unausweichlichkeit der Konsequenzen erzeugt Zwänge, denen sich die Gesellschaft nicht entziehen kann. Sie erfordern vielfach sehr schnelle Gegenmaßnahmen.

Es läßt sich zeigen, daß die von Herrn Neef erarbeiteten Kriterien sich in das von Herrn Jordan vorgelegte Schema einordnen lassen, wie die Übersichten I und II zeigen.

Eine weitere interdisziplinäre Diskussion wird unter Bezug auf die hier vorgelegten Erörterungen weiterführende Fragestellungen gewinnen können.

H. Jordan, E. Neef

Unabhängig und zunächst nur in loser Verbindung mit der Kommission für spezielle Umweltfragen haben auf Anregung und unter Leitung von Herrn Buchheim mehrere Gesprächsrunden zum Problem der „Komplementarität" (im Sinne von Nils Bohr) stattgefunden. Herr Buchheim wird darüber in geeigneter Form an anderer Stelle berichten.

Ernst Neef

Strukturprobleme und Umweltaspekte des Wassers, insbesondere der therapeutisch nutzbaren Wässer im Süden der DDR

9200 Freiberg (Sa.), Bernhard-von-Cotta-Str. 4, Tel. 512591

Leiter: Buchheim, Watznauer, Jordan
Wiss. Arbeitsleiter: Dr. Manfred Klose
Wiss. Oberassistent: Dr. Gunter Kabisch
Wiss. Assistenten: Dr. Ulrich Koch, Dr. Stephan Groß (ab 1. 11. 81 bzw. 1. 10. 82)
Wiss. Mitarbeiter: Dr. Ruth Zwicker, Herbert Pührer

Die in den Berichtsjahren 1979—1980 durchgeführten Arbeiten zur oben genannten Thematik schließen wiederum in jeder Hinsicht an die in den Vorjahren geleisteten an, über die in den Jahrbüchern der Sächsischen Akademie der Wissenschaften *1975/76* (S. 51—55) und *1977/78* (S. 51—54) berichtet wurde.

a) *Arbeiten zur Klärung der Struktur von Elektrolyten mittels Raman-Spektrometrie und Neutronenstreuung*

1. Mit Publikation [3] abgeschlossen wurden die Untersuchungen an Azetonitril-Wasser-Gemischen, nachdem sie auf die entkoppelten Raman-Linien von HDO und auf die C—N-Schwingung ausgedehnt worden waren. Die starke Selbstassoziation des Wassers ist auch bei sehr hohem Azetonitril-Gehalt nachweisbar.

2. Ebenfalls abgeschlossen wurden die experimentellen, am Zentralen Kernforschungsinstitut Dubna der SAdW durchgeführten Arbeiten zur inelastischen und quasielastischen Streuung von Neutronen an polykristallinen Proben und wäßrigen Lösungen von Tetraalkylammonium-Salzen. Die Ergebnisse dieser Untersuchungen und ihre Interpretation werden gesondert publiziert.

3. Die Untersuchung des Raman-Spektrums des M_4N^+-Ions wurde in zwei Richtungen weitergeführt:

a) Es konnten Aussagen über den Grad der Symmetriestörung des Moleküls am Orte des Kations („site symmetry") gemacht werden; sie wurden publiziert [1, 2].

b) In Zusammenarbeit mit dem Zentralinstitut für Isotope der AdW der DDR Leipzig wurde das Raman-Spektrum selektiv deuterierter Me_4N^+-Ionen in wäßriger Lösung zur Aufklärung der komplexen Fermi-Resonanz im CH-Valenzbereich untersucht.

4. Untersuchungen zur H-Brückenbildung des Methanols in organischen Lösungsmitteln (CCl_4, $CHCl_3$, Azeton) sowie in Gemischen mit Wasser ermöglichten anhand der Raman-Bandenprofila der OH- und CO-Valenzschwingung den Nachweis der Wechselwirkung der lone-pairs mit Elektronen-Akzeptorgruppen.

5. Begonnen wurden Untersuchungen von Elektrolytlösungen in gemischten Lösungsmitteln:

$AlCl_3$ in H_2O-Dimethylsulfoxyd
$MgCl_2$ „ H_2O-Methanol
$MgCl_2$ „ H_2O-Azeton
$AlCl_3$ „ H_2O-Azetonitril
$MgCl_2$ „ H_2O-Azetonitril

Ziel ist, Aussagen über bevorzugte Solvationen und Ionen-Assoziation in derartigen ternären Systemen in Abhängigkeit von speziellen Elektrolyten und von der nichtdissozierenden organischen Komponente zu gewinnen.

Die Teilthemen 1.—3. sind Bestandteil der von K. *Schwabe* geleiteten Planaufgabe „Thermodynamische und kinetische Eigenschaften von Elektrolyten" des Forschungsplanes und dienen der Verbesserung des Korrosionsschutzes. Die Teilthemen 4. und 5. wurden gemeinsam mit der Sektion Chemie der Bergakademie, Fachbereich H.-H. *Emons*, bearbeitet.

Veröffentlichungen zu a1—a3:

1. Kabisch, G.: Schwingungsspektroskopische und Kernresonanzuntersuchungen an Tetraalkylammoniumsalzlösungen. Abh. Sächs. Akad. Wiss. zu Leipzig, math.-nat. Kl., Bd 54, H. 2 (1979).
2. Kabisch, G.: Raman-Spectra and Crystal Structure of Polycrystalline Tetramethylammonium Salts. J. Raman Spectr. *9* (1980) 279—285.
3. Kabisch, G.: Ramanspektroskopische Untersuchungen an Wasser-Azetonitril-Gemischen. Z. f. phys. Chem. [im Druck].

Wolfgang Buchheim

b) Geowissenschaftliche Arbeiten im Raume der Staatsbäder Bad Brambach und Bad Elster

Das Quellgebiet der Staatsbäder Bad Brambach und Bad Elster mit der unikalen, äußerst wertvollen Radonquelle von Brambach ist seit Jahren Gegenstand besonderer interdisziplinärer wissenschaftlicher Betreuung durch die oben genannte Forschungsgruppe in

Kooperation mit dem Staatlichen Amt für Atomsicherheit und Strahlenschutz der DDR und der Sektion Physik der Bergakademie Freiberg, Wissenschaftsbereich Angewandte Physik. (Siehe Berichte in den Jahresberichten *1975/76* und *1977/78* der SAW).

In den beiden Berichtsjahren wurden die geochemischen (Hg-) und geophysikalischen (γ-Intensität) Arbeiten auf den bisher bearbeiteten Profilen planmäßig fortgesetzt. Es wurden eine Strecke von rd. 20 km untersucht und die Ergebnisse ausgewertet. An einzelnen Stellen der Profile wurde der Abstand der Meßstellen verringert. Diese Verdichtung dient dem Zweck, vermutete Anomalien sicherer und präziser zu erfassen. Dem gleichen Zweck soll der geplante Einsatz einer inzwischen erprobten höher empfindlichen Strahlungs-Dosismeßmethode dienen. Die Zahl der insgesamt bearbeiteten Meßpunkte betrug rd. 800. Weitere emanometrische Messungen (α-Intensität) sind in Vorbereitung.

Zur Ergänzung der bisher erzielten Ergebnisse über die hydrogeologischen und tektonischen Verhältnisse im Raume Bad Brambach wurden ausgedehnte Geländebegehungen im Raum Bad Brambach, Bad Elster und der Lausitz durchgeführt. Auf Grund gewisser Ähnlichkeiten der Brambacher Verhältnisse mit den Quellsystemen von Bad Gastein und Swienadowzdroj wurden auch diese Räume in das Studium einbezogen.

Aus den oben erwähnten örtlichen Arbeiten und denen aus den Räumen Ober-Schlema, Aue, Schneeberg, Johanngeorgenstadt, dem alpinen und sudetischen Bereich gewonnenen Erfahrungen sowie aus dem Studium der einschlägigen Literatur lassen sich für das Quellsystem von Bad Brambach folgende Schlußfolgerungen ziehen:
Die Quellkomponente CO_2 ist im gesamten Gebiet allgegenwärtig. Ihr Auftreten ist genetisch an den tertiären Vulkanismus des Egergrabens gebunden. Als Aufstiegsweg dient hauptsächlich das bereits von Voigt erkannte NNW-streichende Gangsystem, jedoch sind Spalten aller Richtungen als CO_2-Aufstiegswege in Betracht zu ziehen. Diese Ubiquität erklärt die Tatsache, daß fast alle Quellwässer dieses Raumes den Charakter von Säuerlingen haben.
Um einen Einblick in das gesamte Spaltenregime zu erhalten, wurde eine statistische Erfassung aller Quell- und trockenen CO_2-Austritte begonnen.
Da der Aufstieg des Quellwassers durch den CO_2-Auftrieb wesentlich beeinflußt wird, ist die Kenntnis der CO_2-Druckverhältnisse im gesamten Quellgebiet und weit darüber hinaus von ausschlaggebender Bedeutung für alle Fragen der Quellenbehandlung.
Die Quellenkomponente Rn hat ihren Ursprung in der Uranführung eines das gesamte Erzgebirge unterlagernden Granitkörpers. Die Dachkonfiguration dieses Intensivkörpers hat maßgebenden Einfluß auf die Akkumulation des Uranträgers, als der Muttersubstanz des ^{222}Rn. Vorstellungen über diese Reliefgestaltung fehlen. Die Verteilung des Urans im Granitkörper ist im allgemeinen diffus und erfolgt unter Benutzung von Interteunkularen, Intergranularen und Fugen aller Größenordnungen. Diese Art der Ausbildung einer uranführenden Haube, insbesondere an Hochlagen der Dachfläche des Granitkörpers, erklärt die Tatsache, daß alle Gesteine, Quellen und Grundwässer einer solchen Region einen höheren Gehalt an Uran aufweisen. Sie weist weiter darauf hin, daß in diesen Gebieten bei bestimmten Wetterlagen mit einem örtlichen Rn-Smog gerechnet werden muß.
Eine andere, davon unabhängige Frage ist die nach der erhöhten Konzentration von Rn an bestimmten Stellen. Sie kann ihre Ursache nur in einem Prozeß haben, der den geringen diffusen Gehalt anreichert. Chemisch kommt dafür nur die Überführung der leichtbeweglichen 6wertigen Form des Urans in die schwer bewegliche 4wertige in Betracht. Als Ursache dieser Reduktion sind vor allem Sulfate und Huminsäuren anzusehen. Weiter erfolgt eine starke Anreicherung der ^{222}Rn-Vorstufen an Stoffaggregaten großer Oberfläche (Mn-Fe-Hydroxide, Tone u. ä.).

Für Brambach wurde u. a. das Sulfat hypothetischer Salinarwässer als reagierendes Agens angesehen und Kluftbeläge vom Uranmineralien als Quelle der Emanation auf den Quellenaufstiegswegen angenommen. Bei der kurzen Halbwertszeit des Rn muß eine solche Spalten-Mineralisation bis knapp unter die Oberfläche reichen, um Rn zum Austritt zu bringen. Nach den Erfahrungen aus den Urangebieten des Erzgebirges sind solche „Mineralgänge“ durch ihre starke γ-Intensität oberflächlich gut erkennbar. Alle γ-Dosisleistung betreffenden Untersuchungen im Raume Bad Brambach haben jedoch bisher keine merklichen Anomalien, die auf eine solche Situation hinweisen würden, erbracht. Es liegt deshalb der Gedanke nahe, die oben genannten Reduktionsmittel bzw. die Adsorption als Ursache der Konzentration des Rn in Betracht zu ziehen. Der notwendige kurze Aufstiegsweg und die relativ starke Bindung der Rn-Austritte an mooriges Gelände würden dadurch verständlich werden. Der Nachweis von Uran-Mineralien in feinster Form in den Absitzbecken der Quellfassungen sprechen für einen solchen Vorgang im Gebiet von Brambach. Die Situation entspricht in etwa der Quellsituation in Bad Gastein. Dort geht die hohe Intensität der Rn-Komponente nur auf eine solche Konzentration im Quellschlamm, dem sogenannten Reissacharit, zurück. Unter diesem Gesichtspunkt würde in Bad Brambach ein Belassen des Schlammes im Quellenschacht bzw. Absitzbecken zu einer Erhöhung des Rn führen.

Unter dem Gesichtspunkt, daß die Anreicherung an oberflächennahe gelagerte Reduktionsmittel bzw. Adsorpentien gebunden ist, erscheint eine genaue Kenntnis der hydrologischen Verhältnisse, vor allem des Quelldistriktes als notwendig. Diesem Ziel dient u. a. die 1980 begonnene engmaschige Lokalkartierung der nächsten Umgebung der Radonquelle mittels Spaltspuren- und Thermolumineszent-Detektoren nach W. Stolz.

Adolf Watznauer

c) Laboruntersuchungen zum Fervorproblem

In Weiterführung der Untersuchungen (s. dazu Jahrbuch *1975/1976*, S. 52—54 u. Jahrbuch *1977/1978*, S. 53—54) wurde 1979 die bisher kontinuierliche Wirkung von Licht oder Dunkelheit während des Keimungsverlaufes nunmehr differenziert untersucht wie

— Einfluß von Licht oder Dunkelheit während der Quellung der Samen
— Einfluß von Licht oder Dunkelheit während der Keimung der Wurzeln
— Einfluß von Licht oder Dunkelheit während der Keimung der Sprosse.

Als Versuchsgefäß dienten die bereits im Vorjahr benutzten Keimschalen. In diesen wurden die Samen nach vorangegangener Quellung auf 2 Lagen Fließpapier — die mit 10 ml Wasser (aqua bidest., Fervorwasser) befeuchtet worden waren — in Reihen zu 10×10 ausgelegt.

Die *Ergebnisse* lassen folgende Aussagen zu:

1. Die Wurzelkeimung begann bei beiden Varianten (aqua bidest., Fervorwasser) 8, die Sproßkeimung 28 Stunden nach dem Auslegen der Samen in die Versuchsgefäße (Luftkeimung).
2. Erfolgen Quellung, Wurzel- und Sproßkeimung kontinuierlich in Dunkelheit, dann erweist sich der „Fervoreffekt“ als hemmender Einfluß bei der Keimung der Wurzeln und als fördernder bei der Keimung der Sprosse.
3. Werden die im Dunkeln gehaltenen Samen nach Abschluß der Wurzelkeimung der Belichtung ausgesetzt, dann erhöht sich die Keimungsrate, wobei der „Fervoreffekt“ sich ebenfalls als fördernder Einfluß auf die Sproßkeimung erweist.

4. Erfolgt die Belichtung bereits nach Abschluß der Quellung, d. h. zu Beginn der Luftkeimung der Samen, dann ist die Wurzelkeimung in aqua bidest. gegenüber Dunkelheit und Fervorwasser dezimiert, so daß Fervorwasser sowohl auf die Wurzel- als auch auf die Sproßkeimung fördernd wirkt.
5. Erfolgen schließlich Quellung, Wurzel- und Sproßkeimung kontinuierlich im Licht, dann erweist sich der „Fervoreffekt" ebenfalls als fördernder Einfluß auf die Wurzel- und Sproßkeimung. Beim Vergleich der Häufigkeitsprozente der gekeimten Samen sind diese jedoch sowohl bei Wurzeln als auch bei Sprossen gegenüber kontinuierlicher Dunkelheit gemindert.

Zusammenfassend ergibt sich, daß der „Fervoreffekt" zu Beginn der Samenkeimung (Wurzelpol) sich als hemmender Einfluß erweist, während im weiteren Verlauf der Keimung bzw. des Wachstums bei der Keimung des Sproßpols der „Fervoreffekt" als fördernder Einfluß erkennbar wird.

Die mit und ohne Belichtung durchgeführten Untersuchungen lassen die korrelativen Beziehungen zwischen Wurzel und Sproß erkennen, aus denen der positive Wachstumseffekt resultiert.

Im Jahre 1980 wurde der bisher konstantgehaltene Füllungsgrad der zur Fervorisierung benutzten Blutkonservenflaschen (85%) nunmehr variiert, um Einflüsse des unterschiedlichen Luftvolumens in diesen Behältern zu untersuchen, wobei 68, 55 und 50% Füllungsgrad in Ansatz kamen. Daraus resultieren in den Flaschen unterschiedliche Binnenüberdrücke von 3.0, 2.5 bzw. 2.4 bar. Da weiterhin mit einer Abgabe von Bor und Silizium aus den Glaswänden der Fervorisierungsgefäße zu rechnen war, wurden Bor-Analysen sowohl im aqua bidest. als auch im Fervorwasser vorgenommen und Keimungsversuche in Lösungen dieser beiden Elemente in zwei unterschiedlichen Konzentrationen durchgeführt.

Im einzelnen wurden folgende Ergebnisse erzielt:

1. Der Fervoreffekt ist vom Füllungsgrad der Flaschen beim Autoklavieren abhängig.
   Bei 85%iger Füllung der Flaschen erweist sich der Fervoreffekt als *hemmender* Einfluß auf die Wurzelkeimung;
   bei 68%igem Füllungsgrad sind *keine signifikanten Unterschiede* im Häufigkeitsprozent der gekeimten Samen zwischen aqua bidest. und Fervorwasser nachzuweisen;
   bei 55- und 50%iger Füllung der Flaschen zeigt sich der Fervoreffekt als *fördernder* Einfluß auf die Wurzelkeimung.
   Die pH-Werte der untersuchten Wässer lagen bei 5,5.
2. Während chemisch im aqua bidest. kein B nachgewiesen werden konnte, waren die Befunde im Fervorwasser positiv, und zwar betrug der Gehalt bei 85%iger Füllung der Flaschen 0,3 ppm, bei 50%iger nur 0,01 ppm.
   Entsprechend konzentrierte B-Lösung wirkten sich im Vergleich zu aqua bidest. positiv auf die Wurzelkeimung aus. Der Effekt war in der 10. und 12. Stunde der Luftkeimung signifikant. Bis zur 20. Stunde waren keine Unterschiede mehr nachzuweisen. Die pH-Werte beider Lösungen lagen bei 6,0.
3. Die hergestellten Si-Lösungen hatten Gehalte von 0,03 ppm und 9 ppm Si. Da zur Lösung des SiO_2 Na_2CO_3-Lösung Verwendung fand, wiesen die höher konzentrierten Lösungen den pH-Wert 9,0 auf, während bei niedriger Konzentration einer von 6,0 vorlag. Der Si-Effekt war von der 8. bis zur 18. Stunde des Auskeimens signifikant.
4. Die Untersuchungen werden in Flaschen mit Folie-Auskleidung derzeit fortgesetzt.

Herbert Jordan

Untersuchungen über die Wirkungsmechanismen von Neurohormonen

6900 Jena, Erbertsstraße 1, Tel. 27122, App. 316

Leiter: Gersch †
Wiss. Arbeitsleiter: Dr. sc. Klaus Richter
Wiss. Assistenten: Dr. Eckehard Baumann, Dr. Gustav-Adolf Böhm, Dr. Heiner Birkenbeil, Dr. Hermann Eibisch
WTA: Rita Leser, Rosemarie Meißner, Gisela Radtke
Sekretärin (halbtags): Inge-Dorothea d'Ambly

Die im Zeitraum 1979/1980 durchgeführten Arbeiten stellen eine kontinuierliche Fortsetzung der nun schon seit längerem verfolgten Forschungskonzeption dar. Sie betreffen die Wirkungsweisen der Aktivations- und Hemmhormone von Krebsen und Insekten sowie ihre weitere biologische und chemische Charakterisierung.

1. Untersuchungen an Krebsen

Es mußte zunächst ein standardisierter Test am Flußkrebs *Orconectes limosus* zur Prüfung der Wirkung von Sinusdrüsenextrakten (Wirkung des Molt Inhibiting Hormone MIH) auf die physiologische Aktivität der Häutungsdrüse (Y-Organ) entwickelt werden. In diesem Standard-Test wurde der Effekt von Sinusdrüsenextrakten bzw. von implantierten Sinusdrüsen 48 Stunden nach Aktivierung der Häutungsdrüse durch Exstirpation der Augenstiele an der *in-vitro* Ecdysteroid-Produktion der Y-Organe gemessen. Die Messung erfolgte mittels RIA.

Es ergab sich als erste Feststellung, daß die Häutungsdrüse der Zwischenhäutungs (C—)-Tiere in der *in-vitro*-Kultur zu allen Jahreszeiten eine annähernd gleiche Basalproduktion an Ecdysteroiden aufweist. Jedoch setzt bereits einen Tag nach der Aktivierung der Häutungsdrüse durch die Ausschaltung des Augenstielkomplexes eine erhöhte Ecdysteroidsynthese ein. Sie entspricht der gesteigerten Hormonproduktion von Tieren in der Vorhäutungsphase. Die weitere Verfolgung dieser Produktion bis zu 30 Tagen nach Augenstielexstirpation ergab eine typische Ecdysontiterkurve, wie sie annähernd auch bei normalen Häutungstieren abläuft.

Mit Hilfe dieses Testes wurde die Wirkung von Sinusdrüsen *in vivo* auf die Produktionsaktivität der Häutungsdrüse geprüft. Hierbei zeigte sich, daß sowohl nach Implantation von Sinusdrüsen als auch nach Injektion von Sinusdrüsenextrakten in die vorbereiteten Versuchstiere (vorherige Entfernung der Augenstiele) eine signifikante Hemmwirkung auf die Aktivität der Häutungsdrüse ausgelöst wird. Dieser Befund erlaubt die Schlußfolgerung, daß die Wirkung des Häutungshemmhormons (MIH) aus der Sinusdrüse der Krebse darin besteht, die Ecdysteroidproduktion der Y-Organe im Zwischenhäutungsstadium auf einem niedrigen Basalniveau zu halten. Die Wirkung beruht somit offensichtlich nicht im Abbau des Ecdysons, wie mehrfach in der Literatur vermutet wird.

Die bisherigen Untersuchungen zur Charakterisierung des MIH erforderten in relativ umfangreichen Versuchsserien die Klärung einer Reihe von methodisch-technischen Fragen. Sie führten bisher zu folgenden Ergebnissen:

Es scheint sich um einen relativ instabilen Peptidfaktor zu handeln. Wahrscheinlich setzt schon bei der Halterung sowie bei Präparations-, Extraktions- und Trennungsverfahren des Augenstielmaterials ein enzymatischer Abbau ein. Er kann in gewissem Maße durch

Hitzeinaktivierung der Extrakte vor ihrer Aufarbeitung verhindert werden. Der Sinusdrüsenextrakt scheint dagegen auch bei längerer Lagerung stabil zu sein. Weitere Befunde zur MIH-Charakterisierung zeigen, daß die Sinusdrüsen von Vorhäutungstieren eine geringe MIH-Aktivität enthalten, was den Vorstellungen entspricht, die sich aus dem klassischen Regulationsschema der Crustaceen-Häutung ergeben.

2. *Untersuchungen an Insekten*

Die Untersuchungen konzentrieren sich auf die Wirkung der Aktivationsfaktoren auf die Häutungsdrüse der Insekten (Prothoracaldrüse). Hierbei wurde die gewebespezifische stimulierende Wirkung von Gehirnhomogenaten und der davon aufgetrennten Fraktion Aktivationsfaktor I auf die Ecdysonsynthese der Prothoracaldrüse von *Periplaneta americana* und *Galleria mellonella* erneut bestätigt. Weitere Untersuchungen ergaben jedoch, daß keine zeitliche Übereinstimmung zwischen der stimulierten RNS-Synthese der Häutungsdrüse und ihrer Ecdysonproduktion besteht. Dieser Befund zwingt zu der Schlußfolgerung, daß die hier ermittelte RNS-Synthese der Drüse nicht die Voraussetzung für die Synthese des Ecdysons sein kann. Der Aktivationsfaktor I übt offensichtlich einen trophischen Effekt (sog. „pleiotypic effect“) auf die Prothoracaldrüse aus, stimuliert aber nicht die für die Ecdysonsynthese typische mRNS.

Die Wirkung von Aktivationsfaktor II auf das Membranpotential der Prothoracaldrüsenzellen der Wachsmotte *Galleria mellonella* war bereits früher nachgewiesen worden. In weiteren Untersuchungen konnte jetzt gezeigt werden, daß die konzentrationsabhängigen biphasischen Veränderungen des Membranpotentials durch c-AMP ausgelöst werden. Diese dosisabhängige Veränderung des Membranpotentials durch c-AMP wie auch die Ergebnisse nach Applikation des Phosphodiesterase-Hemmers Theophyllin stützen die Hypothese, daß die neurohormonale Stimulation der Aktivität der Prothoracaldrüse mittels Aktivationsfaktor II durch c-AMP als „second messenger“ vermittelt wird.

In bezug auf die noch immer offene Frage über den genauen Ort der Ecdysonproduktion in der Prothoracaldrüsenzelle konnten mittels des von uns erarbeiteten Anti-Ecdysteroidserums und auf Grund der Verbesserung der Permeabilitätsverhältnisse durch Anwendung von Saponin Ecdysteroid erstmalig in der Prothoracaldrüse von *Galleria mellonella* elektronenmikroskopisch markiert werden. Auf diese Weise wurde Ecdyson im Hyaloplasma nachgewiesen. Von besonderem Interesse ist der distinkte Nachweis von Ecdyson in den Mikrotubuli der Drüsenzellen, was Rückschlüsse auf den Transportmechanismus erlaubt. Über den rein methodischen Fortschritt hinaus eröffnet dieses Ergebnis weitere Möglichkeiten zur Untersuchung der Struktur-Funktions-Beziehungen nach experimenteller Beeinflussung durch Stimulations- und Hemmfaktoren aus submikroskopischer Ebene.

In Verbindung mit der Frage der submikroskopischen Feststellung des Ortes der Ecdysonsynthese in den Häutungsdrüsen der Arthropoden wurden auch elektronenmikroskopisch-autoradiographische Arbeiten zum Cholesterineinbau von Y-Organen des Krebses *Orconectes* und der Prothoracaldrüse der Wachsmotte *Galleria* durchgeführt. Nach Ermittlung der Einbauraten in Abhängigkeit von verschiedenen Inkubationszeiten und Konzentrationen wurden anschließend die entsprechend *in vitro* markierten Drüsen eingebettet und in Zusammenarbeit mit dem Anatomischen Institut der Universität Jena zunächst lichtmikroskopisch und dann elektronenmikroskopisch untersucht. Es stellte sich dabei heraus, daß die Menge der inkorporierten Aktivität an der unteren Grenze der für elektronenmikroskopische Verfahren benötigten Menge liegt. Da durch die Einbettungstechniken die Steroide zum größten Teil aus dem Gewebe gelöst werden, erwies sich die Methode der

Autoradiographie zur Identifizierung von Zellorganellen der Ecdysonsynthese als nicht geeignet. Die verhältnismäßig aufwendigen Untersuchungen mußten daher ergebnislos abgebrochen werden.

Dagegen gelang unter Einsatz des eigenen Radioimmun-Assay für Ecdysteroide in Zusammenarbeit mit der Forschungsgruppe Tierphysiologie der Pädagogischen Hochschule Erfurt/Mühlhausen der Nachweis von Ecdysteroiden aus Ganztierextrakten des Tausendfüßers *Lithobius forficatus*. Wahrscheinlich handelt es sich vor allem um Ecdyson und Ecdysteron. Dieser Nachweis bildet den erfolgreichen Abschluß der seit Jahren angenommenen und experimentell verifizierten, bisher aber nur indirekt bewiesenen Vorstellungen über die weite Verbreitung und Bedeutung der Häutungshormone Ecdyson und Ecdysteron bei Arthropoden.

In elektrophysiologischen Testversuchen an bestimmten Beinnerven der Schabe *Periplaneta americana* (Nervus cruralis) wurde gefunden, daß Ecdysteron in bestimmten Konzentrationen ($0{,}24 \times 10^{-5}$ bis $0{,}35 \times 10^{-4}$ mol) spezifisch die tonische Nervenaktivität dämpft. Diese Aktivität der Hauptbeinnerven unterliegt während eines Häutungsintervalls charakteristischen phasenhaften Veränderungen, die in physiologischem Zusammenhang mit häutungsbezogenen Änderungen der Bewegungsaktivität der Tiere stehen. Häutungsindifferente Steroide sind dagegen wirkungslos. Damit gelang einer der ersten experimentellen Hinweise auf die mögliche Beteiligung des Häutungshormons der Insekten an der häutungsbezogenen Modulation von Verhaltensmustern, womit sich ein ganz neuer Wirkungsbereich des Häutungshormons andeutet.

3. Isolierung, Reinigung und Charakterisierung von Neurohormon D

Die seit langem laufenden Arbeiten zur Isolierung und Charakterisierung des aus dem Zentralnervensystem der Schabe *Periplaneta americana* extrahierten herzaktiven Peptids, des sog. Neurohormons D, über die früher bereits berichtet worden ist (s. Jb. Sächs. Akad. Wiss. zu Leipzig *1973—1974*, 71, 1976) führten im Laufe dieses Berichtzeitraumes zu einem wesentlichen Ergebnis. Es konnte die Aminosäurezusammensetzung dieses Peptids aufgeklärt werden. Die zur Verfügung stehenden geringen Mengen an Ausgangssubstanzen und die geringe Konzentration von Neurohormon D im Gewebe erforderten den Einsatz von Mikromethoden. Dabei tritt die Schwierigkeit auf, daß sich Verunreinigungen anreichern, die keine eindeutige Aminosäureanalyse erlauben. Außerdem mußte der biologische Test optimiert werden. Es wurde folgender Weg eingeschlagen. 2000 Paar Corpora cardiaca wurden mit Äthanol/Wasser extrahiert und an Biogel P 6 aufgetrennt. Anschließend wurde die eine Hälfte des Materials der Elektrophorese auf Cellogel unterworfen, die andere durch Dünnschichtchromatographie gereinigt. Das erhaltene Material, für das der Peptidcharakter durch Inaktivierung mit Proteasen wahrscheinlich gemacht werden konnte, zeigte keine Reaktion mit Dansylchlorid. Nach der Hydrolyse und der anschließenden Dansylierung gelang die Identifizierung von sieben verschiedenen Aminosäuren im Mikrochromatogramm übereinstimmend nach beiden Auftrennungen.

Für die genaue Feststellung der Aminosäurezusammensetzung wurden in einem weiteren umfassenden Ansatz 6000 Paar Corpora cardiaca nach folgendem Schema aufgearbeitet: Extraktion mit Äthanol/Wasser — Gelchromatographie an Biogel P 6 — Dünnschichtchromatographie — Elektrophorese auf Cellogel — Rechromatographie an Biogel P 6. Mittels dieses 4-Stufen-Trennverfahrens wurden 20 µg eines reinen Produktes gewonnen. Durch Dansylierung des Hydrolysats wurden wiederum sieben verschiedene Aminosäuren nachgewiesen. Die Analyse im konventionellen Aminosäureanalysator (durchgeführt im Zentralinstitut für Molekularbiologie der Akad. d. Wissensch. d. DDR in Berlin-Buch durch Dr. Dettmer) ergab folgende Aminosäuren im molaren Verhältnis: Asp 2, Glu 1, Phe 1, Pro 1, Ser 1, Val 1. Das Ergebnis entspricht genau dem der mikrochromatographischen Auftrennungen.

Aus den verschiedenen Ergebnissen der Elektrophorese in Puffersystemen mit unterschiedlichem pH und der fehlenden Bindung an einen Ionenaustauscher kann angenommen werden, daß die N-terminale und vielleicht auch die COOH-terminale Aminosäure in blockierter Form vorliegen. Mangelnder Abbau durch Trypsin und schnelle Inaktivierung durch Chrymotrypsin lassen sich gut durch die vorliegenden Aminosäuren im Peptid erklären. Es ist das dritte bisher aufgeklärte Insektenneurohormon überhaupt.

Veröffentlichungen

Birkenbeil, H. u. H. Agricola: Die Innervierung der Prothorakaldrüse von *Periplaneta americana* L. Zool. Anz. *204* (1980) 331—336.

Birkenbeil, H., M. Eckert and M. Gersch: Electron microscopical-immunocytochemical evidence of ecdysteroids in the prothoracic gland of *Galleria mellonella*. Cell Tissue Res. *200* (1979) 285 bis 290.

Birkenbeil, H. and M. Gersch: Ultrastructure of the Y-organ of *Astacus astacus* (L.) (Crustacea) in relation of the moult cycle. Cell Tissue Res. *196* (1979) 519—524.

Böhm, G.-A.: Der Ecdysontiter bei Insekten — Vergleichende Betrachtungen an Hand ausgewählter Beispiele. Zool. Jb. Physiol. *83* (1979) 361—378.

Eibisch, H., M. Gersch, M. Eckert and G.-A. Böhm: Investigations of the ecdysteroid production in prothoracic glands and of the ecdysteroid level in the hemolymph of *Periplaneta americana* larvae by means of radioimmunoassay (RIA) with an anti-ecdysterone serum. Zool. Jb. Physiol. *84* (1980) 153—163.

Gersch, M.: Untersuchungen über die Wirkungsmechanismen von Neurohormonen. Jahrb. Sächs. Akad. Wiss. zu Leipzig *1975—1976* (Berlin 1979) 55—63.

Gersch, M.: Wachstum und Wachstumsregulatoren der Krebse. Biologische Erkenntnisse und generelle Erwägungen. Berlin 1979. 29 S. (= Sitzungsber. Sächs. Akad. Wiss. zu Leipzig, math.-nat. Kl., Bd 113, H. 5).

Gersch, M.: A new endocrine gland in the antennal segment of the crayfishes *Orconectes limosus* and *Astacus astacus*. Gen. comp. Endocrinol. *39* (1979) 490—497.

Gersch, M.: Control of activity of the prothoracic glands in insects at the cellular level. In: Progress in Ecdysone Research (Ed.: J. A. Hoffmann) Elsevier/North-Holland Biomedical Press. Amsterdam 1980. pp. 111—123.

Gersch, M. and H. Birkenbeil: The ultrastructur of a hitherto unrecognized gland, the cephalic gland in the head of *Orconectes limosus* which produces ecdysteroids. Gen. comp. Endocrinol. *39* (1979) 498—504.

Gersch, M. und H. Birkenbeil: C-AMP als möglicher Mediator der neurohormonalen Beeinflussung des Membranpotentials der Prothoracaldrüsenzelle von *Galleria mellonella*. Zool. Jb. Physiol. *84* (1980) 58—66.

Gersch, M., G.-A. Böhm und H. Eibisch: Die Wirkung des Häutungs-Hemmfaktors aus Sinusdrüsen (molt inhibiting hormone-activity MIH) auf die Ecdysteroidproduktion aktivierter Y-Organe des Flußkrebses *Orconectes limosus* (Crustacea, Decapoda). Zool. Jb. Physiol. *84* (1980) 46—57.

Gersch, M., H. Eibisch, G.-A. Böhm and J. Koolman: Ecdysteroid production by the cephalic gland of the crayfish *Orconectes limosus*. Gen. comp. Endocrinol. *39* (1979) 505—511.

Gersch, M., K. Richter, G.-A. Böhm und H. Eibisch: Experimentelle Untersuchungen zur saisonalen Abhängigkeit der neurohormonalen Steuerung der Gastrolithenbildung und der Ecdyste-

roidsynthese des Y-Organs von *Orconectes limosus* (Crustacea, Decapoda). Zool. Jb. Physiol. *84* (1980) 164–180.
Leubert, F., H. Eibisch und H. Scheffel: Isolierung und Charakterisierung des Häutungshormons von *Lithobius forficatus* (L.) (Chilopoda). Zool. Jb. Physiol. *83* (1979) 334–339.
Richter, K.: Zur Wirkung von Ecdysteron auf eine periphere motorische Nervenaktivität bei der Schabe *Periplaneta americana* L. Zool. Jb. Physiol. *83* (1979) 350–360.
Richter, K.: Allgemeine Elektrophysiologie. Jena 1979. 135 S., 55 Abb.

Manfred Gersch

Beeinflussung von in vivo-Eiweißabbauvorgängen enzymatischer Art durch in der Umwelt eingesetzte Agenzien

4020 Halle (Saale), Hollystraße 1, Tel. 38296

Leiter: Prof. Dr. Aurich
Wiss. Arbeitsleiter: Dr. Peter Bohley
Wiss. Oberassistentin: Dipl.-Pharmazeutin Susanne Riemann
Wiss. Assistentin: Chem.-Ing. Traudel Nötzel

In Weiterführung der im Jahre 1977 begonnenen Arbeiten (1) wurden neue Verbindungen auf ihre Fähigkeit und Effektivität, den Proteinabbau in der Rattenleber zu hemmen, untersucht. Ziel der Studien im Berichtszeitraum war es, einen spezifischen Inhibitor für die lysosomale Cysteinproteinase Kathepsin L, der beim Proteinabbau eine bedeutende Rolle zukommt (2, 3, 4), zu finden. Die Verbindung Z–Phe–Phe-diazomethylketon (5), die uns dankenswerter Weise von Prof. Dr. Shaw zur Verfügung gestellt wurde, hemmt unter bestimmten Testbedingungen spezifisch Kathepsin L.

Ein weiteres Ziel war die Erarbeitung einer Methode, die einen gleichzeitigen Nachweis von Cysteinproteinase-Aktivität und Aspartatproteinasen-Aktivität — letztere in der Leber hauptsächlich durch Kathepsin D verursacht — erlaubt. Kathepsin D, das in weit geringerem Maße als Kathepsin L am Proteinabbau beteiligt ist (2), kann spezifisch durch Pepstatin gehemmt werden. Pepstatin — aus Pilzen isoliert (6) — stellte uns freundlicherweise Prof. Dr. Umezawa zur Verfügung. Dadurch waren wir in der Lage, zwei Methoden zu entwickeln, bei denen es neben der Anwendung unterschiedlicher Substrate auch möglich wurde, die Hemmung der beiden Enzyme Kathepsin L und Kathepsin D getrennt spezifisch zu erfassen. Einerseits wurden dabei ^{3}H- und ^{14}C-markierte Rattenleber-Cytosolproteine (7) in einer Lösung mit reduziertem Glutathion (5 mmol/l) bei pH 3,0, zum anderen Azocasein (8) in Harnstofflösung (3 mol/l) bei pH 5,0 als Substrate eingesetzt. Bei Anwendung bestimmter Inhibitorkonzentrationen ($5 \cdot 10^{-6}$ mol Z–Phe–Phe–CHN_2/l für Kathepsin L und $5 \cdot 10^{-7}$ mol Pepstatin/l für Kathepsin D) konnten unterschiedliche Aktivitäten dieser beiden Enzyme in verschiedenen Zelltypen nachgewiesen werden. Es kann angenommen werden, daß die Verteilung der beiden Kathepsine in unterschiedlichen Zelltypen spezifisch differiert. Als Untersuchungsmaterial dienten Präparationen von Rattenleberparenchymzellen, die wir nach der Methode von Seglen (9) isolierten, sowie Parenchymzellen, Kupffer'sche Sternzellen und Endothelzellen der Rattenleber, die uns — bereits isoliert — von Dr. Knook (10, 11) in gefrorenem Zustand zur Verfügung gestellt wurden. Darüber hinaus haben wir eine Vielzahl menschlicher Tumore, Metastasen sowie Ehrlich-Ascites-Tumorzellen von Mäusen in gleicher Weise auf die Aktivität der beiden Kathepsine untersucht.

Befunde, daß die Kupffer'schen Sternzellen der Rattenleber weit mehr Kathepsin D-Aktivität enthalten als Parenchym- und Endothelzellen (12, 13), konnten mit beiden Methoden bestätigt werden. In allen von uns untersuchten Zelltypen gelang es, Kathepsin L-Aktivität nachzuweisen.

Zur Abrundung der bereits ermittelten Befunde sind noch Experimente mit isolierten, radioaktiv-markierten lebensfähigen Rattenleberparenchymzellen vorgesehen, um den Effekt von Z-Phe-Phe-CHN_2 unter in vivo-ähnlichen Bedingungen zu prüfen und um eventuelle Schadwirkungen dieses Inhibitors auf die Zellen als solche festzustellen.

Literatur

[1] Aurich, H.: Jahrbuch Sächs. Akad. Wiss. zu Leipzig *1977–1978* (1980) 59–60.

[2] Bohley, P., Kirschke, H., Langner, J., Wiederanders, B. und Ansorge, S.: Acta biol. med. germ. *35* (1976) 301–307.

[3] Kirschke, H., Langner, J., Wiederanders, B. Ansorge, S. und Bohley , P.: Proc. XII. FEBS Meeting *1978*, Pergamon Press, Oxford, New York 1979, 107–115.

[4] Kirschke, H., Langner, J., Riemann, S., Wiederanders B. und Bohley, P.: Studie „Kathepsin-L", MLU Halle–Wittenberg, 1980.

[5] Leary, R. and Shaw, E.: Biochem. Biophys. Res. Commun. *79* (1977) 926–931.

[6] Umezawa, H.: „Enzyme Inhibitors of Microbial Origin", Univ. Tokyo Press, 1972.

[7] Bohley, P., Miehe, M., Miehe, C., Ansorge, S., Langner, J. und Wiederanders, B.: Acta biol. med. germ. *28* (1972) 323–330.

[8] Langner, J., Wakil, A., Zimmermann, M., Ansorge, S., Bohley, P., Kirschke, H. und Wiederanders, B.: Acta biol. med. germ. *31* (1973) 1–18.

[9] Seglen, P. O.: „Methods in Cell Biology", Acad. Press New York, San Francisco, London, Vol. *4* (1975) 30–83.

[10] van Bezooijen, C. I. A., van Noord, M. J. and Knook, D.: Mech. age. develop. *3* (1974) 107–119.

[11] Knook, D. L. and Sleyster, E. C.: Exp. Cell Res. *99* (1976) 444–449.

[12] Knook, D. L.: Hoppe-Seyler's Z. Physiol. Chem. *355* (1974) 1217.

[13] Arborgh, B., Glaumann, H., Berg, T. and Ericsson, J. E.: Exp. Cell. Res. *88* (1974) 279–288.

Prof. Dr. Harald Aurich

Psychologische Untersuchungen zur Leitungstätigkeit als sozialem Umweltfaktor der psychischen Gesunderhaltung der Werktätigen

6900 Jena, Universitätshochhaus Schillerstraße, 19. 0. G., Tel. 82/24219

Leiter: Hiebsch
Wiss. Arbeitsleiterin: Dr. phil. Dipl.-Psych. Gudrun Winkler
Wiss. Assistent: Dipl.-Psych. Wolfgang Frindte

Die Arbeitsstelle ist gegenwärtig dabei, das langfristige Vorhaben der Erarbeitung eines Manuskripts zu Anwendungen der Psychologie in Leitungsprozessen abzuschließen. Es enthält die Ergebnisse und Erkenntnisse der Psychologie und Sozialpsychologie der Leitungstätigkeit in einer für Leiter der sozialistischen Industrie zugänglichen Form und unter dem Gesichtspunkt der psychischen Gesunderhaltung der Werktätigen. Erfahrene auswärtige Autoren wirkten neben den Mitarbeitern der Arbeitsstelle dabei mit.

Im Frühjahr 1980 konnten die Untersuchungen zum Thema der „Abbildung sozialer (dyadischer) Realsituationen auf spieltheoretisch konstruierte Modellsituationen" abgeschlossen werden. Der Forschungsbericht liegt in der Arbeitsstelle vor. Erste Erprobungen der Ergebnisse, zugleich ihre Praxisüberführung, wurden in Eheberatungsstellen vorgenommen. Ferner konnten die Ergebnisse mit gutem Erfolg auf dem 22. Internationalen Kongreß für Psychologie, der im Juli 1980 in Leipzig stattfand, in einem Einzelvortrag von Hiebsch („The experiment in social psychology") der internationalen Öffentlichkeit vorgestellt werden.

Auf der Grundlage dieser Untersuchung begann Herr Frindte 1978 eine Nachfolgeuntersuchung über die „Modellierung von Verhandlungssituationen", die Ende 1980 kurz vor ihrem Abschluß steht. Darin wurden die Möglichkeiten geprüft, an Modellen der psychologischen Verhandlungstheorie Zugänge zur Gestaltung kooperationsförderlicher Situationen und kooperativen Verhandlungsverhaltens von Leitern in der industriellen Praxis zu finden. Die Untersuchung erbrachte, daß diese Möglichkeit besteht, wenn die bisher bekannten Verhandlungsmodelle entsprechend modifiziert werden. Diese Modifikation wurde erfolgreich auf dem 22. Internationalen Kongreß für Psychologie vorgestellt. Die Überführung der Ergebnisse und Erkenntnisse in die Praxis — im Sinne der Persönlichkeitsförderung der Werktätigen — wird nunmehr möglich. Erste Vorarbeiten dazu von Frau Dr. Winkler wurden begonnen. Es sollen in den nächsten beiden Jahren Programme des psychologischen Verhaltenstrainings, nämlich für das Verhandlungsverhalten entsprechender Kader der Industrie, ausgearbeitet und praktisch erprobt werden. Damit soll eine sehr oft erhobene Forderung der Praxis erfüllt werden.

Hans Hiebsch

Untersuchungen über Naturhaushalt und Gebietscharakter

8027 Dresden, Zellescher Weg 19, Tel. 4633275 und
8010 Dresden, Augustusstraße 2, Tel. 493387

Leiter: Neef
Wiss. Arbeitsleiter: Dr. Arnd Bernhardt
Wiss. Oberassistent: Dr. sc. Karl Mannsfeld
Wiss. Assistenten: Dr. Inge Hartsch, Dr. Klaus-Dieter Jäger
Wiss. Mitarbeiter: Dipl.-Geogr. Kart.-Ing. Joachim Bieler
WTA: Karin Kießling
Mitarbeiterin: Kart.-Ing. Evelin Schiller

Hydrobiologisches Laboratorium Neunzehnhain (Erzgeb.):

9341 Wünschendorf (Erzgeb.), Tel. Lengenfeld 393

Leiter: Uhlmann
Wiss. Assistenten: Dr. Wolfgang Horn, Dipl.-Biol. Heidemarie Horn

I. Naturhaushalt und Gebietscharakter

Der Berichtszeitraum ist gekennzeichnet durch die beiden Hauptanliegen der Arbeitsgruppe:

- die im vergangenen Berichtszeitraum entwickelten Forschungen auf dem Gebiet der exogenen Landschaftsdynamik,

— Erarbeitung von Beiträgen zur Grundlagenforschung im Rahmen des Forschungsverbandes Physische Geographie der DDR, der vom IGG der AdW DDR getragen wird, und die sowohl Themen zur geoökologischen Strukturanalyse als auch solche, die auf die Landschaftsplanung unter zunehmender Beachtung der Landschaftsdynamik überleiten, beinhalten.

Die 1979 erschienene SAW-Abhandlung „Analyse und Prognose von Nebenwirkungen gesellschaftlicher Aktivitäten im Naturraum“ fand eine positive Resonanz im In- und Ausland. Unerwartet hoch war zudem das Interesse an der Fallstudie „Intensivobstbau“, die allein achtmal (z. T. von Organen der Praxis) als Vortrag im Inland angefordert wurde und auch in Österreich (Julius Fink) wissenschaftliche Aktivitäten ausgelöst hat.

Als Fallstudie ähnlicher Art wurden inzwischen die Problemkreise „Industrielle Großviehhaltung und Umland“ sowie „ländliche Siedlungen und Umland“ aufgegriffen und Vorarbeiten für eine Konzeption „Landschaftsdynamik — Wechselwirkungen zwischen gesellschaftlichen Aktivitäten im Territorium und Naturprozessen“ in die Wege geleitet. Diese Thematik geht als eine der beiden Hauptaktivitäten der Arbeitsgruppe in den Fünfjahrplan 1981—1985 des Forschungsverbandes Physische Geographie ein.

Die exogene Landschaftsdynamik betrifft alle Formen der Flächennutzung bzw. -inanspruchnahme, die als Eingriffe in die endogene Dynamik der bestehenden genutzten Geosysteme wirksam werden.

Lang andauernde Nutzungsformen bewirken in den meisten Fällen ein Einpegeln auf ein, den Nutzungsformen adäquates, Gleichgewicht, das sowohl die geoökologischen Prozeßabläufe als auch die Lebensformen (z. B. Pflanzengesellschaften) umfaßt. Geschieht ein solches Einpegeln nicht, so kommt es zwangsläufig zu Degradationen, die entweder korrigiert werden können oder zur Devastierung führen, sofern die auslösenden Maßnahmen wirksam bleiben. Es gibt dabei auch scheinbare Gleichgewichtsstadien mit über lange Zeiträume hinweg schleichenden und oft schwer erkennbaren Degradationen, wie z. B. bestimmte Formen der Bodenerosion, die zu einem völligen Verlust der Verwitterungsdecke führen können.

Die überkommenen Formen der Flächennutzung beruhen zumeist auf bereits historischen Formen der exogenen Landschaftsdynamik. In ihnen haben sich über relativ lange Zeiträume hinweg Gleichgewichtszustände entwickelt, die wir heute allzuoft als Primärzustand ansehen. So hat z. B. der heutige Großschlag-Acker eine andere Dynamik als der der bäuerlichen Einzelwirtschaft. Dieser hatte als Vorläufer Bewirtschaftungen ohne Düngung und schließlich den gerodeten natürlichen oder naturnahen Wald. Real stellen fast alle Flächennutzungsformen Durchgangsstadien landschaftsökologischer Entwicklung dar, deren umfassendes Verständnis nur bei Aufhellung des vorausgegangenen Zustandes und der Art und Weise des Qualitätsumschlages möglich ist.

Beginnend mit der industriellen Revolution erfolgen die anthropogenen Eingriffe in den Naturraum häufiger, mannigfaltiger und vor allem in zunehmend kürzeren Zeiträumen. Mit der immer stärkeren Reduzierung des Zeitfaktors schränken sich zwangsläufig die Möglichkeiten für die Einpegelung auf quasinatürliche Gleichgewichte und damit auch das natürliche Regenerationsvermögen ein. Die Vielzahl neuer Impulse und Impulsketten in zunehmend rascherer Folge führt zu mannigfachen Überlagerungen und läßt gegenwärtig bereits Ursache — Wirkungsmechanismen oft nur noch schwer auseinander halten. Zum Beispiel instabilisieren hochintensive Monokulturen ökologische Systeme, aber Labilität bringt erhöhten Aufwand und erhöhtes Risiko mit sich. Sollen die ständig kürzer und mannigfaltiger werdenden (dazu oft rein zweigspezifischen) gesellschaftlichen Impulse in den

Naturraum, die zwangsläufig zu einer Steigerung von Nebenwirkungen, zu einer Erhöhung der Instabilität und zu einem hohen Degradationsrisiko führen, nicht unkontrolliert ablaufen, so bedarf es rechtzeitig gezielter, umfassender und interdisziplinärer Arbeit.

Die physische Geographie wird hierzu wesentliche Grundlagen beitragen können. Als wichtige methodische Anregungen aus unserer Arbeit sind das monodynamische Modell, die Erkundung der Endo- und Exodynamik, der Entwurf eines Kataloges elementarer Grundprozesse, die Verknüpfung von Modellen mit den konkreten Bedingungen, die Ausarbeitung von Fallstudien und ein klarer Begriffskatalog bereits formuliert.

Im Berichtszeitraum konnten zwei federführend von der Arbeitsgruppe übernommene F/E-Berichte (Stufe G 4) als Pflichtleistungen des Forschungsverbandes Physische Geographie erfolgreich abgerechnet und verteidigt und damit zu einem vorläufigen Abschluß gebracht werden, nämlich:

- im März 1979 die Staatsplanaufgabe „Landschaftskataster"
- im Februar 1981 die Staatsplanaufgabe „Bestimmung von partiellen und komplexen Potentialeigenschaften für chorische Naturraumeinheiten" (Methodik und Beispielsuntersuchungen).

Beide sind bereits in vergangenen SAW-Berichten referiert. Letzterer wurde im Berichtszeitraum in Zusammenarbeit mit verschiedenen interdisziplinären Kooperationspartnern weiter ergänzt und vervollkommnet. Anzuführen ist dabei besonders die Neubearbeitung von drei partiellen Naturraumpotentialen: Entsorgungspotential, biotisches Regulationspotential und (vorerst allein auf Literaturgrundlage) geoenergetisches Potential. Eine umfassende Überarbeitung des früher erstellten Materials sichert zudem eine nach einheitlichen Grundsätzen durchgearbeitete Methodik für die Ableitung der Potentialeigenschaften von konkreten Naturräumen und einzelnen Naturraumtypen aus den Ergebnissen der Naturraumerkundung sowie für ihre kartographische Darstellung. Diese Untersuchungen dienen dem Ziel, der Territorialplanung zuverlässige und aussagefähige Unterlagen für eine möglichst umfassende Berücksichtigung von Eignungsunterschieden verschiedener Naturräume und Naturraumtypen bei Standort- und Nutzungsentscheidungen zur Verfügung zu stellen.

Wesentliche Zuarbeiten ergaben sich für einen weiteren F/E-(G 4)-Bericht des Kooperationsverbandes zur „Kennzeichnung und Kartierung von Naturraumtypen im Maßstab 1:100000, einschließlich Rahmenkatalog chorischer Naturraumtypen der DDR" (Abschluß XII/1980), an dem die Arbeitsgruppe zufolge ihres allgemeinen und regionalen Erfahrungsschatzes beteiligt war. Damit ist ein wichtiger Teilabschluß der systematisierenden chorischen Naturraumforschung in der DDR erreicht.

Die weitere Orientierung richtet sich nunmehr auf repräsentative Beispielskartierungen. Im kommenden Fünfjahrplan wird das Testgebiet der Arbeitsgruppe, der Raum Dresden, ein solches Repräsentationsgebiet sein, wobei neben der chorischen Naturraumkartierung besonders Interpretationsunterlagen für die praxisorientierte Verwertbarkeit zu erarbeiten sind. Entsprechende Vorarbeiten, besonders zur räumlichen Abrundung des Testgebietes auf den Blattschnitt und zur Gewinnung geeigneter Kooperationspartner für eine interdisziplinäre Interpretation, wurden 1980 aufgenommen. In diesem Zusammenhang erfolgte auch die weitere Bearbeitung temporärer Aufschlüsse im Testgebiet und die entsprechende Analyse von Probenmaterial im Labor.

Mit einer 1980 abgeschlossenen Diss.-B-Arbeit „Beiträge zur Ableitung der natürlichen Potentialstruktur aus der naturräumlichen Ordnung" verknüpfte K. Mannsfeld die im Testgebiet abgeschlossene umfassende Naturraumerkundung und eine Flächennutzungsanalyse mit der Ableitung und konkreten kartographischen Darstellung mehrerer Potentialeigenschaften chorischer Naturräume. Diese beispielhafte komplexe Beurteilung naturraumabhängiger Potentialeigenschaften fand auf mehreren RGW-Fachveranstaltungen allgemeine Anerkennung. Eine inzwischen fertiggestellte und vom Auftraggeber finanzierte Serie von acht gedruckten farbigen Karten dieses Raumes (je zwei zur Naturausstattung und zur Flächennutzung, vier Karten zu partiellen Potentialeigenschaften: Bebaubarkeit, Standortfruchtbarkeit, Entsorgung/flüssige Abprodukte und Wasser/Grundwasserneubildung) auf der Basis von Nano- und Mikrochoren ist z. Z. in der DDR einmalig und dürfte auch international als bedeutsam für das Fachgebiet anzusehen sein.

Im Juli 1980 konnte die Arbeitsgruppe „Naturhaushalt und Gebietscharakter" der SAW auf eine fünfzehnjährige erfolgreiche und vielerseits anerkannte Arbeit zurückblicken. Das wurde zum Anlaß genommen, um mit einem Artikel in den Geographischen Berichten einem größeren Leserkreis Einblick in das Schaffen und Wirken unserer Arbeitsgruppe zu geben.

Literatur

1. Forschungsberichte:

K.-D. Jäger (unter Mitwirkung von K. Mannsfeld u. G. Haase): Bestimmung von partiellen und komplexen Potentialeigenschaften für chorische Naturraumeinheiten (Methodik, Beispielsuntersuchungen). — F/E-Bericht (G 4), IGG 10.3, Dresden und Leipzig 1980, 109 S., 3. Abb. und Anlagenteil mit 27 Tab. und 10 Karten.

2. Forschungsmaterialien:

A. Bernhardt: Kennzeichnung und Ausgrenzung mikrochorischer Naturraumeinheiten nach der Intensitätsstufe C (Ausschnitt mittleres Erzgebirge und Erzgebirgsbecken). — 1980, IGG Leipzig, Nr. 80/12, 8 S., 1 Karte, 4 Beilagen (zugleich in Anlage 3 des F/E-Berichtes IGG 1980 „Rahmenmethodik Naturraumerkundung" [G 4]).

I. Hartsch (unter Mitarbeit von K.-D. Jäger): Neue Gesichtspunkte zur Kennzeichnung des natürlichen Rekreationspotentials. — 1980, IGG Leipzig, Nr. 80/5, 17 S., 2 Tab.

K.-D. Jäger u. D. Wedde: Zur strukturellen Analyse der gesellschaftlichen Anforderungen an das Entsorgungsvermögen des Naturraums. — 1980, IGG Leipzig, Nr. 80/4, 22 S., 3 Tab.

K. Mannsfeld: Kennzeichnung und Kartierung chorischer Naturraumeinheiten (Nano- und Mikrochoren) nach der Intensitätsstufe B im Beispielsgebiet Dresden-Nord. — 1980, IGG Leipzig, Nr. 80/9, 16 S., 2 Karten, 14 Tab., 2 Beilagen (zugleich in Anlage 3 des F/E-Berichtes IGG 1980 „Rahmenmethodik Naturraumerkundung" [G 4]).

3. Qualifikationsarbeiten

K. Mannsfeld: Beiträge zur Ableitung der natürlichen Potentialstruktur aus der naturräumlichen Ordnung. — Diss. B, TU Dresden, 1980, 191 S., 12 Karten, 39 Tab., 5 Abb., 4 Anlagen.

4. Veröffentlichungen:

E. Neef (unter Mitarbeit von A. Bernhardt, K.-D. Jäger u. K. Mannsfeld): Analyse und Prognose von Nebenwirkungen gesellschaftlicher Aktivitäten im Naturraum. Berlin 1979, 70 S. (= Abh. Sächs. Akad. Wiss. zu Leipzig, math.-nat. Kl. Bd 54, H. 1).

E. Neef: Ökologie — eine Grundfrage wissenschaftlichen Denkens. In: Verhandlg. der Ges. für Ökologie Münster, Bd *VII* (Göttingen 1979) S. 11—15.

E. Neef: Landschaftsverändernde Prozesse. In: Geogr. Rundschau *32* (1980) H. 11, S. 474—477.

G. Haase, H. Schlüter (unter Mitwirkung von K. Mannsfeld u. a.): Zur Konzeption einer mittelmaßstäbigen Naturraumtypenkarte der DDR. In: PGM *124* (1980) H. 2, S. 139—151.

K.-D. Jäger u. J. Preuß: Urgeschichtliche Besiedlung in ihrer Beziehung zur natürlichen Umwelt: In: Ethnograph.-Archäolog. Zeitschr. *20* (1979) S. 170—177.

K. Mannsfeld: Die Beurteilung von Naturraumpotentialen als Aufgabe der geographischen Landschaftsforschung. In: PGM *123* (1979) H. 1, S. 2—6.

K. Mannsfeld: Theoretische und methodische Probleme bei der Kartierung von Naturraumpotentialen. In: Contemporary Geography and integrated landscaperesearch, Slowak. Akad. der Wiss. Bratislava 1979. S. 218—231.

Ernst Neef

II. Limnologie von Talsperren

An der Trinkwassertalsperre Saidenbach im Erzgebirge wurden die Untersuchungen über den jahreszeitlichen Massenwechsel der Phyto- und des Zooplanktons fortgesetzt. Durch die Kombination von Freilanduntersuchungen und Laborexperimenten konnte eine bessere Einsicht in die Kausalzusammenhänge innerhalb des Ökosystems erreicht werden. Dadurch wurde die Entwicklung eines dynamischen Simulationsmodells für die Prognose der Wasserbeschaffenheit von Talsperren (Modell SALMO; Benndorf und Recknagel 1979) wesentlich gefördert. Die hohe zeitliche Dichte der Meßwerte bot sehr günstige Bedingungen für die Überprüfung (Validation) dieses Modells (Horn u. Benndorf 1980).

Nährstoffe (D. Uhlmann)

In der Saidenbachtalsperre, wie auch generell in Standgewässern sehr niederschlagsreicher Einzugsgebiete der gemäßigten Klimazone, ist das gelöste Orthophosphat der Pflanzennährstoffe, der das Wachstum des Phytoplanktons in erster Linie reguliert bzw. begrenzt, im Gegensatz zu dem im Überschuß vorhandenen Nitrat. Gewisse Anzeichen wie der in manchen Jahren bereits sehr niedrige O_2-Gehalt im Tiefenwasser der Talsperre deuten darauf hin, daß zeitweise erhebliche Mengen Orthophosphat aus dem Bodensediment in den Wasserkörper zurückgeführt werden. Andererseits hat sich die Relation N/P sowohl im zufließenden Wasser (Uhlmann a. Benndorf 1980) als auch in der Talsperre weiter erhöht (Uhlmann 1982; Benndorf, Uhlmann und Pütz 1981). Dies ist nicht auf verringerten P-Import, sondern vor allem auf die starke Zunahme der Nitratauswaschung aus landwirtschaftlichen Nutzflächen (infolge steigender Düngung in Form von Mineraldünger und Gülle) zurückzuführen.

Phytoplankton (H. Horn)

Für die Bereitstellung von Trinkwasser aus Talsperren sind Ausmaß und Zeitpunkt hoher Phytoplanktonkonzentrationen im Rohwasser, wie sie durch Messungen in bestehenden oder durch Berechnung mittels dynamischer Modelle für geplante oder in Zukunft veränderte Gewässer erhalten werden, von vorrangigem Interesse. Für die Auslegung und eine energiesparende Betriebsweise der Aufbereitungsanlage ist vor allem die Kenntnis der maximal zu erwartenden Biomassewerte bzw. deren Eintrittswahrscheinlichkeit notwendig. Die inzwischen erfaßten Jahreszyklen erlauben es, nun bereits die Unterschreitungswahrscheinlichkeit des Biovolumens für fünf aufeinanderfolgende Jahre darzustellen (Abb. 1). Aus dieser Abbildung ist zu ersehen, daß die Jahre 1975/76/77 einen Zeitraum relativ geringer Phytoplanktonkonzentration darstellen, während 1978/79 extrem hohe Werte gemessen wurden. Ein Biovolumen von 3 cm^3/m^3 kann nach diesen fünfjährigen Messungen mit einer Unterschreitungswahrscheinlichkeit von 90% erwartet werden. Die oberen und

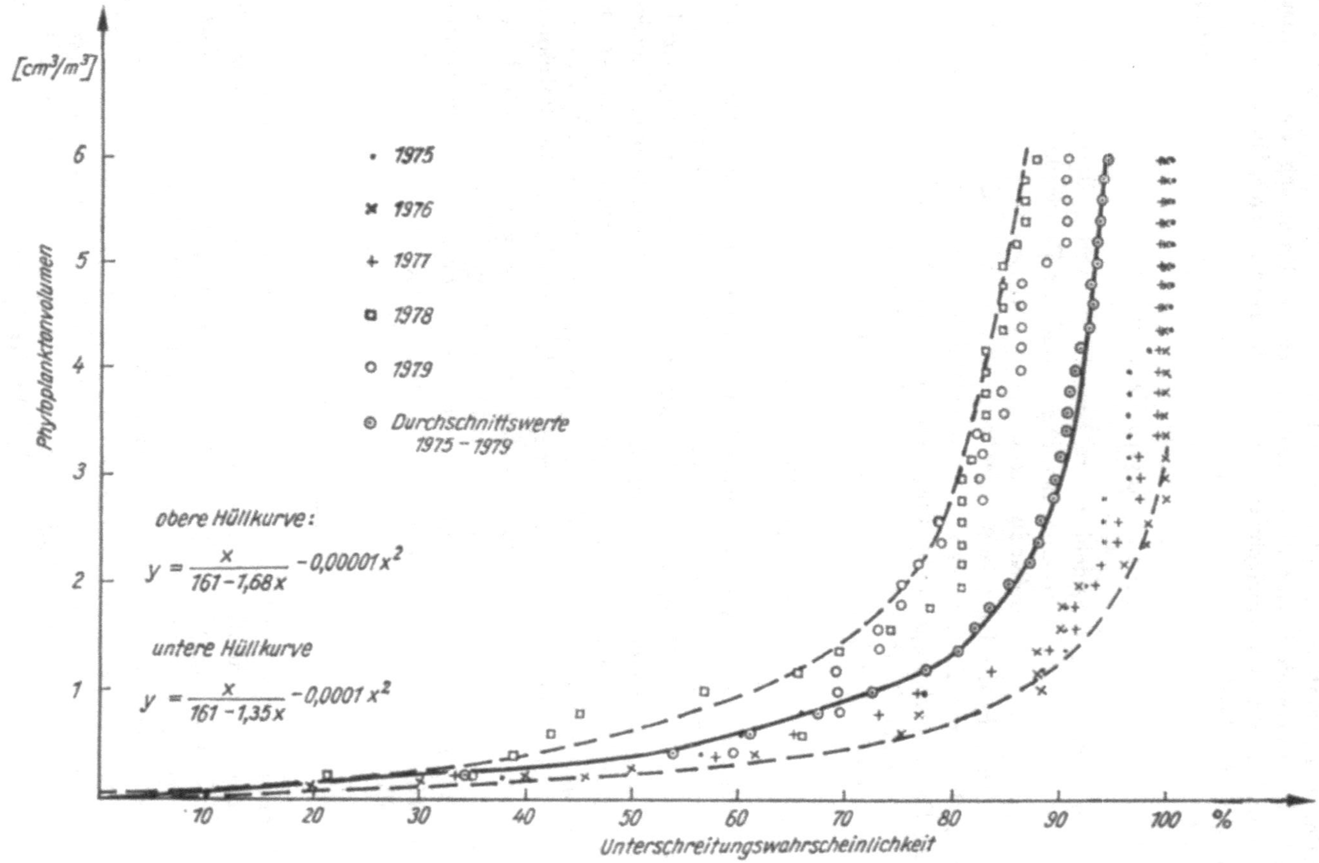

Abb. 1. Die Eintrittswahrscheinlichkeit der Unterschreitung eines bestimmten Phytoplanktonvolumens in der Talsperre Saidenbach (Durchschnittswerte der Jahre 1975···1979 sowie obere und untere Grenzen in diesem Zeitraum)

unteren Grenzen betragen etwa 80 bzw. 100%. Die weiteren Untersuchungen werden zeigen, ob die stark erhöhten Phytoplanktonkonzentrationen der Jahre 1978 und 1979 im Bereich der normalen Schwankungen liegen, oder aber bereits die Grenze des bisherigen stabilen Zustands überschreiten (Uhlmann 1980), was ein Umschlagen des Gewässers vom mesotrophen in den eutrophen Zustand bedeuten würde.

Begonnen wurden Untersuchungen zur Sukzession und Stabilität der Organismengemeinschaft des Phytoplanktons.

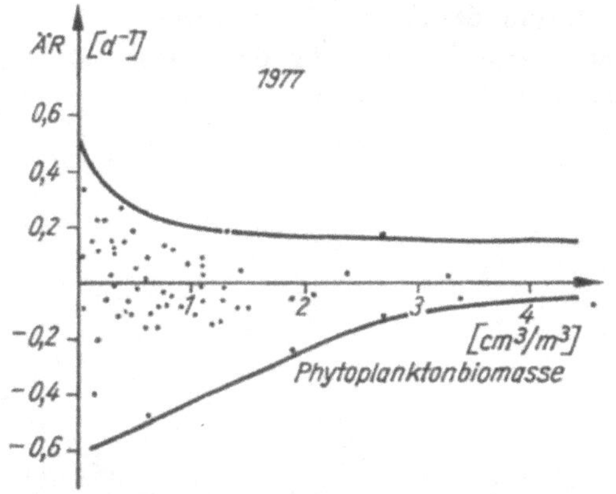

Abb. 2. Beziehung zwischen Änderungsrate (ÄR) und Gesamtbiomasse (Feuchtmasse) des Phytoplanktons in der Talsperre Saidenbach im Jahre 1977

Das dynamische Verhalten des Phytoplanktons kann beim gegenwärtigen Kenntnisstand am besten durch positive bzw. negative Änderungsraten (ÄR) beschrieben werden, die den jeweiligen Zuwachs bzw. Verlust im Ökosystem zum Ausdruck bringen. In Tab. 1 sind die maximalen ÄR für die drei wichtigsten Phytoplankter der Talsperre Saidenbach dargestellt. Während sich die absoluten Werte bei den großen Kieselalgen *Asterionella* und *Fragilaria* nicht wesentlich unterscheiden, zeigt die relativ kleine einzellige Geißelalge *Rhodomonas* bedeutend höhere ÄR. Das gilt auch für die im Durchschnitt erreichten Werte.

Tab. 1: Maximale Änderungsraten von drei dominierenden Phytoplanktonarten der Talsperre Saidenbach im Jahre 1977

	positive Raten (d^{-1})	negative Raten (d^{-1})
Asterionella formosa	0,42	−0,43
Fragilaria crotonensis	0,40	−0,55
Rhodomonas pusilla	0,74	−0,72

Es erwies sich auch, daß die Änderungsraten temperaturabhängig sind und daß eine hohe Konzentration der Phytoplankton-Biomasse nur mit geringen Änderungsgeschwindigkeiten einhergeht. Dagegen wurden hohe ÄR nur bei niedrigen Biomassekonzentrationen beobachtet. Fast die gleichen Hüllkurven ergeben sich auch für die Jahre 1978 und 1979.

Die Untersuchungen zur automatischen Erkennung der wichtigsten Gattungen des Phytoplanktons der Trinkwassertalsperren wurden weitergeführt (Schlimpert et al. 1980).

Zooplankton (W. Horn)

Der starke Einfluß des Zooplanktons auf die Verringerung des Phytoplanktongehaltes war auch in den Jahresgängen 1979 und 1980 deutlich. Bei der Erfassung der Filtrier- und Freßraten standen die Beziehungen zwischen Körpergröße und Aktivität der Tiere im Vordergrund (Hopp u. Horn 1981).

In diesem Zusammenhang ist auch die Rücklieferung der durch Verdauungsprozesse freigesetzten Nährstoffe in den intrabiozönotischen Kreislauf von Bedeutung (Kasprzak 1977). Die mit der Filterwirkung des Zooplanktons verbundene Voraufbereitung des Rohwassers kann durch eine gezielte Regulierung des Fischbesatzes (Förderung der Raubfische, dadurch verringerter Bestand an zooplanktonfressenden Fischen) noch verbessert

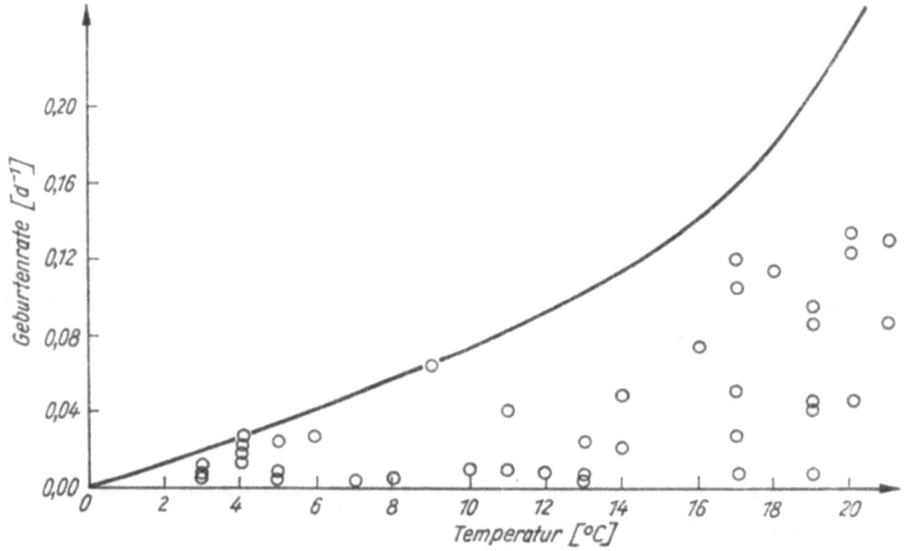

Abb. 3. Die Abhängigkeit der Geburtenrate von *Daphnia hyalina* von der durchschnittlichen Temperatur im Epilimnion bzw. im Gesamtwasserkörper (zur Zeit der Vollzirkulation). Aus Horn u. Benndorf (1980)

werden (Benndorf, Uhlmann und Pütz 1981). Gegenwärtig steht deshalb die Populationsdynamik des Zooplanktons und die Klärung der maßgebenden Kausalbeziehungen im Mittelpunkt der Betrachtung. Es geht darum, herauszufinden, welche Arten und Größenklassen des Zooplanktons bevorzugt von Fischen und von Wirbellosen gefressen werden und inwieweit die ökologische Nische, die durch eine Entfernung zooplanktonfressender Fische frei würde, vom räuberischen Zooplankton besetzt werden kann. Während der Fischbesatz innerhalb bestimmter Grenzen durch die Endglieder des Nahrungsgefüges, also die großen Raubfische, gesteuert werden kann, ist das für die räuberischen Zooplankter unmöglich. Auch die Temperatur, die in erheblichem Maße den jahreszeitlichen Massenwechsel des Zooplanktons beeinflußt, kann nicht reguliert werden. Die Wachstumsgeschwindigkeit des Zooplanktons in phytoplanktonreichen Gewässern wird im Frühjahr maßgeblich durch die Abhängigkeit der Entwicklungsdauer von der Temperatur bestimmt. Die aus Eizahl und Individuenzahl berechnete Geburtenrate (entspricht in grober Näherung der Bruttowachstumsrate) ist in Abb. 3 dargestellt. Für die Mortalitätsrate, der

Differenz aus berechneter Brutto- und gemessener Nettowachstumsrate (s. Abb. 4) ist ebenfalls die Temperatur von großer Bedeutung, da sie auch die Aktivität der Räuber beeinflußt. Daß die in Abb. 4 dargestellten berechneten Werte teilweise *unter* den gemessenen liegen, ist auf den noch nicht faßbaren Zuwachs an Tieren zurückzuführen, die aus den z. T. lange vorher gebildeten Dauereiern zu unterschiedlichen Zeiten ausschlüpfen können, sowie auf methodische und experimentelle Ungenauigkeiten.

Des weiteren konnte eine Beziehung zwischen der Mortalitätsrate und der Beutedichte in Form einer Sättigungskurve festgestellt werden (Näheres s. Horn u. Benndorf 1980).

Begonnen wurden Untersuchungen zur Nahrungsselektion von drei sowie die Bestimmung von populationsdynamischen Parametern von zwei Arten des Crustaceenplanktons.

Der jetzt erreichte Stand der Kenntnisse über die Wechselbeziehungen zwischen Nährstoffangebot, Phytoplankton und Zooplankton und ihrer Abbildung durch das Modell SALMO läßt bereits bestimmte Verallgemeinerungen im Hinblick auf die Vorhersage der Wasserbeschaffenheit, nach Änderung der Belastung, in anderen Talsperren zu.

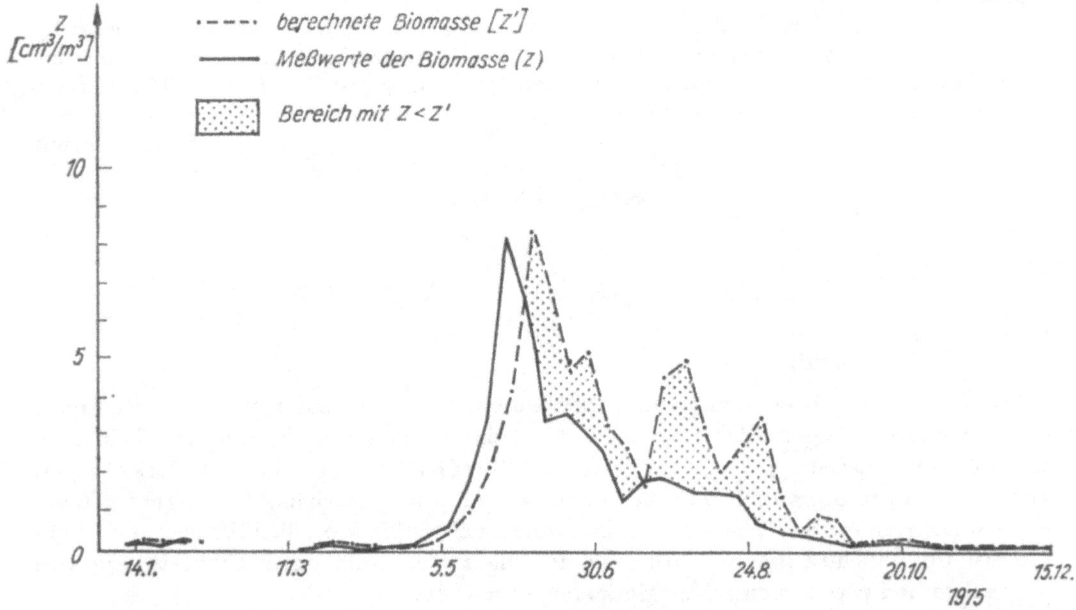

Abb. 4. Gemessene („Nettobiomasse") und berechnete („Bruttobiomasse") Feuchtmasse von *Daphnia hyalina* im Epilimnion bzw. im Gesamtwasserkörper während der Vollzirkulation. In Anlehnung an Horn u. Benndorf (1980)

Literatur

Benndorf, J. u. Recknagel, F.: Experimente mit einem dynamischen ökologischen Modell der Freiwasserregion von Talsperren und Seen. Acta hydrochim. hydrobiol. *7* (Berlin 1979) S. 473–490.

Benndorf, J., Uhlmann, D. u. Pütz, K.: Strategies for the water quality management in reservoirs in the German Democratic Republic. WHO Water Quality Bulletin (Burlington, Ontario) *6* (1981) 3, S. 68–73.

Höhne, E., Paul, L., Horn, W. u. Horn, H.: Erfassung und Analyse der Wechselwirkungen zwischen abiotischen und biotischen Komponenten in der Saidenbachtalsperre. Forschungsbericht 1979 [unveröff.].

Hopp, I. u. Horn, W.: Untersuchungen über die Tiergrößenabhängigkeit von Filtrier- und Grazing-Rate und deren Bedeutung im Stoffhaushalt der Gewässer, dargestellt am Beispiel von *Daphnia hyalina* (Leydig) in der Saidenbachtalsperre. Limnologica (im Druck, 1982).
Horn, W. u. Benndorf, J.: Field Investigations and Model Simulation of the Dynamics of Zooplankton Populations in Fresh Waters. Int. Rev. ges. Hydrobiol *65* (1980) S. 209–222.
Horn, W.: Phytoplankton losses due to Zooplankton Grazing in a Drinking Water Reservoir. Int. Rev. ges. Hydrobiol. *66* (1981) S. 787–810.
Kasprzak, P.: Die Phosphatremineralisation durch das Crustaceenplankton und ihre Bedeutung im kurzgeschlossenen Nährstoffkreislauf der Talsperre Saidenbach. Dipl.-Arb., Sektion Wasserwesen, Techn. Univ. Dresden 1977.
Schlimpert, O., Uhlmann, D., Schüller, M. u. Höhne, E.: Automated Pattern Recognition of Phytoplankton Procedure and Results. Int. Revue ges. Hydrobiol *65* (1980) S. 427–437.
Uhlmann, D.: Ökologische Probleme der Trinkwassergewinnung aus Talsperren. Abh. Sächs. Akad. Wiss. zu Leipzig, math.-nat. Kl. Bd 55 (1983) H. 4.
Uhlmann, D.: Stability and multiple steady states of hypereutrophic ecosystems. In: Mur, L. u. Barica, J. (Ed.): Hypertrophic Ecosystems. Developments in Hydrobiology *2*, The Hague (1980) S. 235–247.
Uhlmann, D. u. Benndorf, J.: The use of primary reservoirs to control eutrophication caused by nutrient inflows from non point sources. In: Duncan, N. u. Rzoska, J. (Ed.): Land use impacts on lake and reservoir ecosystems. Proceed. MAB 5 Workshop May 26–June 2, 1978, Warsaw, Poland. Wien 1980. S. 152–195.

Dietrich Uhlmann

Biologisches Alter

(seit 1. X. 1980)

7010 Leipzig, Philipp-Rosenthal-Straße 27, Tel. 397558

Leiter: Ries
MTFA: Erika Schmidt

Das biologische Alter kennzeichnet den durch physische und psychische Merkmale charakterisierten Allgemeinzustand eines Organismus zu einem bestimmten Zeitpunkt seines chronologischen Alters. Seine Messung ist für Gerontologen aller Arbeitsrichtungen von gravierender Bedeutung. Für die Bestimmung des biologischen Alters eignet sich am ehesten der Einsatz von Testbatterien im Sinne einer multifaktoriellen Analyse des Organismus. Im Berichtszeitraum wurde ein derartiges Verfahren unter Einbeziehung von physischen und psychometrischen Methoden entwickelt.

Die Untersuchung von 160 Angehörigen eines Leipziger Großbetriebes (VEB GISAG) hat die Brauchbarkeit des eingesetzten Verfahrens bewiesen. Die Untersuchungen werden mit dem Ziel einer Standardisierung fortgesetzt.

Werner Ries

Carnitinesterwirkung

7010 Leipzig, Liebigstraße 16, Tel. 7164479

Leiter: Strack
Wiss. Oberassistent: Dr. Heinz Löster
Med.-techn. Fachassistentin: Silvia Koch

Das Forschungskollektiv „Wirkung von Carnitinestern auf den physiologischen und pathologischen Stoffwechsel sowie auf den Tumorstoffwechsel“ besteht aus Prof. Dr. Dr. Erich Strack als Leiter der Arbeitsgruppe, OA Dr. rer. nat. Heinz Löster als Chemiker,

Silvia Koch als med.-techn. Fachassistentin sowie vom Bereich Medizin der KMU Dr. rer. nat. Hermann Seim als Biologe und Brigitte Chieu als Chemielaborantin.

Die Forschungen werden in vier Schwerpunkten bearbeitet. 1. Chemische Darstellung, Nachweis und Charakterisierung der Substanzen. 2. Das biologische Vorkommen der isomeren Carnitine, ihr Verhalten und das ihrer Derivate sowie deren Funktionen im Tierkörper. 3. Klinischer Einsatz von L-Carnitin. 4. L-Carnitin sowie strukturverwandte Verbindungen und ihre Wirkungen auf Bakterien.

Die Arbeiten in der Berichtszeit schließen sich den Berichten in den vorausgegangenen Jahren mit wesentlich neuen Erkenntnissen an (1—6).

1. Die laufend dargestellten Mengen an L-Carnitin seit Beginn unserer Carnitinstudien an Mensch und Tier überschritten die 50 kg-Grenze. INTERMED exportiert L-Carnitin und seine von uns dargestellten O-Acylester. Neue vereinfachte Darstellungen dieser Substanzen verbilligen sie und erhöhen die mögliche Gewinnspanne der international sehr teuren Substanzen. Der katabole Stoffwechsel war, beginnend mit hohen Zufuhrmengen von L-Carnitin und seinen strukturverwandten Verbindungen D-, DL-Carnitin $(CH_3)_3$–N^+–CH_2–CH(OH)–CH_2–COO^-, Crotonobetain $(CH_3)_3$–N^+–CH_2–CH=CH–COO^- und γ-Butyrobetain $(CH_3)_3$–N^+–$(CH_2)_3$–COO^-, studiert worden, um ihre Verträglichkeit, ihre Umsatzgrößen und Umwandlungen im Tierkörper ineinander zu erfassen. Über Teilabschnitte der hierbei entdeckten Verhaltensweisen dieser Stoffe wurde bereits berichtet (6). Diese Studien waren wichtige Grundlagen für den therapeutischen Einsatz am Menschen. Für sie mußten beträchtliche Substanzmengen eingesetzt werden, obwohl an kleinen Tieren (Maus und Ratte) gearbeitet wurde. Die Nachweismethoden und die Technik der Bestimmung unserer Stoffe mittels der Dünnschichtchromatographie wurden eingehend beschrieben (6). Von besonderem Interesse war bei diesen Experimenten, wie sich der Tierkörper auf die großen Mengen einstellt und sich mit Reaktionen wehrt, die man auch als physiologische Abwehrreaktionen deuten kann, da sich die für die Umsetzungen notwendige Enzymausstattung erst allmählich bildet und sich der Größe der Zufuhren anpaßt.

Um im physiologischen Bereich das L-Carnitin rationell studieren zu können, wurden $[^{14}C]$-markierte Betaine eingesetzt. Hierbei ergaben sich überraschende Befunde. Käufliches $[^{14}C]$-markiertes DL-Carnitin enthielt mehrere radioaktive Nebenprodukte, wodurch die Studien über das Verhalten des körpereigenen L-Carnitins erschwert und verunsichert wurden (7). Zwei Störquellen waren zu beseitigen. Einmal mußte das $[^{14}C]$-DL-Carnitin, das international bei vielen Studien eingesetzt worden war, von autoradiolytischen Nebenprodukten gereinigt werden. Zum anderen ergab die racemische Form fehlerhafte Aussagen für das physiologische L-Carnitin, da sich das körperfremde D-Carnitin im Organismus anders verhält. Es mußten deshalb die Studien mit den einzelnen Isomeren gesondert durchgeführt werden. Das $[^{14}C]$-DL-Carnitin ließ sich nur verlustreich in seine Isomeren auftrennen. Deshalb wurde aus jeder der nicht markierten Isomeren je eine Methylgruppe abgespalten und durch eine mit $[^{14}C]$-markierte Methylgruppe ersetzt. Aber auch diese Produkte waren nur aussagesicher, wenn sie vor dem Einsatz durch Austauscherpassagen gereinigt wurden. Auch sie zersetzten sich autoradiolytisch abhängig vom Aktivitätsgrad und der Lagerzeit der Proben. So dürften manche Schlußfolgerungen von früheren Autoren durch derartige nicht beachtete Zersetzungsprodukte in ihren Aussagen unsicher sein (wie Umsatzgrößen im Tierkörper, Änderungen seines Poolbestandes, Einfluß von Krankheiten, Umgebungseinflüsse wie Kälte und Wärme, Abbauwerte des L-Carnitins und andere). Da diese Werte häufig als Standardwerte angesetzt wurden, müssen sie überprüft werden. Einige der entstandenen Nebenprodukte haben wir bereits identifiziert. Sie werden weiter beforscht.

Von besonderem Interesse waren für uns zwei im Schrifttum nachgewiesene Katabolite, deren Vorkommen im Tierkörper unterschiedlich beschrieben worden ist: Acetonyltrimethylammonium $(CH_3)_3$–N^+–CH_2–CO–CH_3 und β-Methylcholin $(CH_3)_3$–N^+–CH_2–CH(OH)–CH_3. Sie sind echte quaternäre Stickstoffbasen, die als solche im tierischen Stoffwechsel sogar störend sein können. Beide Katabolite unterscheiden sich in ihrer Summenformel nur durch zwei Wasserstoffatome. Von ihnen ist jedoch das β-Methylcholin als Acetylester sehr reizaktiv, während das Acetonyltrimethylammonium mit seiner relativ niedrigen LD_{50} von 0,4 g/kg Maus wie etwa das Cholin keine Bedeutung erlangt. Beide Substanzen sind in vitro leicht ineinander umwandelbar. Aus β-Methylcholin entsteht mit Oxydationsmitteln Acetonyltrimethylammonium, und dieses kann katalytisch zu β-Methylcholin reduziert werden (12). Fraglich war jedoch, ob der Tierkörper mit seinen Oxidasen und Reduktasen sie ebenfalls umzuwandeln vermag. (Weiteres hierzu im Abschnitt 2).

Diese Probleme im Carnitinstoffwechsel und solche von ihren Kataboliten lassen sich mit [^{14}C]-markierten Substanzen besser klären, da sie die Nachweisbarkeitsgrenzen um etwa das Tausendfache gegenüber unseren bisherigen Bestimmungen erhöhen. So erlaubt dieses Verfahren, bei subcutanen Applikationen von markierten Substanzen die Ausscheidungszeiten im Harn bis zu 75 Tagen zu verfolgen.

2. A) L(—)-Carnitin ist für die β-Oxidation langkettiger Fettsäuren essentiell. Carnitinmangel führt zu charakteristischen pathologischen Zuständen (Carnitinmangelsyndrome), denen gegenwärtig international großes Interesse entgegengebracht wird. Da die Energiegewinnung des Säugeorganismus aus Fettsäuren von der Aufrechterhaltung des normalen Carnitinspiegels abhängig ist, wurde speziell das Gebiet des katabolen Carnitinstoffwechsels, auf dem unser Labor in den letzten Jahren einige grundlegende Erkenntnisse beisteuern konnte, weiter im Detail untersucht. Zu diesem Zweck erhielten die Versuchstiere entweder pharmakologisch hohe Dosen von nicht markiertem L(—)-Carnitin bzw. D(+)-Carnitin und deren Acylester appliziert, oder es wurden physiologisch kleine Mengen mit [^{14}C-Methyl]-markiertem Carnitin eingesetzt. In beiden Fällen galt es Metabolite zu erfassen, die für die Erniedrigung der L(—)-Carnitinpools in vivo verantwortlich sind oder die potentiell pharmakologisch aktiv sind und so möglicherweise bei der Substitutionstherapie mit L-Carnitin Bedeutung erlangen. Dabei galt es auch Stoffwechselwege des billigen DL-Carnitins, das ja 50% körperfremdes D-Carnitin enthält, im Vergleich zu den Wegen des körpereigenen L-Isomeren aufzuklären. Nach täglicher Applikation exogener Carnitinmengen über mehrere Wochen bis Monate stehen L(—)-Carnitin und das bisher lediglich als Vorläufer des L(—)-Carnitins bekannte γ-Butyrobetain in wechselseitiger Beziehung. γ-Butyrobetain ist nicht nur Vorstufe des L(—)-Carnitins, sondern der intakte Tierkörper bildet auch aus γ-Butyrobetain begrenzt L-Carnitin (8). D(+)-Carnitin wird in diesen Kreislauf derart mit einbezogen, daß es ebenfalls in γ-Butyrobetain übergeführt wird und auf diesem Umweg mittels der γ-Butyrobetainhydroxylase-Reaktion sogar den Tierkörper mit begrenzten Mengen an L-Carnitin versorgen kann. Indirekte Beweise sprechen dafür, daß das Crotonobetain bei der Reduktion des L-Carnitins zu γ-Butyrobetain Intermediat ist (9). Das beweisende Experiment kann jedoch erst nach Isolierung der hierbei tätigen Enzyme angestellt werden. Mit dem reversiblen Umbau von L-Carnitin und γ-Butyrobetain wurden Reaktionen erkannt, mit deren Hilfe der Organismus den L-Carnitinspiegel zu regulieren vermag.

Echte, dauerhafte Verluste im Körperpool der γ-Betaine (L-Carnitin bzw. γ-Butyrobetain) werden durch Exkretion und katabole Prozesse bedingt. Ungeklärt war im Organismus die Funktion von zwei Enzymen, die das L-Carnitin abbauen. 1. Die Carnitin-Decarboxylase (EC 4.1.1.42) soll aus L-Carnitin das β-Methylcholin und aus Acetylcarnitin das pharmakologisch hochwirksame Acetyl-β-methylcholin bilden können (10). 2. Die Carnitin-Dehydrogenase (EC 1.1.1.108) (11), die bei einigen Bakterien nachgewiesen wurde, dehydriert jedoch ausschließlich L-Carnitin zu Ketocarnitin, aus dem sich spontan als Folgeprodukte Acetonyltrimethylammonium und Glycinbetain bilden. Mit speziellen Anreicherungs- und Nachweisverfahren mit „trapping" Reagentien und Fällung als Triphenylcyanoboranate wurden sie aus dem Harn isoliert. Sie wurden identifiziert mittels Ionenaustauschchromatographie, chemische Identifizierung an Hand charakterisierender Derivate, Dünnschichtchromatographie, Autoradiographie, Flüssigkeitsszintillationszählung und Einsatz eines Radio-Dünnschichtscanners (14). So versuchten wir auch β-Methylcholin und Acetonyltrimethylammonium als Produkt der beiden Carnitinisomeren getrennt zu testen und zu identifizieren. β-Methylcholin wurde selbst bei extrem hohen Belastungen der Tiere mit beiden Carnitinisomeren vom Organismus nicht gebildet. Es war jedoch radiolytisch nachweisbar, wenn nicht vorgereinigtes [^{14}C]-Carnitin verwendet worden war (7). Nach Injektion oder oraler Applikation von D(+)-Carnitin wurde überraschend Acetonyltrimethylammonium im Harn ausgeschieden und als 2,4-Dinitrophenylhydrazon identifiziert. Das molare Verhältnis von gebildetem Acetonyltrimethylammonium zu aufgenommenem D-Carnitin lag bei Mäusen nach s. c. Injektion von 0,71 mmol/Tier bei $7{,}0 \times 10^{-3}$, nach oraler Zufuhr im Trinkwasser von 0,68 mmol/Tier und Tag bei $3{,}7 \times 10^{-4}$ (12). Aus den Ergebnissen ist abzulesen, daß eine L-Carnitin-spezifische Carnitin-Dehydrogenase, wie sie für Pseudomonadaceae bekannt wurde, im Säugetier nicht existiert (13). Tracerkinetische Untersuchungen bewiesen weiterhin, daß von trächtigen Ratten 30 bis 40% des injizierten D-Carnitins zu Acetonyltrimethylammonium dehydriert und decarboxyliert werden können. Mit dieser wesentlich empfindlicheren Methode konnte auch in Spuren eine Dehydrierung des L-Carnitins nachgewiesen werden. Die Größe liegt aber ungemein niedriger als bei dem D-Isomeren, so daß es als bedeutungsloses Nebenprodukt des Tierkörpers angesehen werden kann. Hauptmetabolit des L-Carnitins ist das Acetyl-L-carnitin, Hauptkatabolit ist das Trimethylamin bzw. bei der Maus das Trimethylaminoxid, das bei langer Zufuhr von L-Carnitin schließlich im Harn bis 50% der ursprünglichen Carnitin-Radioaktivität erreichen kann (14).

2. B) Um mögliche Neben- und Spätwirkungen des L-Carnitins erfassen zu können, gaben wir Mäusen (n = 12) über einen Versuchszeitraum von 5 Monaten oral sehr hohe Dosen L-Carnitin und testeten in kleiner Stückzahl (n = 5) auch γ-Butyrobetain und (n = 4) D-Carnitin. Die Mäuse nahmen täglich durchschnittlich 84 mg L-Carnitin/Tier auf, das einem Vielfachen des normalen Körperpools und fast der halben akuten s. c. LD_{50} entspricht. Das Körpergewicht stieg im Versuchszeitraum bei den Kontrollen durchschnittlich um 1,2 g und unter der L-Carnitin-Applikation um 3,5 g bei Pelletfutter ad libitum an. Die anatomisch-pathologische Untersuchung durch Prof. Dr. sc. med. vet. U. Johannsen (Sektion Tierproduktion und Veterinärmedizin der KMU Leipzig, Wissenschaftsbereich Pathologie) ergab, daß zwischen den 3 mit hohen oralen L-Carnitindosen behandelten Versuchsgruppen untereinander und zu den Kontrollgruppen keine erkennbaren Unterschiede bestanden. Alle Tiere zeigten einen guten Ernährungszustand, die inneren Organe waren makroskopisch ohne besonderen Befund. Histopathologisch (Übersichts-, Fett- und Glycogenfärbung) ergaben sich für Herz, Niere und Skelettmuskel keinerlei degenerative Veränderungen oder Fettinfiltrationen. Bei der histochemischen

Untersuchung der Leber fiel jedoch auf, daß aus der L-Carnitingruppe 3 Tiere, die erst 7 Tage nach Absetzen der langzeitigen L(—)-Carnitinzufuhren untersucht wurden, hochgradige, diffuse, feine bis großtropfige Fetteinlagerungen aufwiesen. Der so stark positive Effekt nach längerem Abbruch der Zufuhr scheint eine Spätreaktion der Leber auf die erzwungene Umstimmung im Fettstoffwechsel durch die unphysiologisch hohe, langfristige L-Carnitinzufuhr zu sein. Die anderen Tiere der L-Carnitingruppe, wie auch die Kontrolle, die sofort anschließend an die Carnitinzufuhr seziert worden waren, zeigten lediglich eine geringe bis mittelgradige Fettablagerung. Bei keinem der 12 Tiere der L-Carnitingruppe waren die Leberzellen fettfrei. Im Gegensatz dazu waren nach γ-Butyrobetain-Applikation bei 4 von 5 Tieren die Lebern ohne Fetteinlagerung, während von 8 Kontrolltieren nur bei einer Maus die Leber fettfrei war. Es deuten sich bei diesen in vivo-Ergebnissen am Säugetier die schon an anderen Objekten beschriebenen antagonistischen Effekte von Carnitin und γ-Butyrobetain im Lipidstoffwechsel an.

2. C) Erste Studien zur Wirkung des L-Carnitins auf immunologische Phänomene (humorale Immunität) konnten angeregt werden (Prof. Dr. habil. med. D. Mücke, Institut für Physiologische Chemie, Wilhelm-Pieck-Universität Rostock). Das von uns zur Verfügung gestellte L-Carnitin hatte eine ausgeprägte immunsuppressive Wirkung (84% Hemmung), wenn es 48 h vor der Immunisierung gegeben wurde. Angewendet wurde die Hämolyse-Plaque-Technik. Hohe i. p. Dosen L-Carnitin, nach der Immunisierung gegeben, beeinflußten die Immunantwort nicht mehr (Diplomarbeit, B. Dietzel und R. Templin, Bereich Medizin der Wilhelm-Pieck-Universität Rostock 1980) (15).

2. D) Da die Reifung der Spermien im Nebenhoden an eine hohe Carnitinkonzentration im Seminalplasma gebunden ist und das Carnitin bzw. Acetylcarnitin des Ejakulats auf die Motilität und Fertilität der Spermien einwirkt, wurden Untersuchungen zum Carnitinstoffwechsel in Humanspermien in Kooperation mit der Medizinischen Akademie Magdeburg, Landesfrauenklinik (Dir. Prof. Bernoth), durch Dr. Glier begonnen.

2. E) In Weiterführung früherer Untersuchungen zur Herzwirksamkeit der O-Acylcarnitine, wurden die Effekte auf das autonome Reizbildungssystem am isolierten Kaninchen-Atrium bei zwei konstanten transmuralen Drücken von Dr. sc. med. F. Roßberg getestet (Kooperation mit dem Carl-Ludwig-Institut für Physiologie, Dir. Prof. Dr. sc. Schwartze). L-Carnitin, niedere Acylcarnitine, aber auch die höheren, oberflächenaktiven O-Acylcarnitine beeinflußten die Herzfrequenz in physiologischen Konzentrationen nicht.

Die Carboxymethylester der beiden Carnitinisomeren und ihre strukturverwandten Verbindungen besitzen dagegen stark negativ-chronotrope Eigenschaften. Der Homobetainmethylester, ein Strukturanaloges des Acetylcholins wirkt wie dieses stark negativ inotrop (16). Er wird jedoch nicht von den Cholinesterasen gespalten. Er war parasympathicomimetisch wesentlich effektiver als das Acetylcholin. Durch Atropin wurden die negativchronotropen Effekte der Methylester der C_3- und C_4-Trimethylbetaine aufgehoben. Da die Rolle des L-Carnitins im Stoffwechsel des Myokards bei der Aufrechterhaltung der normalen Herzleistung international mit Schwerpunkt auf weitere Einsatzmöglichkeiten bei klinischen Indikationen umfassend bearbeitet wird, sollen mehr Cardiologen zur Mitarbeit angeregt werden. L-Carnitin wurde an das Institut für Wirkstofforschung der AdW der DDR (Dr. sc. med. Modersohn) zur Testung abgegeben.

3. In der Neurologischen Klinik der KMU Leipzig (Doz. Dr. Lößner) wurde ein Fall mit Lipidspeichermyopathie, die mit Carnitinmangel verbunden ist, diagnostiziert. Das Institut für Arzneimittelwesen der DDR genehmigte die Substitutionstherapie mit L-Carni-

tin, die gegenwärtig mit 1—2 g L-Carnitin/Tag begonnen wurde und über Monate laufen soll. Ein zweiter ähnlicher Fall ist ebenfalls für eine L-Carnitinbehandlung angemeldet.

Nach Publikationen österreichischer Kollegen (Lohninger et. al.) fördert L-Carnitin die fetale Lungenreifung und lindert durch die Synthese von Dipalmitoyllecithin das Atemnotsyndrom von Früh- und Neugeborenen. Studien zu diesem Problem an der Universitätsfrauenklinik Rostock (Prof. Dr. Kyank) brachten bisher keine eindeutig positiv-bestätigenden Ergebnisse.

Nach den bisherigen guten Erfahrungen bei der Behandlung bindegewebiger Erkrankungen, wie Sklerodermia progressiva, Indurationen, Dupuytren'sche Kontraktur, wurden Patienten in mehreren Kliniken des Bereiches Medizin der KMU Leipzig weiterbehandelt (Hautklinik, Dr. Nitzschner; Chirurgische Klinik, Dr. Bellmann; Medizinische Klinik, Dr. Schneider). Ergebnisse der Kombinationsbehandlung mit L-Carnitin und Hylase wurden an der Chirurgischen Klinik zusammengestellt (17).

4. Für die Arbeit auf mikrobiologischem Gebiet wurde in den letzten Jahren die recht fruchtbare Kooperation mit der Sektion Biowissenschaften (Prof. Dr. Kleber) und dem Institut für Mikrobiologie und Epidemiologie des Bereiches Medizin der KMU (OA Dr. R. Ezold) vertieft. Aus dem Darm einer L-Carnitin-abbauenden Ratte wurde ein Escherichia coli-Stamm isoliert, der in Reinkultur L-Carnitin in einem Komplexmedium unter anaeroben Bedingungen in γ-Butyrobetain und Crotonobetain abbaut; dabei bleibt das Kohlenstoffskelett des Carnitins voll erhalten (18). Trimethylaminoxid und Nitrat, die bei der anaeroben Atmung dieser fakultativen Anaerobier als letzte Elektronenakzeptoren fungieren, hemmen die Reduktion des L-Carnitins vollständig. Die Fähigkeit, L-Carnitin zu desoxygenieren, ist innerhalb der Enterobacteriaceae weitverbreitet. Alle getesteten Salmonella-Species setzten L-Carnitin zu γ-Butyrobetain um. Ebenso reduzierten alle 6 getesteten Escherichia coli-Serotypen und Vertreter der Gattungen Citrobacter und Proteus das L-Carnitin unter partiell anaeroben Bedingungen, wobei qualitative und quantitative Unterschiede zwischen den einzelnen Stämmen auftraten (19). Die im Hinblick auf die Entstehung von L-Carnitinmangel im Wirtsorganismus recht wichtigen Erkenntnisse lassen das Zusammenspiel von Makroorganismen und ihrer Mikroorganismen, besonders bei pathologischen Zuständen, in neuem Licht erscheinen. Zur Klärung dieser Problematik sind weitere Studien geplant, von denen die stimulierende Wirkung des L-Carnitins auf das Wachstum von Enterobakterien zur Zeit bearbeitet wird.

Literatur

1. E. Strack: Jahrbuch Sächs. Akad. Wiss. *1966/68* (Berlin 1970) S. 181—184.
2. E. Strack: desgl. *1969/70*, S. 136—140.
3. E. Strack: desgl. *1971/72*, S. 78—84.
4. E. Strack: desgl. *1973/74*, S. 92—98.
5. E. Strack: desgl. *1975/76*, S. 76—80.
6. E. Strack: desgl. *1977/78*, S. 77—81.
7. E. Strack u. H. Seim: Die Bildung von γ-Butyrobetain aus exogenem L(—)-Carnitin in vivo bei Maus und Ratte. In: Hoppe-Seyler's Z. Physiol. Chem. *360* (1979) 207—215.
8. H. Seim, H. Löster u. E. Strack: Zu Reaktionsprodukten der Carnitin-Decarboxylase und einer Carnitin-Dehydrogenase in vivo. 11. Jahrestagung der Biochemischen Gesellschaft der DDR. Halle 1979. Abstract E 34.

9. H. Seim u. E. Strack: Die Reduktion von Crotonobetain und D-Carnitin zu γ-Butyrobetain und der Stoffwechsel des L-Carnitins bei Maus und Ratte. In: Hoppe-Seyler's Z. Physiol. Chem. *361* (1980) 1059—1067.

10. E. A. Khairallah u. G. Wolf: Carnitin-Decarboxylase. The conversion of carnitin to β-methylcholin. In: J. Biol. Chem. *242* (1967) 32—39.

11. H. Aurich, H.-P. Kleber u. W.-D. Schöpp: An inducible carnitine dehydrogenase from Pseudomonas aeruginosa. In: Biochim. Biophys. Acta *139* (1967) 505—507.

12. H. Seim, H. Löster u. E. Strack: Kataboler Carnitinstoffwechsel Reaktionsprodukte der Carnitin-Decarboxylase und der Carnitin-Dehydrogenase in vivo. In: Hoppe-Seyler's Z. Physiol. Chem. *361* (1980) 1427—1435.

13. H.-P. Kleber, H. Seim, H. Aurich u. E. Strack: Beziehungen zwischen Carnitinstoffwechsel und Fettsäureassimilation bei Pseudomonas putida. In: Arch. Microbiol. *116* (1978) 213—220.

14. H. Seim, H. Löster u. E. Strack: Stoffwechsel von [^{14}C-Methyl]-L(—)- bzw. D(+)-Carnitin bei Ratten. 12. Jahrestagung der Biochemischen Gesellschaft der DDR. Magdeburg 1980. Abstract P2/21.

15. B. Dietzel, R. Templin u. D. Mücke: Immunsuppressive Wirkung von Ammoniumhumat und L-Carnitin. 12. Jahrestagung der Biochemischen Gesellschaft der DDR. Magdeburg 1980. Abstract P2/20.

16. E. Strack u. K. Försterling: Über die Reizkraft der Methylester einiger Betaine. In: Hoppe-Seyler's Z. Physiol. Chem. *285* (1950) 209—216.

17. T. Winter: Experimentell-klinische Studie zur Therapie der Dupuytrenschen Kontraktur und der Induratio penis plastica mit Hylase „Dessau" sowie in Kombination von Hylase mit L(—)-Carnitin. Dissertation KMU Leipzig 1980.

18. H. Seim, H.-P. Kleber u. E. Strack: Reduktion von L-Carnitin zu γ-Butyrobetain durch Escherichia coli. In: Z. Allg. Mikrobiol. *19* (1979) 753—758.

19. H. Seim, R. Ezold, H.-P. Kleber u. E. Strack: Stoffwechsel des L-Carnitins bei Enterobakterien. In: Z. Allg. Mikrobiol. *20* (1980) 591—594.

Erich Strack

Reinigung von Abwässern mit Hilfe von Adsorbentien

4020 Halle (Saale), Schloßberg 2, Tel. 28621

Leiter: F. Wolf
Wiss. Oberassistentin: Dr. Sabine Lindau
Wiss. Assistenten: Dr. Magdalene Weise, Dipl.-Chemiker Robert Bankwitz
WTA: Friederike Frahm, Ingeborg Schwab

Im Berichtzeitraum führte die Arbeitsgruppe Halle der SAW unter dem allgemeinen Aspekt der Lösung von Umweltschutzproblemen wissenschaftliche Untersuchungen zu den folgenden Themen durch: 1. Untersuchungen zur Synthese und Anwendung von Ionenaustauschern auf Elastomerbasis im Hinblick auf die Wiederverwendung von Altreifenmaterialien. 2. Entfernung kationischer und nichtionischer Tenside aus Wässern durch Schichtsilikate mit Magadiit-Struktur — ein Vergleich mit Styren-Divinylbenzen-Copolymerisaten. 3. Sorption von Ligninsulfonsäure aus wäßriger Lösung an schwachbasischen Anionenaustauscherharzen unterschiedlicher Matrixstruktur, Porosität und Ionenbeladungsform. 4. Versuche zu einer kontinuierlich gestalteten Molekularsieb-Synthese mit dem Ziel, auf der Basis einheimischer Rohstoffe hinreichende Mengen an Alumosilikaten für Zwecke des Umweltschutzes zu gewinnen.

Zu 1. Das Problem der Wiederverwendung von Kautschukerzeugnissen ist schon seit langem bekannt und hat heute angesichts der Zuspitzung der Rohstoffsituation in den Industrieländern eine besondere Bedeutung erlangt. Adsorbentien auf der Basis von preiswerten, die Rohstoffressourcen des Landes nicht belastenden Altreifenmaterialien gewinnen deshalb für die Lösung von Umweltschutzproblemen, wie z. B. die Reinigung industrieller Abwässer, zunehmend an Interesse.

Wir untersuchten aus diesem Grund die Einsatzmöglichkeiten von aus Altreifenmaterialien hergestellten Ionenaustauschern zur Entfernung toxischer Schwermetallionen und Schadstoffe aus wäßrigen Lösungen.

Als Ausgangsmaterial für die Herstellung der Ionenaustauscher diente zerkleinerter Autoreifengummi (Korngröße 0,5—3 mm ⌀) auf der Grundlage von Buna-Kautschuk.

Die Umsetzung des Gummimehls mit Chlorsulfonsäure bei einem Mengenverhältnis Vulkanisat zu Sulfiermittel von 1:3 führte zu starksauren Kationenaustauschern mit einer Kapazität von maximal 4,2 mval/g wasserfreier Austauscher. Das entspricht nahezu einer vollständigen Sulfierung des Elastomeranteils.

Die Synthese der starkbasischen Anionenaustauscher auf Altreifenbasis erfolgte nach zwei Verfahren, wobei sich zeigte, daß der Synthese durch Chlormethylierung und nachfolgende Aminierung gegenüber der Synthese mit Sulfurylchlorid und anschließende Aminierung mit Trimethylamin der Vorzug zu geben ist. Die Herstellung der Anionenaustauscher nach dem zuerst genannten Verfahren beruht auf einer Friedel-Crafts-Reaktion, die zur Chlormethylierung des aromatischen Anteils im Copolymerisat führt. Auf Grund des relativ geringen Styrenanteils der von uns eingesetzten Altreifenmaterialien (14,6%), erhielten wir Anionenaustauscher mit einer maximalen Kapazität von 0,9 mval/g wasserfreier Ionenaustauscher.

Die Kationenaustauscher auf Elastomerbasis wurden zu Ionenaustauschuntersuchungen eingesetzt. Dabei zeigte sich, daß sie zur Entfernung von toxischen Schwermetallionen aus Wässern geeignet sind. Der Kapazitätsausnutzungsgrad der Kationenaustauscher auf Altreifenbasis liegt jedoch im Vergleich zu dem des kommerziellen Kationenaustauscherharzes Wofatit KPS generell 10—20% niedriger. Diese Differenz führen wir auf Unterschiede in den Matrixstrukturen der Austauscher zurück. Der Einfluß der Matrix zeigt sich ebenfalls im Selektivitätsverhalten der Ionenaustauscher auf Altreifenbasis bezüglich der untersuchten 2wertigen Schwermetallionen, das in Tabelle 1 dargestellt ist.

Tabelle 1: Selektivitätskoeffizienten für den Ionenaustausch $H^+ - Me^{++}$ für einen Kationenaustauscher auf Altreifenbasis und für Wofatit KPS

Metallkation	Selektivitätskoeffizient $k_{H^+}^{Me^{++}}$[1]	
	Elastomeraustauscher	Wofatit KPS
Cu^{++}	1,53	60
Ni^{++}	1,40	47
Cd^{++}	1,46	19,3
Zn^{++}	1,44	16,4

[1]) Die Selektivitätskoeffizienten wurden bei einem Äquivalentverhältnis w = 1/2 ermittelt.

($w = \frac{m \cdot GGK}{V \cdot C_0}$; m = Harzmasse in g; C_0 = Konzentration der Ausgangslösung; V = Lösungsvolumen).

Während das starksaure Kationenaustauscherharz Wofatit KPS vom Zn^{++} zum Cu^{++} eine zunehmende Selektivität aufweist, sind in der Höhe des Selektivitätskoeffizienten bei den Elastomeraustauschern praktisch keine Unterschiede festzustellen und damit keine Möglichkeiten zur Auftrennung der zweiwertigen Schwermetallkationen gegeben.

Bei den Molekülsorptionsuntersuchungen an Ionenaustauschern auf Elastomerbasis mit den Substratmolekülen Phenol, p-Chlorphenol und p-Nitrophenol zeigte sich, daß die Anionenaustauscher auf Altreifenbasis eine nahezu gleiche Aufnahmekapazität für die Phenole im Vergleich zu einem makroporösen nichtionischen Polymeradsorber auf Basis Divinylbenzen-Acrylsäureester aufweisen (Tabelle 2).

Tabelle 2: Aufnahmevermögen von Ionenaustauschern auf Elastomerenbasis für Phenole im Vergleich mit kommerziellen Produkten

Adsorbens	GGK [mval/g]	Wassergehalt [%]	Ionenbeladungsform	B.-H. [mmol/g][1]		
				Phenol	p-Chlorphenol	p-Nitrophenol
K 3[5])	4,2	66,0	H^+	0,37	0,56	0,44
Wofatit KPS[2])	4,9	49,5	H^+	0,23	0,45	0,45
A 1[6])	0,87	24,0	Cl^-	1,11	2,34	2,03
A 5	0,85	42,5	Cl^-	1,17	2,79	2,22
Wofatit SBW[3])	3,71	56,1	Cl^-	2,15	3,05	3,8
Wofatit EA 60[4])	4,2	63,7	Cl^-	1,66	2,7	3,14
Y 56[7])	—	31,0	—	1,74	2,3	3,1

[1]) Beladungshöhe (Versuchsbedingungen: eine Menge Ionenaustauscher entsprechend 0,5 g wasserfreiem Adsorbens wurde mit 100 ml einer Phenollösung der Konzentration 5 g pro Liter in Kontakt gebracht; Kontaktzeit 48 h)

[2]) Wofatit KPS: starksaurer kommerzieller Ionenaustauscher

[3]) Wofatit SBW: starkbasischer Ionenaustauscher auf Basis Styren-Divinylbenzen mit Trimethylammoniumgruppen

[4]) Wofatit EA 60: makroporöses starkbasisches Anionenaustauscherharz auf Basis Styren-Divinylbenzen

[5]) starksaurer Kationenaustauscher auf Basis von Altreifenmaterialien (siehe Tabelle 1)

[6]) starkbasische Anionenaustauscher auf Basis von Altreifen, die durch Chlormethylierung und anschließende Aminierung hergestellt wurden

[7]) bei dem nichtionischen Polymeradsorber handelt es sich um ein Versuchsprodukt des VEB Chemiekombinat Bitterfeld auf der Basis von Divinylbenzen-Acrylsäureester

Aus Tabelle 2 geht hervor, daß die starkbasischen Anionenaustauscher auf Altreifenbasis unter vergleichbaren Bedingungen etwa die gleiche Phenolmenge aufnehmen, wie ein für die Phenolentfernung aus wäßrigen Lösungen üblicher Polymeradsorber auf Basis Divinylbenzen-Acrylsäureester. Sie sind daher für die Phenolentfernung aus Abwässern gut geeignet.

Die Desorption der Phenole wurde mit heißem Wasser, 0,1 n NaOH und Methanol durchgeführt. Dabei zeigte es sich, daß mittels Methanol eine nahezu vollständige Regenerierung des Anionenaustauschermaterials möglich ist.

Weiterhin wurde das Molekülsorptionsvermögen der von uns synthetisierten Anionenaustauscher bezüglich des Herbizides 2,4-Dichlorphenoxyessigsäure untersucht, und ergab, daß die starkbasischen Anionenaustauscher zur Entfernung des Herbizides ebenfalls gut geeignet sind.

Die Ergebnisse unserer Untersuchungen wurden in Form einer Veröffentlichung eingereicht.

Zu 2. Im Hinblick auf die Entfernung von kationischen und nichtionischen, biologisch schwer abbaubaren Tensiden aus Oberflächen- und Abwässern wurden von uns synthetische Schichtsilikate mit Magadiit-Struktur auf ihre Fähigkeit, Tenside in ihrer Struktur einzulagern, untersucht. Die dabei erzielten Ergebnisse wurden mit den an kommerziellen Sorbentien gewonnenen Resultaten verglichen. Als Modellsubstrat für kationische Tenside wählten wir Hexadecylpyridiniumbromid (HPB) und für nichtionische Tenside ein Nonylphenylpolyglykoläther mit 12 Äthylenoxidgruppen pro Mol Alkylphenol (NP 12) aus.

Als Sorbentien dienten synthetisch hergestellter Na^+-Magadiit und H^+-Magadiit folgender Zusammensetzung

Na^+-Magadiit: $Na_2O \cdot 13{,}8\ SiO_2 \cdot 10\ H_2O$ (H_2O-Gehalt: 17,0%; spezifische Oberfläche 700 m^2/g).

H^+-Magadiit: $SiO_2 \cdot 0{,}36\ H_2O$ (H_2O-Gehalt: 6,4%; spezifische Oberfläche: 70 m^2/g).

Die Charakteristik der zum Vergleich eingesetzten Styren-Divinylbenzen-Copolymerisate ist Tabelle 3 zu entnehmen.

Tabelle 3: Charakteristik der starksauren Kationenaustauscherharze und nichtionischen Polymeradsorber

Harztyp	austausch-aktive Gruppe	Porosität	Kapazität [mval/g]	Korngröße [mm]	H_2O-Gehalt [%]
Wofatit KPS	SO_3H	gelporös	4,7	0,3–1,2	52
Wofatit KS 10	SO_3H	makroporös	4,3	0,3–1,2	50
Y 29/11*)	–	makroporös	–	0,3–1,2	46
Y 55*)	–	makroporös	–	0,3–1,2	44
Y 56*)	–	makroporös	–	0,3–1,2	41

*) Die nichtionischen makroporösen Polymeradsorber sind Versuchsprodukte des CK Bitterfeld mit folgenden Kenngrößen:

- Y 29/11: makroporöses Styren-Divinylbenzen-Copolymerisat mit 55 Gew.-% DVB-Vernetzung; $O_S = 350\ m^2/g$; Inertmittel: Parex-Paraffin
- Y 55: makroporöses Divinylbenzen-Acrylsäuremethylester-Copolymerisat mit ca. 10 Gew.-% Acrylester
- Y 56: makroporöses Styren-Divinylbenzen-Copolymerisat mit 55 Gew.-% DVB-Vernetzung: $O_S = 400\ m^2/g$; Inertmittel: Toluol

Eine zusammenfassende Darstellung der experimentellen Untersuchungen lieferte die folgenden Ergebnisse:

1. Schichtsilikate mit Magadiit-Struktur in der Na^+-Form sind in der Lage, durch Ionenaustausch das kationaktive Tensid Hexadecylpyridiniumbromid in ihre Zwischenschichten einzulagern. Die Tensidaufnahme steht dabei in direktem Verhältnis zur Austauschkapazität des Schichtsilikates und beträgt bei dem von uns untersuchten Na^+-Magadiit 2,2 mval/g wasserfreier Magadiit ($\triangleq$ 800 mg HPB/g wasserfreier Magadiit). Mit Methanol ist eine vollständige Verdrängung des Tensides aus dem Zwischenschichtraum der Silikate möglich.

2. Röntgenographische Untersuchungen an den tensidbeladenen Silikaten ergaben einen direkten Zusammenhang zwischen der Beladungshöhe (in mg/g) und dem Intensitätsquotienten Q_I ($2\Theta = 25{,}8°/cm$; $2\Theta = 24{,}5\ °/cm$). Damit wird eine Abschätzung der Tensidbeladung aus röntgenographischen Daten möglich.

3. Bei Magadiit in der H^+-Beladungsform kann keine Intercalation des HPB in die Zwischenschicht erfolgen; die Beladungshöhen des Tensides sprechen für eine Bedeckung nur der äußeren Oberfläche.

4. Schichtsilikate vom Magadiittyp in der Na^+- und H^+-Ionenbeladungsform können mit nichtionischen Nonylphenylpolyglykoläthern keine Intercalationsverbindung eingehen; das nichtionische Tensid wird nur an der äußeren Oberfläche der Silikate sorbiert.

5. Bei Einsatz starksaurer Kationenaustauscherharze kann das Hexadecylpyridiniumbromid zu 87% der Ionenaustauschkapazität aufgenommen werden, wobei die Selektivität des Austausches nur eine teilweise Regenerierung mit Natronlauge (bis 30%) ermöglicht.

6. Nichtionische Alkylphenol-Äthylenoxid-Addukte werden nur in geringem Maße (0,02 mmol Tensid/g wasserfreies Ionenaustauscherharz) von starksauren Ionenaustauscherharzen sorbiert.

7. Nichtionische Polymeradsorber mit hinreichend großer spezifischer Oberfläche sorbieren sowohl das kationaktive Tensid als auch nichtionische Alkylphenol-Äthylenoxid-Addukte infolge van der Waalsscher Wechselwirkungskräfte zwischen hydrophobem Molekülteil des Tensides und hydrophober Polymermatrix. Die an diesen Sorbentien erreichbaren Beladungshöhen (in mg Adsorbat/g wasserfreies Adsorbens) sind im Falle des Hexadecylpyridiniumbromids deutlich geringer (~ 200 mg/g als bei Einsatz von Na^+-Magadiit ~ 800 mg/g) und starksauren Kationenaustauscherharzen (1200 mg/g) als Adsorbentien. Vorteilhaft ist jedoch ihre 100%ige Regenerierbarkeit durch Methanol.
   Für nichtionische Äthylenoxidaddukte kommen nur die nichtionischen Polymeradsorber als geeignete Sorbentien in Frage, da Schichtsilikate mit Magadiit-Struktur und starksaure Kationenaustauscherharze die nichtionischen Tenside nur in geringem Maße an der äußeren Oberfläche sorbieren.

Die Ergebnisse wurden in Form einer Publikation eingereicht.

Zu 3. Die Entfernung von Ligninsulfonsäuren aus Wässern spielt bei der Reinigung von Abwässern in der Cellulose-Industrie (Sulfitzellstoff-Verfahren) eine wichtige Rolle. Oehme und Martinola [1] fanden, daß schwachbasische (tertiäre Aminogruppen tragende) makroporöse Anionenaustauscherharze mit spezifischen Oberflächen zwischen 40—80 m^2/g und mittleren Porendurchmessern von 300—500 Å sich gut zur Sorption von Ligninsulfonsäuren eignen. Im Hinblick auf die guten Sorptionseigenschaften und die ebenfalls sehr gute Regenerierfähigkeit schwachbasischer Ionenaustauscherharze mit hydrophiler Matrix auf Basis eines mit Dimethylaminopropylendiamin aminolysierten Acrylester-Divinylbenzen-Copolymerisates, die von R. Kunin beschrieben und im Desal-Prozeß zur Entsalzung von Brackwasser [2—7] technisch eingesetzt werden, sollte von uns die Möglichkeit des Einsatzes solcher Ionenaustauscherharze zur Entfernung polyfunktioneller nativer Farbstoffe aus wäßrigen Lösungen im Vergleich zu schwachbasischen Anionenaustauscherharzen mit Styrenmatrix und tertiären Aminogruppen (Wofatit AD 41) am Beispiel von Ligninsulfonsäure untersucht werden.

Tabelle 4

Ionenaustauscher	Matrix	funktionelle Gruppe	Beladungsform	Vernetzungsgrad [% DVB]	Porosität	Kapazität [mval/g]	Korngröße [mm]	Wassergehalt [%]
Harz I	Polyaminoalkylacrylamid	Dimethylaminopropylendiamin	Base	4	gelporös	4,6	0,3–1,2	55,0
Harz I	„	Dimethylaminopropylendiamin	Cl^-	4	gelporös	4,6	0,3–1,2	50,0
Harz II	„	Dimethylaminopropylendiamin	Base	7,5	makroporös	2,68	0,3–1,2	59,0
Harz II	„	Dimethylaminopropylendiamin	Cl^-	7,5	makroporös	2,68	0,3–1,2	52,0
Wofatit AD 41	Styren-Divinylbenzen	Dimethylamin	Base	5,5	makroporös	4,3	0,3–1,2	57,5
Wofatit AD 41	„	Dimethylamin	Cl^-	5,5	makroporös	4,3	0,3–1,2	53,0

Für unsere Adsorptionsversuche kamen ein gel- sowie ein makroporöses Ionenaustauscherharz mit Poly-(aminoalkylacrylamid)-Struktur in der Basen- bzw. Cl^--Form sowie das schwachbasische Anionenaustauscherharz Wofatit AD 41 der gleichen Beladungsformen mit folgenden Kennwerten (siehe Tabelle 4) zum Einsatz.

Die als Adsorptiv verwendete Ligninsulfonsäure war ein durch Sprühtrocknung aus Sulfitablauge gewonnenes Produkt. Das Adsorptionsverhalten von Sulfitablauge an den Ionenaustauscherharzen wurde sowohl unter statischen (Batch-Verfahren) als auch unter dynamischen Bedingungen (Durchbruchkurven) untersucht.

Die Sorptionsfähigkeit der schwachbasischen Anionenaustauscherharze mit aliphatischer und aromatischer Matrixstruktur unterschiedlicher Ionenbeladungsform und Porosität ist inform der Sorptionsisothermen in den Abbildungen 1 und 2 dargestellt.

Abb. 1: Sorptionsisothermen von Sulfitablauge (SAT) an schwachbasischen Ionenaustauscherharzen auf Basis eines mit Dimethylaminopropylamin aminolysierten Acrylester-DVB-Copolymerisates

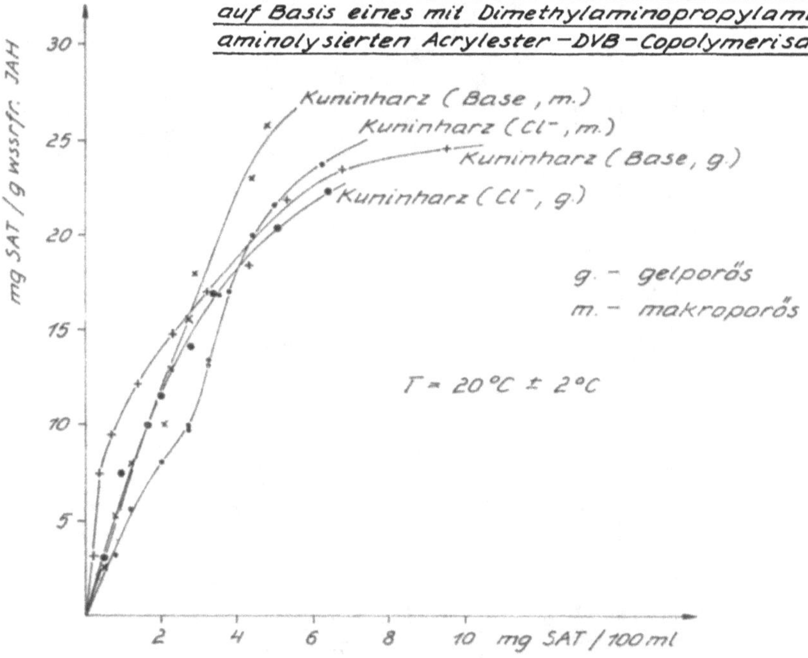

Die Ergebnisse der Sorptionsuntersuchungen von Ligninsulfonsäure an schwachbasischen Anionenaustauscherharzen können wie folgt zusammengefaßt werden:

— Schwachbasische Anionenaustauscherharze mit aliphatischer Matrixstruktur auf Basis eines mit Dimethylaminopropylendiamin aminolysierten Acrylester-Divinylbenzen-Copolymerisates besitzen eine annähernd gleich gute Aufnahmekapazität für Ligninsulfonsäure wie das makroporöse schwachbasische Adsorberharz Wofatit AD 41 mit aromatischer Matrix.

— Die Ionenaustauscherharze auf Poly-(aminoalkylacrylamid)-Basis zeigen in der freien Basenform eine höhere Aufnahmekapazität (ca. 10%) als in der Chloridionenbeladungsform, wobei das eingesetzte makroporöse Ionenaustauscherharz in der freien Basenform, dessen Anteil an funktionellen Gruppen nur ca. 60% der des Gelharzes beträgt,

Abb. 2 : Sorptionsisothermen von Sulfitablauge (SAT) an Wofatit AD 41

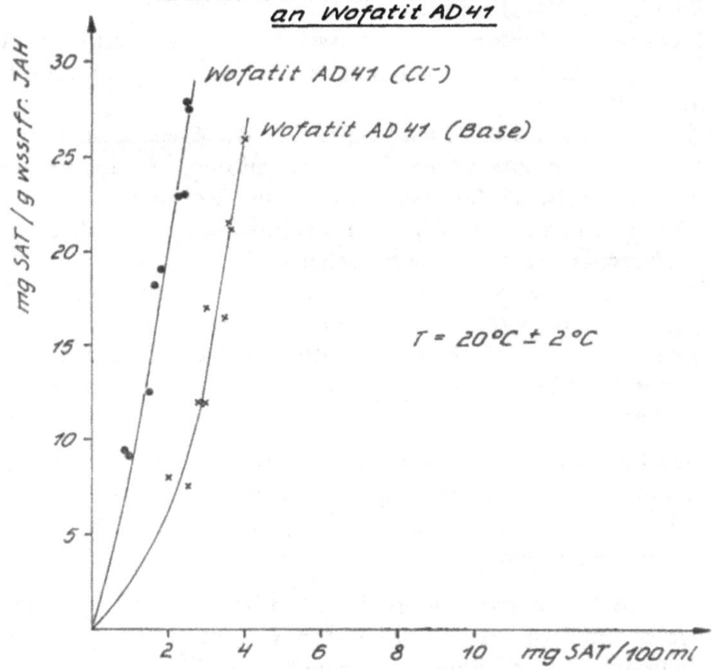

Abb.3 : Sorptionsisotherme von Sulfitablauge (SAT) am Poly-benzylamin-Harz

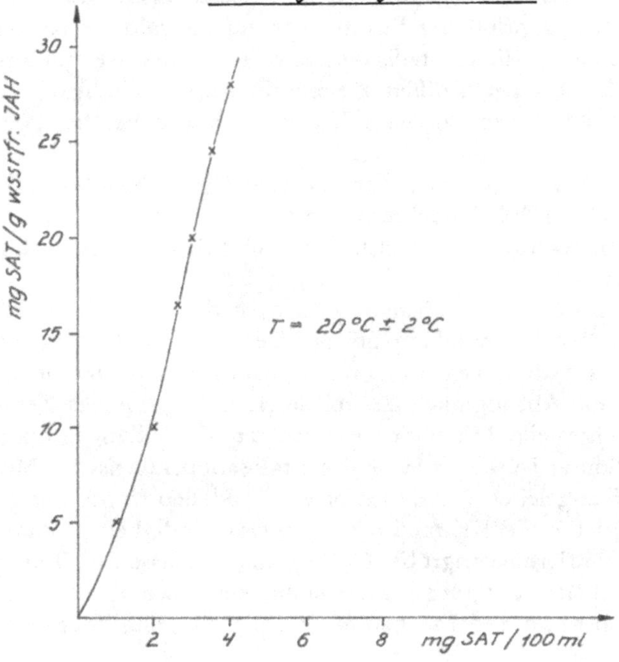

eine höhere Gesamtkapazität (ca. 20%), auf Grund der besseren Zugänglichkeit der Sorptionszentren, für Ligninsulfonsäure besitzt.

— Schwachbasische Ionenaustauscherharze auf Polystyrenbasis mit tertiären Aminogruppen (Wofatit AD 41) dahingegen sorbieren in der Cl^--Beladungsform die Ligninsulfonsäure in erhöhtem Maße.

— Ein nichtionisches Polybenzylamin als Zwischenprodukt der Chelationenaustauscher-Synthese besitzt eine gute Sorptionskapazität für Ligninsulfonsäuren, die vergleichbar mit derjenigen der schwachbasischen Ionenaustauscherharze ist (Abb. 3).

— Bei dynamischen Untersuchungen zur Ligninsulfonsäuresorption an den schwachbasischen Anionenaustauscherharzen mit aliphatischer und aromatischer Matrix zeigte es sich, daß pro Beladungszyklus vom jeweiligen Ionenaustauscherharz im Durchschnitt nur ca. 50% der angebotenen Substratmenge aufgenommen werden kann.

— Die Regenerierfähigkeit der mit Sulfitablauge beladenen schwachbasischen Anionenaustauscherharze ist nur bei Einsatz makroporöser Harze mit Poly-(aminoalkylacrylamid)-Struktur ausreichend.

Es zeigt sich also auch im Resultat der Sorption von Ligninsulfonsäure an schwachbasischen Anionenaustauscherharzen, daß makroporöse schwachbasische Harze mit aliphatischer Gerüststruktur resistenter gegenüber dem „organic fouling" als Anionenaustauscherharze mit Polystyrenmatrix sind.

Zu 4. Die Aufgabe der Arbeit bestand darin, Erkenntnisse über die grundlegenden Zusammenhänge bei der kontinuierlichen Zeolith A-Synthese zu gewinnen und die Bedingungen für die Herstellung eines Produktes mit einem für den Einsatz in Waschmitteln ausreichenden Calciumbindevermögens zu erarbeiten.

Die Versuche wurden in einem Rührreaktor durchgeführt, dessen Verweilzeitverhalten bei den günstigsten Betriebsbedingungen dem eines Rührkessels mit nicht idealer Durchmischung entspricht. Dabei wurden theoretische Betrachtungen über die Korngrößenverteilungen bei kontinuierlicher Kristallisation in verschiedenen Reaktormodellen angestellt, wobei erstmals der Einfluß des Reaktortyps auf die mittlere Korngröße untersucht wurde und ein Modell für die Kristallisation in einem Rührkessel mit Strömungsrohr abgeleitet wurde. Die kinetischen Größen Keimbildungsgeschwindigkeit und Kristallwachstumsgeschwindigkeit können mit dem Korngrößenkennwert bei kontinuierlicher Kristallisation leicht berechnet werden.

Zur Untersuchung der Abhängigkeit der Produktionseigenschaften (kristalliner Massenanteil, mittlere Korngröße und Calciumbindevermögen) von den Synthesebedingungen (mittlere Verweilzeit, Temperatur, Modul H_2O/Na_2O und Modul SiO_2/Al_2O_3) wurde ein Versuchsplan verwendet.

Durch die Auswertung der Korngrößenanalysen nach dem Modell des idealen Rührkessels wurde die sekundäre Keimbildung bei der Zeolith A-Bildung bestätigt und die höchste Keimbildungsgeschwindigkeit für mittlere Umsatzgrade gefunden. Es wurde erstmals ein Modell für die Abhängigkeit der mittleren Korngröße des Zeoliths von der Synthesebedingungen aufgestellt. Mit stark vereinfachten Vorstellungen über die Kinetik der sekundären Keimbildung wurde daraus ein kristallisationskinetisches Modell für den kristallinen Massenanteil abgeleitet. Mit diesen beiden Modellen wurde eine Aktivierungsenergie von 77,6 kJ/Mol für die Kristallwachstumsgeschwindigkeit für die beiden verschiedenen Meßgrößen mittlere Korngröße und kristalliner Massenanteil bestimmt.

Der Rührreaktor eignet sich sehr gut zur Herstellung eines Zeolith A mit hohen Gleichgewichtswerten für Adsorption und Ionenaustausch, der allerdings wegen des niedrigen

Calciumbindevermögens nach 15 Minuten Austauschzeit nicht für den Einsatz in Waschmitteln geeignet ist. Dabei kann unter Bedingungen hoher Wachstumsgeschwindigkeiten gearbeitet werden, bei denen bei niedrigen Umsatzgraden in einer Konkurrenzreaktion Hydroxylsodalith gebildet würde.

Die wichtigsten Ergebnisse der Arbeit sind:

- Es wurden Modelle für die Abhängigkeit der Produktionseigenschaften: kristalliner Massenanteil, mittlere Korngröße und Calciumbindevermögen von den Synthesebedingungen entwickelt.
- Durch die Abhängigkeit der Keimbildungsgeschwindigkeit vom Umsatzgrad wird der autokatalytische Charakter der Zeolith A-Bildung durch sekundäre Keimbildung bestätigt.
- Optimale Synthesebedingungen im Rührreaktor für die kontinuierliche Synthese eines Zeolith A, der für die bisherigen Anwendungsgebiete in Adsorption und Ionenaustausch geeignet ist, sind erarbeitet worden.
- Es konnte weiterhin gezeigt werden, daß die kontinuierliche Herstellung eines Zeolith A mit hohem Calciumbindevermögen in einem zweistufigen Reaktor (z. B. einer Rührkesselkaskade) mit hoher Keimbildungsgeschwindigkeit in der 1. Stufe und hohem Umsatzgrad in der 2. Stufe möglich ist.

Die bei diesen Untersuchungen erzielten Ergebnisse liegen in Form einer Dissertation vor.

Friedrich Wolf

Literatur

[1] Ch. Oehme, Martinola, F.: Chemistry and Industry, 1. September 1973, S. 823–826.

[2] R. Kunin, Vassiliou, B.: Ind. Engng. Chem. Proc. Design Develop. *3* (4), 404 (1964).

[3] R. Kunin: Amber Hi-Lights Nr. 89 (1965).

[4] R. Kunin: Amber Hi-Lights Nr. 91 (1966).

[5] R. Kunin: Brit. Chem. Engng. *11* (10), 1222 (1966).

[6] R. Kunin: USP 3156644 (1964).

[7] D. G. Downing, Kunin, R., Pollic, F. X.: Chem. Engng. Progress Symp. Series *64* (90), 126 (1968).

[8] F. Wolf, Eckert, S., Weise, M., Lindau, S.: Untersuchungen zur Synthese und Anwendung bipolarer Ionenaustauscherharze [= Sitzungsber. SAW zu Leipzig, math.-nat. Kl. Bd *114* (1980) H. 5, S. 3–12].

[9] F. Wolf, Weise, M., Lindau, S., Eckert, S.: Zur Synthese von Ionenaustauschern auf Elastomerbasis-Wiederverwendung von Altreifenmaterialien. In: Plaste u. Kautschuk, Deutscher Verlag für Grundstoffindustrie (Leipzig) [im Druck].

[10] F. Wolf, Lindau, S., Schwieger, W.: Zur Entfernung von kationischen und nichtionischen Tensiden aus Wässern durch Schichtsilikate mit Magadiit-Struktur, ein Vergleich mit Styren-Divinylbenzen-Copolymerisaten. [Publikationsentwurf liegt vor].

[11] F. Wolf, Lindau, S.: Zur Sorption von Ligninsulfonsäure aus wäßriger Lösung an schwachbasischen Anionenaustauscherharzen unterschiedlicher Matrixstruktur, Porosität und Ionenbeladungsform. [Publikationsentwurf liegt vor].

Kommission für J. C. Poggendorff, Biographisch-Literarisches Handwörterbuch der exakten Naturwissenschaften

7010 Leipzig, Goethestr. 3—5, Tel. 281081

Vorsitzender: Neef
Mitglieder: Beckert, Buchheim, Drischel †, Lösche, Schwabe, Wollgast
Leiter der Redaktion von Band VIIb: Dr. Lebrecht Weichsel
Leiter der Redaktion „Mathematik“ von Band IX: Dipl.-Math. Heidi Kühn
Leiter der Redaktion „Physik“ von Band IX: Dr. Rainer Lochmann

7010 Leipzig, Beethovenstr. 6, Tel. 34391, App. 84, 88, 89

Wiss. Arbeitsgruppenleiter: Dr. Lebrecht Weichsel
Wiss. Arbeitsleiter: Dr. Rainer Lochmann
Wiss. Oberassistentin: Dr. Erika Laqua
Wiss. Assistentinnen: Dipl.-Chem. Margot Köstler, Dipl.-Math. Heidi Kühn, Dipl.-phil. Winnifred Schenk
Bibliothekarinnen: Barbara Kother, Gudrun Scheibe
Techn. Assistentin: Lona Meischner
Forschungsfacharbeiterinnen: Gertraude Großkopf, Ruth Keitel, Annelies Körner, Gerda Rüprich, Ortrud Sperling
Mitarbeiterin: Dipl.-Chem. Ursel Gerhardt

In den Jahren 1979 und 1980 sind drei weitere Lieferungen des Bandes VIIb erschienen; damit liegt der 5 Lieferungen umfassende 6. Teilband (N—Q) vollständig vor. Für die 1. Lieferung des 7. Teilbandes wurden die Druckfahnen korrigiert und für die 2. Lieferung das Manuskript satzfertig gemacht. Die Redaktion arbeitet seit 1980 an den Manuskripten des Buchstaben S.

In der Redaktion des Bandes IX „Mathematik“ wurde die Sichtung und Aufbereitung des von Herrn Prof. Salié hinterlassenen Materials beendet und eine Kartei der in den großen Bibliotheken in Leipzig, Berlin und Halle zugänglichen biographischen Nachschlagewerke erarbeitet, die für alle Gruppen der Poggendorff-Redaktion von Nutzen ist. Zur Vorbereitung einer endgültigen Namenliste wurde eine repräsentative Auswahl von Referateblättern durchgesehen und bisher ein Manuskriptgrundbestand von etwa 50000 Zetteln bereitgestellt.

Im Jahre 1980 wurden mit der Zusammenstellung der Liste der in die Bibliographie aufzunehmenden Physiker die Vorbereitungen für den Teil „Physik“ des Bandes IX begonnen.

Ernst Neef

Philologisch-historische Klasse

Historische Kommission

7010 Leipzig, Goethestr. 3—5, Tel. 292886

I. Personalstand

Leiter: Coblenz
Stellvertretender Leiter: Czok
Beisitzer: Dr. phil. Hans Eberhardt

Mitglieder: die ordentlichen Mitglieder der Philologisch-historischen Klasse: Coblenz, Czok, Diesner, Eichler, Forberger, Große, Lehmann, Lieberwirth, Markov, Schubart-Fikentscher, Werner, Wollgast (seit 14. 12. 1979); das auswärtige Mitglied: Bischoff; weitere Fachgelehrte (§ 3 der Arbeitsordnung vom 22. I. 1973): Dr. phil. Friedrich Beck, Dozent Dr. phil. habil. Karlheinz Blaschke, Dr. phil. Dietmar Debes, Dr. phil. Hans Eberhardt, Dr. phil. Rainer Groß, Prof. Dr. phil. Gerhard Heitz, Dozent Dr. sc. theol. Helmar Junghans, Dipl. hist. Manfred Kobuch, Prof. Dr. phil. Dr.-Ing. Hans-Joachim Mrusek, Prof. Dr. phil. Erich Neuß, Prof. Dr. phil. Paul Nowotny, Dr. phil. Horst Schlechte, Prof. Dr. phil. Max Steinmetz, Prof. Dr. Dr. h. c. Leo Stern †, Dr. phil. Manfred Unger, Prof. Dr. sc. phil. Hans Walther.

Wiss. Sekretärin: Dipl.-phil. Elisabeth Lea

Wiss.-technische Mitarbeiterin: Irmintrud Kölling (seit 16. 3. 1981)

II. Unternehmungen

1. *Bibliographie der Sächsischen Geschichte*

   Bibliographie zur Geschichte der Stadt Dresden (in Verbindung mit der Sächsischen Landesbibliothek)

   Leiter: Dr. phil. Dietmar Debes

2. *Akten und Briefe zur Kirchenpolitik des Herzogs Georg von Sachsen*

   Bearbeiterin: Dr. phil. Elisabeth Werl

3. *Politische Korrespondenz des Herzogs und Kurfürsten Moritz von Sachsen*

   Leiter: Prof. Dr. sc. theol. Dr. phil. h. c. Helmar Junghans
   Bearbeiter: Dr. theol. Johannes Herrmann, Dr. sc. phil. Günter Wartenberg, Ingeborg Herrmann, Dipl. theol. Dorothea Kriewald

4. *Historischer Atlas von Sachsen*

   Leiter: Lehmann
   Bearbeiter: Dozent Dr. phil. habil. Karlheinz Blaschke (unter Mitwirkung kartographischer Fachkräfte)

5. *Quellen und Forschungen zur Sächsischen Geschichte*

   Dozent Dr. phil. habil. Karlheinz Blaschke und Prof. Dr. sc. phil. Hans Walther

6. *Jahrbuch für Regionalgeschichte*

   Leitung und Redaktion: Czok

7. *Codex Diplomaticus Saxoniae*

   Hauptteil 1, Bd 3: Urkunden der Markgrafen von Meißen und Landgrafen von Thüringen.
   1196—1234, Registerband

   Leiter: Dipl.-hist. Manfred Kobuch
   Bearbeiter: Dr. phil. Elisabeth Boer und Dipl.-hist. Manfred Kobuch

8. *Erschließung der Handschriftenbestände im Archiv der Franckeschen Stiftungen in Halle*

   Leiter: Lieberwirth
   Bearbeiter: Dr. theol. Bernd Stephan.

III. Fortgang der Arbeiten

1. Sitzungen

Auch im Berichtszeitraum standen im Mittelpunkt der Sitzungen wissenschaftliche Vorträge:

a) Neue Fragen und Ergebnisse zur Stadtentstehungsgeschichte im sächsischen Raum. Referent: Dozent Dr. phil. habil. Karlheinz Blaschke, 8. Juni 1979.
b) Die Entstehung und Entwicklung der Landstädte in Thüringen. Referent: Dr. phil. Hans Eberhardt, 14. Dezember 1979.
c) Sieben Jahrzehnte historischer Forschungsarbeit. Referent: Prof. Dr. phil. Erich Neuß, 16. Mai 1980.
d) In einer Sonderveranstaltung sprach das auswärtige Mitglied unserer Akademie Herr Hamann, Wien, am 10. April 1980 über „Christoph Columbus zwischen Mittelalter und Neuzeit. Nachfrage des alten Weltbildes oder Wegbereiter des neuen.“

Vorbereitet wurde eine Konzeption über die spätmittelalterliche Stadt unter Einbeziehung der Vorstädte, ebenfalls eine solche über die Stadtentstehung in Sachsen unter besonderer Berücksichtigung des Verhältnisses Burg und Stadt im frühen und hohen Mittelalter.

Das hinterlassene Manuskript von Dr. Steinmüller, Zwickau, über das Zwickauer Stadtbuch soll von Herrn Dr. H. Protze für den Druck in den Quellen und Forschungen zur Sächsischen Geschichte bearbeitet werden. Für die gleiche Veröffentlichungsreihe konnte die Arbeit von Dr. V. Weiß und K. Butter, Rekonstruktion der Familien eines großen Bauerndorfes ohne Kirchenbücher aus den Gerichtsbüchern und den archivalischen Quellen der Nachbarorte (Zschocken/Krs. Zwickau 1540—1720), begutachtet werden und soll nach Vorlage einer zusätzlichen methodischen Einleitung und kleinerer Erweiterungen zum Druck kommen.

Die Bemühungen der Kommissionsleitung zur Schaffung einer Planstelle für die Publikationen und die anderen Arbeiten waren für 1981 erfolgreich. Die Themen des Arbeitsprogrammes sind derzeit auf der Basis von Honorarverträgen mit den zuständigen Bearbeitern wie bisher weitergeführt worden.

2. Sächsische Bibliographie

a) Bibliographie zur Geschichte der Stadt Dresden

Die Bände 1 und 2 befinden sich in Fertigstellung und werden vor dem 425jährigen Jubiläum der Sächsischen Landesbibliothek und den Veranstaltungen zur 775jährigen Wiederkehr der Ersterwähnung der Stadt Dresden ausgeliefert. Band 3 wird ebenfalls noch 1981 ausgeliefert, Band 4 druckfertig gemacht, während der 5. Band mit den Registern in Bearbeitung ist.

b) Bibliographie zur Geschichte von Karl-Marx-Stadt

Nach Abschluß der Dresden-Bibliographie wird die Neubearbeitung intensiv fortgesetzt. Die Form der Herausgabe durch die Historische Kommission in Zusammenarbeit mit der Sächsischen Landesbibliothek soll dem Dresdner Vorbild angeglichen werden.

3. Akten und Briefe zur Kirchenpolitik des Herzogs Georg von Sachsen

Der Titel ist im wesentlichen abgeschlossen und erfährt Anfang 1981 nur noch eine Erweiterung durch die Einarbeitung zusätzlicher Unterlagen aus dem Archiv Zeitz.

4. Politische Korrespondenz des Herzogs und Kurfürsten Moritz von Sachsen

Band 4 wurde weitgehend fertiggestellt, einschließlich des zugehörigen Registers. Große Förderung erfuhr Band 5.

5. Historischer Atlas von Sachsen

Neue Bearbeitungen liegen zur Verwaltungsgliederung vor.

6. Quellen und Forschungen zur Sächsischen Geschichte

Band 9 (s. o.) wurde begutachtet und bedarf noch einiger Ergänzungen. Das gleiche trifft für das Zwickauer Stadtbuch zu.

7. Jahrbuch für Regionalgeschichte

Noch 1979 erschien Band 7, während Band 8 1981 ausgeliefert wird. In Vorbereitung befindet sich Band 9, der im März 1981 beim Verlag Hermann Böhlaus Nachf. Weimar abgegeben wird.

8. Codex Diplomaticus Saxoniae

Die Erarbeitung der Hauptbestandteile des Registerbandes, des Namenregisters und des Glossars ist abgeschlossen. Mit dieser vorläufigen Fassung ist das gesamte Namenmaterial des Urkundenbuches nach dem gegenwärtigen Forschungsstand erschöpfend aufgearbeitet und steht der Forschung im Staatsarchiv Dresden bereits zur Verfügung. Nunmehr konzentriert sich die Arbeit auf die Überprüfung der Manuskripte und die Klärung offener Einzelfragen. Die Redaktionsarbeit dient der Straffung des Manuskriptes und der Druckvorbereitung.

9. Erschließung der Handschriftenbestände im Archiv der Franckeschen Stiftungen in Halle

Die Verarbeitung des Stoffes für die Kurzbiographien erfuhr wesentliche Erweiterungen und diente der Fertigung des Endmanuskriptes.

10. Sonstiges

Neben der Förderung und Begutachtung einer größeren Anzahl historischer Arbeiten durch Mitglieder der Kommission wurde besonderer Wert auf die Geschichte der Sächsischen Akademie der Wissenschaften zu Leipzig gelegt, in einem gesonderten Unternehmen auf die Entwicklung der Historischen Kommission einschließlich ihrer Vorgängerorganisationen.

Werner Coblenz

Sprachwissenschaftliche Kommission

7010 Leipzig, Goethestr. 3—5, Tel. 281081

Leiter: Große
Stellv. Leiter: Neubert
Beisitzer: Prof. Dr. Heinz Mettke
Mitglieder: Prof. Dr. phil. Werner Bahner, Prof. Dr. phil. Wolfgang Fleischer, Prof. Dr. phil. Hans Hiebsch, Prof. Dr. phil. Gotthard Lerchner, Prof. Dr. phil. Heinz Mettke, Prof. Dr. phil. Albrecht Neubert, Prof. Dr. phil. Rudolf Růžička, Prof. Dr. phil. Heinz Schuster, Prof. Dr. phil. Hans Walther, Prof. Dr. phil. Ernst Werner
Wiss. Sekretär: Dr. Gunter Bergmann

Althochdeutsches Wörterbuch

7010 Leipzig, Goethestr. 3—5, Tel. 7197 App. 326

Leiter: Große
Leiter der Arbeitsstelle: Dr. Heinrich Götz
Wiss. Arbeitsleiter: Dr. Siegfried Blum, Dr. Rolf Heller, Dr. Ingeborg Köppe, Dr. Ernst Otto
Wiss. Oberassistenten: Dr. Sybille Blum, Dipl.-phil. Bernhard Langer
Mitarbeiter: Dr. Walter Krug, Dr. Gertraud Müller

Brandenburg-Berlinisches Wörterbuch

1080 Berlin, Zimmerstr. 94, Tel. 2202116

Leiter der Arbeitsstelle: Dr. Joachim Wiese
Wiss. Arbeitsleiter: Dr. sc. Teodolius Witkowski
Wiss. Oberassistentin: Dipl.-phil. Annemarie Wiese
Wiss.-techn. Assistentin: Ingelore Weise

Mecklenburgisches Wörterbuch

2530 Rostock-Warnemünde, Seestraße 15, Tel. Rostock 58344 bis 58347

Leiter der Arbeitsstelle: Dr. Jürgen Gundlach
Wiss. Arbeitsleiter: Dr. Eva-Sophie Dahl (bis 30. 11. 1980), Dr. Christian Rothe
Wiss. Oberassistentin: Dipl.-phil. Erika Krackow
Sekretärin und Sachbearbeiterin: Liesel Eschenburg
Angestellte: Gertrud Fröhlich
Mitarbeiterin: Dr. Eva-Sophie Dahl (seit 1. 12. 1980)

Pommersches Wörterbucharchiv

2200 Greifswald, R.-Petershagen-Allee 1

Verwaltung des Archivs: Dr. Renate Herrmann

Thüringisches Wörterbuch

6900 Jena, Universitätshochhaus, 8. Etage, Tel. 822438/8224852

Leiter der Arbeitsstelle: Dr. Karl Spangenberg
Wiss. Arbeitsleiter: Dr. Heinz Rosenkranz
Sachbearbeiterin: Hertha Rädlein

Wörterbuch der obersächsischen Mundarten

7010 Leipzig, Goethestr. 3—5, Tel. 7197338, 7197325

Wiss. Arbeitsleiter: Dr. Gunter Bergmann
Wiss. Mitarbeiter: Dipl.-phil. Ingrid Eichler, Dr. Dagmar Helm, Dipl.-phil. Lothar Wezel, Dipl.-phil. Hartmut Wittkowski, Dipl.-phil. Ingrid Wittkowski

Mitarbeiter im Honorarvertrag: Dr. Isolde Neumann

Mitarbeiter am Siebenbürgisch-Sächsischen Wörterbuch: Dr. Helmut Protze, wiss. Arbeitsleiter, 7126 Mölkau bei Leipzig, Dr. Wilhelm-Külz-Str. 4, Tel. 67552

Sprachwissenschaftliche Kommission

Die Sprachwissenschaftliche Kommission trat regelmäßig zu Beratungen zusammen. Die Arbeitspläne aller ihr zugehörenden wissenschaftlichen Institutionen lagen ihr zur Begutachtung und Genehmigung vor. Die Kontrolle über ihre Einhaltung erfolgte jeweils am Jahresende. Die Pläne wurden an allen Arbeitsstellen erfüllt oder übererfüllt. Der sozialistische Wettbewerb wurde weitergeführt und gab wesentliche Impulse zur Intensivierung der Arbeiten.

In ihrer Sitzung am 27. 6. 80 nahm die Kommission einen Bericht ihres Leiters über die Arbeiten am Atlas Linguarum Europae entgegen. Die Angaben auf den ersten Karten dieses Werkes, die sich im Druck befinden, wurden für das Gebiet der DDR nach den Erhebungen aus dem Jahre 1974 überprüft.

Althochdeutsches Wörterbuch

Die Arbeiten am Althochdeutschen Wörterbuch wurden planmäßig weitergeführt. Im Bereich der Appellativa wurden 750 Artikel ausgearbeitet. Damit konnte die Ausarbeitung für den dritten Band (E/F) abgeschlossen werden. Er wird reichlich 17 Lieferungen umfassen und ca. 2900 Artikel der Buchstaben E und F enthalten. Inzwischen wurden mehr als 150 Artikel für den vierten Band (G/H) ausgearbeitet. Im Bereich der sog. Kleinwörter wurden die Arbeit am Formenbestand von *er/siu/iz* beendet, die Ausarbeitung des außergewöhnlich umfangreichen Artikels *fon(a)* abgeschlossen; er liegt druckfertig vor. In Bearbeitung sind noch die Artikel *fora* und *furi*. Vor dem Abschluß steht die Arbeit am Artikel *thara* mit zahlreichen dazugehörigen weiteren Artikeln, so daß eine weitere Lieferung zum zweiten Band nachgezogen werden kann.

Erschienen sind im Berichtszeitraum die 9. und die 10. Lieferung des dritten Bandes als Doppellieferung (*fartbetti — fîant*) sowie die 11. Lieferung dieses Bandes (*fîantin — bi-findan*). Das Manuskript für die 12. und die 13. Lieferung, die wieder als Doppellieferung erscheinen sollen, ist im Druck.

Weitergeführt wurde die Erprobung von Kürzungsmöglichkeiten für die Artikel. Erweisen sie sich als praktikabel, sollen sie für die Arbeit zum vierten Band verbindlich eingeführt werden. Dabei soll das Prinzip der Vollständigkeit bei den Wortansätzen und innerhalb der Artikel bei der Verzeichnung aller überlieferten Formen und Schreibungen beibehalten werden. Dagegen soll an die Stelle der bisherigen in der Regel vollständigen und ausführlichen Ausbreitung aller Belege im Bedeutungsteil vor allem bei materialreichen Wörtern eine repräsentative Auswahl von Belegen treten. Von den einzelnen Bedeutungen und Verwendungen wird nur noch ein Teil der Belege voll ausgeschrieben werden. Der andere wird — mehr als es auch bisher schon gelegentlich praktiziert wurde — nur noch numerisch verzeichnet werden. Dies wird zur Beschleunigung der Arbeit an den weiteren Lieferungen und Bänden führen.

Brandenburg-Berlinisches Wörterbuch

Die Arbeiten am II. Band des Brandenburg-Berlinischen Wörterbuchs wurden fortgesetzt. Im Berichtszeitraum erschienen die Lieferungen II/2 bis II/4. Mit dieser Drucklegung wurde der Buchstabe H erreicht, womit über ein Drittel des Gesamtwerkes publiziert ist. Im Manuskript bearbeitet wurden die Lieferungen II/5—6, die sich als Doppellieferung bereits im Druck befinden. Diese Doppellieferung enthält den Buchstaben H und erhebliche Teile des Buchstaben I. Zur Zeit werden in der Arbeitsstelle die Buchstaben J und K bearbeitet.

Im Berichtszeitraum erschienene Mundartliteratur wurde für das Archiv des Wörterbuches ausgewertet.

Mecklenburgisches Wörterbuch

1979 erschien als die erste des 7. Bandes die 58. Lieferung (bis zum Stichwort *teihn* ‚ziehen'). Die 60. Lieferung (bis zum Stichwort *Uhr* ‚Ohr') wurde erarbeitet, die mit der 59. zusammen als Doppellieferung erscheinen wird. Für sie wurden die Korrekturen gelesen. Das Manuskript zur 61. Lieferung wurde fertiggestellt. Das vorhandene Belegmaterial wurde kontinuierlich durch die Übernahme weiteren Wortguts aus dem sprachlichen Nachlaß Richard Wossidlos und durch Exzerpte aus neu publizierter Mundartliteratur und volkskundlichem Schrifttum ergänzt.

Pommersches Wörterbucharchiv

In das Wörterbucharchiv konnte weitere niederdeutsche Lexik der Gegenwart aus dem Kreis Greifswald eingearbeitet werden, die 1979 und 1980 mit Hilfe von zwei Fragebögen bei jeweils 100 Informanten erhoben worden ist. Das Wörterbucharchiv wurde zusätzlich durch exzerpiertes niederdeutsches Wortgut aus Tageszeitungen und niederdeutscher Literatur erweitert.

Thüringisches Wörterbuch

In Kooperation mit zwei Wissenschaftlern der Friedrich-Schiller-Universität Jena wurden 1979 die Lieferungen 10 und 11 sowie 1980 die Lieferungen 12 und 13 für den Band V des Thüringischen Wörterbuches erarbeitet. In der Diskussionsfassung liegt die Lieferung 14 vor, mit der Band V (Buchstabe R—S) zum Abschluß gelangen wird. Veröffentlicht wurden 1979 die Lieferungen 6 und 7 und 1980 die Lieferungen 8 und 9.

Unter Anleitung der Arbeitsstelle entstanden im Berichtszeitraum ferner eine Diss. B, eine Diss. A und 12 Diplomarbeiten von Germanistikstudenten der FSU Jena mit mundartkundlicher, fachsprachlicher und soziolinguistischer Thematik; 6 weitere Diplomarbeiten stehen vor dem Abschluß. Aus diesen Qualifizierungsschriften sowie durch Exzerptionen aus historischem und volkskundlichem Schriftgut wurde der Bestand des Wörterbucharchivs um ca. 30000 Wortbelege vermehrt.

Wörterbuch der obersächsischen Mundarten

Die Arbeiten am Wörterbuchmanuskript wurden planmäßig weitergeführt. Im Berichtszeitraum wurde der Abschnitt „Lob—Merzer" ausgearbeitet. Er umfaßt etwa 120 Druckspalten. Das bisher vorliegende Manuskript entspricht etwa dem Stand des „Thüringischen Wörterbuchs" nach fünf Lieferungen.

Im Jahr 1979 wurde ein Probemanuskript von 150 Seiten zusammengestellt und eine Einleitung dazu erarbeitet, in der die Gesamtkonzeption des Wörterbuchs erläutert wird. Der Abdruck in den „Linguistischen Studien" des ZISW ist für das Frühjahr 1981 vorgesehen. Fachkollegen und andere Interessenten erhalten somit die Möglichkeit, Einblick in die Darstellungsmethoden zu nehmen und mit den Autoren über Verbesserungen zu diskutieren.

Die Bearbeitung des Buchstaben M- des Siebenbürgisch-Sächsischen Wörterbuches steht kurz vor dem Abschluß (voraussichtlich April 1981). Ein ergänztes Literaturverzeichnis wurde erarbeitet, das dem Band VI (L-, M-) beigegeben werden wird.

Wortatlas der städtischen Umgangssprache

Im Berichtszeitraum wurde die umfangreiche Materialsammlung anhand des 334 Fragen umfassenden Fragebogens über die territorialen Varianten der Umgangssprache abgeschlossen. Nach Durchsicht aller beantworteten Fragebögen auf Vollständigkeit sind offene Fragen herausgeschrieben und den Ausfüllern mit den Dankbriefen zwecks Vervollständigung zugeschickt worden, wodurch ein nahezu lückenloser neuer Rücklauf einsetzte, da ein fester Mitarbeiterkreis zur Verfügung steht, der in manchen Fällen beim Auszeichnen der Karten brieflich noch angesprochen worden ist oder werden kann. Das gesamte Fragebogenmaterial ist nach kartographischen Gesichtspunkten durchgesehen und erste Karten sind gezeichnet worden. Die Verzettelung von mundartlicher oder umgangssprachlicher Literatur ist fortgesetzt worden.

Schriftenreihen

Dialektologische Studien zur Sprachgeschichte und Sprachsoziologie, hrsg. von Rudolf Große, Akademie-Verlag Berlin.

Deutsch-Slawische Forschungen zur Namenkunde und Siedlungsgeschichte, begründet von Theodor Frings und Rudolf Fischer, hrsg. von Rudolf Fischer und Rudolf Große bis Nr. 26, dann von: Ernst Eichler, Wolfgang Fleischer, Rudolf Große, Albrecht Neubert und Hans Walther.

Veröffentlichungen

Althochdeutsches Wörterbuch

Auf Grund der von Elias von Steinmeyer hinterlassenen Sammlungen im Auftrag der Sächsischen Akademie der Wissenschaften zu Leipzig begründet von Elisabeth Karg-Gasterstädt und Theodor Frings, herausgegeben von Rudolf Große.

Bd. III: E und F, neunte und zehnte Lieferung, bearbeitet von Siegfried Blum, Sybille Blum, Heinrich Götz, Rolf Heller, Ingeborg Köppe, Bernhard Langer, Gertraud Müller, Ernst Otto, Akademie-Verlag Berlin 1979,
elfte Lieferung, bearbeitet von Siegfried Blum, Sybille Blum, Heinrich Götz, Rolf Heller, Ingeborg Köppe, Bernhard Langer, Gertraud Müller, Ernst Otto, Akademie-Verlag Berlin 1980.

Götz, H.: (Aufsatz nach Vortrag) Vorüberlegungen zu einem lateinisch-althochdeutschen Wörterbuch. In: Philologus, Zeitschrift für klassische Philologie, Bd *123*, S. 164—170, Berlin/Wiesbaden 1979.

Brandenburg-Berlinisches Wörterbuch

Begründet von Anneliese Bretschneider, unter Einschluß der Sammlungen von Hermann Teuchert, bearbeitet unter der Leitung von Gerhard Ising †.

II. Band, 2. Lieferung (Flieder — Gare). Bearbeitet von Gerhard Ising, Annemarie Wiese, Teodolius Witkowski. Akademie-Verlag Berlin 1979.

II. Band, 3. und 4. Lieferung (Gäre — Härdelpoll). Bearbeitet von Gerhard Ising †, Annemarie Wiese, Joachim Wiese, Teodolius Witkowski. Akademie-Verlag Berlin 1980.

Ising, G. †: (Aufsatz) Die Dialekte der früheren Mark Brandenburg in ihren europäischen Bezügen. In: Liber amicorum Weijnen, van Gorcum, Assen 1980, S. 243—249.

Wiese, J.: (Aufsatz) Göse ‚Aland, Leuciscus idus'. Etymologische und wortgeschichtliche Überlegungen. In: Zeitschr. für Slawistik *25*, Berlin 1980, S. 558—562.

(Nachruf) Gerhard Ising zum Gedächtnis. In: Korrespondenzblatt d. Vereins für niederdt. Sprachforschung *86*, Münster 1978, S. 61—64.

Witkowski, T.: (Aufsatz) Problemy slovarja onomastičeskoj terminologii. In: Perspektivy razvitija slavjanskoj onomastiki, Moskva 1980, S. 21—39.

(Aufsatz) Der Einfluß ökologischer Faktoren auf die Ortsnamengebung. In: Mitteilungen der Sektion Anthropologie d. Biologischen Gesellschaft der DDR *35*, Berlin 1978, S. 61—69.

(Rezension) N. V. Podol'skaja, Slovar' russkoj onomastičeskoj terminologii, Moskva 1978. In: Zeitschr. für Slawistik *24*, Berlin 1979, S. 748—750.

(Rezension) N. V. Podol'skaja, Slovar' russkoj onomastičeskoj terminologii, Moskva 1978. In: Namenkundliche Informationen *35*, Leipzig 1979, S. 55—56.

(Nachruf) Max Bathe zum Gedenken. In: Korrespondenzblatt d. Vereins f. niederdt. Sprachforschung *86*, Münster 1979, S. 11—13.

Wossidlo-Teuchert: Mecklenburgisches Wörterbuch

Herausgegeben von der Sächsischen Akademie der Wissenschaften zu Leipzig aus den Sammlungen Richard Wossidlos und aus den Ergänzungen und nach der Anlage Hermann Teucherts.

Achtundfünfzigste Lieferung (VII, 1), *T* bis *teihn*. Bearbeitet unter der Leitung von Jürgen Gundlach unter Mitarbeit von Eva-Sophie Dahl, Christian Rothe, Erika Krackow und Walter Ihrke. Akademie-Verlag Berlin, in Arbeitsgemeinschaft mit Karl Wachholtz Verlag, Neumünster 1979.

Dahl, E.-S.: (Aufsatz) Substantivische Komposita in der mecklenburgischen Mundart und in der Hochsprache — Ein Vergleich nach Bildungstypen und deren Auftreten. In: WZ Rostock *XXVII*, 1978, G 1—2, S. 29—36.

Rothe, Chr.: (Rezension) S. L. Uttschenko, Cicero. Übers. a. d. Russ. v. Rosemarie Pattloch. Berlin: VEB Deutscher Verlag d. Wissenschaften 1978. In: DLZ *101* (1980) Sp. 131—134.

Pommersches Wörterbucharchiv

Hermann-Winter, Renate, Studien zur gesprochenen Sprache im Norden der DDR, Berlin 1979.

Zu einigen Problemen der Bewertung sprachlicher Varianten durch Sprecher. In: Linguistische Studien (Reihe A) *72/1*, S. 140—149.

Thüringisches Wörterbuch

Auf Grund der von V. Michels begonnenen und H. Hucke fortgeführten Sammlungen, bearbeitet unter Leitung von Karl Spangenberg an der Sektion Sprachwissenschaft der Friedrich-Schiller-Universität Jena, V. Band, 6. u. 7. Lieferung (*Schlangenstreifen* bis *Schnuppe*); bearbeitet von Heinz Rosenkranz, Rolf Schäftlein, Herbert Schrickel, Karl

Spangenberg. Akademie Verlag Berlin 1979. V. Band, 8. u. 9. Lieferung (*Schnuppe*² bis *Seichtgang*); bearbeitet von Heinz Rosenkranz, Rolf Schäftlein, Herbert Schrickel, Karl Spangenberg. Akademie-Verlag Berlin 1980.

Spangenberg, K.: (Aufsatz) Eigenständige Merkmale der Umgangssprache und hyperkorrekte Interferenzen im Spannungsfeld zwischen Mundart und Literatursprache. In: Wiss. Zs. der Wilhelm-Pieck-Universität Rostock *27.* Jg., 1978, ges.- u. sprachwiss. R. H. 1/2, S. 15—21.

Rosenkranz, H.: (Aufsatz) Technischer Fortschritt als Motor des Bedeutungswandels — Aufgezeigt am thüringischen Kennwort „Riebes“. In: Wiss. Zs. der Wilhelm-Pieck-Universität Rostock *27.* Jg., 1978, ges.- u. sprachw. R. H. 1/2, S. 23—28.
(Aufsatz) Sprache oder Dialekt. In: Wiss. Zs. der Friedrich-Schiller-Universität Jena, ges.- u. sprachw. R. *28.* Jg., 1979, H. 5: Sprache-, Sprachplanung-Sprachvermittlung, Gemeinschaftsband — Joint Volume FSU Jena — DDR Zentral Institute of Englisch and Foreign Languages Hyderabad-India, S. 645—651.

Wörterbuch der obersächsischen Mundarten

Bergmann, G.: (Rezension) G. Meinhold u. E. Stock, Phonologie der deutschen Gegenwartssprache, Leipzig 1980; In: Sprachpflege *29.* Jg. (1980) S. 222f.
(Aufsatz) Das „Wörterbuch der obersächsischen Mundarten“. — Gestaltungsprinzipien und Stand der Arbeit. In: Erzgebirgische Heimatblätter *2* (1980) S. 34—36.
(Rezensionen) Erbe — Vermächtnis und Verpflichtung. Zur sprachwissenschaftlichen Forschung in der Geschichte der Akademie der Wissenschaften der DDR, Berlin 1977. In: Leuvense Bijdragen *68* (1979) S. 176—178. — R. Große, Zur Dialektik von Stabilität und Variabilität in der Sprache und zum Begriff der sprachlichen Norm (in: Wiss. Zeitschr. der KMU, ges.- u. sprachw. R. 1978/5, S. 523—532); In: Sprachpflege *28.* Jg. (1979) S. 256.

Neumann, I.: (Aufsatz) Zur Erklärung von Familiennamen. I.; In: Namenkundliche Informationen *36*, Leipzig 1979.
(Rezension) K. Finsterwalder, Tiroler Namenkunde. Sprach- u. Kulturgeschichte von Personen-, Familien- u. Hofnamen. Mit einem Namenlexikon, Innsbruck 1978. In: Namenkundliche Informationen *35*, Leipzig 1979.

Siebenbürgisch-Sächsisches Wörterbuch

Protze, Helmut: Der Name Siebenbürgen und seine verfassungs-, rechts- und sprachgeschichtlichen Grundlagen, in: Beiträge zur Geschichte der deutschen Sprache und Literatur *99* (1979) S. 272—303. —
Iorgu Iordan 90 Jahre, in: Namenkundliche Informationen *34* (1979) S. 38—41.
(Rezensionen) Westfälisches Wörterbuch, Neumünster, Bd 1, Lfg 1—3 (1973, 1975, 1977) und Frankfurter Wörterbuch, Frankfurt a. M., Lfg 5—7 (1975, 1976, 1977). In: DLZ *100* (1979) Sp. 422—426. — Thüringisches Wörterbuch, Berlin, Bd 5, Lfg 1—5 (1976, 1978) und Karl Bischoff, Akener Wörterbuch, Köln—Wien 1977. In: DLZ *101* (1980) Sp. 120—122. — Langner, Helmut: Untersuchungen zur Mundart und zur Umgangssprache im Raum um Wittenberg, Berlin 1977. In: DLZ *101* (1980) Sp. 374—378. — 10 Jahre Hochschule Sibiu/Sozialistische Republik Rumänien. In: Sprachpflege *10* (1980) S. 199.

Rudolf Große

ZUSCHÜSSE

Es werden Zuschüsse geleistet für die Veröffentlichung des Thesaurus Linguae Latinae

Für die Unternehmungen innerhalb der *Union Académique Internationale* ist je ein Mitarbeiter eingesetzt:

für das Corpus Vasorum Antiquorum: Prof. Dr. phil. Eberhard Paul
für das Mittellateinische Wörterbuch: Dr. phil. Anneliese Grau

Das Corpus Vasorum Antiquorum Leipzig

Die Bearbeitung der attisch-rotfigurigen Keramik des Antikenmuseums der Karl-Marx-Universität wurde 1979/80 weitergeführt. Der Untersuchung der großen Vorratsgefäße, Wasserbehältnisse und Mischgefäße schlossen sich kleinere Gefäßtypen an. Nach Anzahl und Bedeutung an erster Stelle standen Oinochoen und Lekythen, zu denen noch kleinere Gruppen von Kantharoi, Aryballoi, Askoi und plastischen Vasen kamen. Wie bei den bisher behandelten Gefäßformen beschränkte sich die Auswahl nicht auf vollständig erhaltene Stücke, sondern bezog auch zahlreiche Fragmente und Scherbenkomplexe ein, soweit sie durch Form und Inhalt eine Aufnahme rechtfertigen.

Abgesehen von den weißgrundigen Gefäßen ist damit der wesentliche Teil der für den dritten Band des Corpus Vasorum Leipzig vorgesehenen attisch-rotfigurigen Vasen erfaßt und wissenschaftlich bearbeitet. Das vorliegende Material bestätigt das bisherige Urteil, daß es sich um eine repräsentative Auswahl meist bedeutender Werke archaischer und klassischer Keramik handelt, die durch zahlreiche Zuschreibungen an führende Vasenmaler und Töpfer oder Werkstätten sowie durch neue Deutungen der Bildinhalte hohen wissenschaftlichen Rang besitzt.

Das im vergangenen Bericht angesprochene Mißverhältnis von wissenschaftlicher Bearbeitung und technischer Aufbereitung des Materials hat sich nach vertraglicher Bindung eines Diplom-Keramikers an das Corpus Vasorum auf der Basis eines Honorarvertrages wesentlich verringert. Seit Mitte 1980 werden schlecht oder unzureichend restaurierte Gefäße — die im bisherigen Zustand nicht fotografierbar und deshalb auch nicht publizierbar waren — kontinuierlich in einen einwandfreien Zustand gebracht, der ihre Veröffentlichung im CVA überhaupt erst möglich macht. Die fotografischen Aufnahmen — ebenfalls vertraglich abgesichert — können somit planmäßig durchgeführt werden.

Zum gegenwärtigen Zeitpunkt liegt das Bildmaterial zu etwa 60% druckfertig vor, das Manuskript in einer ersten Rohfassung.

Prof. Dr. Eberhard Paul

Die Arbeit für das Mittellateinische Wörterbuch

Im Zeitraum des Berichts wurden von weit über hundert in Frage stehenden Aufsätzen 95 gelesen und 65 davon exzerpiert.

Die Aufsätze entstammten zum kleineren Teil dem im vorigen Bericht schon erwähnten 11. Band der Miscellanea Mediaevalia: „Die Mächte des Guten und Bösen", Berlin—New York 1977; es ergaben sich hieraus 123 neue Exzerpte, insgesamt also 259.

Der größte Teil der Aufsätze jedoch gehörte den Zeitschriftenreihen an, die in Leipzig seit langem für das Mittellateinische Wörterbuch bearbeitet werden. Es handelte sich dies Mal um drei Bände des Archivs für Diplomatik: *20—22* (1974—1976); fünf Halbbände des Deutschen Archivs für Erforschung des Mittelalters: *33,2*; *34*; *35* (1977—1979); zwei Bände der Mitteilungen des Instituts für österreichische Geschichtsforschung: *83—84* (1975—1976) und einen Band der Zeitschrift für Rechtsgeschichte, Germ. Abteilung *93* (1976); die Lektüre des *93.* Bandes (1976) der Kan. Abteilung dieser Zeitschrift blieb ohne Ergebnis. Am ertragreichsten erwies sich das Deutsche Archiv, bei dem allerdings auch wieder — im Gegensatz zu den übrigen Zeitschriften — der Besprechungsteil mit einbezogen wurde; es wurden 283 Exzerpte gewonnen, von denen rund zwei Fünftel aus den Besprechungen kamen. Die Bände des Archivs für Diplomatik erbrachten 162 Exzerpte, die der Mitteilungen des Instituts für österreichische Geschichtsforschung 98 und der eine Band der Zeitschrift für Rechtsgeschichte, Germ. Abteilung lieferte noch 34.

Es konnten demnach 700 Exzerpte dem Material jeder der beiden Arbeitsstellen des Mittellateinischen Wörterbuchs in Berlin und in München zugeführt werden.

Neben diesen Exzerpten im eigentlichen Sinne wurde wieder eine größere Anzahl solcher Verweise auf sie erstellt, die ihren Inhalt knapp umreißen, ohne sie vollständig zu wiederholen. Dieser neuerliche Versuch, die Exzerpierungstätigkeit zu beschleunigen, erschien umso dringlicher, als die Beschaffung der nötigen Zeitschriftenbände in der Berichtszeit mehrfach auf unerwartete Schwierigkeiten gestoßen ist.

Außer diesen auf das einzelne Wort bezogenen Exzerpten, von denen die zuletzt erwähnten Verweise nicht zahlenmäßig erfaßt werden, ergaben sich noch 56 Quellenverweise, zwei Drittel davon aus dem Deutschen Archiv. Sie machen wie bisher auf neue Forschungsergebnisse in bezug auf die dem Mittellateinischen Wörterbuch zugrundeliegenden Quellen aufmerksam, aber auch auf solche in manchen Aufsätzen edierte, oft bis jetzt unbekannt gebliebene Quellen, die möglicherweise im Mittellateinischen Wörterbuch noch auszuwerten sind. Gerade diese Art Verweise wurden nicht selten den zwar gelesenen, aber sonst ohne Exzerpte gebliebenen Arbeiten entnommen.

Dr. Anneliese Grau

SITZUNGSKALENDER FÜR DIE JAHRE 1979 UND 1980

Die Vorträge werden nacheinander gehalten und vom Plenum entgegengenommen. Im Anschluß an die Vorträge finden getrennte Geschäftssitzungen der Klassen statt, an diese schließen Gesamtsitzungen an.

1979

		Mathematisch-naturwissenschaftliche Klasse	*Philologisch-historische Klasse*
Freitag,	12. Januar	Freimuth	Werner
Freitag,	9. Februar	Dörter	Rudolph
Freitag,	9. März	Lösche	Poulík
Freitag,	6. April		

Öffentliche Gesamtsitzung zur Erinnerung an den Geburtstag von Leibniz

Träger

Freitag,	11. Mai	Parthier	Diesner
Freitag,	8. Juni	Beckert	Neubert
Freitag,	12. Oktober	Buchheim	Müller
Freitag,	9. November		

Öffentliche Gesamtsitzung zur Erinnerung an den Todestag von Leibniz

Jordan

Freitag,	14. Dezember	—	Meyer

1980

Freitag,	11. Januar	Dürwald	Dudek
Freitag,	8. Februar	Krug	Eichler
Freitag,	7. März	Görlich	Wollgast
Freitag,	18. April		

Öffentliche Gesamtsitzung zur Erinnerung an den Geburtstag von Leibniz

Lieberwirth

Freitag,	16. Mai	Neef	Kühnert
Freitag,	6. Juni	Gersch	Angelov
Freitag,	10. Oktober	Neef	Brüning
Freitag,	21. November		

Öffentliche Gesamtsitzung zur Erinnerung an den Todestag von Leibniz

Oelßner

Freitag,	5. Dezember	Uhlmann	Große

ANSPRACHE DES PRÄSIDENTEN, HERRN SCHWABE

bei der öffentlichen Gesamtsitzung am 6. April 1979

Wir haben den Jahresbericht des Herrn Vizepräsidenten *Lehmann* über die Forschungsarbeiten der Sächsischen Akademie auf die Herbstsitzung verschoben und nehmen die Ehrung unserer Toten heute vor; denn die öffentliche Herbstsitzung wird dem 30. Jahrestag der DDR gewidmet sein, mit einem Gesamtbericht über die Tätigkeit der SAW in diesen 30 Jahren und mit einem Ausblick auf die weitere Arbeit. Außerdem werden wir dann auch die erste Wilhelm-Ostwald-Medaille verleihen.

Der lange Winter mit großen Schneemassen zu Beginn des Jubiläumsjahres der DDR hat uns hart gefordert, und zusätzliche Leistungen zu Ehren des 30. Jahrestages verlangen doppelte Anstrengungen. Das gilt auch für die wissenschaftliche Arbeit in allen Bereichen, überall sind Zeitverluste eingetreten.

Neue wissenschaftliche Ideen oder neue Wirkprinzipien lassen sich natürlich nicht nach Plan finden oder termingemäß abliefern. Aber sie erwachsen aus einem gründlichen Literaturstudium und einer Fülle theoretischer oder experimenteller Vorarbeit, die der Einzelne allein nicht leisten kann. Sie läßt sich durchaus planen in kollektiver Beratung. Das gilt erst recht für die praktische Verwertung einer neuen Idee; denn dazu bedarf es meistens sehr vieler verschiedenartiger wissenschaftlicher und technischer Leistungen, von denen manchmal der volkswirtschaftliche Wert der Idee überhaupt abhängt.

Ein bedeutender Naturwissenschaftler hat kürzlich gesagt: „Die Größe der Naturwissenschaft erwuchs aus der Kleinheit ihrer konkreten Forschungsziele", und unser auswärtiges Mitglied Hans-Georg *Gadamer* hat eine „methodische Askese" verlangt, die gebietet, sich zunächst auf kleine Fragen zu konzentrieren, um schließlich zu einer Antwort auf die großen Probleme zu gelangen. Das vielleicht für die Himmelsstürmer unter den jungen Wissenschaftlern!

Wir stehen in der ganzen Welt vor zukunftsbestimmenden Aufgaben: Alle Energie- und Materialressourcen unseres Erdballes sollten optimal genutzt werden, und dabei muß die Natur in einem für uns, ihre Geschöpfe, erträglichen Zustand erhalten bleiben. Das kann kein Staat allein leisten, und keine Einzelwissenschaft ist dazu imstande. So wird internationale und interdisziplinäre Kooperation immer dringlicher. Das erscheint zwar selbstverständlich, aber in Wirklichkeit kann sie noch wesentlich verbessert werden. In der internationalen und interdisziplinären Zusammenarbeit in gegenseitigem Vertrauen liegen die Reserven für die dringend nötige Intensivierung und Rationalisierung der wissenschaftlichen Arbeit im Dienste des Fortschritts. Gottfried Wilhelm Leibniz, dessen 333. Geburtstags wir heute gedenken, hat den wissenschaftlichen Akademien den Auftrag dazu erteilt.

Jede wissenschaftliche Akademie, ob Gelehrte Gesellschaft oder Forschungsakademie, aber auch jede Universität hat in ihren Reihen Wissenschaftler der verschiedensten Disziplinen, insofern sind beste Voraussetzungen für interdisziplinäre Zusammenarbeit gegeben. Aber werden sie auch optimal genutzt?

Es gibt kein Forschungsgebiet mit volkswirtschaftlicher Bedeutung, das nicht interdisziplinär betrieben werden muß, um technisch nutzbar zu werden. Dafür drei Beispiele:

a) Wenn durch physikalisch-chemische Grundlagenforschung ein neues Meßprinzip entdeckt worden ist, dann werden für die Entwicklung eines leistungsfähigen Meßgerätes auf dieser Grundlage außer Physikern und Chemikern auch Werkstoffwissenschaftler, Ingenieure und Ökonomen mitarbeiten müssen.
b) Der Umweltschutz braucht beinahe zur Lösung jedes Problems neben Naturwissenschaftlern und Medizinern auch Ingenieurwissenschaftler und Gesellschaftswissenschaftler, Ökonomen, Soziologen, Rechtswissenschaftler usw. Daraus muß aber nicht eine neue Disziplin an den Universitäten entstehen.
c) Die mit der rasch zunehmenden Weltbevölkerung immer kritischer werdenden Welternährungsprobleme sind ohne eine Zusammenarbeit von Biologen, Medizinern, Ernährungswissenschaftlern und Gesellschaftswissenschaftlern nicht lösbar.

Es gibt eine Reihe von Möglichkeiten für die Verstärkung der interdisziplinären Zusammenarbeit mit erhöhtem Wirkungsgrad. Auch hier sind bürokratische Barrieren zu beseitigen, vor allem wenn die Kooperationspartner verschiedenen Forschungseinrichtungen unterstehen. Neben globalen Verträgen ist echte Zusammenarbeit an der Basis zwischen den besten Fachleuten auch hier besonders wichtig. Ich darf dafür noch einige Beispiele nennen:
Beseitigung von Ressortstandpunkten, die in großen Forschungseinrichtungen selbst zwischen Abteilungen hemmend wirken können. Ferner die gemeinsame Nutzung von Großgeräten (die meistens importiert sind) und gleichzeitig eine gemeinsame Verwertung der Erfahrungen mit diesen Großgeräten und ihrer Anwendungsbreite. Bei großen Forschungseinrichtungen z. B. der Chemie, die Wissenschaftlergruppen aus anderen Disziplinen, z. B. Mathematiker oder Physiker, einstellen, muß dafür gesorgt werden, daß der Kontakt mit der Disziplin, aus der sie kommen, nicht verloren geht und damit die Information über den Entwicklungsstand in ihrer eigenen Disziplin gesichert ist.

Die interdisziplinäre Zusammenarbeit stellt hohe Ansprüche an das Berufsethos des einzelnen Wissenschaftlers, an sein sozialistisches Verantwortungsbewußtsein und seinen Kollektivgeist. Sie ist nicht nur ein unübertreffliches Mittel zur Rationalisierung der wissenschaftlichen Arbeit ohne materiellen und personellen Aufwand; sie läßt auch die eigenen Grenzen und die Realisierungsaussichten der praktischen Verwertung von neuen Forschungsergebnissen erkennen. Interdisziplinäre Zusammenarbeit bewahrt vor Selbstüberschätzung und ist so, richtig geleitet , ein wertvolles Erziehungsmittel. Die SAW hat keine eigenen Forschungseinrichtungen, um so mehr sind ihre kleinen Arbeitsgruppen auf interdisziplinäre Kooperationen mit anderen Forschungseinrichtungen angewiesen.

Ich habe hier im Wesentlichen von den Naturwissenschaften gesprochen. Ich glaube aber, daß auch die Zusammenarbeit zwischen Philologen und Historikern und darüber hinaus auch mit den Naturwissenschaftlern durchaus fruchtbar ist und noch ausgebaut werden kann. Jeder Wissenschaftler muß in seinem Spezialgebiet alle aktuellen Details kennen, um echte Fortschritte zu erzielen. Zu enges Spezialistentum birgt die Gefahr in sich, daß der Spezialist nicht verstanden wird und andere nicht versteht. Die Akademien sind aufgerufen, die interdisziplinäre Überschau zu erhalten, die allgemeinen Grundlagen zu pflegen und zur Verständigung untereinander beizutragen. Diesen zutiefst humanitären Aufgaben in der DDR und international mit unseren Möglichkeiten verstärkt zu dienen, wird unser Anliegen sein.

Noch einige Bemerkungen zu Umweltschutz und -gestaltung. Das sind Aufgaben, die auch mit der Ressourcenverwertung korrelieren, beinahe alle Bereiche der Natur-, Ingenieur-

und Gesellschaftswissenschaften beschäftigen und damit breiter Kooperation im Interesse der Menschheit bedürfen.

Herr Vizepräsident *Lehmann* hat in der Umweltklasse der AdW der DDR Wissenschaftlern beinahe aller Disziplinen dazu das Wort erteilt. Die zahllosen Aufgaben sind nicht auf einmal zu lösen und erfordern — jede einzelne — enorme Investitionen. Sie haben verschiedene Dringlichkeit in bezug auf eine mögliche Gefährdung unserer Gesundheit. Dafür Maßstäbe zu finden und daraus Vorschläge abzuleiten, welche Maßnahmen zuerst ergriffen werden sollten, wird uns in diesem Jahr besonders beschäftigen. Wir hoffen, bis zum 30. Jahrestag der DDR einen ersten Entwurf einer Art Dringlichkeitsliste vorlegen zu können.

Noch ein anderes sollten wir bedenken: Wir sind froh und stolz, daß es uns in den Industrieländern gegeben ist, die Menschen von schwerer körperlicher Arbeit durch Mechanisierung und Automatisierung zu befreien, den Transport von Menschen und Gütern ungeheuer zu beschleunigen. Dabei haben wir die Umweltverschmutzung zu wenig beachtet. Wir freuen uns, daß es der medizinischen Forschung gelungen ist, in einem Jahrhundert die Überlebenschance der Neugeborenen um 100% und die der 25—50jährigen um über 30% zu steigern. Aber wir haben die Grenzen der Naturwissenschaften nicht genügend beachtet oder erkannt, und das erfüllt manche Menschen, vor allem junge, mit Mißtrauen den Wissenschaftlern gegenüber. Die wissenschaftlich-technischen Leistungen, die wir gemeinsam vollbringen, reichen nicht aus, um allen Menschen auf unserem Erdball ein menschenwürdiges Dasein zu gewährleisten, wenn wir den Frieden nicht sichern und wenn wir unsere Lebensansprüche ständig steigern ohne Rücksicht auf die Menschen, die in Hunger und in Elend ihr Leben verbringen. Wir haben im Streben um den wissenschaftlich-technischen Fortschritt in unseren Ländern zu wenig daran gedacht, daß die Völker, die in der nächsten Zeit 90% der Weltbevölkerung ausmachen werden, ganz andere Bedürfnisse haben als wir und daß jährlich noch Hunderttausende verhungern.

Unsere Umwelt wird immer mehr und rascher verschmutzt, das haben die Parteien und Regierungen unserer sozialistischen Länder sehr wohl erkannt und entsprechende Maßnahmen eingeleitet.

Im Bereich einer kleinen Gemeinschaft, Familie oder Betrieb, wie auch weltweit spielen die Beziehungen von Mensch zu Mensch eine entscheidende Rolle. Das Wichtigste bei der Umweltgestaltung ist daher vor allem für unsere jungen Menschen, das anzunehmen, was wir nach Martin Luther Kings bitteren Erfahrungen verlernt haben. Er hat gesagt: „Wir haben gelernt, wie die Fische zu schwimmen und wie die Vögel zu fliegen. Aber wir haben darüber verlernt, mit unseren Mitmenschen als Brüder und Schwestern zu leben".

Erlernen kann man diese menschenwürdige Haltung scheinbar nicht, man muß dazu erziehen. Für die Erziehung aber hat wohl noch immer das Wort Gültigkeit, das Goethe seiner „Dichtung und Wahrheit" voranstellte:

„Ohne Bestrafung keine Erziehung".

Sein Motto entstand vor über 2000 Jahren. Es gilt, meine ich, für die Familie wie für die Völkergemeinschaft. Nur der ständige Kampf um weltweite Einsicht in die von der Natur, ihren Ressourcen und der Entwicklung der Weltbevölkerung gegebenen Notwendigkeiten kann verhüten, daß dieser Erziehungsprozeß für alle Menschen zu hart wird oder gar zu spät kommt.

Die Bemühungen um Entspannung sind nur ein erster Schritt, um der Menschheit künftig ein erträgliches Schicksal zu gewährleisten. Ihr muß eine allgemeine Verständigung trotz unterschiedlicher Weltanschauungen und Gesellschaftsordnungen folgen, die zu einer weltweiten Kooperation bei der Erhaltung der Natur und der Verwertung ihrer Schätze führt. Die Naturwissenschaftler, Ingenieure und Techniker müssen sich darüber klarwerden, was sie auch mit den Mitteln der modernen Technik nicht vermögen, was aber für die Zukunft entscheidend ist: Jeden Menschen zu verantwortungsbewußtem Verhalten gegenüber der Gesellschaft und gegenüber seiner eigenen Aufgabe zu erziehen.

Die Menschen sind der Meinung, daß sie allein mit Verstand begabt sind. Mindestens verfügen sie über das höchste Maß von Intelligenz. Sie haben aber von dieser Intelligenz bisher wenig Gebrauch gemacht, um die Natur in einem Zustand zu erhalten und ihre Schätze so zu verwerten, daß für alle Zukunft die Menschheit ohne materielle Sorgen existieren kann. Zu welthistorischen Zeiten haben sie die Tier- und Pflanzenwelt nur zur Befriedigung ihrer Bedürfnisse ausgebeutet, ohne Rücksicht darauf zu nehmen, daß wesentliche Bestandteile der Fauna und Flora dadurch ausgerottet oder mindestens stark dezimiert wurden. Sie haben die mineralischen Rohstoffe in einem Umfang ausgenutzt, der in keiner Weise die Frage berücksichtigt hat, inwieweit sie die Zukunft der Menschheit durch Erschöpfung dieser Rohstoffe gefährden. Die Verwertung wurde lediglich nach dem Gesichtspunkt betrieben, möglichst billig zu brauchbaren Ausgangsstoffen für Werkstoffe zu gelangen und einen möglichst hohen Profit zu erzielen. Darüber hinaus werden sie in großem Umfange dazu verwendet, um die belebte Welt vernichten zu können, in erster Linie sich selbst. Nach Schätzungen sind in den letzten fünftausend Jahren, die sich geschichtlich verfolgen lassen, Milliarden Menschen durch Kriege vernichtet worden. Heute sind die Vernichtungswaffen für eine möglichst große Zahl von Menschen entwickelt worden, insbesondere unter Verwendung der Kernenergie. Das derzeitige Waffenarsenal der Welt reicht aus, um mindestens die zehnfache Zahl an Menschen zu vernichten, die heute überhaupt die Erde bevölkern. Gleichzeitig wird aber festgestellt, daß in vielen Ländern der Erde insgesamt noch Millionen Kinder den Hungertod sterben und daß vielerorts der Hunger die wesentliche Ursache für Not und Krankheit ist. Bei solchen Feststellungen fragt man sich, ob das bittere Wort von Voltaire nicht doch seine Berechtigung hat:

„Es gibt nur eine Sache, die uns eine Vorstellung von der Unendlichkeit gibt
— das ist die menschliche Torheit".

Die sozialistischen Länder sind bemüht, nicht nur ihren Bürgern Lebensbedingungen zu schaffen, die sie vor materieller Not bewahren und ihren Nachfahren eine sichere Zukunft eröffnen. Im Rahmen des sozialistischen Internationalismus wird versucht, den Ländern, in denen Hunger und Armut noch den größten Teil der Bevölkerung peinigen, durch ihre Unterstützung zu besseren Lebensbedingungen zu verhelfen.

Am 22. Januar dieses Jahres haben wir in der DDR den 250. Geburtstag unseres großen sächsischen Landsmannes Gotthold Ephraim Lessing gefeiert. Für die Lösung der großen Aufgaben, die vor unserem sozialistischen Staat und der Welt stehen, brauchen wir seine kritische Stellungnahme auch zu den eigenen Leistungen, seinen klaren Blick für das Wesentliche und seinen Mut zur Wahrhaftigkeit. Diesem großen Humanisten ist unser Festvortrag gewidmet.

ANSPRACHE DES PRÄSIDENTEN, HERRN SCHWABE

bei der öffentlichen Gesamtsitzung am 9. November 1979
im 30. Jahr des Bestehens der Deutschen Demokratischen Republik

Die Sächsische Akademie der Wissenschaften zu Leipzig, ins Leben gerufen von dem Mathematiker und Philosophen Moritz Wilhelm *Drobisch* am 200. Geburtstag des großen Initiators der Akademien Gottfried Wilhelm Leibniz, führt ihre öffentliche Herbstsitzung im 30. Jahr des Bestehens der Deutschen Demokratischen Republik durch, einen Monat nach ihrem Gründungstag und am 61. Jahrestag der Gründung einer deutschen Republik, deren schreckliches Ende schon nach 15 Jahren begann. Was die Bürger unserer Republik unter ihrer sozialistischen Partei- und Staatsführung in diesen 30 Jahren geleistet und erreicht haben, ist in vielen Veranstaltungen und Veröffentlichungen eingehend gewürdigt worden.

Durch ihre konsequente Friedenspolitik hat sich die Deutsche Demokratische Republik allgemeine internationale Anerkennung erworben. Mit ihren wirtschaftlich-technischen Leistungen steht sie in der vorderen Reihe der Industrieländer. Die Grundlagenforschung in der Akademie der Wissenschaften und im Hochschulwesen der DDR kann auf einigen Gebieten Höchstleistungen aufweisen.

Die Wissenschaftler in der Deutschen Demokratischen Republik konnten in diesen 30 Jahren im Frieden und ohne materielle Sorgen ihren wissenschaftlichen Interessen und Aufgaben nachgehen. Sie haben dabei ihren Beitrag zum Aufbau einer neuen Wirtschaft mit wesentlich veränderter Struktur und mit sozialistischer Ordnung geleistet. Wir freuen uns, die wissenschaftlichen Mitarbeiter unserer Akademie am heutigen Tage hier als unsere Gäste begrüßen zu können.

Der Beitrag der Sächsischen Akademie zu den Grundlagenwissenschaften kann entsprechend ihrem Charakter als Gelehrte Gesellschaft im Rahmen der großen Forschungsprogramme des Planes Wissenschaft und Technik nur bescheidenen Umfang haben. Bevor ich kurz darauf eingehe, sei einiges zur Entwicklung der Sächsischen Akademie in den 30 Jahren Deutsche Demokratische Republik gesagt:

Die Sächsische Akademie der Wissenschaften wurde am 8. Dezember 1948 im Leipziger Schauspielhaus dank Initiative von Theodor *Frings*, dem ersten langjährigen Präsidenten und von Arthur *Simon*, dem späteren Vizepräsidenten, feierlich wiedereröffnet; die beiden Gelehrten wurden dabei von der sowjetischen Besatzungsmacht und vom damaligen Ministerpräsidenten des Landes Sachsen, Max *Seydewitz*, maßgeblich unterstützt. Zur Zeit der Gründung der Deutschen Demokratischen Republik gehörten ihr 16 ordentliche Mitglieder der mathematisch-naturwissenschaftlichen Klasse und 25 Mitglieder der philologisch-historischen Klasse an. Jede der beiden Klassen hatte 35 auswärtige Mitglieder, die damals korrespondierende Mitglieder genannt wurden.

Von den ordentlichen Mitgliedern der philologisch-historischen Klasse seien genannt:

Walter *Baetke*
Carl *Brockelmann*
Otto *Eißfeldt*
Theodor *Frings*
Martin *Jahn*
Julius *Lips*
Friedrich *Weller*

von den auswärtigen Mitgliedern:

Hans-Georg *Gadamer*
Hermann *Heimpel*
Wilhelm *Pinder*
Eduard *Spranger*

Ordentliche Mitglieder der mathematisch-naturwissenschaftlichen Klasse waren unter anderen:

Anton *Arland*
Heinrich *Barkhausen*
Ludwig *Binder*
Enno *Heidebroek*
Walter *König*
Arthur *Simon*
Erich *Strack*

Bemerkenswert ist dabei die Zahl der international hochgeschätzten Ingenieurwissenschaftler.

Von den korrespondierenden Mitgliedern seien genannt:

Karl-Friedrich *Bonhoeffer*
Peter *Debye*
Werner *Heisenberg*
Friedrich *Hund*
Arthur *Scheunert*

Die ordentlichen Mitglieder zur Zeit der Wiedereröffnung haben das große Verdienst, die Sächsische Akademie im Geiste der guten Traditionen einerseits und der progressiven Ziele in einem demokratischen Staat andererseits aufgebaut zu haben. Nur wenige von ihnen sind noch am Leben. Wir freuen uns, Herrn *Strack*, der noch heute aktiv in seinem Fachgebiet forschend tätig ist, hier begrüßen zu können. Leider kann Herr *Weller* aus gesundheitlichen Gründen nicht unter uns sein.

Durch Zuwahlen haben wir in diesen 30 Jahren mit den heute neu in unsere Akademie aufgenommenen ordentlichen Mitgliedern die laut Statut zulässige Zahl von 65 erreicht. Die Zahl der auswärtigen Mitglieder ist bis heute auf 68 angestiegen.

Partei und Regierung haben uns durch Bereitstellung von Mitteln gefördert, um unsere Forschungsvorhaben zu finanzieren. Besonderer Dank gebührt dem Stellvertreter des Vorsitzenden des Ministerrates und Minister für Wissenschaft und Technik, Herrn Dr. *Weiz*. Er hat die Sächsische Akademie als selbständige Gelehrtengesellschaft immer unterstützt und dazu beigetragen, daß ihr internationales Ansehen erhalten und verstärkt wurde. Es konnten viele auswärtige Mitglieder aus sozialistischen und kapitalistischen Ländern zugewählt werden, zu denen ein guter wissenschaftlicher Kontakt besteht.

Durch die Kriegseinwirkungen waren die Arbeitsbedingungen anfänglich sehr erschwert. Das umfangreiche Archivmaterial ist bei den Bombenangriffen zum großen Teil verlorengegangen. Die Universität Leipzig stellte uns großzügig für die Sitzungen und das Sekretariat Räume der philosophischen Fakultät in der Ritterstraße zur Verfügung. Später erhielten wir dann Räume im 4. Stock des Franz-Mehring-Hauses. Die Sitzungen fanden aber in der medizinischen Fakultät statt. 1974 konnten wir Räume in der 1. Etage des Franz-Mehring-Hauses beziehen und dort auch einen Sitzungssaal einrichten, in dem seit 1978 die Plenarsitzungen stattfinden.

Die öffentlichen Sitzungen konnten nach der Wiedereröffnung im Hörsaal 40 des alten Universitätsgebäudes durchgeführt werden und ab 1970 im Vortragssaal der „Leipzig-Information". Seit 1973 steht uns dafür die restaurierte „Alte Börse" zur Verfügung.

Die Sächsische Akademie hat ihren Charakter als Gelehrte Gesellschaft beibehalten, d. h. sie verfügt nicht über eigene Forschungseinrichtungen. Sie stellt vielmehr eine Gemeinschaft von Gelehrten dar, die auf Grund ihrer wissenschaftlichen Leistungen durch interdisziplinäre Kooperation im Sinne von Leibniz dazu beigetragen haben, der Integration der Wissenschaft zu dienen und die Verständigung unter den Wissenschaftlern verschiedener Disziplinen zu fördern. Diese heute besonders dringliche Aufgabe bedarf des Überblicks über breite Bereiche der Wissenschaften, der Einsicht in ihre Grenzen, vor allem auch des eigenen Wissenschaftsgebietes, und des aufrichtigen Willens der Verständigung mit anderen Fachkollegen. Nur so nützt umfassende Information dem wissenschaftlich-technischen Fortschritt am wirkungsvollsten.

Sogar die beiden Klassen der Sächsischen Akademie, die philologisch-historische und die mathematisch-naturwissenschaftliche, können ihre Forschungsarbeit durch Kooperation fruchtbar machen, da viele neue Ergebnisse der historischen Forschung heute nur mit modernen naturwissenschaftlichen Methoden zu erzielen sind. Das Ziel, die Geschichte der Naturwissenschaften zu fördern, hat die Sächsische Akademie nicht aus den Augen verloren. Es wird durch die Herausgabe von Poggendorffs biographisch-literarischem Handwörterbuch verfolgt, von dem in den letzten 30 Jahren 11 Bände mit fast 9000 Druckseiten herauskamen. Die Kooperation der Historiker und Philologen wird durch zwei entsprechende Kommissionen gesichert. Die Herausgabe des „Poggendorff" betreut eine selbständige Kommission.

Der Schwerpunkt der Arbeiten des größten Teiles der Mitglieder der mathematisch-naturwissenschaftlichen Klasse und ihrer Mitarbeiter lag und liegt auf den Gebieten, die im Zusammenhang mit der Umwelt des Menschen stehen. So sind Untersuchungen über die Ökologie der Landschaft im sächsischen Raum durchgeführt worden. Fragen des Pflanzenwachstums und der Bodenfruchtbarkeit, sowie die Schädigung durch gasförmige und flüssige Schadstoffe im Boden, wurden und werden auch im Zusammenhang mit hydrologischen Studien untersucht. Umweltprobleme der Ernährung sind in jüngster Zeit behandelt worden. Die Schäden durch Schwefelverbindungen, insbesondere Schwefeldioxid an den Wäldern und an den metallischen Werkstoffen, wurden geprüft und Methoden zur kontinuierlichen Bestimmung des Schwefeldioxids ausgearbeitet.

Probleme der Energieversorgung und Umweltbelastung wurden in verschiedener Richtung studiert. Das Energieproblem im Zusammenhang mit den Braunkohlenvorkommen im sächsischen Raum wurde in Sitzungsberichten ausführlich behandelt, ferner der Einsatz von Brennstoffelementen für den Fahrzeugbetrieb zur Vermeidung der Kohlenoxidemissionen. Eine Reihe von Einflüssen der Umwelt auf die Gesundheit, wie Witterung, elektromagnetische Felder usw., sind in Sitzungsberichten niedergelegt.

Im Hinblick auf die Probleme der Umweltgestaltung wurde eine Kommission für spezielle Fragen der Umwelt gebildet, die es sich auch zur Aufgabe gemacht hat, die zu lösenden Probleme nach ihrer Dringlichkeit einzuordnen. Für eine solche Einordnung sind natürlich sehr viele komplexe Gesichtspunkte zu berücksichtigen, neben den verschiedensten ökologischen Fragen und Fragen des Gesundheitswesens auch solche der Ökonomie. In dieser Hinsicht spielt der Aufwand für die Beseitigung von Umweltbelastungen im Vergleich mit dem Gewinn von Arbeitskapazität durch einen verbesserten Gesundheitszustand der Werktätigen, durch die Einsparung von Kosten für die Krankenbehandlung und -pflege sowie durch die Materialerhaltung an pflanzlichen Rohstoffen und Werkstoffen der verschiedensten Art eine entscheidende Rolle. Der Kommission gehört auch Herr Vizepräsident *Lehmann* an, der die Klasse Umweltschutz der Akademie der Wissenschaften der DDR leitet, dadurch ist hierfür die besonders wichtige multilaterale Kooperation gewährleistet. Die Nutzung der Natur zur Gesunderhaltung der Menschen wird Herr *Jordan* in seinem Festvortrag behandeln und zeigen, daß die dabei zu lösenden Fragen unbedingt der interdisziplinären Zusammenarbeit zwischen Medizinern, Biologen, Geologen, Geophysikern und Geographen bedürfen.

Über die Forschungsergebnisse des letzten Jahres mit den Verpflichtungen zum 30. Jahrestag der Deutschen Demokratischen Republik, die in den Kommissionen unserer Akademie erzielt worden sind, wird Herr Vizepräsident *Lehmann* dann im einzelnen berichten.

Wir glauben, daß die Sächsische Akademie der Wissenschaften die ihr in den vergangenen 30 Jahren zur Verfügung gestellten Mittel im Interesse der Erkenntnisgewinnung und zum Nutzen unserer Volkswirtschaft ökonomisch vertretbar eingesetzt hat. Sie sah im Sinne von Leibniz darüber hinaus ihre Hauptaufgabe darin, die interdisziplinäre Kooperation als eines der wichtigsten Mittel zur Rationalisierung der Forschungsarbeit zu pflegen. Ihre Mitglieder sind zum großen Teil erfahrene Hochschullehrer oder haben an Universitäten und Hochschulen Lehraufträge. Sie können die studentische Jugend dazu erziehen, diese Zusammenarbeit ohne persönlichen Ehrgeiz oder Selbstüberschätzung zu betreiben und damit innere, aber auch bürokratische Barrieren abbauen. Die Frage ist trotzdem immer wieder zu stellen und wird auch von außen oft an uns gerichtet, ob eine Gelehrte Gesellschaft bei der heutigen Entwicklung von Wissenschaft und Technik und bei ihrer zentralen staatlichen Lenkung in der sozialistischen Gesellschaftsordnung noch zu rechtfertigen ist. Bei ihrer Wiedereröffnung 1948 stand auch die wissenschaftliche Arbeit und Wissenschaftsorganisation in unserem Staate vor einem neuen Anfang. Damals war sicher jede Wissenschaftsorganisation nützlich, die Gelehrte verschiedener Disziplinen zu gemeinsamer Arbeit zusammenführte. Auch als ich die Leitung der Akademie übernahm, glaubte ich begründen zu können, daß eine Gelehrte Gesellschaft ohne eigene Forschungseinrichtungen als Mittel der interdisziplinären und internationalen Kooperation von hohem wissenschaftlichem Wert ist. Ihre Mitglieder haben die Möglichkeit, einen nicht durch strenge Plandisziplin gebundenen ständigen Erfahrungsaustausch durchzuführen und gleichzeitig noch eigene Forschungsarbeit auch über die Altersgrenze hinaus zu betreiben.

Inzwischen haben sich nicht nur in den sozialistischen, sondern auch in den kapitalistischen Ländern, zum Beispiel in Österreich, die Akademien durch den Anschluß vieler großer Institute von Gelehrten Gesellschaften in Forschungsakademien umgewandelt. Das gilt in besonderem Maße für die Akademie der Wissenschaften der DDR. Die gesamte Forschung ist in Forschungsprogramme zusammengefaßt und wird zentral gelenkt. Die Forschungsvorhaben der Sächsischen Akademie sind in diese Forschungsprogramme eingebunden und werden durch die Organisationen für diese Forschungsprogramme mit betreut. Diese Programme sind nach den Grunddisziplinen Mathematik, Physik, Chemie, Gesellschaftswissenschaften usw. geordnet und bedürfen natürlich in sich eines ständigen Informations- und Erfahrungsaustausches.

Wenn eine Gelehrte Gesellschaft es unternimmt, zwischen diesen großen Disziplinen Verbindungen aufzunehmen und aufrechtzuerhalten, so müssen ihre Mitglieder mit persönlichem Engagement sich dieser Aufgaben annehmen. Da die Wissenschaft vor Aufgaben höchster Dringlichkeit steht, muß sich jeder Wissenschaftler prüfen, inwieweit er zur Lösung dieser Aufgaben beitragen kann und ob der dafür geforderte Aufwand durch seinen Beitrag gerechtfertigt ist. Die nicht übersehbare Verzweigung der Grundlagenwissenschaften in unzählige Spezialgebiete gestattet nur dem Spezialisten selbst, zu überblicken, ob die von ihm bearbeitete Problematik eine reale Aussicht auf neuen Erkenntnisgewinn oder technischen Fortschritt hat. Es gibt genügend Beispiele für Aufgabenstellungen, die zwar einem Wissenschaftler ein Betätigungsfeld bieten, aber kaum zum wissenschaftlich-technischen Fortschritt beitragen. Daher wird ein verantwortungsvoller Wissenschaftler seine eigenen Arbeiten prüfen. Eine Gelehrte Gesellschaft hat die Pflicht, in ihrem Kreis und damit im Wirkungsfeld ihrer Mitglieder den konkreten Wert ihrer wissenschaftlichen Arbeit kritisch einzuschätzen.

Sie kann sogar noch einen Schritt weitergehen. Die Aufgaben der Energieversorgung, der Rohstoffversorgung und Materialerhaltung, der Ernährung der Menschheit unter gesunden Lebensbedingungen, sind nur durch weltweite internationale Kooperation zwischen den Wissenschaftlern und Ingenieuren zu lösen. Eine Gelehrte Gesellschaft kann durch ihre internationalen Beziehungen, insbesondere durch ihre auswärtigen Mitglieder, die internationale Zusammenarbeit verstärken und zum Abbau von Hemmnissen, wie nationaler Ehrgeiz, politische Interessen und Bürokratie, beitragen. Wir freuen uns deshalb, heute die Zuwahl von fünf neuen auswärtigen Mitgliedern bekannt geben zu können.

Die Sächsische Akademie der Wissenschaften kann unter Beachtung des ihr zugewiesenen Raumes auch in Zukunft zum Erkenntnisgewinn und zum wissenschaftlich-technischen Fortschritt in der Deutschen Demokratischen Republik beitragen, wenn ihre Mitglieder die guten Traditionen, wissenschaftliche Gründlichkeit, Eindringen in die Tiefe bei Wahrung eines großen Überblicks weiterhin pflegen und ihre Forschungskapazität entsprechend den Bedürfnissen unserer Zeit und der Zukunft optimal nutzen.

1. Im Rahmen ihrer Möglichkeiten sollte den Mitgliedern unserer Akademie nach Überschreiten der gesetzlichen Altersgrenze geholfen werden, ihre Erfahrungen und Kenntnisse für wichtige Aufgaben der Volkswirtschaft ohne Terminzwang zu verwenden und an den ihnen unterstellten wissenschaftlichen Nachwuchs weiterzuleiten.

2. Mitglieder, die Randgebiete der Wissenschaften bearbeiten, die vielleicht neuen Erkenntnisgewinn für die Zukunft versprechen oder der Pflege des Kulturerbes dienen, sollten weiterhin unterstützt werden, zum Beispiel durch einen hochbefähigten Mitarbeiter.

3. Unser mitteldeutscher Raum hat eine traditionsreiche politische und kulturelle Geschichte, aus der wir für Gegenwart und Zukunft viel lernen können. Er birgt in seinem Boden wichtige Energie- und Rohstoffquellen, die zu einer vielseitigen Industrie geführt haben. Daher können beide Klassen auch für die Zukunft wertvolle Forschungsaufgaben aus unserem Raum ableiten, und wie bisher ist die Mitarbeit von Ingenieurwissenschaftlern in unserer Akademie von hohem Wert.

4. Vorbehaltlose, interdisziplinäre Kooperation über die Forschungsprogramme hinaus in den eigenen Reihen der Mitglieder und die Erziehung des akademischen Nachwuchses in diesem Geiste an unseren Universitäten und Hochschulen kann den wissenschaftlich-technischen Fortschritt in der Deutschen Demokratischen Republik mehr beschleunigen als der ständige Zuwachs an Wissenschaftlern für vermeintliche Schwerpunktgebiete.

5. Die Prüfung des Wertes der eigenen Forschung für den Erkenntnisgewinn und den wissenschaftlich-technischen Fortschritt im Verhältnis zum geforderten Aufwand und die Erziehung zu dieser Prüfung muß als weiteres Mittel zur Rationalisierung wissenschaftlicher Arbeit und zur Verhütung der Produktion von wissenschaftlicher Makulatur eingesetzt werden.

6. Spezielle Pflege der internationalen Kontakte und ihr weiterer Ausbau kann das Ansehen der Deutschen Demokratischen Republik im Ausland um so mehr fördern, je mehr unsere Mitglieder auf eigene Leistungen oder solche ihrer Kollegen verweisen können. Der Appell jedes einzelnen von uns zur Verständigung, zur Abrüstung und zur gemeinsamen Lösung der Zukunftsprobleme der Menschheit wird um so eher Gehör finden, je größer seine persönliche Autorität und Integrität ist.

Ich zweifle nicht daran, daß eine solche Aufgabenstellung die Billigung von Partei und Regierung findet. Inwieweit sie erfüllt und gelöst werden kann, hängt von dem Engagement aller Mitglieder ab. Der Präsident als „primus inter pares" kann nur auf die Bedeutung dieser Aufgaben hinweisen.

Lassen Sie mich schließen mit den Worten unseres Gründers:

> „Die Flamme der echten Wissenschaft
> entzündet sich an dem Funken der Begeisterung,
> nährt sich von dem Öl des Fleißes
> und brennt ungetrübt nur in der Lebensluft der Freiheit".

ANSPRACHE DES PRÄSIDENTEN, HERRN SCHWABE

bei der öffentlichen Gesamtsitzung am 18. April 1980

Die Sächsische Akademie der Wissenschaften begeht ihre öffentliche Frühjahrssitzung zum Andenken an den Geburtstag von Gottfried Wilhelm Leibniz, der 1646 geboren wurde. Seitdem sind 334 Jahre vergangen. Gestatten Sie mir aus diesem Anlaß einige Bemerkungen.

Nach 15 Jahren werde ich nun im kommenden Herbst das Amt des Präsidenten abgeben. Ich gestehe offen, daß ich mir in diesen 15 Jahren oft Gedanken darüber gemacht habe, wie man heute den Forderungen von Leibniz an eine Gelehrte Gesellschaft, also an ein kleines Gremium von Wissenschaftlern, gerecht werden kann. Leibniz hatte, vom Gedanken einer Gesamtwissenschaft ausgehend, von den wissenschaftlichen Sozietäten, wie er sie nannte, gefordert, sie sollten eine Integration der Wissenschaft betreiben, um eben die Einheit einer Gesamtwissenschaft zu wahren. Nun sind seitdem mehr als 300 Jahre vergangen und die Wissenschaft hat in der ganzen Welt eine ungeheure Entwicklung genommen. Ist es also überhaupt noch möglich, von einer Integration der Wissenschaft zu sprechen, da sich die Grunddisziplinen, wie Mathematik, Physik, Chemie, Biologie, in zahllose Teildisziplinen aufgespalten haben. Das erwies sich als unumgänglich, um Spitzenleistungen zu erzielen, die die wissenschaftlichen Erkenntnisse rascher voranbringen. Ich darf allerdings dazu bemerken, daß man mit der Differenzierung nicht zu weit gehen sollte, zumal wenn sich eine Disziplin nur der Methoden einer anderen Disziplin bedient, ohne eigenständige Verfahren zu entwickeln, wie etwa die Biomathematik. In jedem Fall hat sich der Stand unseres Wissens ungeheuer erweitert. Statistiker errechneten, daß er sich allein im letzten Jahrhundert etwa verdoppelt hat, daß er aber seitdem fast um das 20fache stieg und daß heute jährlich 10—15 Millionen neue Informationen für die wissenschaftliche Erkenntnis gewonnen werden. Ich bin nicht ganz sicher, ob diese Zahl wirklich stimmt; man kann bei vielen Veröffentlichungen leere Redundanzen feststellen. Immerhin kann von der Integration zu einer Gesamtwissenschaft wohl kaum noch gesprochen werden.

Wenn unsere Akademie nun versucht, dennoch einen Beitrag zu dieser Aufgabe zu leisten, dann besteht er darin, zwischen den einzelnen Disziplinen, die bei uns vertreten sind, eine möglichst enge Kooperation und eine echte Verständigung herbeizuführen. Über die Erfolge, die wir dabei erzielten, wurde auf unserer Festsitzung zum 30. Jahrestag der Deutschen Demokratischen Republik einiges gesagt. Ich möchte nur darauf hinweisen, daß einer kleinen Zahl von Gelehrten, die ihre Erfahrungen vorbehaltlos austauschen und zu gemeinsamer Aufgabe nutzen, nicht unerhebliche Erfolge durchaus möglich sind. Was vielleicht in Zusammenarbeit zwischen der Sprachwissenschaftlichen Kommission und den Naturwissenschaftlern unserer Gelehrten Gesellschaft eine Aufgabe für die Zukunft sein könnte, wären gemeinsame Überlegungen zu einer brauchbaren Wissenschaftssprache, die die gegenseitige Verständigung erleichtert. Wilhelm *Ostwald*, unser langjähriges Mitglied, hatte einen entsprechenden Versuch unternommen und ist dabei gescheitert. Heute hat sich jeder Wissenschaftszweig, sogar innerhalb der Sprachwissenschaften, seine eigene Fachsprache zugelegt, so daß die Verständigung selbst zwischen benachbarten Disziplinen immer schwieriger wird. Ich habe vor kurzem einen Aufsatz gelesen, der den bezeichnenden Titel trug „Organisation und Chaos in der Welt der Nomenklatur", und das bezog sich nur auf die Chemie. Tatsache ist, daß sich etwa 5 bis 6 Internationale Organisationen mit dieser Nomenklaturfrage beschäftigen, aber ebenso viele Wörter für die gleichen Chemikalien in Gebrauch sind. Culpa nostra est.

Die andere Forderung, die Leibniz den Sozietäten gestellt hat, erscheint mir besonders wichtig gerade in unserer Zeit. Er verlangte theoriam cum praxi. In „eigenen, vertrauten Briefen" brachte er zum Ausdruck, daß eine Sozietät sich nicht damit begnügen kann, Kuriositäten oder wissenschaftliche Begierden zu befriedigen, unnütze Experimente anzustellen oder Erfindungen zu machen, die zwar nützlich sind, aber nicht angewendet werden, sondern er war der Meinung, daß eine Sozietät von vornherein das gesamte wissenschaftliche Werk auf den Nutzen zu richten hat und Land und Leute, der Feldbau, die Manufaktur und die Kommerzien dabei zu berücksichtigen sind. Ich glaube, diese Forderung ist für jede Akademie, auch für unsere, aktueller als je zuvor. Die Situation unserer Erde, ihre Bevölkerungsentwicklung, die Probleme der Ernährung, der Rohstoff- und Energieversorgung, die Verhütung weiterer Umweltbelastungen verlangt von jedem Wissenschaftler in aller Welt, besonders aber in unserer sozialistischen DDR, sich zu bemühen, seine wissenschaftlich-technischen Aufgaben, die zur Bewältigung dieser Probleme gehören, intensiv zu betreiben und dafür zu sorgen, daß seine Ergebnisse in die Praxis überführt werden. Das kann nur erreicht werden, wenn die Wissenschaftler, die in Akademien und Hochschulen tätig sind, eine enge und verständnisvolle Zusammenarbeit mit den Wissenschaftlern und Ingenieuren der Industrie betreiben; wenn vorbehaltlos Kooperation gepflegt wird bis in die Praxis hinein, wie Leibniz es einst gefordert hat. In diesem Sinne weist auch der Vorsitzende des Staatsrates und Generalsekretär der SED immer wieder darauf hin, daß die Überführung wissenschaftlicher Ergebnisse in die Praxis durch rationellere Forschung und intensivere Kooperation beschleunigt werden muß.

Dabei möchte ich ein Problem berühren, das mir wichtig erscheint. Wir haben z. Z. einen sehr geringen Zugang und ein geringes Interesse der Absolventen der Oberschulen für die technischen Disziplinen, und das liegt wohl an einer Unterbewertung der Ingenieurwissenschaftler und des Ingenieurwesens überhaupt. Es ist eine Tatsache, daß alle großen technischen Errungenschaften, die natürlich aus der Grundlagenforschung resultieren, ohne die Ingenieurwissenschaften nicht zu erzielen gewesen wären. Die Sächsische Akademie hatte in ihren Reihen sowohl bedeutende Elektrotechniker wie Heinrich *Barkhausen* und Ludwig *Binder* wie auch Bauingenieure, so Kurt *Beyer*, oder Ingenieure der mechanischen Disziplin wie Enno *Heidebroek* als ihre Mitglieder hoch geschätzt, und ich glaube, es wird gut sein, wenn die Sächsische Akademie in Zukunft auch weiterhin den Ingenieurwissenschaften ihre Aufmerksamkeit widmet. Junge Menschen sollten von vornherein zum Respekt vor den technischen Leistungen erzogen werden, die für die Lösung der Menschheitsprobleme im Geiste des Sozialismus besonders wichtig sind; dann werden sie sich für die Anwendung wissenschaftlicher Erkenntnisse interessieren; denn nur so sind sie für unsere Gesellschaft von Nutzen, und ich bin der Meinung, daß in dieser Hinsicht alle erfahrenen Kollegen, vor allem der Ingenieurwissenschaften, eine ernste Erziehungsaufgabe zu erfüllen haben. Soviel zum Thema der Verbindung von Praxis und Grundlagenforschung oder Theorie und Praxis.

Allerdings hängt die Lösung aller dieser Aufgaben auch von der Frage ab, wie sich jeder Mensch und die gesamte Menschheit unseres, gemessen an der Zahl der Menschen, immer kleiner werdenden Erdballs weiterentwickeln wird. Ein berühmter Zeitgenosse von Leibniz, Voltaire, hat einmal verzweifelnd gesagt: „Welchen Sinn haben Menschlichkeit,

Güte, Bescheidenheit und Mäßigung, Zärtlichkeit, Weisheit und Gottesfurcht ... wenn ich mit letzter Kraft mit ansehen muß, wie meine Heimatstadt in Schutt und Asche versinkt — und mit anhören, wie in den Ruinen Frauen und Kinder schreiend zugrunde gehen?" Unzählige Appelle von kirchlichen Einrichtungen aller Konfessionen, von Politikern und von Philosophen haben gleichzeitig zu einem friedlichen Zusammenleben gemahnt. Karl Marx hat einmal gesagt: „Niemand ist so taub, wie der nicht hören will." Ich habe den Eindruck, daß es noch zu viele Menschen auf dieser Welt gibt, die eben nicht hören wollen. Man kann nur hoffen, daß der immer wieder von vielen Seiten, vor allen Dingen von den sozialistischen Ländern, an alle Welt gerichtete Aufruf zu Entspannung und Abrüstung mehr Gehör findet, als es bisher der Fall ist. Leibniz hat sich einst damit beschäftigt, ein Gesetzbuch für Europa zu verfassen. Heute brauchen wir ein Gesetzbuch für die Welt, ein Gesetzbuch, das den Frieden und das friedliche Zusammenleben gewährleistet für die Menschen jeder Hautfarbe, jeder Konfession und jeder Gesellschaftsordnung. Dies zu sichern, ist letzten Endes das Hauptanliegen, dem jeder vernünftige Mensch sich widmen muß und ich glaube, daß auch eine Akademie verpflichtet ist, unablässig für die Verständigung zu kämpfen. Wir brauchen kein „Gleichgewicht des Schreckens", wir brauchen ein Gleichgewicht der Vernunft, und um dieses haben wir uns alle im eigenen Interesse ständig zu bemühen, ohne müde zu werden.

Ich darf Ihnen für Ihre Aufmerksamkeit danken und bitte nunmehr Herrn *Lieberwirth* zu seinem Vortrag. Er wird uns über eine Gesetzesordnung berichten, die in unserer Heimat und darüber hinaus lange Zeit große Bedeutung gehabt hat und zeigt, daß ohne eine solche Ordnung auf die Dauer ein Zusammenleben der Gesellschaft nicht möglich ist. Geschichts- und Sprachwissenschaften sind ein sehr wichtiges Mittel, um vernünftige Kompromißbereitschaft und Verständigungswillen zu erzeugen.

ANSPRACHE DES PRÄSIDENTEN, HERRN SCHWABE

bei der öffentlichen Gesamtsitzung am 21. November 1980

Als ich 1965 noch als Rektor der Technischen Universität Dresden von Mitgliedern der philologisch-historischen und der mathematisch-naturwissenschaftlichen Klasse unserer Akademie aufgefordert wurde, mich zur Wahl als Präsident der SAW zur Verfügung zu stellen, weil der damalige Präsident aus Altersgründen die Funktion abgeben wollte, hatte ich erhebliche Bedenken. Meine Amtsperiode als Rektor lief zwar im Herbst 1965 aus, aber ich war mir von vornherein klar, daß ich keinesfalls in der Lage wäre, die Sächsische Akademie in der Weise zu repräsentieren, wie dies Herr *Frings* als weltbekannter Germanist und mit hervorragender Rhetorik begabt gekonnt hat. Das zweite Bedenken, das ich hatte, war, daß um diese Zeit, im Jahre 1965, die Akademie der Wissenschaften der DDR, die damals den Namen „Deutsche Akademie der Wissenschaften" trug, zu einer großen Forschungsakademie mit vielen modernen Instituten und einem großen Mitgliederbestand angewachsen war, so daß es mir kaum denkbar schien, einer Gelehrten Gesellschaft wie der Sächsischen Akademie der Wissenschaften, nämlich ohne Institute und mit einer kleinen Anzahl ordentlicher Mitglieder, ihre Existenzberechtigung nachweisen zu können. — Ich bin der an mir geleisteten Überzeugungsarbeit erlegen. Das ist mir leider wahrscheinlich zu oft passiert. Ich versuchte, den Sinn unserer Gelehrten Gesellschaft darin zu sehen, daß sie sich nach Gottfried Wilhelm Leibniz, der ja nicht nur die Akademien in Berlin, Wien und Petersburg, sondern auch die Sächsische Akademie unmittelbar anregte, um folgende Aufgaben bemüht: nämlich die Integration der Wissenschaften zu betreiben und die Theorie stets mit der Praxis zu verbinden. Diese beiden Leitsätze schienen mir das Dasein unserer Akademie zu rechtfertigen.

Ich dachte in diesem Zusammenhang noch an etwas Weiteres, dessen Realisierung, wie ich hoffe, sich als fruchtbar erwiesen hat: Ich war der Meinung, daß viele Kollegen unter unseren Mitgliedern, die mit dem 65. Lebensjahr in den Ruhestand treten, die Möglichkeit haben sollten, ihre Erfahrungen noch weiter zur Verfügung zu stellen, wenn sie die Neigung dazu haben; ein oder zwei Mitarbeiter sollten ihnen bei ihren wissenschaftlichen Arbeiten behilflich sein. Das ist uns, wie mir scheint, insofern gelungen, als die kleinen Arbeitsgruppen, die in Freiberg, in Leipzig und Jena existieren, doch wesentliche Beiträge zu Problemen der naturwissenschaftlichen Forschung in interdisziplinärer Zusammenarbeit geleistet haben. Damit kann man, so glaube ich, eine Forderung der Gerontologie unterstützen: Es ist wichtiger, Leben für die Jahre als Jahre für das Leben zu geben. Die Beschwerden des Alters sind immer eine Belastung; sie werden aber erst dann unerträglich, wenn man nichts mehr nützen kann.

Schließlich hatte ich überlegt, daß vielleicht solche Gebiete der Wissenschaften, die nicht voll im Brennpunkt des wissenschaftlich-technischen Fortschritts und den damit verbundenen Forschungsaufgaben stehen, eine weitere Pflegestätte finden möchten. In diesem Zusammenhang lag mir daran, die philologisch-historische Klasse zu verstärken. Wir hatten bei meinem Amtsantritt ein Verhältnis von ordentlichen Mitgliedern der mathematisch-naturwissenschaftlichen zu denen der philologisch-historischen Klasse von 37 zu

28. Heute haben wir die gleiche Anzahl ordentliche Mitglieder in beiden Klassen, und wir haben auch dafür sorgen können, daß die Mitglieder der philologisch-historischen Klasse mehr Mitarbeiter bekommen haben als im Jahre 1965. So ist es gelungen, auch diese Gebiete, die für viele Bereiche unseres künftigen Lebens von Bedeutung sind, weiter zu pflegen.

Ich hatte davon gesprochen, daß es unsere Aufgabe sei, dem Auftrag von LEIBNIZ, die Wissenschaftsintegration zu betreiben und Theorie und Praxis zu verbinden, zu folgen. Was nun die philologisch-historische Klasse angeht, so glaube ich, daß die interdisziplinäre Zusammenarbeit innerhalb dieser Klasse schon dadurch gewährleistet ist, daß sowohl die historischen Wissenschaften als auch die Sprachwissenschaften, wenn sie sich mit der Entwicklung der Sprache in etwa ähnlichen Zeiträumen befassen, sicher sehr viel dazu beitragen können, nicht nur die politische, sondern auch die soziale und die kulturelle Entwicklung der betreffenden Völker besser zu verstehen. Wir befassen uns ja, zumindest die Historische Kommission, mit den Gebieten unserer engeren Heimat, also Sachsen und Thüringen, und wir bearbeiten gleichzeitig die Mundarten dieser Gebiete und anderer deutscher Landschaften, vor allem in der Form von Wörterbüchern. Was die internationale Zusammenarbeit angeht (denn zur Integration der Wissenschaften gehören nun einmal die interdisziplinäre und die internationale Zusammenarbeit), so ist diese bei der philologisch-historischen Klasse dadurch gewährleistet, daß viele Mitglieder unserer Akademie in internationalen Gremien aktiv mitarbeiten, z. B. in der Union Académique Internationale, in der früher Herr *Peek* die Sächsische Akademie vertrat, jetzt hat Herr *Bahner* diese Aufgabe übernommen.

Darf ich zu der Verbindung von Theorie und Praxis auf dem Gebiete der philologisch-historischen Wissenschaften noch eine Bemerkung machen, die vielleicht notwendig ist. Die Klasse hat vor allem die Aufgabe, das Kulturerbe zu pflegen, und es ist ja ein besonderes Anliegen von Partei und Staatsführung, das Kulturerbe noch intensiver zu pflegen als bisher. Zum 500. Geburtstag von MARTIN LUTHER hat der Vorsitzende des Staatsrates selbst die Schirmherrschaft über das Vorbereitungskomitee und über die Festveranstaltung übernommen, und vier Mitglieder unserer Akademie werden in diesem Komitee mitarbeiten.

Ich möchte einige Bemerkungen über die mathematisch-naturwissenschaftliche Klasse anschließen. Sie gibt ein Werk heraus, das zwar kein Geschichtswerk im eigentlichen Sinne ist, aber ein außerordentlich wichtiges Werk für das Quellenstudium, nämlich den „Poggendorff", das „Biographisch-literarische Handbuch der exakten Naturwissenschaften". Wer die dort verzeichneten Originalarbeiten der großen Gelehrten studiert, der wird sehen, daß diejenigen besonders erfolgreich waren, die mit Fleiß, Sorgfalt und Ausdauer ihrer Wissenschaft nachgegangen sind und die ihre Arbeitsergebnisse in einer einfachen, verständlichen Sprache dargelegt haben. Heute leidet die Information in den Naturwissenschaften und, soweit ich weiß, auch in den Sprachwissenschaften, immer mehr darunter, daß neue Nomenklaturen, neue Symbole, neue Definitionen geschaffen werden, zum Teil für Dinge, die eigentlich schon lange als Begriff festliegen und ihren bestimmten Namen haben. Es erscheint mir fraglich, ob man für jede Wissenschaft neue Nomenklaturen, unter Umständen mit den gleichen Bezeichnungsweisen, einführen muß, die an anderer Stelle für andere Begriffe verwendet werden. Eine Bereinigung halte ich für unumgänglich; dazu gehört allerdings sehr viel Disziplin und auch sehr viel Weisheit.

Nun darf ich noch zu der interdisziplinären Zusammenarbeit innerhalb der mathematisch-naturwissenschaftlichen Klasse eine Bemerkung machen: Ich habe in meinem Vortrag, den ich bei der Übernahme des Amtes des Präsidenten gehalten habe, ein Gebiet behandelt, das auch heute noch im Brennpunkt des Interesses steht; es ist im Grunde genommen von Wilhelm OSTWALD angeregt worden, nämlich die Brennstoffelemente. Heute betreibt man diese Fragen nicht so sehr im Interesse des Umweltschutzes, sondern im Interesse der Energieeinsparung. Ich glaube, daß wir in dieser Beziehung eine wichtige Aufgabe auch in der Sächsischen Akademie der Wissenschaften in der Kommission für spezielle Probleme des Umweltschutzes vor uns haben. Zudem ist es mir gelungen, für die Aufgabe der Einsparung der Energie ein Mitglied der philologisch-historischen Klasse zu gewinnen. Ein Drittel des Lebens nämlich verbringt der Mensch an seiner Arbeitsstätte, im Kollektiv, in einem Betrieb, in einem Institut, in einer Behörde oder sonst irgendwo. Und ich selbst habe immer und bis heute in einem Institut gearbeitet und weiß, daß der berühmte Teufel im Detail sich in den verschiedensten Modifikationen darstellt, und daß manche Mitarbeiter allergisch gegen solche Teufel sind und dann unter Umständen das ganze Kollektiv in seiner aktiven, kollegialen und kameradschaftlichen Zusammenarbeit stören können. Psychische Fehlleistungen können das Betriebsklima empfindlich stören. So freut es mich besonders, daß Herr *Hiebsch*, der Psychologe der Universität Jena und unser Mitglied, sich vorgenommen hat, den Fragen nachzugehen, wie man zur Gesunderhaltung der Menschen durch Beeinflussung der Psyche des Einzelnen und des Betriebsklimas beitragen kann.

Aber ein anderes Thema scheint mir ebenso wichtig, ja noch wichtiger. Gestern hat der Präsident der Kammer der Technik, Professor *Schubert*, Professor für Verfahrenstechnik an der Technischen Universität Dresden, einen Vortrag in der Klasse Umweltschutz der Akademie der Wissenschaften der DDR gehalten. Er zeigte auf, wie man abproduktarme Produktionen durchführen oder wie man Abprodukte verwerten kann. Wenn man bedenkt, daß jährlich 70 Millionen Tonnen Abprodukte entstehen und davon nur ein relativ kleiner Anteil bisher verwertet wird, dann ist deutlich, daß wir der Natur viele Stoffe entziehen und sie dann nicht vollständig nutzen. Wir haben, und das ist gestern auch mit Nachdruck gesagt worden — ich glaube, alle Naturwissenschaftler der älteren Generation müssen sich das sagen lassen, — zu spät daran gedacht, daß der technische Fortschritt, der uns allen zu größerem Wohlstand und zu besseren Arbeitsbedingungen verholfen hat, auch an unseren Ressourcen in einem Umfang zehrt, der nicht unbegrenzt möglich ist. Die Menschheit vermehrt sich exponentiell. Die Ressourcen unserer Erde werden um so rascher erschöpft, je stärker wir sie unvollständig nutzen. Und insofern, scheint mir, ist es besonders dringlich, daß der Zusammenhang zwischen Materialerhaltung und Umweltschutz noch besser und intensiver studiert wird. Und das nicht nur dadurch, daß wir neue Probleme aufzeigen, die für den Umweltschutz notwendig sind, um unsere Gesunderhaltung zu gewährleisten (dazu gibt es zur Zeit allein 100 Zeitschriften, die sich mit Umweltschutzfragen beschäftigen, und etwa 300 Zeitschriften, die sich mit Gebieten befassen, die mit toxischen und anderen Produkten zu tun haben). Wir haben vielmehr versucht, in der Kommission „Spezielle Probleme des Umweltschutzes" eine Art Werteskala aufzustellen. Gleichzeitig soll geprüft werden, was mit den heutigen Mitteln realisierbar ist; denn es reicht nicht aus, was die Naturwissenschaften in Gemeinschaft mit der Technik leisten können, um die Umweltprobleme im Zusammenhang mit den Problemen der Energiegewinnung, der Rohstoffquellen und der Bevölkerungsentwicklung zu lösen, sondern es bedarf dazu einer besonderen Erziehungsarbeit. Gerade in einem sozialistischen Staat müssen wir uns von der Infektion durch Wegwerf- und Wohlstandsideologie befreien und den Respekt vor der Natur und ihren Ressourcen dagegensetzen. Ohne die Mitwirkung jedes einzelnen, in seinem Bereich Material sorgsam zu verwenden und zu erhalten, wird es nicht möglich sein, die Probleme zu lösen, die in Zukunft auf uns zukommen werden.

Für diese Aufgabe reicht der Kreis der Akademie, auch die Lehrtätigkeit unserer Mitglieder nicht aus. Deswegen habe ich in Vereinbarung mit dem Präsidenten der Kammer der Technik, der heute unter uns ist, folgendes vorgesehen und mit den Mitgliedern unserer Akademie besprochen: Die Sächsische Akademie hat früher Preisaufgaben vergeben. In den letzten 10 Jahren haben wir diesen Versuch auch schon einmal gestartet, doch standen uns dafür keine Mittel zur Verfügung. Jetzt sind wir durch eine Schenkung in der Lage, einen Preis auszusetzen, der die Publizität der Preisausschreiben größer macht. Wir haben vereinbart, daß der Preis — es wird ein Preis der Sächsischen Akademie der Wissenschaften sein — normalerweise alle 5 Jahre zum Kongreß der Kammer der Technik verliehen wird, denn die Kammer der Technik hat eben einen sehr großen Kreis von Mitgliedern — über eine Viertelmillion —, und die Kongresse werden auch von Hunderten von Menschen besucht. Auf diese Weise wird auch die Verbindung und Verständigung zwischen den Naturwissenschaften und den Ingenieurwissenschaften, die die Kammer der Technik ja in erster Linie vertritt, enger gestaltet werden und Überführungsprobleme können leichter gelöst werden. Dieser Preis soll zum nächsten Kongreß im Jahre 1983 verliehen werden. Er wird den Wert von 20000 Mark haben, der sich aus den Zinsen der Schenkung ergibt. Er ist teilbar. Es ist vorgesehen — um auch dadurch die Verbindung zwischen Naturwissenschaften und Ingenieurwissenschaften zu unterstreichen — daß je eine Aufgabe aus dem naturwissenschaftlich-medizinischen Bereich und eine Aufgabe aus dem ingenieurwissenschaftlich-technischen Bereich gestellt wird. Die Aufgaben für das Jahr 1983 sollen bereits im Januar 1981 durch die entsprechenden Publikationsorgane bekanntgemacht werden. Die Aufgabenstellung obliegt einer Kommission, die sich zusammensetzt aus dem Präsidenten der Sächsischen Akademie der Wissenschaften, dem Präsidenten der Kammer der Technik, dem Leiter der Kommission für spezielle Probleme des Umweltschutzes und dem Leiter der Kommission für Umweltfragen der Kammer der Technik; schließlich soll noch ein Mitglied der Sächsischen Akademie der Wissenschaften, das gleichzeitig Mitglied der Kammer der Technik ist, zu dieser Kommission gehören. Sie wird auch die Bewertung der eingegangenen Lösungen übernehmen. Berücksichtigt werden nur Lösungen, die 6 Monate vor dem betreffenden Kongreß der Kammer der Technik vorliegen. Zur Beurteilung der Preisaufgaben kann die Kommission Fachexperten aus dem jeweiligen Gebiet heranziehen. Ich hoffe, daß dadurch nicht nur ein Beitrag zur Materialerhaltung und zum Umweltschutz geleistet werden kann, wobei auch solche Arbeiten, die keinen Preis erhalten, durch entsprechende Urkunden und Prämien honoriert werden können, sondern daß eben auch die Zusammenarbeit zwischen den Naturwissenschaftlern, Biologen und Medizinern und Ingenieuren — auch die Medizin hat ja sehr viel ingenieurtechnische Fragen zu klären — weiter intensiviert wird.

Ich bin damit am Ende meiner Ausführungen, und es bleibt mir nur noch bekanntzugeben, daß am 10. Oktober das Präsidium der Sächsischen Akademie der Wissenschaften neu gewählt worden ist. Ich selbst hatte nach einer 15jährigen Amtsperiode den dringenden Wunsch, meine Funktion abzugeben, und generell war ich der Meinung, daß eine Verjüngung und ein kontinuierlicher Wechsel nur förderlich sein können. Herr Vizepräsident *Lehmann* hat vorhin diese dynamische Anpassung an die wissenschaftlich-technische Entwicklung hervorgehoben.

Ich kann mitteilen, daß als Präsident, entsprechend unserer Tradition des Wechsels, ein Mitglied der philologisch-historischen Klasse gewählt worden ist. Es ist Herr *Bahner*, Direktor des Zentralinstitutes für Sprachwissenschaften der Akademie der Wissenschaften der DDR. Ich hoffe, daß dadurch auch die interdisziplinäre Zusammenarbeit zwischen den beiden Akademien noch weiter gefördert werden kann. Vizepräsident bleibt Herr *Lehmann*, der ja schon seit über 10 Jahren dieses Amt ausübt und infolgedessen auch über die Erfahrung verfügt, um dem neuen Präsidenten behilflich zu sein. Leiter der philologisch-historischen Klasse wird Herr *Brüning*, Professor für Amerikanistik an der Karl-Marx-Universität Leipzig. Die Leitung der mathematisch-naturwissenschaftlichen Klasse, die bisher Herr *Neef* innehatte, übernimmt Herr *Beckert*. Er ist ordentlicher Professor für Mathematik an der Karl-Marx-Universität Leipzig.

So hoffe und wünsche ich, daß dieses neue Präsidium die guten Traditionen, die die Sächsische Akademie über viele Jahre zu pflegen versucht hat, auch weiterhin bewahrt und gleichzeitig dazu beitragen wird, den Erfordernissen von LEIBNIZ gerecht zu werden, nämlich internationale und interdisziplinäre Zusammenarbeit, das heißt, die Integration der Wissenschaften, zu pflegen. Wir alle beschäftigen uns jetzt mit der Forschung und mit Forschungseinrichtungen bis zum Jahre 2000. Interdisziplinäre und internationale Zusammenarbeit wird auch nach dem Jahre 2000 noch unbedingt Voraussetzung dafür sein, mit den Problemen unserer Welt fertig zu werden und das Leben in ihr erträglicher zu machen.

Am Schluß möchte ich nicht versäumen, allen Mitgliedern unserer Akademie und mit besonderem Nachdruck denen des Präsidiums ganz herzlich zu danken: Für ihr Vertrauen, das sie mir entgegengebracht haben; für die Geduld, die sie mir gegenüber bewiesen haben — wenn ich nicht so funktioniert habe, wie es vielleicht gewünscht worden ist. Und nun bitte ich, mich von meinem Amt zu entpflichten.

ANSPRACHE DES STELLVERTRETERS DES VORSITZENDEN DES MINISTERRATES DER DDR, HERRN DR. WEIZ

anläßlich der Amtsübergabe des Präsidenten am 21. November 1980

Ansehen und gesellschaftliche Wirksamkeit der Sächsischen Akademie der Wissenschaften sind in den vergangenen anderthalb Jahrzehnten untrennbar mit dem Namen ihres Präsidenten Kurt *Schwabe* verbunden. Ihm verdankt sie viele fruchtbare Anregungen im wissenschaftlichen Meinungsstreit, im Gedanken- und Erfahrungsaustausch ihrer Mitglieder. So kennzeichnen heute vor allem Fragen der Mensch-Umweltbeziehungen und der Materialerhaltung, die Erschließung und Bebauung unseres kulturhistorischen Erbes und die Mitwirkung an der Formung eines zukunftszugewandten Weltbildes das breite Tätigkeitsfeld dieser Gelehrten Gesellschaft.

Nunmehr hat Herr Professor *Schwabe* darum gebeten, ihn nicht ein weiteres Mal in das Präsidentenamt zu berufen. Der Vorsitzende des Ministerrates, Willi *Stoph*, ist diesem Wunsche nachgekommen. Er hat mich beauftragt, Professor Dr. Kurt *Schwabe* für seine langjährige verdienstvolle Arbeit, die er als Präsident der Sächsischen Akademie der Wissenschaften zu Leipzig und seit 1971 zugleich als Vizepräsident der Akademie der Wissenschaften der Deutschen Demokratischen Republik geleistet hat, den Dank des Ministerrates auszusprechen.

Zurückblickend auf so viele Jahre vertrauensvollen und konstruktiven Zusammenwirkens mit Ihnen, lieber Herr Professor *Schwabe*, sei es mir erlaubt, mich dafür und für viele wertvolle Anregungen und Überlegungen persönlich zu bedanken und Ihnen vor allem Gesundheit und weiterhin Schaffensfreude zu wünschen.

Der Vorsitzende des Ministerrates hat mich ferner beauftragt, Ihnen mitzuteilen, daß er entsprechend dem vom Plenum der ordentlichen Mitglieder unterbreiteten Vorschlag mit Wirkung vom heutigen Tage Professor Dr. Werner *Bahner* zum neuen Präsidenten und Professor Dr. Edgar *Lehmann* erneut zum Vizepräsidenten der Sächsischen Akademie der Wissenschaften zu Leipzig berufen hat.

Mit Ihrem Vorschlag, meine Damen und Herren, Professor *Bahner* zum Präsidenten zu berufen, haben Sie einer Persönlichkeit das Vertrauen gegeben, die sich durch ihre sprachwissenschaftlichen Forschungen und eine umfangreiche Tätigkeit in wissenschaftlichen Gremien des In- und Auslandes hohes Ansehen erworben hat.

Ich bin wie Sie davon überzeugt, daß die Akademie mit Professor *Bahner* an der Spitze ihren erfolgreichen Weg fortsetzen wird. In dieser Gewißheit werden wir dadurch bestärkt, daß ihm in bewährter Weise Vizepräsident *Lehmann* zur Seite stehen wird. Lieber Herr Professor *Lehmann*, für Ihr verdienstvolles, fast zehnjähriges Wirken in diesem Amte, das der Akademie sehr förderlich war, möchte ich Ihnen herzlich danken.

Dem Präsidenten und Vizepräsidenten, der gesamten Leitung der Akademie und allen ihren Mitgliedern und Mitarbeitern gelten die besten Wünsche des Ministerrates der DDR für ergebnisreiche Arbeit bei der Lösung der verantwortungsvollen Aufgaben in Vorbereitung des X. Parteitages der Sozialistischen Einheitspartei Deutschlands. Ich darf der Überzeugung Ausdruck geben, daß die Sächsische Akademie der Wissenschaften zu Leipzig auch künftig mit der Erfüllung ihres verpflichtenden Auftrages dazu beitragen wird, den fortschrittsfördernden und humanistischen Charakter der Wissenschaft zum Wohl unseres Volkes voll zur Geltung zu bringen.

Ich möchte nunmehr im Namen des Vorsitzenden des Ministerrates sein Dankschreiben an den scheidenden Präsidenten sowie die Berufungsurkunden an seinen Nachfolger und an den Vizepräsidenten überreichen.

Ich bitte danach Professor *Schwabe*, der Tradition folgend, die Amtskette als Symbol der Präsidentenwürde an Professor *Bahner* zu übergeben.

ANSPRACHE DES NEUEN PRÄSIDENTEN, HERRN BAHNER

bei der öffentlichen Gesamtsitzung am 21. November 1980

Für die Berufung und die vorausgegangene Wahl zum Präsidenten der Sächsischen Akademie der Wissenschaften danke ich tiefbewegt der Regierung unseres sozialistischen Staates und den Mitgliedern unserer Akademie. Daß diese Funktion hohen persönlichen Einsatz verlangt, schwierige Aufgaben einschließt und eine besondere gesellschaftliche Verantwortung erfordert, dessen bin ich mir voll bewußt. Mit all meinen Kräften, das möchte ich hier versichern, werde ich mich bemühen, die mit diesem ehrenvollen und verpflichtenden Amt verbundenen Aufgaben gewissenhaft und engagiert zu erfüllen. Mein ganzes Bestreben wird es sein, das mir durch Wahl und Berufung bezeugte Vertrauen durch mein zukünftiges Wirken zu rechtfertigen.

Hierbei hoffe ich auf eine vertrauensvolle, enge kollegiale Zusammenarbeit mit dem Präsidium und allen Mitgliedern der SAW. Ich freue mich, daß der Ministerrat der Deutschen Demokratischen Republik auf Vorschlag der Mitglieder der SAW Herrn *Lehmann* erneut zum Vizepräsidenten berufen und die Wahl der Herren *Beckert* und *Brüning* zum Sekretar der mathematisch-naturwissenschaftlichen Klasse bzw. zum Sekretar der philologisch-historischen Klasse bestätigt hat.

Sehr viel liegt mir auch daran, mit den Mitarbeitern unserer Akademie in einen engeren Kontakt zu gelangen, mit ihnen einen konstruktiven Dialog im Hinblick auf unseren gemeinsamen gesellschaftlichen Auftrag zu führen.

Wenn die SAW im Rahmen der großzügigen Förderung durch die Regierung der Deutschen Demokratischen Republik vor allem in den vergangenen Jahren ihr Profil stärker zu bestimmen vermochte und nunmehr im wissenschaftlichen Leben unseres Landes eine festen Platz einnimmt, dann ist dies ohne Zweifel mit ein ganz besonderes Verdienst von Herrn *Schwabe*, dessen hervorragende Leistungen eben der Stellvertreter des Vorsitzenden des Ministerrates der DDR so eindrucksvoll vor Augen geführt und gewürdigt hat. Deshalb ist es auch für mich wesentlich mehr als eine Ehrenpflicht, wenn ich Ihnen, sehr verehrter Herr *Schwabe*, sicherlich auch im Namen aller Mitglieder und Mitarbeiter der SAW, für Ihre langjährige, aufopferungsvolle und erfolgreiche Arbeit als Präsident dieser Akademie sehr, sehr herzlich danke. In Ihrer Amtszeit haben Sie wichtige Grundlagen für die weitere Entfaltung der SAW gelegt, von denen im Zusammenhang mit unserer voranschreitenden gesellschaftlichen Entwicklung zielbewußt ausgegangen werden kann.

In den vergangenen Jahren hat Herr *Schwabe* in seinen öffentlichen Ansprachen mehrfach auf die Spezifik der SAW hingewiesen. Die SAW stellt bekanntlich eine Gelehrtengesellschaft dar, die über einzelne wissenschaftliche Unternehmungen, nicht aber über größere Forschungseinrichtungen verfügt. Ihre Mitglieder sind an Universitäten und Hochschulen, an Forschungsinstituten der Akademie der Wissenschaften der DDR und an anderen wissenschaftlichen Einrichtungen tätig und hierbei zum Teil führend an der Bewältigung jener Aufgaben beteiligt, die fester Bestandteil einer gezielten, Schwerpunkte setzenden, koordinierten und durch nationale wie internationale Kooperation gekennzeichneten Forschungsplanung sind. Die persönlichen Arbeitsgebiete und Interessen unserer Mitglieder haben in einem solchen Rahmen ihren Platz. Schließlich ist die SAW besonders bestrebt, die Forschungsarbeiten jener Mitglieder zu unterstützen, die bereits emeritiert sind. Bei den anspruchsvollen wissenschaftlichen Aufgaben, die vor uns stehen, darf keinesfalls auf die reichen Erfahrungen und umfassenden Kenntnisse dieser Kollegen verzichtet werden.

Mit Recht wird die Frage gestellt: Welche Funktion hat eine Gelehrtengesellschaft wie die SAW im gesellschaftlichen und wissenschaftlichen Leben unserer Republik? Die Beantwortung dieser Frage berührt unmittelbar das wissenschaftliche Selbstverständnis ihrer Mitglieder wie auch die Wissenschaftspolitik unseres sozialistischen Staates. Auch der sich hierbei anbietende wissenschaftsgeschichtliche Bezug sollte zumindest kurz gestreift werden. Gerade ein Blick in die Vergangenheit erweitert den Horizont des Heute und erleichtert den Zugang zur Profilierung des Zukünftigen.

Im 18. Jahrhundert erhielten die Akademien und gelehrten Gesellschaften in mehreren europäischen Ländern gewaltigen Auftrieb durch die Aufklärungsbewegung, die ja im geistigen Werdeprozeß der bürgerlichen Nation einen markanten Abschnitt darstellt. Es bildete sich eine nationale Öffentlichkeit und Publizistik heraus, die aktuelle wissenschaftliche und gesellschaftliche Probleme behandelte. Ebenso verbreiterte sich beträchtlich der internationale Kommunikationskreis. Trotz aller anzutreffenden Unterschiede ging es um die Entwicklung und Durchsetzung eines säkularen, auf Förderung und Verbesserung der menschlichen Lebensbedingungen orientierten Weltbildes. Es sollte ein tiefgreifender Wandel in der allgemeinen Denkweise bewirkt werden. Zahlreiche Akademien und gelehrte Gesellschaften nahmen an diesem Prozeß teil. Vielfach stellten sie Preisfragen über relevante Themen ihres Zeitalters und mobilisierten so das wissenschaftliche Potential der gebildeten Allgemeinheit. Mein akademischer Lehrer, unser vor wenigen Jahren verstorbenes Mitglied Werner *Krauss*, machte darauf aufmerksam, daß die besondere Bedeutung dieser Preisschriften des 18. Jahrhunderts „in der Herausarbeitung der jeweils drängenden aktuellen und das will besagen den Standpunkt der Wissenschaft bezeichnenden Fragestellung lag.“ Seine diesbezüglichen Forschungen führten ihn zu dem Schluß: „Damals wurde die Einsicht errungen, daß die Freiheit der Wissenschaft nicht eine Freiheit zur beliebigen Fragestellung meinen kann, sondern daß es darauf ankommt, den Weg der wissenschaftlichen Entscheidungen freizulegen.“ (Entwicklungstendenzen der Akademien im Zeitalter der Aufklärung, in: Studien zur deutschen und französischen Aufklärung, Berlin 1963, S. 48).

Im Verlauf des 19. Jahrhunderts verloren die Akademien und gelehrten Gesellschaften immer mehr diesen eine gesamtgesellschaftliche Verantwortung einschließenden Aktionsradius. Sie verstanden sich nicht mehr als Glied jener Kräfte, die eine geistige Neuformierung der Gesellschaft mit dem Ziel sozialer Emanzipation zu instrumentieren versuchten. Die mit der Etablierung der kapitalistischen Gesellschaftsordnung hervortretende gesellschaftliche Realität verlockte nicht dazu, die einst geweckten Hoffnungen aufrechtzuerhalten. Auf der anderen Seite entfalteten sich mächtig die einzelnen wissenschaftlichen Disziplinen, die sich im 19. Jahrhundert institutionalisierten oder teilweise überhaupt erst konstituierten. Die Akademien hatten in ihren Reihen international hochangesehene Gelehrte dieser Disziplinen. Im Rahmen der Akademien publizierten sie wichtige Spezialstudien, nahmen Stellung zu den in einzelnen Disziplinen erzielten Ergebnissen und initiierten im philologisch-historischen Bereich maßstäbesetzende Unternehmen. Dennoch war unübersehbar, daß der gesamtgesellschaftliche Stellenwert der Akademien gegenüber dem 18. Jahrhundert eine ziemliche Einschränkung erfahren hatte. Sie wurde letztlich als eine Stätte des Spezialistentums betrachtet.

Die sozialistische Gesellschaftsordnung hat hier allein schon dadurch eine grundlegende Wende gebracht, daß sie die Wissenschaft nicht nur allseitig fördert, sondern ihr insgesamt eine sehr verantwortungsvolle Position im gesellschaftlichen Leben zuerkennt. Zwischen Sozialismus und Wissenschaft besteht in der Tat ein fundamentaler wechselseitiger Zusammenhang. Immer stärker durchdringt heute die Wissenschaft alle Bereiche unseres gesellschaftlichen Daseins. Partei und Regierung weisen nachdrücklich auf die Schlüsselrolle hin, die der Wissenschaft bei der vordringlichen Aufgabe zukommt, den wissenschaftlich-technischen Fortschritt zur weiteren Erhöhung des materiellen und geistig-kulturellen Lebensniveaus unserer Bevölkerung noch intensiver zu beschleunigen. Mit Recht wird erwartet, daß sich die Wissenschaftler voll ihrer hohen gesellschaftlichen Verantwortung bewußt sind. Wir wissen alle: Mehr denn je kommt es darauf an, die wissenschaftlichen Erkenntnisse zum Wohle der Menschen zu nutzen, jeden antihumanen Mißbrauch energisch abzuwenden. Die gegenwärtig vor der Menschheit stehenden globalen Probleme, von denen das grundlegendste und brisanteste die Sicherung des Friedens bleibt, rücken deutlich ins Bewußtsein, welche außerordentliche Bedeutung dem humanistischen Grundanliegen der Wissenschaft zukommt, wie unabdingbar das Erfordernis geworden ist, den wissenschaftlich-technischen Fortschritt mit dem sozialen Fortschritt zu verbinden.

Besonders verantwortlich haben sich die Wissenschaftler auch für die Entwicklung ihres Faches und darüber hinaus für das Ensemble des jeweils übergreifenden wissenschaftlichen Bereichs in unserer Republik zu fühlen, wobei die Erreichung einer höheren Produktivität und Effektivität im Mittelpunkt steht. Dies wiederum kann nur bedeuten, bei der Aufgabenstellung konsequent von dem internationalen Entwicklungsstand und unseren gesellschaftlichen Bedürfnissen auszugehen.

Die moderne Wissenschaftsentwicklung, die durch zunehmende Arbeitsteilung und das wachsende Bedürfnis nach Kooperation und interdisziplinärer Zusammenarbeit gekennzeichnet ist, hat der gegenseitigen Information, dem Dialog zwischen den Disziplinen einen wichtigen Stellenwert gegeben. Die Möglichkeit solcher Kommunikation, insbesondere deren zielbewußte Wahrnehmung, bildet eine wichtige Voraussetzung für das Verständnis genereller disziplinübergreifender Entwicklungstendenzen. Sie verstärkt das für die Inangriffnahme bzw. Bearbeitung wissenschaftlicher Projekte vorhandene Problembewußtsein, legt aber auch gewisse Verständigungsschwierigkeiten zwischen den Disziplinen bloß, angefangen bei terminologischen Problemen, die sich zuweilen nicht nur auf unterschiedliche Sprachregelungen zurückführen lassen.

Hier kommt gelehrten Gesellschaften wie der SAW eine wichtige Aufgabe zu, die zugleich eine echte Chance zu noch größerer Wirksamkeit bietet. Unter den genannten Gesichtspunkten erwiesen sich zahlreiche Vorträge von beiden Klassen im Plenum der SAW mit der sich daran anschließenden Diskussion als anregend und fruchtbar. Es konnten wertvolle Einsichten in wissenschaftsgeschichtliche Prozesse gewonnen und das dialektische Verhältnis von Tradition und Neuerung in verschiedenen wissenschaftlichen und geistig-kulturellen Bereichen aufgehellt werden. Für die weitere Forschung ergaben sich daraus wichtige Hinweise und Orientierungen. Ebenso verlangt die mitzutragende Verantwortung für die Entwicklung bestimmter Disziplinen entsprechende Stellungnahmen.

Vor der SAW steht ebenfalls die Notwendigkeit, darüber nachzudenken, wie die Effektivität ihres wissenschaftlichen Potentials auf den einzelnen Ebenen im Sinne sozialistischer Wissenschaftspolitik weiter erhöht werden kann. Hier reihen sich unsere Bemühungen in jene Initiativen ein, die in allen gesellschaftlichen Bereichen unseres Landes in Vorbereitung des X. Parteitages der SED ergriffen worden sind und zu einer bemerkenswerten Massenbewegung geführt haben.

Ein wichtiger Schritt dürfte zweifellos im Ausbau der Zusammenarbeit mit Einrichtungen des Hochschulwesens und der Akademie der Wissenschaften der DDR liegen. Vor allem durch engeren Kontakt mit Forschungsstätten und Institutionen des sächsisch-thüringischen Raumes zeichnen sich in diesem Zusammenhang vielfältige Möglichkeiten ab. Erwähnt seien hier nur die im Gang befindlichen Untersuchungen bestimmter ökologischer Probleme. Auch die Erschließung des in dem erwähnten Gebiet situierten wissenschaftlich kulturellen Erbes für unser geistig-kulturelles Leben erfordert sicherlich besondere Aufmerksamkeit.

Darüber hinaus sollten einzelne wissenschaftliche Unternehmungen der SAW, vor allem auf historisch-philologischem Gebiet, von ihrer konkreten Aufgabenstellung her noch umfassender ihre spezifische Position innerhalb des gesamten Spektrums der betreffenden Disziplin in der DDR artikulieren. So beispielsweise würde es sich empfehlen, daß die Mitarbeiter des Althochdeutschen Wörterbuches und die Dialektologen den wissenschaftspolitischen Stellenwert ihrer Aufgaben im Hinblick auf die weitere Profilierung des Ensembles der DDR-Linguistik verdeutlichen.

Ich bin überzeugt, daß eine Gelehrtengesellschaft wie die SAW dank der sozialistischen Gesellschaftsordnung genügend Möglichkeiten besitzt, ihrer gesellschaftlichen Verantwortung für die Gestaltung des wissenschaftlichen, geistig-kulturellen Lebens und für den Fortschritt der Wissenschaft gerecht zu werden. Diese gilt es optimal zu nutzen, damit unsere Akademie ihrer Spezifik gemäß zu dem durch unsere sozialistischen Produktionsverhältnisse geprägten Gesamtprozeß der Gewinnung, Reproduktion, Vermittlung und Verwendung wissenschaftlicher Erkenntnisse wirkungsvoll beiträgt.

BEGRÜSSUNGSANSPRACHE DES VIZEPRÄSIDENTEN, HERRN LEHMANN

Erstattet in der öffentlichen Herbstsitzung am 21. November 1980

Im Namen des Präsidenten und des Präsidiums der Sächsischen Akademie der Wissenschaften eröffne ich die Öffentliche Herbstsitzung 1980. Ich begrüße Sie herzlich in dieser architektonisch so harmonisch (am Ende der Renaissance und zu Anfang des Barock) gestalteten „Alten Börse", — in diesem Gebäude, das sich, innen wie außen weit weg von allem Überdimensionalen, so repräsentiert wie die Akademie selbst. Denn die Akademie verstand sich im Laufe ihrer Geschichte immer als eine creatio continua, als Kraft der Fortsetzung und Umformung, nie als ein expandierendes System, nie als eine auf Ausdehnung oder äußeres Wachstum bedachte Körperschaft. Aus der ihr eigenen Dynamik konzentriert sie sich in der Gegenwart auf wissenschaftliche Sachbeiträge zur Gestaltung der großen Wandlungsprozesse, die sich unter den Bedingungen der sozialistischen Gesellschaft und der wissenschaftlich-technischen Revolution vollziehen.

In dem bekannten Kräftedreieck Naturwissenschaft — Technik — Gesellschaft ist die Akademie bestrebt, höchstmögliche Wirkungen durch die persönliche Identifikation ihrer Mitglieder mit den anstehenden Problemen und der mit ihren Lösungswegen verbundenen hohen Verantwortung zu erzielen. Das ist besonders wesentlich in einer Zeit, in der weltweit die Spanne zwischen dem Wünschbaren, das Förderung verdient, und dem absolut Notwendigen, das aus der vital bestehenden wirtschaftlichen und gesellschaftlichen Situation heraus geleistet werden muß, sich vergrößert!

Das spezifische Interesse von Partei und Regierung an der Denkhaltung der Akademie, an ihren Arbeitsrichtungen und Ergebnissen wird an diesem Tage besonders betont durch die Teilnahme des Stellvertreters des Ministerpräsidenten und Ministers für Wissenschaft und Technik, Herrn Dr. *Weiz*. Ich heiße Sie, Herr Ministerpräsident, im Namen des Präsidiums sowie aller Akademiemitglieder herzlich willkommen. Die Akademie dankt Ihnen überdies, daß Sie die im Programm beziehungsvoll angekündigte Übergabe des Präsidentenamtes selbst vollziehen werden.

Es ist die dritte Amtsübergabe, seit die Akademie nach ihrer Wiedereröffnung im Jahre 1948 unter den Konditionen und Relevanzen der sozialistischen Gesellschaftsordnung bewußt und zugleich kritisch an ihre Tradition anknüpfte, um redlich und schöpferisch im Gegenwärtigen vor allem das Zukünftige zu entdecken.

Es war, was die heutige Veranstaltung betrifft, Herr Präsident *Schwabe* selbst, der dem Präsidium nahelegte, dieser Öffentlichen Sitzung, die gewiß einen bedeutsamen Einschnitt für ihre weitere Entwicklung darstellt, kein besonderes festliches Gepräge zu geben. So wurde an der Form des Ablaufs dieser Veranstaltung — abgesehen vom Akt des Präsidentenwechsels — keine Änderung vorgenommen. Wie immer wird der Präsident von dieser Stelle aus das Wort an die Gäste, Besucher und Akademiemitglieder richten, vor denen er in den 15 Jahren seiner Präsidentschaft Fragen grundsätzlicher Art zu behandeln pflegte, — sei es der Prioritätensetzung in der anwendungsorientierten Forschung, sei es der Umwelt-, Rohstoff- oder Energieproblematik oder auch der kulturellen Bildung — und dies alles unter dem Zeichen der sozialistischen Zukunftssicherung. Schließlich wird, wie üblich in den Öffentlichen Sitzungen, die innere geistige Linie der Akademie und zugleich die Kontinuität ihrer Arbeit dadurch offenkundig, daß ein Mitglied — heute wird es der Mediziner Herr *Oelßner* sein — einen Vortrag hält der am Besonderen, am Einzelfall das Allgemeine konkretisiert, um darin das wissenschaftlich Bewirkte und Bewegende, aber auch zugleich den Stachel einer herausfordernden wissenschaftlichen Unruhe zu enthüllen.

Unsere Gäste lassen sich erfahrungsgemäß durch die jeweils Vortragenden nicht ungern in Gefilde entführen, die ihnen zunächst beruhigend fern zu liegen scheinen, aber dann doch ihre Gegenwärtigkeit und Unmittelbarkeit überraschend enthüllen, Herr Präsident *Schwabe* wird indessen zunächst das Wort zu einer Ansprache ergreifen.

BERICHT DES VIZEPRÄSIDENTEN, HERRN LEHMANN, ÜBER DEN STAND DER ARBEITEN DER AKADEMIE

Erstattet in der öffentlichen Sitzung am 9. November 1979

Ein Bericht über die Arbeiten der Akademie, für den Zeitraum vom 1. 4. 1978 bis zum 31. 10. 1979, kann angesichts des von Jahr zu Jahr mächtig ansteigenden Einflusses der Wissenschaften auf die Lebensgestaltung als eine Informationspflicht der Öffentlichkeit gegenüber aufgefaßt werden. Aber da legt sich gleich von Anbeginn eines solchen Unterfangens etwas wie eine Fessel um den Berichterstatter. Viele Ideen und Bilder überlagern sich beim Blick auf die kaleidoskopartig wechselnde Vielfalt der Themen und ihre große Zahl. Die der Akademie innewohnende Kraft strahlt in die verschiedensten Richtungen. Die Originalität einzelner Forschungsergebnisse will sichtbar gemacht werden, im Bereich der unter der Leitung von Herrn *Neef* stehenden mathematisch-naturwissenschaftlichen Klasse wie in dem der von Herrn *Große* geleiteten philologisch-historischen Klasse. Die Materialien, die mir freundlichst von den Leitern der Arbeitsgruppen zur Verfügung gestellt wurden, sind sehr umfangreich. Dabei ist die Redundanz (im Sinne der Informationstheorie), d. h. alles, was über die unbedingt notwendige, gleichsam nackte Mitteilung hinausgeht, in den Materialien oft bereits auf Null abgesenkt. Ein Schuß Redundanz ist aber notwendig. Er erleichtert das Verstehen.

Das Jubiläumsjahr unseres Staates war für die Arbeitsgruppen Anlaß genug, verstärkt am sozialistischen Wettbewerb teilzunehmen oder Sonderaufgaben zu erfüllen. Für jede Arbeitsgruppe galt es, die ihnen von Akademiemitgliedern gestellten Aufgaben und mit ihnen gemeinsam auf wirtschaftliche Weise und mit einem hohen Maß an gesellschaftlicher Verantwortung einer Lösung zuzuführen. Es ist nicht nur eine ethische, sondern vor allem eine logische Folgerung aus der allgemeinen Situation der Wissenschaftsentwicklung in der DDR und gleichzeitig eine Spiegelung der inneren, vom einzelnen Akademiemitglied durchaus mitbestimmten Ordnung der Akademie, wenn in den Arbeitsgruppen solchen Aufgaben das Primat gegeben wurde, die wissenschaftlich und gesellschaftlich oder kulturell eine Vorrangstellung haben. Im Gesamtblick auf die Arbeitsgruppen hieß dies auch im Berichtsjahr: keine Abkapselung der Grundlagenforschung von den angewandten Gebieten, höchste Aktivierung der relativ kleinen Arbeitsgruppen in jenem Sinn, den Herr Minister Dr. *Weiz* umschrieb, als er in einem in der Akademie der Wissenschaften der DDR gehaltenen Vortrag (Abhandlungen der AdW der DDR, W 3, 1976, S. 27) sagte: „Die Überzeugung, daß etwas im Interesse unserer Gesellschaft vollbracht werden muß, und der unbedingte Wille, sich voll dafür einzusetzen, sind Schlüssel zum Erfolg."

An der Spitze der Mitteilungen von Arbeitsergebnissen im Bereich der mathematisch-naturwissenschaftlichen Klasse sei über die „Untersuchungen zum Wirkungsmechanismus von Nervenzellen", also von Neurohormonen, berichtet, die von Herrn *Gersch* mit seiner organisatorisch von Herrn Dr. *Richter* geleiteten Arbeitsgruppe durchgeführt wurden. Und es sei sogleich hervorgehoben, daß diese Arbeitsgruppe zwei hier nicht näher zu kennzeichnende Aufgaben zu Ehren des 30. Jahrestages der DDR erfüllte und überdies zum zweiten Mal den Titel „Kollektiv der sozialistischen Arbeit" erfolgreich verteidigte.

„Hormon- und Gehirnentwicklung von Insekten und Krebsen", das ist die große Grundproblematik, die Herr *Gersch* unter dem Aspekt genereller biologischer Erkenntnisse über die Wirkungsprinzipien von endocrin, also durch innere Sekretion bzw. Hormone, gesteuerten Wachstumsprozessen im Berichtszeitraum experimentell in folgender Weise aufzuhellen vermochte. Es gelang unter anderem am Beispiel des amerikanischen Flußkrebses *Oronectus limosus*, nachzuweisen, daß das von der Häutungsdrüse abgeschiedene Ecdyson auch in einer zweiten, bisher unbekannten Drüse erzeugt wird. Es wurde aufgrund komplizierter Versuchsanordnungen überdies festgestellt, daß die Häutungshormone Ecdyson und Ecdysteron auch ohne Beteiligung der eigentlichen sogenannten Häutungsdrüse gebildet werden können. Die Erkenntnisse über diesen bisher kaum beachteten antagonistischen Wirkungsmechanismus bei der Steuerung des Wachstums von Krebsen und Insekten führen über die klassische Auffassung von der Regulation ihrer Wachstums- und Entwicklungsprozesse weit hinaus. Sie lösen neue grundsätzliche theoretische Konsequenzen ebenso aus wie sie praktisch von großer Bedeutung für die Bekämpfung von Schädlingen im Rahmen der Aufgaben des Umweltschutzes werden können.

Das Verständnis biologischer Zusammenhänge setzt fließende Übergänge zu benachbarten Disziplinen — zum Beispiel zur organischen Chemie und zur Medizin voraus. Die Transmission von Impulsen zwischen Nervenzellen wird durch chemische Vorgänge bewirkt. Sie liegen auch den biologisch kategorisierten Forschungen auf dem Gebiet der Enzyme als Bestandteile der in lebenden Zellen vor sich gehenden Eiweißabbauvorgänge zugrunde. Herr *Hanson*, der der Akademie so früh durch den Tod entrissen wurde, hatte 1977 begonnen, sich mit dieser Problematik zu beschäftigen, deren Bearbeitung Herr Professor *Aurich* — Halle fortsetzte. Der Schwerpunkt der Arbeiten lag auf dem Studium der Wirkung von verschiedenen Hemmstoffen auf den Eiweißumsatz in Leberzellen, insbesondere auf Proteinasen in isolierten Kupffer- und Endothelzellen der Rattenleber und auf der Beeinflussung des Musters dieser Enzyme in solchen Zellen.

Diesen biologisch-chemisch gerichteten Arbeiten stehen Untersuchungen aus dem Bereich der technischen Chemie gegenüber, die von Herrn *Wolf* und seiner Arbeitsgruppe über physikalisch-chemische, auch für den Umweltschutz wichtige Grenzflächenvorgänge an Festkörpern durchgeführt wurden. An den Grenzflächen spielen sich jene energetischen und stoffwandelnden Prozesse ab, die unter andere mauch für die Abfallnutzung und -beseitigung wichtig sind. Herr *Wolf* entwickelte mit seinen Mitarbeitern 1) ein optimales Verfahren für die Synthese bipolarer Ionenaustauscherharze unter anderem zur Anreicherung von Schadstoffen aus Wässern zwecks ihrer Eliminierung. 2) Bei einer anderen Thematik handelt es sich um den Einsatz von Adsorbentien als wirksame Mittel zur Bindung von Tensiden, also von vorwiegend synthetischen organischen, auch in Wasch- und Spülmitteln zu findenden Verbindungen, die aufgrund ihres Molekülbaus geeignet sind, die Oberflächen- oder Grenzflächenspannung von Flüssigkeiten zu verringern. Eine 3) weitere Arbeitsrichtung bezweckt, in den Kreislauf krebserzeugender Enzyme mittels selektiv wirkender Adsorbentien einzugreifen.

Auf die hier zum Ausdruck kommende human-medizinische Auswertung zielen unmittelbar und ausschließlich die Arbeiten von Herrn *Strack* über das Carnitin als Medikament. Herr *Strack* untersuchte mit der kleinsten, aber bemerkenswert vielseitigen Arbeitsgruppe der Akademie, bestehend aus den Herren Dr. *Löster* und Dr. *Seim* sowie der Fachassistentin, Frau *Koch*, besonders jene Stoffwechselwege, die die für die Energiegewinnung des menschlichen Körpers aus Fettsäuren notwendige Carnitinkonzentration im Gesamtorganismus erniedrigen und so zu krankhaft veränderten pathologischen Verhältnissen führen. Die Überführung der Forschungsergebnisse in die klinische Praxis schließt die Abwicklung von gewinnbringenden, sehr begehrten, aber nicht genug geförderten Exporten des Carnitins in das nichtsozialistische Ausland ein. Es konnte im Berichtsjahr nachgewiesen werden, daß Carnitin Fehlreaktionen des Herzens, z. B. beim Herzinfarkt, bessern oder sogar beseitigen kann.

Die bisher referierten Arbeiten verdeutlichen, daß in dem Komplex der Akademie-Einrichtungen relativ viel mit kleinen Forschungsgruppen erreicht werden kann, wenn auch die Grenzen, die so mancher Entwicklung gezogen sind, keinesfalls zu übersehen sind. Aufschlußreich ist auch in dieser Hinsicht ein Blick auf die Zusammenarbeit des Geologen, Herrn *Watznauer*, mit dem Geophysiker, Herrn *Buchheim*, und dem Mediziner, Herrn *Jordan*. Die unter der Gesamtthematik „Strukturprobleme des Wassers, insbesondere therapeutisch nutzbarer Wässer" (im Süden der DDR) zusammengefaßten Arbeiten stehen in einem tiefgreifenden, von Herrn *Watznauer* konzipierten, seit Anbeginn der Arbeiten wirksamen Zusammenhang. Gleichsam getrennt marschierend, vereint schlagend konnten folgende Leistungen erzielt und durchgeführt werden: Im Mittelpunkt der Arbeiten Herrn *Buchheims* standen Untersuchungen an Perchlorat- und Tetraalkylammonium-Verbindungen in konzentrierten wäßrigen und organischen Lösungsmitteln sowie Studien zur Rolle der Kieselsäure beim Zustandekommen positiver gesundheitlicher Wirkungen von warmen, medizinisch genutzten Quellen (Akratothermen). Eine wichtige Rolle bei den Laboruntersuchungen spielt die physikalische Struktur von Elektrolyten, deren Erforschung schon vor 30 Jahren durch die grundlegenden Arbeiten von Herrn Präsident *Schwabe* eine bedeutende, weit in die Gegenwart wirkende, auch diese Untersuchungen fördernde Entwicklung einleitete. Daß Herr *Buchheim* überdies im Berichtsjahr einige sehr anregend verlaufende Sondersitzungen interessierter Akademiemitglieder über das Bohrsche Prinzip der Komplementarität anregte, vorbereitete und durchführte, sei nur am Rande vermerkt. Herr *Watznauer* setzte mit seinen Mitarbeitern die geologisch-geophysikalischen Arbeiten im Raum der Staatsbäder Elster und Brambach fort. Sie bestehen

1. in der weiteren Klärung der Bruchtektonik mit dem Ziele einer Lokalisierung der einzelnen Störungen,
2. in dem Versuch, eine Entscheidung zu treffen, ob die Kohlendioxyd- und Radon-Lieferung auf den gleichen Störungen erfolgt oder ob getrennte Wege angenommen werden müssen.

Die Beantwortung dieser beiden Fragen ist für die Abgrenzung eines wirksamen Quellschutzbezirkes von grundlegender Bedeutung. Zu ihrer Klärung wurden unter anderem Profile von insgesamt bisher 25 km Länge gezogen und an etwa 250 Meßpunkten die Gamma-Aktivität und Quecksilberspuren (Hg-Spuren) erkundet. Herr *Jordan* konnte in Laboruntersuchungen nachweisen, daß der Fervor-Effekt, d. h. die Wurzelkeimungshemmung durch vorerhitztes bidestilliertes Wasser, nur unter bestimmten Bedingungen eintritt, zum Beispiel bei Verwendung von gealtertem Wasser, das Kieselsäurespuren (aus der Gefäßwandung) aufnehmen kann. Dieser Befund ist wichtig, weil er als ein weiteres Indiz für die Rolle der Kieselsäure bei der Heilwassernutzung gelten kann. Herr *Jordan* stellte überdies jüngst ein Punktbewertungsschema zur Diskussion, aus dem eine Rangordnung von Umwelteinflüssen unter dem Aspekt der im Zentrum aller Überlegungen stehenden Gesundheit des Menschen abgeleitet werden kann.

Diese Problematik berührt den Themenkreis der Arbeitsgruppe „Naturhaushalt und Gebietscharakter". Ihr Leiter, Herr *Neef*, hat theoretische und methodologische Grundlagen erarbeitet, die eine neue Orientierung in der Arbeitsweise der Geographen, besonders der physischen Geographen, nicht nur in unserem Lande teils einleiteten, teils in starkem Maße beeinflußten und förderten. Die organisatorisch von Herrn Dr. *Bernhardt* betreute

Arbeitsgruppe ergänzte die zum Allgemeingut der geographischen Wissenschaft gewordenen landschaftstheoretischen Vorstellungen Herrn *Neefs* durch praktische, auf räumliche Korrelationen und Steuerungszusammenhänge im Naturraum sowie im gesellschaftsbestimmten Territorium bezogene Aufgaben. Das unterschätzte ökonomische Gewicht, das sich bei Maßnahmen des Umweltschutzes und der Umweltgestaltung in unserem hoch technisierten und voll genutzten Territorium schnell erhöht, erfordert ein frühzeitiges Erkennen der Wechselbeziehungen zwischen den gesellschaftlichen Anforderungen an die Naturräume und ihren Reaktionen. Im Berichtsjahr wurde vor allem die Konzeption eines territorialen Informationssystems gefördert, das es ermöglicht, in Form eines sogenannten Landschaftskatasters wesentliche Unterlagen zur planmäßigen Nutzung des Naturdargebots sowie zur Optimierung seiner unterschiedlichen Nutzungsformen zu liefern. Eines der Hauptziele ist es dabei, leistungsmindernde Eingriffe in den Naturhaushalt möglichst zu verhüten. In engem Kontakt mit dieser Arbeitsgruppe steht das von Herrn *Uhlmann* geleitete Forschungskollektiv, das sich unter anderem mit Modellen zur Vorhersage der Planktonentwicklung und der dadurch bedingten Rohwasserbeschaffenheit in Trinkwassertalsperren beschäftigt. Die bearbeiteten Forschungsobjekte werden zum Teil als Modelle betrachtet, nicht zuletzt für Untersuchungen über die Wechselwirkungen zwischen physikalischen Einflußgrößen und dem Phytoplankton von Staugewässern.

Die Entwicklung der Naturwissenschaften hat zu einer ungeheuren Fülle von biographisch und bibliographisch wichtigem Schrifttum geführt. Das war das Große, die Naturwissenschaftler, zum Beispiel einen Alexander von Humboldt, noch ein Jahr vor seinem Tode Beglückende, daß Johann Christoph Poggendorff, Physiker und Historiker (der Naturwissenschaften) zugleich, ganz auf sich selbst gestellt den großen Wurf eines „Handwörterbuches der Naturwissenschaften" wagte. Im Januar 1858 begonnen, lag es bereits 1863 in 2 Bänden vor. Im Berichtsjahr konnte die von Herrn Dr. *Weichsel* geleitete „Poggendorff-Arbeitsstelle", die unter verantwortlicher Betreuung der von Herrn *Neef* geführten „Poggendorff-Kommission" steht, die Bearbeitung der Lieferungen 2, 3 und 4 des 6. Teilbandes zum Gesamtband VIIb planmäßig weiterführen. Ferner wurde die redaktionelle Bearbeitung des Mathematiker-Teiles des Bandes IX unter Leitung von Fräulein *Kühn* auf der Grundlage umfangreicher, von Professor *Salié* hinterlassener Vorarbeiten aufgenommen. Die Arbeiten an dem abgekürzt als „der Poggendorff" bezeichneten Standardwerk der bibliographischen Weltliteratur standen auch im Berichtsjahr in vollem Einklang mit dem von Anbeginn verfolgten Ziel, die bewegte wissenschaftliche Gegenwart wissenschaftsgeschichtlich zu unterbauen und ihr in der Tagesarbeit helfend zur Seite zu stehen. Aber beide, die Geschichte und die Gegenwart, sind Prozeß — nicht Zustand. Neue Wege der Publikationsmethodik sind notwendig. Die Poggendorff-Kommission beschäftigte sich daher im Berichtsjahr mit dieser Frage. Die Dokumentation und biographische Datierung einer schnell wachsenden Zahl von Wissenschaftlern und einer großen Zahl von ganz neuen Wissenschaftsgebieten innerhalb der traditionellen Hauptdisziplinen ließ bereits eine Aufgliederung des Standardwerkes in Einzelbände empfehlenswert erscheinen, die auf bestimmte Fachgebiete der Naturwissenschaften bezogen sind.

Ich wende mich den Arbeiten der Philologisch-historischen Klasse zu. Jede Forschungsarbeit liegt in einem Spannungsfeld, das auf den Schaffenden begeisternd, aber auch entmutigend wirken kann. Die Eigenart der Akademieentwicklung — auch in den letzten 30 Jahren — bedingt es, daß sich die SAW in einer ihr wesenseigenen und einmaligen Weise unserer Sprache widmete. Die bedeutenden Unternehmen der unter Leitung von Herrn *Große* stehenden Wörterbücher der althochdeutschen Sprache sowie der obersächsischen, thüringischen und brandenburg-berlinischen und mecklenburgischen Mundarten erforderten strategische Orientierungen, die bereits 1946 vom ersten Präsidenten der Akademie nach dem II. Weltkrieg, Herrn *Frings*, festgelegt wurden. Sie erwiesen sich bis in die Gegenwart im Grundprinzip und im Ziel als richtig und zweckmäßig. Der Grundgedanke ist, über andere, bereits bestehende, im wesentlichen auf Teilbereiche bezogene Arbeiten hinaus ein „Althochdeutsches Wörterbuch“ zu schaffen, das über unsere Sprache, über ihren Ursprung, über alle bezeugten Wörter der für ihre Herausbildung wichtigen Periode vom 8. bis 11. Jahrhundert mit den Belegen für Wortform und Wortbedeutung möglichst erschöpfend Auskunft gibt. Unsere Sprache ist mehr als ein bloßes, außerordentlich wichtiges Kommunikationsmittel. Alle um ihre Kulturentwicklung bemühten Völker — auch bereits in den Entwicklungsländern — erforschen die Geschichte und Tradition, die Macht und Ohnmacht ihrer Sprache. Die SAW trägt mit der Bearbeitung des Althochdeutschen Wörterbuches eine hohe Verantwortung nicht nur gegenüber der Germanistik. Sie ist als Sachverwalter einer bedeutenden nationalen Forschungs- und Erkundungsarbeit unserem Staat und Volk ebenso verpflichtet wie einer weiten internationalen philologischen Wissenschaft, die dem bisher erschienenen Fünftel des Gesamtwerkes höchsten Vorbildcharakter zubilligte. Die Bearbeiter des „Althochdeutschen Wörterbuches“ haben unter Leitung von Herrn Dr. *Götz* im Berichtsjahr die 8. bis 10. Lieferung vom dritten Band veröffentlicht. Angesichts dieses Standes der Bearbeitung wurde von der Sprachwissenschaftlichen Kommission unter Leitung von Herrn *Große* die Frage erwogen, ob und welche Maßnahmen zur Beschleunigung der Wörterbucharbeit ergriffen werden könnten. Das ist zugleich ein Reflex von stimulierenden, in diese Richtung weisenden Anregungen des Herrn Präsidenten. Die Grenzen einer Umfangverringerung sind eng gezogen. Bestimmte Modifikationen werden als möglich und notwendig angesehen. Eine Gefahr läge indessen in einem grundstürzenden Bruch mit der Konzeption. Da niemand die große Bedeutung des althochdeutschen Wörterbuches bestreitet, konzentrierte sich im Berichtsjahr bei allen Überlegungen und einigen Divergenzen die Hauptsorge der fachkompetenten Wissenschaftler in völliger Einmütigkeit auf die Notwendigkeit, Vorsorge für eine zweite Generation von noch auszubildenden, für die spezielle Aufgabe befähigten und begeisterten Wissenschaftlern zu treffen.

Die Mundarten-Wörterbücher werden zwischen 1985 und dem Anfang der 90er Jahre vollständig vorliegen. Es ist über ihren Bearbeitungsstand in knappester Zusammenfassung folgendes zu berichten: Erstens, daß alle Arbeitsgruppen neben den ihnen von der Leitung vorgegebenen, Spitzenleistungen fordernden Planaufgaben außerhalb ihrer Dienstzeit Sonderleistungen vollbrachten, meist mit unmittelbarem Bezug auf den 30. Jahrestag der DDR. Repräsentativ hierfür sei die von Herrn Dr. *Bergmann* geleitete Arbeitsgruppe des Obersächsischen Wörterbuches genannt, die, neben der im Jahresplan vorgesehenen Lieferung von 50 Spalten druckfähigen Manuskripts eine 150 Seiten umfassende Schrift mit dem Ziel verfaßte, von Fachkollegen außerhalb der Akademie Anregungen zur Intensivierung von Arbeitsmethoden zu geben und zu empfangen. Es ist die gleiche Gruppe, die bestrebt ist, die vorgesehene Zahl von 6 Bänden auf 2 herabzusetzen, wenn auch damit nicht eine wesentliche Verkürzung der wissenschaftlichen Bearbeitungszeit verbunden sein kann. Aber Papier, Satz- und Buchherstellungsarbeiten würden hierdurch erheblich zu den von Präsident *Schwabe* nachdrücklich geforderten Energieeinsparungen beitragen. Zweitens, daß für das „Thüringische Wörterbuch“ unter der Leitung von Herrn Dr. *Spangenberg* außer der termingerechten Fertigstellung der Lieferungen 8 und 9 vom Bd. V zusätzlich unter anderem aus der Arbeitswelt der Werktätigen bodenständiges Fach-Wortgut zu verschiedenen Handwerksgewerben gewonnen werden konnte. Drittens, daß von den Mitarbeitern des „Brandenburg-Berlinischen Wörterbuches“, die durch den tragischen Tod von Herrn Dr. *Ising* einen schweren Verlust erlitten, unter der Leitung von Herrn Dr. *Wiese* sprachliche Beziehungen in Form von Sprachrelikten geklärt werden konnten, die über das engere Arbeitsgebiet hinaus auf weite europäische Zusammenhänge, z. B. mit der früheren slawischen Besiedlung, mit der niederländischen Bevölkerung des 12. Jahrhunderts und mit skandinavischen Sprachen weisen. Viertens, daß vom „Mecklenburgischen Wörterbuch" unter der Leitung von Herrn Dr. *Gundlach* die 58. Lieferung als erste des 7. und letzten Bandes noch in diesem Jahre erscheinen wird und die folgende, 59. Lieferung bereits druckfertig vorliegt. Fünftens, daß die Bearbeiter des „Siebenbürgisch-Sächsischen Wörterbuches" unter der Leitung von Herrn Dr. *Protze* — in Zusammenarbeit mit der Rumänischen Akademie der Wissenschaften — die Veröffentlichung über diese größte hochmittelalterliche Sprachinsel etwa zur Hälfte fertigstellten und überdies die schon früher (1976) begonnenen, soziologisch wichtigen Arbeiten an einem „Atlas über die territorialen Varianten in der städtischen Umgangssprache der DDR" fortsetzten. Die Mitarbeiter des „Brandenburgisch-Berlinischen", des „Mecklenburgischen" und des „Obersächsischen" Mundarten-Wörterbuches haben sich überdies in besonderem Ausmaß der Öffentlichkeitsarbeit über Presse, Rundfunk und Fernsehen gewidmet. Das ist von tiefergreifender Bedeutung, weil alle Mundartenwörterbücher über ihre allgemeine Bedeutung für die Sprachschöpfung und Sprachtradition und für viele geschichtlich orientierten Wissenschaften hinaus ihre eigene regionale Problematik haben und daher dem starken Interesse breiter Volksschichten begegnen. Das trifft auch für die mit der Akademie eng verbundene, von Herrn *Eichler* geleitete „Namenkundliche Forschungsstelle" zu, die jüngst eine internationale viel beachtete Tagung mit mehr als einem Drittel Teilnehmer aus dem sozialistischen und nichtsozialistischen Ausland durchführte. Alle bisher erwähnten philologischen Arbeiten erschließen historische Veränderungen der jeweiligen Lebenswirklichkeit und stehen daher auch in Beziehung zur Psychologie. Sprachwandlungen sind nach Ansicht führender Philologen in starkem Maße gruppenpsychologisch bedingt. Diese Sachlage berührt mittelbar die Untersuchungen der von Herrn *Hiebsch* geleiteten „Forschungsstelle Psychologie", die neben verschiedenen, für die soziale Praxis wichtigen Themen vor allem die Arbeiten an einer langfristig zu erstellenden Monographie über „Anwendungen der Psychologie und Sozialpsychologie in Leitungsprozessen" planmäßig weiterführte. Zur Zeit laufende experimentelle Studien zielen auf Beiträge zur optimalen Gestaltung von Arbeitsprozessen in der Industrie, insbesondere auf jene Elemente, die kooperatives soziales Verhalten bedingen und erzeugen.

Psychologische Untersuchungen können ähnlich wie sprachwissenschaftliche Arbeiten das Tor zur Geschichte öffnen. Was hängt nicht mitunter von der richtigen Interpretation einer einzigen Textstelle ab! Ereignisse, die der Geschichte angehören, pflegen weit weniger offen zu liegen als die Erscheinungen der Sinnenwelt. Das Gedächtnis der Menschheit ist kurz. Historische Urkunden müssen gesammelt, geordnet und veröffentlicht werden. Wie anders sollte sonst Grundprinzipien des geschichtlichen Geschehens ebenso beweiskräftig nachgespürt werden wie dem geschichtlichen Einzelfall? Die Herausgabe der „Politischen Korrespondenz des Herzogs und Kurfürsten Moritz von Sachsen", jenes umstrittenen, bedeutenden Landesherrn, der in der geschichtlichen Nachbarschaft eines Coligny und Wilhelm von Oranien in die europäische Politik eingriff, bietet sowohl der kollektivistischen wie der individualistischen Geschichtsauffassung und ihrer wechselseitigen Bedingtheit gleichermaßen breite Anwendungsgrundlagen. Im Berichtsjahr konnte das Manuskript für die Jahre 1548 bis 1551 des 4. Bandes abgeschlossen werden. Diese Quellenedition unterliegt wie alle weiteren Arbeiten der von Herrn *Coblenz* geleiteten „Historischen Kommission" sämtlich jenem der Menschennatur im Grunde tief eingeborenen, wenn auch zeitweise zurücktretenden Streben zur kritischen Ergründung historischen Geschehens. Der Rückgriff auf die Quellen legt den Weg frei für Konzeptionen, die den objektiven Gehalt eines durch 30 Jahre sozialistischer Entwicklung mitgeprägten Geschichtsbildes vertiefen können. Für das Mittelalter bedarf es beim Rückgriff auf die Quellen des Latein: umfangreiche Expertisen für ein „Mittellateinisches Wörterbuch" konnten für Frau Dr. *Grau* termin- und planmäßig weitergeführt werden. Neben dem Abschluß älterer Arbeitsvorhaben der Historischen Kommission, wie der von Herrn *Lieberwirth* betreuten Erschließung der Handschriftenbestände im Archiv der Franckeschen Stiftungen in Halle, wie der von Frau Dr. *Werl* für die Zeit von 1528—1539 bearbeiteten „Akten und Briefe zur Kirchenpolitik des Herzogs Georg von Sachsen", wie der von Herrn Dr. *Debes* und Herrn Dr. *Unger* bearbeiteten „Bibliographie der sächsischen Städte Dresden, Leipzig und Karl-Marx-Stadt" und der von Herrn Dipl.-Archivar *Kobuch* besorgten Durchsicht des Manuskriptes für Band 3 der „Urkunden der Markgrafen von Meißen und Landgrafen von Thüringen" und schließlich der künstlerisch wie kunstgeschichtlich faszinierenden, wissenschaftlichen und zugleich restauratorischen Bearbeitung antiker Vasen durch Hern Prof. *Paul* (zugleich als Beitrag zum internationalen Unternehmen des Corpus Vasorum Antiquorum) — neben diesen Arbeiten starker geschichtlicher Relevanz, die feste Ansatzpunkte für die Erschließung sozialer, wirtschaftlicher und politischer Entwicklungen vom Standort der Gegenwart aus bieten, steht die Förderung jüngerer, zugleich der methodischen Schärfung dienender Vorhaben wie insbesondere der Regionalgeschichtsforschung, die entscheidende theoretische und inhaltliche Impulse von Herrn *Czok* erfuhr. Herr *Czok* konnte im Berichtsjahr bereits den 7. Band des „Jahrbuchs für Regionalgeschichte" fertigstellen. In der gleichen geschichtlichen Richtung liegen die Arbeiten des um die Landesgeschichte und ihre Beziehungen zur Universalgeschichte sehr verdienten Herrn Dr. *Blaschke* am „Historischen Atlas von Sachsen", dessen Herausgabe, zunächst in Form vereinfachter Schwarz-Weiß-Karten, leider durch den Mangel kartographisch-technischer Mitarbeiter verzögert wurde.

Im Berichtsjahr konnte das Gewebe von historischen Begebenheiten, das der eigenen Akademiegeschichte zugrunde liegt, unter Leitung von Herrn *Lieberwirth* mit sicherem Blick für das historisch Wesentliche archivalisch aufbereitet und nach Sachgesichtspunkten gegliedert werden. Unter den Händen von Herrn Dipl.-Archivar *Wiemers* und von Fräulein Dipl.-phil. *Lea* entstand nach dem Totalverlust sämtlicher Archivalien 1943/44 durch Aufspürung und kritische Sichtung aller erreichbaren Quellen zur Geschichte der SAW aus anderen Archiven, Handschriftensammlungen und Bibliotheken ein fester Grund für eine umfassende Darstellung der Geschichte der SAW. Auch die Vorgeschichte der Gründung der Akademie, die Zeit von 1844 bis 1846, konnte infolge relativ günstiger Quellenlage weitgehend geklärt werden.

Die Themen und Aufgaben, über die berichtet wurde, stehen sämtlich bei einer ziemlich gleichmäßigen Verteilung auf die philologisch-historischen und mathematisch-naturwissenschaftlichen Bereiche in Beziehung zu Grundanliegen des Menschen unserer Zeit und unseres Landes. Von ihrer Lösung wird nicht nur äußerer Nutzen erwartet. Immer tiefere Einsichten in das Gegebene und Gewordene haben verdeutlicht, daß die Überwindung des Raumes durch die Technik, besonders durch Auto und Flugzeug, den Menschen nicht weiser machten. Die meist unbewußte Neigung des ganz dem Gegenwärtigen hingegebenen Menschen, den Raum, in dem wir leben, als ein allein von mechanischen Gesetzmäßigkeiten gesteuertes Phänomen anzusehen, ist trügerisch. Der Raum ohne Zeit, ohne Geschichte ist eine Fiktion. Sie führt zur Gefahr der Zerrissenheit, der Diskontinuität, zum Verlust des Zusammenhanges, dessen Erfassung schöpferisches Uranliegen jeglicher Wissenschaft ist.

Die sozialistischen Akademien unserer Zeit streben große Ziele und ihre Erreichung mit großen Institutionen an. Herr Präsident *Scheler* entwickelte jünst vor dem Plenum der AdW der DDR aus seiner Sicht weite, klare Perspektiven. Sie eröffnen Wege zu neuen Erkenntnissen mittels einer notwendig groß angelegten Grundlagenforschung. Die kleinen Forschungspotentiale der SAW — und das hat der Bericht über die Arbeit beider Klassen vielleicht einmal mehr verdeutlicht — vermögen aber auch, in einem bescheidenen Anteil, bemerkenswerte wissenschaftliche Leistungen, zugleich im Sinne einer effektiven Entwicklung der sozialistischen Gesellschaft zu vollbringen, wenn sie sich — im weitesten Sinne — auf Umweltprobleme und philologisch-historische Arbeiten konzentrieren. Der nachfolgende Vortrag von Herrn *Jordan* wird — so ist anzunehmen — wohl auch diese Problematik, zum mindesten indirekt, berühren.

BERICHT DES VIZEPRÄSIDENTEN, HERRN LEHMANN, ÜBER DEN STAND DER ARBEITEN DER AKADEMIE

Erstattet in der öffentlichen Sitzung am 10. April 1981

Die Öffentlichkeit hat einen berechtigten Anspruch darauf, zu erfahren, was die Sächsische Akademie der Wissenschaften treibt, welche Aufgaben sie als ein wissenschaftliches Zentrum höherer Ordnungsstufe und individueller Prägung im Rahmen ihres gesellschaftlichen Grundauftrages im Berichtszeitraum von November 1979 bis März 1981 zu erfüllen vermochte. Es sind nicht selten komplizierte Sachverhalte, über die zu berichten ist. Sie sind schwierig zu veranschaulichen — denn immer weiter geht der Vorstoß vieler Disziplinen in die Abstraktion, in die Bereiche des nur noch durch Anwendung mathematisch-rechnerischer Methoden Erfaßbaren.

Das, woraus die SAW ihre Kräfte zieht, wird am deutlichsten sichtbar im Wirken ihrer in Kommissionen zusammengefaßten Arbeitsgruppen. Auf sie allein beschränkt sich der Bericht. Das heißt, daß viele das Wesen der Akademie kennzeichnende Wirksamkeiten ausgeklammert bleiben — wegweisende Plenarvorträge der Akademiemitglieder zum Beispiel, viele Veröffentlichungen von wissenschaftlichem Gewicht, ja auch die Arbeiten der Kommissionen selbst —, die meist mehrmals im Jahre zur Erörterung von Grundfragen ihrer Entwicklung zusammenzukommen pflegen.

Wie die Ergebnisse der Arbeitsgruppen als Glieder der Kommissionen im einzelnen zeigen werden, wird das Einschränkende, die Tatsache, daß es sich um relativ kleine Forschungskollektive handelt, durch eine bemerkenswerte Besonderheit ausgeglichen. Im scheinbar ruhigen Windschatten der großen Wissenschaftseinrichtungen unseres Staates nämlich, aber eng mit ihnen verbunden — nicht zuletzt durch die personelle Vereinigung des Präsidenten unserer Akademie als gleichzeitigem Vizepräsidenten der AdW der DDR, versucht die Akademie die in ihren Mitgliedern zur Reife gelangenden Ideen nicht in hochfliegende Ambitionen umzusetzen, sondern in nüchterner Einschätzung ihrer Kraft und ihrer Grenzen bestmöglich zu verwirklichen. Die Akademie weiß sich in solchem eigenständigen Arbeitsstil verwoben in die Wünsche und Leistungen von Generationen wie in die unserer sozialistischen Gegenwart.

Blickt man insgesamt auf die Arbeitsergebnisse, so wird offensichtlich, wie schwierig es ist, einen scharfen Trennungsstrich zwischen reiner und angewandter Forschung zu ziehen. Immer gibt es einen Punkt, an dem sich das theoretisch Entworfene und im Labor oder im philologisch-historischen Bereich auf vielstufigen Lösungswegen Erarbeitete dem Beweis stellen muß. Bei aller Bemühung um ein ausgewogenes Verhältnis zwischen Grundlagenwissenschaft und praktischer Spezialisierung fördert die Akademie — in bestimmten Fällen — wissenschaftliche Unternehmungen auch dann, wenn sie zunächst die Züge scheinbar zweckfreier, das heißt nicht auf aktuelle Tagesanforderungen unmittelbar gerichteter Forschungen annehmen. Hauptbedingung ist, daß die Forschungsarbeiten von Anbeginn mit den Hauptrichtungen des in den Staatsplänen verankerten wissenschaftlichen Leistungsstrebens in Einklang stehen. Das schließt eine bestimmte Risikobereitschaft der Leiter der Arbeitsgruppen ein! Wie in jeder Natur- und Gesellschaftswissenschaft spielt dabei der Faktor Zeit zusammen mit einer möglichst großen Flexibilität in der Auswertung von Ideen und Teilergebnissen eine bedeutende Rolle! Wissenschaftliches Wagnis zu übernehmen, heißt, den zeitlichen Vorlauf- bzw. Verzögerungsaspekt klar zu sehen, bewußt in die Rechnung zu stellen und sich keinesfalls von der präzisierten langfristigen Zielstellung durch andere als volkswirtschaftlich und wissenschaftlich wirklich fundierte Argumente abdrängen zu lassen. Selbstverständlich appelliert eine solche Verfahrensweise an das hohe Verantwortungsbewußtsein aller Akademiemitglieder und ihrer Mitarbeiter, das der Minister für Wissenschaft und Technik und seine Mitarbeiter voraussetzen können.

Als prägnante Beispiele für das Vordringen in wissenschaftliches Neuland, das ja für jede wirkliche Grundlagenforschung kennzeichnend ist, sei zunächst auf einige naturwissenschaftliche Arbeitsergebnisse, an erster Stelle auf die auch in diesem Zusammenhang aufschlußreichen Untersuchungen von Herrn *Gersch* und seinen Mitarbeitern über die „Wirkungsmechanismen von Neurohormonen von Insekten" gewiesen. Herrn *Gersch* gelang mit seiner Arbeitsgruppe einer der ersten experimentellen Hinweise auf die mögliche Beteiligung des Ecdysteron an der häutungsbezogenen Modulation von Verhaltensmustern der Insekten. Als herausragendes Ergebnis sind die Isolierung, Reinigung und Charakterisierung des herzaktiven Faktors der Schabe *Periplaneta americana*, des Neurohormons D, zu nennen. In einem komplizierten, unterschiedliche Techniken einsetzenden 4-Stufen-Trennverfahren konnte der Charakter der Substanz als eine aus 8 Aminosäuren aufgebaute organische Verbindung, nämlich als Octopepitd, nachgewiesen werden.

Die Thematik der von Herrn *Gersch* geleiteten Untersuchungen führte ihn von ersten Forschungsideen über eine große Zahl experimentell gesicherter Teilergebnisse zu grundlegenden Einsichten in die Steuerung physiologischer Prozesse durch das Nerven- und Hormonsystem der Insekten. Abgesehen von dem Wert der gewonnenen Erkenntnisse für das Verstehen allgemeiner biologischer Zusammenhänge, auch des Evolutionsgeschehens, sind sie eine Voraussetzung, um später die Lösung von praktischen, volkswirtschaftlich in ihrer Tragweite sehr hoch zu veranschlagenden Spezialfragen zu ermöglichen, wie zum Beispiel die Problematik von Reaktionen des Insektenkörpers gegen Insektizide. Das Forschungsrisiko, das vor mehr als zwei Jahrzehnten eingegangen wurde, ist allein schon durch viele bedeutende Teilergebnisse voll gerechtfertigt, ja reichlich belohnt, wann auch immer das große Ziel auf Grund weiterer Forschungsansätze erreicht sein wird.

Nicht unerwähnt bleibe, daß die Leistungen des Themenkollektivs Prof. *Gersch* vor dem Rat der zuständigen HFR und in Anwesenheit von Vertretern der volkswirtschaftlichen Nutzerbereiche voll anerkannt und die Entwicklung und der erfolgreiche Einsatz eines Radioimmunoassays für Ecdysteroide hervorgehoben wurde.

Es ist naheliegend, die an Insekten als Naturobjekten gebundenen Untersuchungen von Herrn *Gersch* mit den Forschungen in eine Sichtebene zu stellen, die von Herrn Prof. *Aurich* mit einer vormals unter Leitung von Herrn *Hanson* stehenden Arbeitsgruppe der SAW im Physiologisch-Chemischen Institut der Martin-Luther-Universität über die Beeinflussung von Eiweißabbauvorgängen an Säugetieren durchgeführt werden. Bei aller, auch für die Arbeitsgruppen der SAW kennzeichnenden Spezialisierung ist nicht zu übersehen, daß in der Tiefe, unter anderem durch die Anwendung exakter biochemischer Arbeitsmethoden, z. B. von Trennverfahren, sich Gemeinsamkeiten zu erkennen geben. Ähnlich wie an der Steuerung der Entwicklung der Insekten verschiedene Hormone beteiligt sind, so übernehmen hier die Rolle der Aktivation bestimmte Enzyme, also katalytisch wirkende Proteine, die u. a. in den lebenden Zellen von Säugetieren für den Stoffwechsel synthetisiert werden. Die Untersuchung der Wirkungsweise spezifischer Hemmstoffe beim intrazellulären Abbau von Eiweiß in Säugetieren wird dadurch erschwert, daß mehrere Enzyme an diesem Prozeß teilnehmen, daß die Enzyme mengenmäßig überdies unterschiedlich verteilt sind und teilweise mittels unterschiedlicher Mechanismen wirksam werden. Herr Prof. *Aurich* machte die Untersuchung der differenzierten Hemmung der beteiligten Enzyme zum Hauptgegenstand der in seiner Arbeitsgruppe fortgesetzten Grundlagenforschung. Mit einem synthetischen Hemmstoff — dem Diazomethylketon-Derivat — gelang es, die biologische Aktivität der zu den proteolytischen Enzymen gehörenden Cysteinproteinase, die offenbar die dominierende Rolle im intrazellulären Proteinabbau spielt, spezifisch zu hemmen und ihre Präsenz in einer Vielzahl untersuchter Zelltypen nachzuweisen.

Herr Prof. *Aurich* beabsichtigt, sich der Tumorforschung zuzuwenden. Das weist in eine Richtung der Grundlagenforschung, in der die Sächsische Akademie der Wissenschaften auf dem Gebiet physiologischer und biochemischer Lebensprozesse in schöpferischem Kontakt zwischen Naturwissenschaftlern und Medizinern, insbesondere durch die bedeutenden Forschungsleistungen des Herrn *Strack*, auch im Berichtszeitraum erfolgreich war. Herr *Strack* führte in vielen Versuchsreihen seine Untersuchungen über die Wirkung von L-Carnitin weiter, — einer für den Zellstoffwechsel wichtigen Verbindung, die ein charakteristischer Bestandteil des Muskelgewebes ist. Aus der Untersuchung des L-Carnitins und bestimmter strukturverwandter, im Tier- und auch im Pflanzenreich weitverbreiteter Amine, der Betaine, ergaben sich neue Betrachtungsweisen über ihren Umbau und ihre Nutzung. Folgende Ergebnisse ragen heraus: 1. Radioaktives ^{14}C-markiertes Carnitin, das für Studien seines Umsatzes im Tierkörper benutzt wird, zersetzt sich autoradiolytisch, abhängig von Aktivität und Lagerzeit. Die dabei entstehenden Nebenprodukte führten bei der Deutung der Analysen zu irrigen Anschauungen. Man übersah, wie Herr *Strack* nachwies, daß diese Nebenprodukte das wirkliche Verhalten des natürlichen L-Carnitins im tierischen Stoffwechsel überdecken. Herr *Strack* zeigte, daß das gefundene Acetonyltrimethylammonium kein natürliches Produkt ist, sondern vorwiegend aus dem unphysiologischen D-Carnitin entsteht.

Von großer Bedeutung wurde daher der experimentell von Herrn *Strack* und seinen Mitarbeitern erbrachte Beweis, daß ein Enzym, daß im Schrifttum häufig erwähnte β-Methylcholin, offenbar nicht existiert, sondern mit dem erwähnten Acetonyltrimethylammonium verwechselt wurde.

Vermutlich hat die Vorstellung, daß das β-Methylcholin durch seinen Azetylester die normalen Reizvorgänge im Herzen stören könnte, die Mediziner zunächst von der Erprobung des L-Carnitins abgehalten, obgleich schon seit längerem eindeutige positive Wirkungen von L-Carnitin bei verschiedenen Herzstörungen wie Arrhythmien, anginösen Beschwerden und verminderter Leistungsfähigkeit nachgewiesen werden konnten. Ein weiteres Hemmnis für die Kliniker war gewiß der hohe Industriepreis des L-Carnitins. Herr *Strack* hat indessen Verfahrenswege vorgeschlagen, mittels derer die Herstellungskosten erheblich gesenkt werden konnten. Zur Zeit wird begonnen, die Wirkung von L-Carnitin am menschlichen Herzen klinisch in großem Umfang zu studieren.

Der lebende Mensch ist Gradmesser für die Richtigkeit biologisch-medizinischer, chemischer und physikalischer Erkenntnisse auch in der von Herrn *Ries* geförderten Alternsforschung. Die Wechselwirkung zwischen naturwissenschaftlicher Forschung und Medizin, ohne die, wie der Hinweis auf Herrn *Stracks* Arbeiten erneut demonstrierte, kaum ein wissenschaftlicher Fortschritt erzielt werden kann, ist in den Untersuchungen von Herrn *Ries* gekennzeichnet durch die Beobachtung bestimmter physischer und psychologischer Merkmale des Allgemeinzustandes eines Organismus, nämlich des biologischen Alters eines Menschen zu einem bestimmten Zeitpunkt. Seine Messung ist von gravierender Bedeutung. Herr *Ries* entschied sich bei der Bestimmung des biologischen Alters für den

Einsatz von Testbatterien im Sinne einer multifaktoriellen Analyse des Organismus. Im Berichtszeitraum wurde ein derartiges Verfahren unter Einsatz von physischen und psychometrischen Methoden entwickelt. Die Untersuchung von 160 Personen eines Leipziger Großbetriebes (VEB GISAG) hat die Brauchbarkeit des Verfahrens bewiesen. Die Untersuchungen werden mit dem Ziel einer Standardisierung fortgesetzt.

Die Beschaffenheit des biologischen Alterns ist auf viele Ursachen zurückzuführen. Eine besondere Bedeutung hat die Verbindung mit dem Sozialen. Ein Blick auf die Entwicklungsländer spricht vernehmlich und aufrüttelnd zu uns. Nehmen wir aber uns selbst, die Sächsische Akademie, in ihrer disziplinär und altersmäßig so verschiedenen Zusammensetzung zum Beispiel, so enthüllen sich die positiven Aspekte des körperlichen und psychischen Gesundheitszustandes, und insbesondere des Alterns, wohl am wirkungsvollsten in der Zugehörigkeit zu einer dynamischen geistigen Gemeinschaft, in der der Wille und die Fähigkeit zur Leistung und Verantwortlichkeit immer erneut gesteigert wird.

Die bisher angeführten Arbeitsergebnisse zeigen, in welch starkem Ausmaß sich die Akademie mit Lebensgrundlagen-Forschungen befaßt. Sie sind in einer großen, bisher von Herrn *Neef*, seit Herbst des vergangenen Jahres von Herrn *Dörter* geleiteten „Kommission für spezielle Umweltprobleme" zusammengefaßt. Herr *Dörter* entwickelte vor wenigen Wochen seine Vorstellungen, wie auf der Basis gemeinsamer wissenschaftlicher Grundhaltungen und in Fortsetzung der einzelnen bisher bearbeiteten Spezialaufgaben die Kommission weitere konstruktive Beiträge zum Prozeß der territorialen Umgestaltung durch veränderte Technologien und andere gesellschaftliche Einwirkungen bei gleichzeitiger Sicherung der Umweltqualität leisten könnte.

In diesem Sinne sei zunächst auf die Ergebnisse der von Herrn *Wolf* geleiteten Arbeitsgruppe „Reinigung von Abwässern mit Hilfe von Adsorbentien" gewiesen. Herr *Wolf* unterwarf mit seiner Arbeitsgruppe unter anderem auf der Grundlage unkonventioneller Überlegungen technisch und wirtschaftlich wichtige Abfallsubstanzen dem Experiment mit dem Ziel, 1. starkbasische Ionenaustauscher auf der Basis des Sekundärrohstoffes Altreifengummi für die Phenolentfernung aus Gewässern als preiswerte Adsorbentien einzusetzen; 2. oberflächenaktive Stoffe „durch nichtionische Polymeradsorber zu entfernen"; 3. holzstoffhaltige Substanzen aus wäßrigen Lösungen durch makroporöse schwachbasische Anionenaustauscherharze zu sorbieren. Die Bedeutung dieser Arbeiten für einen chemisch-technologisch abzusichernden Umweltschutz ist offenkundig. Wieder sind es Ergebnisse von Grundlagenforschungen, — in diesem Falle Erkenntnisse über einzelne Ad- und Desorptionsstufen —, die Voraussetzungen für einen erfolgreichen Überführungsprozeß sind.

Nicht chemisch-technologische, sondern ihr Komplement, biologische, mittelbar technologische Probleme sind es, die Anlaß von Untersuchungen der von Herrn *Uhlmann* geleiteten Arbeitsgruppe „Limnologie der Talsperren" sind. Durch die quantitative Erfassung der vorherrschenden Gattungen des Phyto- und Zooplanktons mit Hilfe eines automatischen Muster-Erkennungs- und Bildverarbeitungs-Systems wird in diesem Arbeitsbereich das Qualitative, vor allem die jahreszeitlich zu beobachtende Biomasse-Entwicklung genau bestimmt. Ihre Untersuchung ist für die Planung und energiesparende Betriebsweise der Wasseraufbereitungsanlagen sehr wichtig. Durch Kombination von Freilanduntersuchungen und Laborexperimenten wurde eine wesentlich vertiefte Einsicht in die Filterleistung und Populationsdynamik des Zooplanktons als Voraussetzung für künftige Maßnahmen der Bestandsregulierung erreicht. Ferner wurde die Entwicklung eines dynamischen ökologischen Vorhersagemodells gefördert. Der gegenwärtige Stand der Kenntnis über die intrabiozönotischen Wechselbeziehungen und ihre Simulation durch dieses Modell läßt bereits bestimmte Verallgemeinerungen im Hinblick auf die Vorhersage der Wasserbeschaffenheit in anderen Talsperren zu.

Der systematischen Befragung der Natur der Gewässer dienen auch, jedoch konzentriert insbesondere auf die therapeutisch nutzbaren Wässer im Süden der DDR, speziell Bad Brambachs, die Forschungen der Arbeitsgruppe Freiberg der SAW. Induktive experimentelle Untersuchungen sowie tektonische und hydrologische Erkundungen im Gelände sind in Form von fünf in sich selbständigen, kleinen Arbeitskollektiven interdisziplinär in einem gemeinsamen Forschungsunternehmen zusammengefaßt. Die Untersuchungen haben auch im Berichtsjahr zur Erweiterung der bisher erkannten Zusammenhänge und ihrer Nutzung für den optimal zu sichernden Ablauf der Heilquellennutzung als eine der wichtigsten Voraussetzungen für eine psychisch und physisch wirksame Kurtherapie beigetragen. Folgende Ergebnisse wurden im Berichtszeitraum erzielt:

1. Die tektonisch-hydrologische Erkundung des Quellgebietes von Bad Brambach wurde durch eine umfassende Kartierung auf Hg- (Quecksilber-) Spurengehalte unter Leitung von Herrn *Watznauer* in Verbindung mit γ- (Gamma-) Strahlendosimetrie auf einer Profillinie von rund 20 km mit insgesamt 800 Probenahmen in Gang gesetzt.
2. Die Bodenluft-Ausströmung, untersucht unter Leitung von Herrn *Buchheim*, — in Kooperation mit der Sektion Physik der Bergakademie —, konnte durch Einführung neuer Strahlungsdetektoren auf Festkörperbasis wesentlich genauer erfaßt werden. Ihre Testung in der unmittelbaren Umgebung der Radonquelle von Bad Brambach bewies die relativ enge Lokalisierung des Radon-Austritts.
3. Unterstützt wurden diese Untersuchungen durch eine unter Leitung von Herrn *Gersch* stehende Arbeitsgruppe, die sich mit mikrobiologischen Methoden der Flora und Fauna in der nächsten Umgebung der (Radon)Quellen von Bad Brambach zuwendete.
4. In dem von der Forschungsgruppe gegründeten und zum Zentrallabor für Raman-Spektroskopie an der Bergakademie weiterentwickelten Laser-Labor wurde unter Leitung von Herrn *Buchheim* und von Herrn *Schwabe* mit ramanspektroskopischen Untersuchungen an Elektrolytlösungen in gemischten Lösungsmitteln begonnen, während unter anderen die experimentellen Arbeiten zur Neutronensteuerung an polykristallinen Proben durch Publikation abgeschlossen werden konnten. Fortgeführt wurden Untersuchungen an Tetramethylammonium in polykristallinem Zustand und in wäßriger Lösung mit dem Ziel des Korrosionsschutzes — als Teilthema einer von Herrn *Schwabe* geleiteten großen Forschungsrichtung.

In dem breiten Spektrum verschiedenartiger, letzten Sinnes mit dem Dienst an der Gesundheit des Menschen verbundenen Forschungen sei besonders auf die für die Quellwasser-Problematik wichtigen Untersuchungen von Herrn *Jordan* gewiesen, die die Wirkung von erhitztem (Quell-) Wasser auf Keimprozesse von Pflanzensamen zum Inhalt haben. Es erwies sich, daß der als „Fervorişierung" des Wassers bezeichnete Vorgang als Ambivalent hinsichtlich des Wachstums von Wurzel und Sproß aufzufassen ist. Herrn *Jordans* medizinisch gerichtete Forschungen beschränkten sich im übrigen keineswegs auf seine Mitarbeit an dieser speziellen Problematik, sondern bezogen sich im Blick auf die Entwicklung der gesamten Kommission auf grundlegende Fragen zur „Rangordnung von Umweltproblemen".

Im Unterschied zur Bearbeitung spezieller geophysikalischer, chemischer, biologischer und medizinischer Umweltaspekte am Beispiel therapeutisch genutzter Wässer fragt die unter Leitung von Herrn *Neef* stehende Arbeitsgruppe „Naturhaushalt und Gebietscharakter" im geoökologischen Sinn nach den sich wandelnden Wechselwirkungen der natürlichen Agentien mit den gesellschaftlichen Faktoren. Nicht in einseitig kausalem Denken, sondern in dem, was *Heisenberg* „Komplexdenken" nannte, werden die durch technische Einwirkungen immer komplizierter gewordenen territorialen Umweltstrukturen in ihrer Statik und Dynamik aufgeklärt. Teile der räumlichen Totalität, des „Zusammenbestehenden im Raum", wie Alexander von Humboldt es bezeichnete, ihres synergetischen räumlichen Zusammenwirkens, wie wir heute sagen würden, sind Objekte der mit neuem methodischen Instrumentarium und neuen, von Herrn *Neef* theoretisch begründeten Forschungsansätzen an ihre Aufgaben herangehenden Bearbeiter. An sich wertfreie Naturgrößen wurden so aufbereitet, daß sie in ökonomische Systeme transponiert und ökonomisch bewertbar gemacht werden können. Folgende Ergebnisse sind hervorzuheben: 1. die Staatsplanaufgabe „Bestimmung von partiellen und komplexen Potentialeigenschaften für chorische Naturraumeinheiten" konnte unter Federführung der Arbeitsstelle (Arbeitsleiter: Dr. *Bernhardt*) zum Abschluß gebracht werden. Es wurde methodisch der Weg für die Territorialplanung freigelegt, auf Grund zuverlässiger und aussagefähiger Unterlagen die Eignungsunterschiede verschiedener Naturräume und Naturraumtypen bei Standort- und Nutzungsentscheidungen zu berücksichtigen. Ferner wurde zur Erreichung eines wichtigen Teilabschnittes in der systematisierenden chorischen Naturraumforschung, einer Gemeinschaftsaufgabe der Geographen der DDR, beigetragen, die ihren Niederschlag in der „Kennzeichnung und Kartierung von Naturraumtypen im Maßstab 1:100000", — einschließlich eines „Rahmenkatalogs chorischer Naturraumtypen DDR" fand.

Eine Hauptaktivität der Arbeitsgruppe galt umfassenden Forschungen auf dem Gebiet der exogenen Landschaftsdynamik. Die 1979 als Band 52 über dieses Thema erschienene SAW-Abhandlung fand positive Aufnahme im sozialistischen und kapitalistischen Ausland —, und hoch war das Interesse von Organen der Praxis wie der Wissenschaft an den ersten Fallstudien. Für einen 300 km^2 großen Teil des Dresdener Testgebietes konnte eine differenzierte Naturraumerkundung, eine Flächennutzungsanalyse und eine beispielhafte komplexe Bearbeitung naturraumabhängiger Potentialeigenschaften chorischer Räume abgeschlossen werden.

Die Akademie übernahm allezeit Aufgaben, die die Kräfte eines Einzelnen weit übersteigen und mitunter so groß sind, daß sie Generationen überdauern. So fühlte sich die Akademie schon vor dem II. Weltkrieg berufen, in klarer Sicht auf die Tragweite und Schwierigkeit ihres Entschlusses jenes bekannte, heute weltweit gerühmte und von Gelehrten des ganzen Erdkreises durch Zuarbeit unterstützte Standardwerk weiterhin auf dem wissenschaftshistorisch aktuellen Stand zu halten, das Johann Christian Poggendorff 1863 in einem ersten Wurf abgeschlossen hatte: das „Biographisch-literarische Handwörterbuch der exakten Naturwissenschaften". Die Akademie erwies sich besonders seit 1949, als sie eine eigene Redaktion für den zum wissenschaftlichen Begriff gewordenen „Poggendorff" bildete, nicht nur berufen, sondern befähigt zur Fortführung des großen Anliegens, und zwar durch die Gewissenhaftigkeit und den persönlichen Einsatz der gegenwärtig unter der Leitung von Herrn Dr. *Weichsel* stehenden Redaktion und durch die in der von Herrn *Neef* geführten Poggendorff-Kommission mitwirkenden Akademie-Mitglieder, von denen sich Herr *Beckert* besonders des Bereiches Mathematik, Herr *Lösche* des Bereiches Physik und bisher besonders Herr *Schwabe* und Herr *Strack* des Bereiches Chemie annehmen.

Viel hat sich seit dem ersten Erscheinen in der redaktionellen und editorischen Technik geändert. Ein solches Werk, zugleich einzigartiges Spiegelbild der historischen Entwicklung der Naturwissenschaften, wächst aus eigenem Gesetz im Umfang wie im Inhalt nicht unabhängig von den Wandlungen der wissenschaftlichen und gesellschaftlichen Gesamtentwicklung. In Wechselwirkung mit der explosionsartigen Zunahme des im Poggendorff zu verzeichnenden Schrifttums ergab sich auf Anregung und Initiative des um die Förderung der Arbeiten am Poggendorff hoch verdienten, der Akademie durch den Tod entrissenen Herrn Prof. *Salié* die Notwendigkeit, an die Stelle der vereint in alphabetischer Reihenfolge aufgeführten Bibliographien bedeutender Mathematiker, Physiker und Chemiker disziplingebundene Einzelbände zu setzen. Im Berichtszeitraum konnten die Manuskripte für die Lieferungen 1 und 2 des 7. Teilbandes (VIIb) — die Buchstaben *Ra—Rus* umfassend — satzfertig der Druckerei übergeben werden, während für die Herausgabe in neugestalteter Form, also in einem speziellen Mathematiker-Band, unter der redaktionellen Leitungsassistenz von Frl. Dipl.-Math. *Kühn* die von Herrn Prof. *Salié* hinterlassenen umfänglichen Materialien aufbereitet und ergänzt werden konnten. Für den Band Physik wurde unter der redaktionellen Leitungsassistenz von Herrn Dr. *Lochmann* mit der Erarbeitung einer Liste der in die Bibliographie aufzunehmenden Physiker begonnen. Der „Poggendorff" offeriert sich im Titel als Handwörterbuch der „exakten" Wissenschaften. Die ständig steigende Zahl von Wissenschaften, die ihre Aussagen durch das Messen von Werten kontrollfähiger machen, bezeichnen sich fast sämtlich als exakt. Noch fehlt bezeichnenderweise die Biologie als eine Zentralwissenschaft unseres Jahrhunderts vollends — von den Geo- und Kosmoswissenschaften ganz zu schweigen. Die auf den Vorgang des Messens bezogene Kategorisierung ganzer Wissenschaften als exakt läßt keine Schlüsse auf Wert, Bedeutung und Richtigkeit der jeweils erzielten Erkenntnisse zu.

Unter solchem Gesichtspunkt ist ein Blick auf die Forschungsthemen der unter Leitung von Herrn *Hiebsch* stehenden Arbeitsstelle „Psychologie" aufschlußreich. Herr *Hiebsch* widmete sich den Besonderheiten verschiedener psychischer Verhaltensweisen des Menschen im unmittelbaren Kontakt mit anderen Menschen und konnte das einer mathematisch-numerischen Behandlung offenkundig zugängliche Thema „Abbildungen von dynamischen Realsituationen auf spieltheoretische Modellsituationen" zum Abschluß bringen. Herr Hiebsch konnte auf dem Weltkongreß der Psychologen die erzielten Ergebnisse in einem Einzelvortrag vorstellen. In welchem Maße Reserven in der Leitungstätigkeit ausgeschöpft werden können, zeigte eine weitere, ebenfalls kurz vor dem Abschluß stehende Arbeit der Gruppe über die „Modellierung von Verhandlungssituationen". Psyche und Emotion gehören zum Wesen des Menschen. Es besteht kein Zweifel, daß die Anwendung des jetzt verfügbaren, unter Einsatz messender Methoden gewonnenen Wissens der Psychologie erhebliche, sich gesellschaftlich günstig auswirkende Konsequenzen zeitigen kann — wenn der Initiative des Einzelnen wie ganzer Kollektive nicht durch persönliche Ignoranz Hemmnisse in den Weg gelegt werden, die die Produktivität der Arbeitsprozesse sehr beeinträchtigen können.

Die gesunde, konsequent zu fördernde Fortschrittsaktivität, die nach den Beobachtungen der modernen Psychologie leicht einem scheinbar zeitlosen Rausch an der Gegenwärtigkeit verfällt, bedarf der bewußten, in der SAW allezeit zielgerichteten Pflege eines immer präsenten, aber mitunter zu gering eingeschätzten Bestandteiles ihres Aufgabenbereiches, nämlich der Zeit, der Geschichte. Als „Ablauf" eines naturgesetzlichen Prozesses spielt der Faktor Zeit in den Bereichen der mathematisch-naturwissenschaftlichen Klasse, die seit Oktober des vergangenen Jahres — in Nachfolge von Herrn *Neef* — von Herrn *Beckert* geleitet wird, immer eine bedeutende Rolle. Mehr der Einfügung von gesellschaftlichen Grundwerten und der ihnen immanenten Zukunftschancen in die verschiedenen historisch gerichteten, also nicht nur an exakt zu messenden Zeitabläufen orientierten Forschungen gelten dagegen die Aktivitäten der bis zum Oktober 1980 von Herrn *Große* und seitdem von seinem Nachfolger, Herrn Sekretar *Brüning*, geleiteten philologisch-historischen Klasse. Das auf das Hier und Heute beider Klassen als Organen übergeordneter Größenordnung gerichtete Geschichtsbewußtsein stützt sich mittelbar auch auf die in den Kommissionen konzentrierten Vorgänge. Die Arbeiten der unter der umsichtigen Leitung von Herrn *Große* stehenden „Sprachwissenschaftlichen Kommission" seien als Beispiel angeführt.

Die von Herrn Dr. *Götz* geleitete und durch eigene ergänzende Publikationen geförderte Redaktion des „Althochdeutschen Wörterbuchs" gab auch im Berichtszeitraum manches Beispiel für ihre kulturgeschichtlich bedeutsamen germanistisch-philologischen Leistungen. Ausgangspunkt der althochdeutschen Forschungen sind bekanntlich nur sporadisch überlieferte Texte. Groß ist der Spielraum ihrer Deutbarkeit. Von der Gruppe konnten die diffizilen Ausarbeitungen für den 3. Band des „Althochdeutschen Wörterbuches" abgeschlossen werden, der insgesamt 17 Lieferungen mit rund 2900 Artikeln umfassen wird, nämlich die Buchstaben E und F über das deutsche Wortgut in der Zeit vom 8. bis 11. Jahrhundert. Bei aller Achtung gegenüber der Grundkonzeption für das „Althochdeutsche Wörterbuch" als das grundlegende, nach Vollständigkeit, Ausführlichkeit und Leistungsvermögen einmalige Wörterbuch unserer ältesten deutschen Sprache, das die Entwicklung des Deutschen aus dem Germanischen unter dem Einfluß des Lateinischen freilegt, wird versucht werden, ohne wesentlichen Substanzverlust eine erhebliche Beschleunigung der Arbeiten durch Komprimierung des überlieferten Materials zu erreichen.

In den Mundarten-Wörterbüchern der SAW begegnen uns ähnliche, jedoch keineswegs gleichartige Sprachphänomene und -probleme. In ihnen sind die zeitlichen Veränderungen der Sprache bis in die Gegenwart hinein verfolgbar. In ihnen wird eine lebendige Kontinuität durch eine viel größere Menge erhaltener Text- bzw. Wortzeugnisse sichtbar. Das Belegnetz ist in allen von der Sprachkommission verantworteten Mundarten-Wörterbüchern relativ dicht geknüpft. Ich darf mich unter dem Druck der Redezeit darauf beschränken, folgendes hervorzuheben: In allen Mundarten-Wörterbüchern liegt außer ihrer sprach-historisch großen Bedeutung für sehr viele wissenschaftliche Problembereiche ein einzigartiges Material offen — für die Geschichte der Literatur und der Medizin, für die Technik und das Bauwesen, für die Naturwissenschaften wie für die Wirtschaft und die Siedlung. Welche Hilfe vermag nicht allein eine sprach-wissenschaftlich fundierte Namensforschung für die Siedlungs- und Bevölkerungsgeschichte zu leisten! Was sich aus der Begrenzung des begrifflich Kontrollierbaren z. B. aus dem „Wörterbuch der Obersächsischen Mundarten" — um diese, unter der Leitung von Herrn Dr. *Bergmann* stehende Arbeitsgruppe als repräsentativ für andere Mundarten-Wörterbücher zuvörderst anzuführen —, herauslösen läßt, das dient ebenso wie die anderen Wörterbücher durchaus auch der gegenwärtigen, ganz andersartigen Wirklichkeitserfahrung, weil die Mundart als sprachliches Gestaltungsmittel das Unmittelbare im Verhältnis des Menschen zum Menschen sinnfällig zum Ausdruck bringt. Die bloße Feststellung, daß der Abschnitt „*Mal—Merser*" des Obersächsischen Mundarten-Wörterbuches fertiggestellt werden konnte, beleuchtet nur schwach die im Berichtsjahr erfüllte Leistung. Es muß in diesem Zusammenhang auf die rege wissenschaftliche Publikationstätigkeit Dr. *Bergmanns* sowie die Arbeiten von Frl. Dr. *Helm* am Manuskript des mittelalterlichen Epos „Karl und Galia" und eine kurz vor der Veröffentlichung stehende Arbeit von Frl. Dr. *Neumann* im Rahmen der von der SAW geförderten Reihe „Deutsch-slawische Forschungen zur Namenskunde und Siedlungsgeschichte" gewiesen werden.

In ähnlicher Weise veröffentlichte der Leiter der Arbeitsstelle „Thüringisches Wörterbuch", Herr Dr. *Spangenberg* — Jena, verschiedene Untersuchungsergebnisse, erschloß zusätzliche Forschungspotenzen durch engen Kontakt mit der Friedrich-Schiller-Universität Jena und vermochte — übrigens im Rahmen des Wettbewerbsprogramms der Gewerkschaftsgruppe zu Ehren des X. Parteitages — die Redaktion der Lieferungen 12 und 13 des V. Bandes mit den Buchstaben R—S fertigzustellen, während vom „Brandenburg-Berlinischen Wörterbuch", von dem mehr als ein Drittel des Gesamtwerkes im Druck vorliegt, unter Leitung von Herrn Dr. *Wiese* die Ausarbeitung der Buchstaben G, H und I abgeschlossen werden konnte, während ferner Herr Dr. *Gundlach*, der Leiter der Arbeitsstelle „Mecklenburgisches Wörterbuch", die 3. Lieferung des 7. Bandes, die bis zum Stichwort „Ohr" führt, bewältigte — und dies wiederum neben einer starken Öffentlichkeitsarbeit und wissenschaftlicher Vortragstätigkeit über die niederdeutsche Mundart. Schließlich ist unter der Leitung von Herrn Dr. *Protze* die umfangreiche Materialsammlung für einen „Wortatlas der städtischen Umgangssprache" auf Grund einer nahezu lückenlos beantworteten Fragebuchaktion abgeschlossen worden — und dies neben der Weiterarbeit am „Siebenbürgisch-Sächsischen Wörterbuch" bis zum Buchstaben K.

Die Gesamtheit philologischer Mundartenforschungen findet gegenwärtig einen sachgerechten Widerhall in einem großen internationalen Unternehmen, der Bearbeitung des „Atlas Linguarum Europae", dem europäischen Dialektatlas, in dem das sinnenhaft Mundartliche aus der jeweiligen regionalen Situation heraus unter Beteiligung von DDR-Philologen die scharfen Konturen des Stofflich-Visuellen annimmt. Die Mundarten-Forschungen der Akademie weisen auch in diesem Atlas auf eine weite Zeitspanne zurück. Sie tragen zur Vertiefung des Geschichtsbewußtseins bei.

Aus der Vielfalt der Linien, die in der sächsischen Geschichte zu einem faszinierenden Geflecht verbunden sind, können mit den Mitteln und Kräften der SAW nur wenige herausgelöst werden. Es ist die von Herrn *Coblenz* zielbewußt geleitete „Historische Kommission", die diese Aufgabe mit großem Engagement zu erfüllen sucht. Die bereits 1896 begründete, früher eigenständige, seit 1956 in die Akademie eingefügte Kommission wendete sich auf ihrer von Akademiemitgliedern und zugewählten, fachkompetenten Persönlichkeiten getragenen Wirkungsebene auch im Berichtszeitraum der Aufgabe zu, Einsichten zu erschließen, die uns mit dem früher oft nicht Beachteten, nicht selten sogar Negierten auf Grund eines strengen Quellenstudiums und dessen Aufbereitung vertraut machen. Es mag zunächst etwas losgelöst vom Leben unserer Zeit scheinen, wenn zu berichten ist, daß vom „Codex Diplomaticus Saxoniae", vom Hauptteil 1, der Band 3, „Urkunden der Markgrafen von Meißen und Landgrafen von Thüringen, 1196—1234" erarbeitet wurde, daß die archivalische Erschließung der „Akten und Briefe zur Kirchenpolitik des Herzogs Georg von Sachsen" im wesentlichen beendet werden konnte, daß die Durchsicht des Druckmanuskriptes für Band 4 der „Politischen Korrespondenz des Herzogs und Kurfürsten Moritz von Sachsen" weiterhin gefördert wurde, daß die „Bibliographie zur Geschichte der Stadt Dresden" noch vor ihrem Jubiläum im Juni dieses Jahres im Buchhandel vorliegen wird und daß vom „Historischen Atlas von Sachsen", einem als Fundamentalwerk angelegten kartographischen Unternehmen über das Gebiet des ehemaligen Kursachsen, neue Bearbeitungen zur Verwaltungsgliederung vorliegen. Diese unter der Leitung von Herrn Dr. *Blaschke* stehenden historisch-kartographischen Arbeiten erscheinen, zum mindesten zunächst, in Form von Einzelpublikationen. An ihnen sind viele Mitarbeiter als Autoren beteiligt, und sie werden, nicht zuletzt, von dem Leiter der Historischen Kommission, Herrn *Coblenz*, durch umsichtige und kritische Stellungnahmen gefördert.

Alle diese Arbeiten stehen keineswegs im Dienste einer bloßen historischen Retrospektive. Sie sind Voraussetzungen dafür, historische Phänomene und die von ihnen getragenen Persönlichkeiten allseitig zu analysieren, nach den Maßstäben ihrer Zeit zu beurteilen und frei von unwissenschaftlichen Einseitigkeiten in das Blickfeld unserer sozialistischen Gegenwart zu stellen. Revolutionen — Ereignisse von epochalen Ausmaßen — wie die Französische Revolution des Jahres 1789 oder die russische des Jahres 1917, haben, wie Walter *Markov* neben anderen bedeutenden Historikern einer weiten wissenschaftlichen Weltöffentlichkeit auf der Basis tiefgreifender Untersuchungen unter den verschiedensten Blickrichtungen vor Augen führte, große Aktualität bis mitten in unsere Gegenwart hinein. Wir empfinden täglich ihre Dynamik.

In der vordersten Frontlinie gegen das, was Karl Marx das Versinken in die Geschichtslosigkeit nannte, stehen zur Zeit in der Historischen Kommission die von Herrn *Czok* bearbeiteten „Jahrbücher für Regionalgeschichte", von denen Band 7 erschien und Band 8 sich im Druck befindet. Die Regionalgeschichte ist unverzichtbarer Teil der allgemeinen Geschichte. Sie ist gewiß auch ein Beitrag zur Pflege des progressiven Kulturerbes. Sie ist aber noch mehr eine oft unterschätzte Triebkraft, historische Gesamtzusammenhänge aus der unmittelbaren Lebenswirklichkeit konkret und differenziert zu erfassen. Die Bedeutung regionalhistorischer Arbeiten wird in vollem Ausmaß verständlich, wenn man sich vergegenwärtigt, daß sie nach dem wissenschaftlichen Selbstverständnis ihrer Bearbeiter niemals beim regionalen Faktum stehen bleiben darf, sondern es in seiner Beziehung zum Ganzen der historischen Bewegung in neuer Bestimmtheit sichtbar machen muß. Beide Ansätze, die reichhaltige landesgeschichtliche, geographisch relevante Forschung, die den Ursachen für die Veränderungen von Raumstrukturen nachgeht, wie die allgemeine Ordnung historischer Phänomene verstehen die Zeit und den Raum als Prozeß. Sie fassen die Region nicht nur als Gewordenes, sondern zugleich als ein sich ständig Veränderndes, als Werdendes auf.

Von einem gleichsam höher gelegenen Standort aus läßt sich die wechselnde, immer sehr große Bedeutung der Kategorie „Zeit" in ihrer Zuordnung zu bestimmten Prozessen in der Natur — als Ablauf — wie in der Gesellschaft — als historische Bewegung — deutlich wahrnehmen. Die Arbeitsleistungen einer gelehrten Gesellschaft wie der SAW fügen sich in den Strom von vielen Tausenden anderer Kräfte, die unsere Kultur gestalten. Sie wollen sich als nützlich erweisen im Rahmen einer allgemeinen und gezielten Grundlagenforschung, als tragfähig für die optimale Gestaltung der unmittelbaren Lebenswirklichkeit auf der Grundlage genauer Beobachtung, objektiver Anschauung und des Wissens um die Unsicherheitsfaktoren, die auf jedem Lösungswege eines wissenschaftlichen Problems erkannt und eliminiert sein wollen.

KURZFASSUNGEN DER VORTRÄGE UND AUSZÜGE AUS DEN PROTOKOLLEN ÜBER DIE SITZUNGEN DER JAHRE 1979 UND 1980

Mathematisch-naturwissenschaftliche Klasse

1979

Sitzung am 12. Januar

Vortrag des Herrn Ulrich Freimuth: „Modifizierte Proteine und ihre funktionellen Eigenschaften". — Die Zunahme der Weltbevölkerung bewirkt eine Verknappung der hochwertigen eiweißreichen Lebensmittel. Zur Deckung des Bedarfes ist die Heranziehung von pflanzlichen Proteinen in Betracht zu ziehen, die bisher in der menschlichen Ernährung nicht verwendet worden sind. Die praktisch wichtigen Eigenschaften dieser Proteine („funktionelle Eigenschaften") wie Löslichkeit, Hydratation, Wasserbindungsvermögen, Emulsionsstabilisierung, Schaumbildungsvermögen u. a. entsprechen jedoch meistens nicht den Anforderungen der Technologie. In vielen Ländern wird daher versucht, diesen Proteinen die gewünschten Eigenschaften durch eine partielle chemische Modifizierung zu verleihen.

Um die Zusammenhänge zwischen den „funktionellen Eigenschaften" und molekularen Parametern zu erkennen, wurden definierte, zum Teil kristallisierte Proteine als Modellsubstanzen verwendet (β-Lactoglobulin, Ovalbumin, Rinderserumalbumin, β-Casein). Durch Acylierung der ε-Aminogruppe des Lysins lassen sich unter relativ schonenden Bedingungen Substitutionen durchführen, die eine Veränderung der Nettoladung des Moleküls bewirken. So bringt die Einführung eines Acetylrestes die basischen Eigenschaften der ε-Aminogruppe zum Verschwinden. Dagegen wird durch die Umsetzung mit Succinanhydrid eine zusätzliche saure Gruppe eingeführt. Der entgegengesetzte Effekt auf die Nettoladung sollte durch die Einführung des basischen Cuanidorestes (durch Umsetzung mit Methylisoharnstoff) zu erwarten sein.

Da die Reaktion von Proteinen mit reduzierenden Zuckern („MAILLARD-Reaktion") ebenfalls bevorzugt die freien Aminogruppen des Lysins betrifft und somit eine ungewollte Modifizierung darstellt, sind die Modellversuche auch in dieser Richtung von Interesse.

Der erreichte Substitutionsgrad läßt sich durch die Bestimmung der freien ε-Aminogruppen („verfügbares Lysin") mit Trinitrobenzolsulfonsäure verfolgen.

Zur Charakterisierung der modifizierten Proteine diente ferner die Bestimmung des isoelektrischen Punktes (durch Gel-Isoelektrofokussierung). Als funktionelle Eigenschaften wurden gemessen: Löslichkeit, Sorptionsisothermen, Viskosität, Schaumbildungsvermögen und Schaumstabilität. Die Ergebnisse lassen eindeutig eine starke Zunahme des hydrophilen Charakters nach der Succinylierung erkennen. Obwohl eine schonend durchgeführte Modifizierung auf die an der Oberfläche des Moleküls gelegenen polaren Seitenketten beschränkt sein sollte, zeigen die Zunahme der Viskosität und die Messung des Zirkulardichroismus übereinstimmend, daß unter den gewählten Bedingungen eine Entfaltung der Tertiärstruktur und ein Verlust an α-Helix eingetreten ist.

Sitzung am 9. Februar

Vortrag des Herrn Klaus Dörter: „Aphorismen zur Qualität des Bewässerungswassers". — Ausgehend von der Bedeutung des Wassers im Altertum und der naturphilosophischen Betrachtungsweise über das flüssige Element zur Zeit von Leonardo da Vinci, Goethe, Hegel und anderen wird die hohe Wertschätzung des Wassers als Stoff- und Energieträger in Verbindung mit dem Aufkommen moderner naturwissenschaftlicher Denkweisen dargestellt. Im Zusammenhang mit dem technisch-wirtschaftlichen Denken der Neuzeit wird das Wasser quantitativ und qualitativ zunehmend nach Maßstäben der Nützlichkeit bewertet, wobei ihm auf Grund seiner hohen Wirkungskraft enorme Leistungen abgefordert werden.

Mit dem Anwachsen der Weltbevölkerung und den damit verbundenen Bemühungen einer Steigerung der Agrarproduktion hat auch die Bewässerung der Kulturpflanzen steigende Dimensionen angenommen. Um die Wasserbereitstellung abzusichern, werden zunehmend — besonders in Staaten mit einem angespannten Wasserhaushalt — Oberflächenwässer und Abwässer mit den verschiedensten Inhaltsstoffen herangezogen. Dabei wird die hohe Bedeutung organischer bzw. als Nährstoff wirksamer Inhaltsstoffe derartiger Wässer für die weitere Steigerung der Erträge insbesondere in der industriemäßigen Pflanzenproduktion der DDR hervorgehoben. Aus landeskultureller Sicht sind jedoch auch die Möglichkeiten von Schadwirkungen vielseitiger Inhaltsstoffe des Bewässerungswassers zu beachten, die mit ihren Kombinations- und Kontaminationseffekten auf Boden und Pflanze eine gründliche qualitative Betrachtungsweise der Bewässerungsflüssigkeiten erfordern. Während aus internationaler Sicht zur Zeit noch eine systematische Klassifikation des Bewässerungswassers fehlt, wird der in einer weitgehenden Überarbeitung ab 1. 1. 1979 verbindliche DDR-Fachbereichsstandard TGL 6466 mit seinen nach biologischen und chemischen Parametern für Bewässerungswasser einschließlich Abwässern aufgestellten Eignungsklassen als grundlegende Orientierung angesehen.

Neben der analytisch-quantitativen Untersuchung einzelner Bewässerungsflüssigkeiten und darin enthaltener möglicher Schadstoffe ist eine komplexe Betrachtungsweise der standortspezifischen quantitativ-qualitativen Wirkung der Bewässerung auf den Boden und auf den Ertrag der Kulturpflanzen erforderlich. Als Beispiele werden die Ergebnisse von Untersuchungen zur Wirkung von Tensiden auf Bodensubstrate, zum Einfluß von kommunalen Abwässern auf das Edaphon verschiedener landwirtschaftlich genutzter Böden sowie zu den Wechselbeziehungen von salzhaltigem Bewässerungswasser und der Bodenlösung unter Berücksichtigung der Ionenaustauschvorgänge und deren Wirkungen auf den Pflanzenertrag vorgeführt.

Abschließend erfolgen Hinweise zur Dynamik und Rhythmik der Prozeßabläufe im Boden und in der Pflanze sowie zur Notwendigkeit, weitere Methoden zur Qualitätsbeurteilung von Bewässerungswasser zu entwickeln bzw. vorhandene Untersuchungsmethoden zu verbessern. — Erschienen in den Sitzungsberichten Band 115 (1981) H. 2.

Vorgelegt werden Veröffentlichungen von: Paul Görlich, Herbert Jordan, Erich Lange, Erich Rammler.

Sitzung am 9. März

Vortrag des Herrn Artur Lösche: „Spin-Dynamik". — Im ersten Drittel dieses Jahrhunderts sind — besonders durch die Arbeiten von Planck, Bohr, Sommerfeld, Einstein, Heisenberg, Born, Jordan, Schrödinger, Hund und Dirac — die theoretischen Grundlagen der Atomspektroskopie geschaffen worden. Nach einigen geringfügigen Korrekturen durch die Quantenfeldtheorie lassen sich heute alle Phänomene interpretieren; die entwickelten Prinzipien haben sich auch in der Molekülphysik, bei der Anwendung auf festkörperphysikalische Probleme u. a. Erscheinungen bewährt. Im Zuge dieser Entwicklung spielte der 1886 gefundene Zeeman-Effekt, also die Aufspaltung der Spektrallinien im Magnetfeld, eine besondere Rolle. Schon Lorentz nahm zur Erklärung an, daß die Elektronenbahnen magnetische Dipolmomente und Drehimpulse haben; die vollständige Interpretation war aber erst durch die von Doudsmit und Uhlenbeck zunächst nur hypothetisch postulierte, 1931 von Dirac theoretisch abgeleitete Tatsache möglich, daß jedes Elektron einen Eigendrehimpuls, einen Spin $S = 1/2\,\varkappa$ hat. Etwa zur selben Zeit kam Pauli auf die Idee, auch den Atomkernen Kernspin I und magnetisches Moment μ_I zuzuschreiben, und konnte damit die Hyperfeinstrukturen von Spektrallinien erklären.

Um 1945 gelang es erstmalig, Übergänge von Elekronenspins und Kernspins zwischen deren Energieniveaus in Magnetfeldern direkt nachzuweisen, also nicht nur als Aufspaltungen von Spektrallinien im optischen Bereich. Diese Elektronenspin- bzw. Kernspinresonanz hat sich seither als sehr nützliches Werkzeug bei der Aufklärung von Molekül- und Festkörperstrukturen, von dynamischen Prozessen in kondensierter Materie usw. bewährt. Da die Frequenzen, verglichen mit der klassischen Spektroskopie, sehr niedrig sind (GHz- bzw. MHz-Bereich und kleiner, je nach Größe des Magnetfeldes), lassen sich bei den möglichen Auflösungsvermögen bei zu 10^9 sehr kleine Energieverschiebungen messen.

Bei der Kernspinresonanz werden dabei hauptsächlich zwei Effekte ausgenutzt: Die Dipol-Dipol-Kopplung (DDK) zwischen Kernmomenten, die beinahe klassisch zu verstehen ist und zu Aufspaltungen bzw. Linienbreiten z. B. bei Wasserstoffkernen bis zu 60 kHz führt, und die chemische Verschiebung (ChV), eine von der Art der Bindung abhängige Abschirmung des Magnetfeldes am Kernort, die in der Größenordnung zwischen einigen Hz und 100 Hz liegt. Im allgemeinen stört die DDK die Beobachtung der ChV wegen des viel größeren Einflusses; nur in Flüssigkeiten, in denen die Moleküle schnelle Bewegungen mit Korrelationszeiten von 10^{-11} s ausführen, werden dadurch die Dipolfelder ausgemittelt, und sehr schmale Linien sind beobachtbar. Aus diesem Grunde war die Beobachtung der ChV nur in flüssigen Phasen möglich, und die Aussagen über Festkörperstrukturen beruhten auf der DDK. Hier setzte vor reichlich 10 Jahren eine Entwicklung ein, die völlig neuartige Aussagemöglichkeiten erschloß.

Mit Hilfe der modernen Impulstechnik ist es nämlich möglich, die Spin-Richtungen um fast beliebig kleine Winkel zu drehen. Dabei tritt derselbe Effekt wie bei einem Stoß zweier Moleküle auf: die lokalen Felder werden verändert, und durch eine stochastische Folge kurzer Hochfrequenzimpulse kann man dasselbe erreichen wie durch die kurzen Korrelationszeiten in Flüssigkeiten; es ist nur noch der Mittelwert der Dipol-Dipol-Felder wirksam und dieser ist Null. Dieses Verfahren hat allerdings den Nachteil, daß ein großer Teil der Informationen, die man z. B. der ChV entnehmen will, auch mit verloren geht.

Waugh, Haeberlen, Mansfield u. a. bewiesen, daß man mit ganz bestimmten Impulsfolgen, etwa je 4 Impulse nach definiertem Zeitprogramm und von vorgeschriebener Dauer, bereits die DDK in erster, bei mehr Aufwand auch in höherer Ordnung ausmitteln kann, ohne gleichzeitig die chemische Verschiebung auch zum Verschwinden zu bringen. Damit ist es nicht nur möglich, in Festkörpern die ChV zu messen, sondern auch deren Anisotropie zu untersuchen, was im flüssigen Zustand nicht möglich ist. Diese Methoden, bei denen man die Spins gewissermaßen geordnet tanzen läßt, benutzen die freie Induktion zum Nachweis der Signale, also nicht die viel zeitaufwendigere Frequenzabtastung. Dadurch kann man die Messung wiederholen, die Signale akkumulieren und auf diese Weise das Signal-Rausch-Verhältnis um Größenordnungen verbessern. Pines zeigte, daß man mit Impulsfolgen verschiedener Frequenzen zwei Kernspinarten entkoppeln kann bei gleichzeitiger Signalvergrößerung. So ist es möglich, hochaufgelöste ^{13}C-Spektren bei natürlicher Isotopenkonzentration (1,1%) in Gegenwart von Protonen in geordneten molekularen Systemen zu beobachten.

Mit diesen Verfahren wurden thermotrope Phasen in Flüssigkristallen untersucht. Es konnten charakteristische strukturelle Unterschiede zwischen den sog. Hochtemperatur- und den Tieftemperaturphasen festgestellt werden. Unterschiedliches Orientierungsverhalten der starren Mittelteile und der Endketten der Moleküle wurde beobachtet, und das gab Anlaß, das Problem des Orientierungsgrades neu zu durchdenken. Da praktisch die Lage jedes einzelnen C-Atoms im Molekül verfolgt werden kann, ergeben sich weitere neue Erkenntnisse über strukturelle und dynamische Vorgänge, auf die in dieser Kurzfassung nicht näher eingegangen werden kann.

Vorgelegt werden Veröffentlichungen von: Herbert Beckert, Hans Drischel, Paul Görlich, Friedrich Hund, Artur Lösche, Roland Paetzold, Werner Ries, Kurt Schwabe, Erich Strack, Hans Stubbe.

Sitzung am 11. Mai

Vortrag des Herrn Benno Parthier: „Die cytologische Symbiose am Beispiel der Biogenese von Zellorganellen". — Nach einer einleitenden Definition des Begriffs der Symbiose, die mutualistisch bis parasitär ausgeprägt sein kann, werden an ausgewählten markanten Beispielen insbesondere pflanzliche Formen des biologischen Zusammenlebens vorgestellt: BUDERS *Chloronium mirabile* als reversibles Konsortium, die Flechten als extra- oder intrazelluläre Symbiose, Cyanellen und Knöllchenbakterien als Beispiele für intrazelluläre Symbiose, die mit dem Leghämoglobin bereits eine gemeinsame biosynthetische Leistung hervorbringt.

Ausgehend davon wird die Frage gestellt, ob die wichtigsten Kompartimente (Organellen) der Eukaryotenzelle (in Tieren, Pflanzen, Pilzen) möglicherweise auf prokaryotische Vorläufer zurückgeführt werden könnten, die vor Milliarden Jahren in urtümliche Zellen inkorporiert und während einer langen Coevolution zu heute existierenden Mitochondrien und Chloroplasten umgebildet worden seien.

Am Beispiel der Chloroplastenbiogenese wird demonstriert, u. a. mit den eigenen Ergebnissen der letzten Jahre, daß dieser Organellentyp sich aus Bestandteilen aufbaut, deren genetische Information teilweise im Plastom, teilweise im Genom codiert vorliegt, die teilweise im Chloroplasten, teilweise im Cytosol synthetisiert werden. Die letztgenannte Variante setzt voraus, daß Makromoleküle (Proteine, Lipide) aus dem Cytosol durch die doppelte Hüllmembran der Chloroplasten in das Innere transportiert werden. Es findet demnach nicht nur ein reger intrazellulärer Austausch von Produkten des Intermediärstoffwechsels zwischen den Zellkompartimenten statt, sondern auch ein (gerichteter) Transport von Syntheseprodukten aus dem Bereich der Genausprägung. Die enge intrazelluläre Verzahnung des prokaryotischen Organellensystems mit dem eukaryotischen Nucleus-Cytosol-System im Prozeß der Chloroplastenbiogenese kann man demnach als eine gut eingespielte Symbiose betrachten, zu der die „Wirtszelle" den dominierenden Anteil beiträgt bzw. die sie weitgehend genetisch und metabolisch kontrolliert. Die Biogenese der Mitochondrien folgt ähnlichen Gesetzen, obgleich auf Grund der stärker reduzierten Semiautonomie dieses Organellentyps gewisse quantitative Unterschiede bestehen. Dagegen entstehen alle Strukturen der Kompartimente mit einfachen Hüllmembranen (Mikrobodies, Lysosomes, Golgi-Apparat) durch Biosynthese von Membranenbestandteilen des endoplasmatischen Reticulums an den dort befindlichen Polyribosomen und nachträglichen Membranfusionen und -transformationen.

Abschließend wird kurz auf die Mechanismen der „Erkennung“ und Aufnahme extrazellulärer oder extraorganellärer Makromoleküle durch Biomembranen eingegangen, da dieses die ersten Schritte einer Symbioseausprägung sind. Neben der „Signalhypothese“, einer Aufnahme von Proteinen in statu nascendi ihrer Synthese, werden auch andere Möglichkeiten erwähnt. — Erschienen in den Sitzungsberichten Bd 114 (1981) H. 4.

Vorgelegt werden Veröffentlichungen von: Wolfgang Buchheim, Klaus Dörter, Manfred Gersch, Paul Görlich, Benno Parthier, Erich Strack, Dietrich Uhlmann, Adolf Watznauer.

Sitzung am 8. Juni

Vortrag des Herrn Herbert Beckert: „Leon Lichtenstein 1878—1933“. — In der Reihe der vielen Mathematiker, die in den vergangenen hundert Jahren an der Universität Leipzig der mathematischen Forschung das Gepräge gegeben haben, finden wir viele große Namen wie Sophus *Lie*, Otto *Hölder*, Paul *Koebe*, Bartel *van der Waerden* und Leon *Lichtenstein*, dessen hundertsten Geburtstages die Sektion Mathematik der KMU Leipzig in einem Festkolloquium vom 7. bis 9. 12. 1978 gedachte. Lichtenstein war ein Mathematiker von großer internationaler Ausstrahlungskraft auf den Gebieten Potentialtheorie, Integralgleichungen, Variationsrechnung, Differentialgleichungen und Hydrodynamik. In ihm vereinigte sich in glänzender Weise das Vermögen zu richtungsweisenden mathematischen Forschungsleistungen mit dem Scharfblick für deren Anwendungen in den Naturwissenschaften. Gerade in der heutigen Zeit, in welcher die mathematische Forschung auf vielen Bereichen an den zentralen Gebieten vorbeizieht und statt dessen oder gerade deswegen durch eine Kette von Verallgemeinerungen in eine unübersehbare Fülle von unbedeutenden Seitenkanälen sich zu verästeln droht, ist die Rückbesinnung auf die auf dem Gleichklang zwischen Theorie und Praxis beruhende Forschung Lichtensteins besonders aktuell.

Leon Lichtenstein wurde am 16. März 1878 in Warschau geboren. Mit 16 Jahren kam er nach Deutschland und studierte an der Technischen Hochschule Berlin-Charlottenburg Maschinenbau und Elektrotechnik, wobei er, eng mit der Mathematik verbunden, gleichzeitig an der Universität Berlin mathematische Vorlesungen hörte. 1907 erwarb Lichtenstein an der Technischen Hochschule Berlin den Titel eines Dr.-Ing. und 1909 den Dr. phil. an der Universität Berlin, 1910 habilitierte er sich an der Technischen Hochschule Berlin. Neben einer Reihe industrieller Arbeiten für die Luftfahrt und Kabelindustrie — hier arbeitete er bei Prandtl am Institut für Aerodynamik in Göttingen — entfaltete Lichtenstein in der Folgezeit eine fruchtbare vielschichtige Forschungsarbeit in der Potentialtheorie, der Variationsrechnung, im Bereich Differentialgleichungen und der konformen Abbildungen, die in dem Vortrag dargestellt wurden. Er gründete 1918 die Mathematische Zeitschrift, deren Herausgeber er bis zu seinem Tode blieb. Da sich diese Zeitschrift bald zu einer der bedeutendsten deutschen Zeitschriften der Mathematik entwickelte, hat Lichtenstein durch diese brillante organisatorische Aktivität der Mathematik einen bleibenden Dienst erwiesen. Durch die zwei Enzyklopädieartikel: „Neuere Entwicklung der Potentialtheorie, Konforme Abbildungen“ und „Theorie der partiellen Differentialgleichungen vom elliptischen Typus“ wurde Lichtenstein zum Mentor einer ganzen Forschungsgeneration auf dem Gebiet der partiellen Differentialgleichungen und der Potentialtheorie. Durch den Tod von Karl *Rohn* 1920 wurde am Mathematischen Institut der Universität Leipzig eine Professur frei. Nach anfänglicher Zurückhaltung stimmte die Fakultät schließlich der Berufung Lichtensteins nach Leipzig zu. In seiner programmatischen Antrittsvorlesung, welche — bedeutend erweitert — 1923 unter dem Titel „Astronomie und Mathematik in ihrer Wechselwirkung" als Monographie erschien, entwickelte Lichtenstein, der inzwischen das Schwergewicht seiner Untersuchungen auf die Anwendung seiner früheren Arbeiten auf die Hydromechanik verlegt hatte, ein vielschichtiges Forschungsprogramm, welches in den letzten 15 Jahren seines Lebens von ihm und seinen Schülern zum Teil verwirklicht werden konnte. Lichtenstein stellte, wie in dem Vortrag näher ausgeführt wurde, in einer Reihe von größeren Abhandlungen neue Existenz- und Stabilitätssätze für die Verzweigung homogener oder auch heterogener, rotierender Flüssigkeiten sowie für die Dynamik inkohärenter Medien auf. Er entwickelte die Schmidtsche Lösungstheorie nichtlinearer Integralgleichungen weiter und stellte eine strenge Theorie der Ringe des Planeten Saturn auf. Unter der Vielzahl weiterer hydrodynamischer Arbeiten Lichtensteins sei besonders auf die erstmalige Lösung des Anfangswertproblems der instationären Bewegungsgleichungen homogener und heterogener, inkompressibler, idealer Flüssigkeiten verwiesen, wobei u. a. auch die Bewegung der Flüssigkeit bei Vorgabe von geschlossenen, unendlich langen oder an den Gefäßwänden endigenden Wirbeln endlichen Querschnitts exakt beschrieben wurde. Lichtenstein, der bereits 1929 zum ordentlichen Mitglied der Sächsischen Akademie gewählt wurde, hat in den 11 Jahren seiner Leipziger Tätigkeit eine sehr erfolgreiche Lehrtätigkeit entfaltet. Seine bedeutendsten Schüler sind Ernst *Hölder*, Karl *Maruhn*, Aurel *Winter*, Erich *Kähler* und Viktor *Garten*.

Lichtenstein starb am 21. August 1933 auf einer kurzen Urlaubsreise in Zakopane an Herzversagen. — Erschienen in der Wissenschaftlichen Zeitschrift der KMU Leipzig, math.-nat. R. *29* (1980) H. 1, S. 3—13.

Sitzung am 12. Oktober

Vortrag des Herrn Wolfgang Buchheim: „Albert Einstein als Wegbereiter nichtklassischer Physik", gehalten anläßlich A. Einsteins 100. Geburtstages. — Es wird dargestellt, in welcher vielfältigen Weise das wissenschaftliche epochemachende Wirken A. Einsteins mit jener „Krise" der Physik (und anderer Disziplinen) verwoben ist, die um die Jahrhundertwende dadurch heraufbeschworen wurde, daß die Physik unter dem Zwange umwälzender Entdeckungen den klassischen Rahmen ihres theoretischen Konzeptes sprengte. Die Überschreitung ihrer klassischen Grenzen manifestierte sich in der Notwendigkeit, eine Reihe von „Axiomen" aufzugeben, die bislang zu ihren Grundpfeilern gezählt wurden: Es sind dieses z. B. die Axiome der Übertragung von Längen, Zeitdistanzen und Massen beim Wechsel des Bezugssystems, die Erhaltungsprinzipe für Masse und Energie getrennt und der Glaube, daß die physikalische Welt im Kleinsten (Mikrophysik) wie auch im Größten (Kosmologie) gleich beschaffen ist wie im unmittelbar anschaulichen alltäglichen Bereiche. Jene Überschreitung vollzog sich also an zwei verschiedenen Fronten.

In die Bewältigung der theoretischen Situation, die mit diesen Grenzüberschreitungen aufgeworfen wurde, ist A. Einstein entscheidend, wie sich heute rückblickend deutlich erkennen läßt, an beiden Fronten einbezogen gewesen. Die schon seit H. *Hertz* akuten Paradoxien der Vakuum-Elektrodynamik löste er mit H. *Minkowski* durch die Aufstellung der „Speziellen Relativitätstheorie" (1905—1908). Die Erweiterung zur „Allgemeinen

Relativitätstheorie“ mit M. *Großmann* und D. *Hilbert* (1913 bis 1917) bescherte der Physik und Astrophysik eine neue und umfassendere Gravitationstheorie, deren Kern die Gleichheit von träger und schwerer Masse in Verbindung mit der Verschmelzung von nichteuklidischer Geometrie mit Physik ist. Sie führte zur Auflösung einiger klassischer kosmologischer Paradoxien bei Newton und Kant und zu neuartigen Modellierungen des gesamten Kosmos.

Aber auch in die Entwicklung der Mikrophysik, der die Entdeckung des PLANCKschen Wirkungsquantums um 1900 den richtungsweisenden Impuls erteilte, war A. Einstein mehrfach entscheidend als „Weichensteller“ einbezogen. Er schuf die hier fundamental gewordenen Begriffe des „Strahlungsquant“, des nur statistisch beschreibbaren „Elementarprozesses“, der „Quantenstatistik“ u. a. Er wurde auch damit, obgleich er das deterministische Konzept in Makro- und Mikrophysik nicht aufgeben wollte, zum Hauptinitiator der nichtklassischen Physik. — Erschienen in den Sitzungsberichten Band 115 (1981) H. 2.

Vorgelegt werden Veröffentlichungen von: Wolfgang Buchheim, Klaus Dörter, Ulrich Freimuth, Manfred Gersch, Paul Görlich, Herbert Jordan, Benno Parthier, Kurt Schwabe, Erich Strack, Dietrich Uhlmann, Adolf Watznauer.

1980

Sitzung am 11. Januar

Vortrag des Herrn Wolfgang Dürwald: „Methoden und Möglichkeiten der Personenidentifizierung in der gerichtlichen Medizin.“ — Identifizierungsuntersuchungen haben in der gerichtlichen Medizin zunehmend an Bedeutung gewonnen, vor allem durch die Notwendigkeit, bei Massenunfällen eine Vielzahl von unbekannten Opfern in kürzester Zeit zu identifizieren. In der Geschichte der Kriminalistik haben derartige Probleme schon frühzeitig eine Rolle gespielt, während wir in der gerichtsmedizinischen Literatur erste Hinweise auf Fragen der Identifizierung durch medizinische Untersuchungen in der zweiten Hälfte des 18. Jahrhunderts vor allem in Form von Falldarstellungen finden. Die österreichische „Vorschrift für die Vornahme der gerichtlichen Totenbeschau“ von 1855 verlangte bereits eindeutig die Feststellung von bestimmten Identifizierungsmerkmalen bei unbekannten Toten. Erste Identifizierungsverfahren auf wissenschaftlicher Grundlage sind in der Kriminalistik im vorigen Jahrhundert entwickelt worden, so die Anwendung der Fotografie nach *Daguerre*, die Anthropometrie nach *Bertillon* und die Daktyloskopie nach *Henry-Galton*.

Gerichtsmedizinische Identifizierungsprobleme beziehen sich in erster Linie auf die Zuordnung von Leichen und Leichenteilen zu einer bestimmten Person. Besondere Aktualität haben diese Fragen in den letzten Jahrzehnten durch die größere Zahl von Massenunfällen mit Katastrophencharakter gewonnen. Neben der moralischen besteht vor allem eine rechtliche Verpflichtung zur Identifizierung unbekannter Opfer. In manchen Ländern ist die Identifizierung der Unfalltoten Voraussetzung für die Genehmigung der Überführung in das Heimatland.

Aus gerichtsmedizinischer Sicht ist die Unterscheidung von veränderlichen und nicht veränderlichen Merkmalen wichtig. Zu letzteren zählen die Fingerbeerenmuster und die Blutgruppeneigenschaften. Bei veränderlichen Merkmalen spielt die Beschaffung von Vergleichsmaterial aus jüngerer Zeit eine Rolle, da nur dann diese Merkmale voll oder weitgehend mit in die Untersuchung einbezogen werden können. Von besonderer Bedeutung sind die Merkmale und Merkmalsgruppen, die für sich allein schon einen Identifizierungsbeweis darstellen. Hierzu gehört die Daktyloskopie, die spezielle Röntgenidentifikation und mit gewissen Einschränkungen auch die Identifizierung anhand der Zähne. Liegen derartige Merkmale nicht vor oder können sie aus irgendwelchen Gründen nicht erhoben werden, ist zunächst die Feststellung von Gruppenmerkmalen wie Geschlecht, Lebensalter, Körpergröße, Rasse u. a. notwendig. Anschließend erfolgt die Suche nach mehr oder weniger ausgeprägten Individualmerkmalen wie Narben, Mißbildungen, Tätowierungen, krankhaften Organveränderungen, Berufsmerkmalen usw., die zwar alle nicht ganz individual-spezifisch sind und bei mehreren Menschen vorkommen können (beispielsweise Narben), die aber in ihrer Gesamtheit in den meisten Fällen eine sichere Identifizierung gestatten. Der heutige Stand dieser Methoden wird dargestellt und ihre Leistungsfähigkeit im einzelnen anhand von Beispielen besprochen, wobei besonders die Bedeutung der Röntgenidentifikation herausgestellt wird, deren Möglichkeiten keineswegs immer ausgeschöpft werden, und hier sicherlich auch noch weitere Forschungen zu einer besseren Ausnutzung der in dieser Methode steckenden Möglichkeiten durchgeführt werden müssen. Auch die Superprojektion kann heute in Zusammenhang mit der Videotechnik bei Massenunfällen erfolgreich angewandt werden. Ein wesentliches Problem liegt darin, daß alle Methoden so vorbereitet sein müssen, daß sie auch unter Feldbedingungen einsetzbar sind, wobei den unterschiedlichen äußeren Bedingungen (Klima, unwegsames Gelände usw.) Rechnung getragen werden muß. Eine entsprechende Ausrüstung, organisatorische Vorbereitung und Training der eingesetzten Untersuchungsgruppe ist für eine optimale Identifizierung möglichst vieler Opfer von Massenunfällen unbedingt erforderlich. — Erscheint in erweiterter Form in den Sitzungsberichten.

Sitzung am 8. Februar

Vortrag des Herrn Herbert Krug: „Die Technologie der Brikettierung von Weichbraunkohle im Lichte der Verfahrenstechnik und der besseren Nutzung dieses Energieträgers“. — Nach einem kurzen Hinweis auf die in volkswirtschaftlicher Größenordnung liegenden Produktionsleistungen unserer Braunkohlenbrikettfabriken werden einige Grundbegriffe der Technikwissenschaft, insbesondere der Verfahrenstechnik, vorgestellt und erläutert. Hiervon ausgehend, wird die Struktur einer Brikettfabrik — in Kopplung mit einem Kraftwerk — beleuchtet und untersucht, wie die einzelnen Betriebsabschnitte, Rohkohlenaufbereitung — Trocknung — Trockenkohlenbehandlung — Pressung, schrittweise zur Wandlung des Einsatzstoffes „Rohbraunkohle“ in das Endprodukt „Braunkohlenbrikett“ beitragen. In diesen Betriebsabschnitten treten Makroprozesse (früher als „Grundoperationen“ bezeichnet) auf, die technologisch relevant sind und deren bestmögliche Beherrschung entscheidend für das Produktionsergebnis ist. Hier bietet sich auch künftighin eine weitere Erfolge versprechende Zusammenarbeit zwischen Natur- und Technikwissenschaften an. Das Braunkohlenbrikett mit seinem erhöhten Heizwert und seiner Festigkeit ist nicht nur ein veredelter „Gebrauchsenergieträger“, sondern für bestimmte Verfahren der weiterführenden thermischen Veredlung (Ent- und Vergasung) auch ein vorzügliches Einsatzgut. Es wird auf in den letzten Jahren erkannte Wege hingewiesen, die durch Einsatz von Spezialbriketts — gekennzeichnet durch hohe mechanische und Pyrolysefestigkeit — in den Verkokungsprozeß neben Flüssigprodukten und Stadtgas vor allem zu hochfesten Stückkoksen führen, wobei der günstige energetische Wandlungsgrad des Verfahrens erhalten bleibt. Abschließend wird kurz auf die Situation der festen fossilen Energieträger im globalen Rahmen eingegangen. — Erschienen in den Sitzungsberichten Band 115 (1982) H. 5.

Vorgelegt werden Veröffentlichungen von: Klaus Dörter, Benno Parthier.

Sitzung am 7. März

Vortrag des Herrn Paul Görlich: „Die geschichtliche Entwicklung des Wissenschaftlichen Gerätebaus und seine zukünftige Bedeutung". — Ausgehend von einer Einführung zum Begriff „Wissenschaftlicher Gerätebau" (WGB) wird ein kurzer geschichtlicher Überblick über den Werdegang des wachsenden WGB ab dem 16. Jahrhundert bis zur Neuzeit angeschlossen. Es folgen Betrachtungen zur Definition des Gebietes WGB, denen sich Betrachtungen über die Bedeutung der Meßtechnik für den WGB anschließen. Alsdann wird auf die Wichtigkeit der klassischen Zuverlässigkeitstheorie und deren Grenzen hingewiesen und darauf, daß die Biokybernetik und Bionik stimulierende Wirkung in bezug auf eine „Kurzzeit"-Zuverlässigkeit haben. Des weiteren wird abgeschätzt, welche Forschungsgebiete für die Förderung des WGB von Bedeutung sind, wobei sich ergibt, daß neben der Meßtechnik vornehmlich die physikalische Disziplin im Vordergrund steht. Einen breiteren Rahmen nehmen die Betrachtungen zu den Verknüpfungstendenzen des WGB mit der Steuerungs- und Regelungstechnik sowie mit der automatischen Datenverarbeitung ein, denen sich solche über die technischen Produktionsvorbereitungen anschließen. Zum Abschluß wird auf die Bedeutung prognostischer Arbeit für den WGB hingewiesen. — Erschienen in den Sitzungsberichten Band 115 (1982) H. 3.

Vorgelegt werden Veröffentlichungen von: Ernst Neef.

Sitzung am 16. Mai

An Stelle des unerwartet verstorbenen Herrn Drischel springt Herr Neef ein.

Vortrag des Herrn Ernst Neef: „Verlust der Anschaulichkeit in der Geographie und das Problem der Kulturlandschaft". — Anregung für dieses Thema gab der Vortrag von Herrn Ott-Heinrich *Keller* im Dezember 1978 über die Anschaulichkeit in der Mathematik. Er deutet darauf hin, daß der Verlust an Anschaulichkeit ein allgemeines und weit verbreitetes Symptom für eine kritische Entwicklung in den Wissenschaften ist, besonders spürbar natürlich in den sogenannten beschreibenden Wissenschaften.

Im ersten allgemeinen Teil des Vortrages werden zwei Ursachen der Erscheinung behandelt, nämlich erstens: die Mißachtung des ursprünglichen Auftrags an die Wissenschaft, vertiefte Kenntnisse über wichtig erscheinende Fragen zu erarbeiten. Dieser Auftrag schließt ein, daß die gewonnenen Erkenntnisse aus der analytischen Arbeit wieder in den primären Zusammenhang der Fragestellung zurückgeführt werden, also Analyse und Synthese eine dialektische Einheit bilden. Im Zuge der Entwicklung hat sich die Analytik selbständig gemacht, ihre Ergebnisse wurden das eigentliche Ziel wissenschaftlicher Untersuchungen und die Maßstäbe für Wissenschaftlichkeit aus dem analytischen Denken allein abgeleitet. Das bedeutet eine eminente Vernachlässigung aller synthetisch arbeitenden Wissensgebiete, die vor allem mit komplizierten gesellschaftlich relevanten Lebens- und Umweltproblemen zu tun haben. Eine zweite Quelle für den Verlust der Anschaulichkeit sind die „Grenzüberschreitungen", d. h. die Übertragung von Erkenntnissen auf andere Gebiete, auf denen die Voraussetzungen für diese Aussagen nicht gegeben sind. Das führt zu einer unkonkreten, Anschaulichkeit meidenden formalisierten Ausdrucksweise, die wiederum besonders für komplizierte, aber lebensnahe Erscheinungen nachteilig wirkt.

Im zweiten Teil des Vortrags erläutert der Vortragende am Beispiel der Kulturlandschaftsforschung in der Geographie, welche Faktoren zusammengespielt haben, um ein früher fast zentrales Arbeitsgebiet der Geographie weitestgehend veröden zu lassen. Ein wesentlicher Anteil daran kommt der Ablehnung der physiognomischen Betrachtungsweise als unwissenschaftlich, der Entwertung des Ästhetischen als Gegenstand wissenschaftlicher Charakteristik, der Wissenschaftsorganisation, die physische und Kulturgeographie getrennt hat, so daß für integrierte Komplexe kein Ansatzpunkt mehr gegeben war, zu, ja selbst dem Einsatz systemtheoretischer Methoden, die bei Supersystemen wie der Kulturlandschaft ihren Aussagewert verlieren, sowie den Möglichkeiten der mathematischen Behandlung der Probleme, die in Vielstoffsystemen (Supersystemen) ihre Grenze findet und so zu einer Einschränkung der Forschung auf mathematisch noch lösbare Teilprobleme führt.

Da die meisten großen Umweltprobleme, ähnlich der Kulturlandschaft, jener Kategorie äußerst komplizierter hochintegrierter Erscheinungen zugehören, die sich analytisch nicht fassen lassen, sondern der synthetischen Ordnung zugeführt werden müssen, ergibt sich die Notwendigkeit, synthetische Verfahren in der wissenschaftlichen Methodik zu erarbeiten und deutlich gegenüber der Analyse, gewissermaßen als komplementäre Verfahren im Sinne von N. *Bohr*, als selbständig auszuweisen. Daher wird der Vorschlag gemacht, die sogenannten Supersysteme, die eines besonderen wissenschaftlichen Zugangs bedürfen, als kulturgeographische „Ensembles" zu bezeichnen und dafür eine Charakteristik zu entwerfen. — Erschienen in den Sitzungsberichten Band 115 (1982) H. 6.

Vorgelegt werden Veröffentlichungen von: Wolfgang Buchheim, Klaus Dörter, Herbert Jordan, Adolf Watznauer.

Sitzung am 6. Juni

Vortrag des Herrn Manfred Gersch: „Zur Evolution des Hormonsystems im Tierreich". — Die Vorstellung vom Hormonsystem der Tiere wird beherrscht von den bekannten Verhältnissen bei Wirbeltieren mit ihren endokrinen Drüsen, die ihre Hormone in das Blutgefäßsystem abgeben. Neue Tatsachen bei niederen Tieren (Wirbellosen) wie auch bei Wirbeltieren zeigen aber, daß sich das Hormonsystem mit dem Auftreten der Neurosekretion phylogenetisch aus dem Nervensystem ableitet. Demgemäß ist die Neuroendokrinologie die ursprüngliche Form, während die Endokrinologie klassischer Prägung als phylogenetisch jünger anzusehen ist.

Die kurze Darstellung behandelt die wichtigsten Erscheinungsformen der Neuroendokrinologie sowohl bei Wirbellosen als auch bei Wirbeltieren aus evolutionärer Sicht. Hierbei spielen die sehr aktuellen Erkenntnisse über das Vorkommen, die funktionelle Bedeutung sowie die phylogenetischen Zusammenhänge von Peptiden und „Peptid-Familien" wiederum bei Wirbellosen und Wirbeltieren eine besondere Rolle, worauf mit prägnanten Beispielen eingegangen wird. Schließlich wird auch die Frage nach der Entstehung und der phylogenetischen Einordnung der Hormondrüsen und ihrer Produkte im Tierreich erörtert. Wenngleich hierbei vieles spekulativ bleiben muß, ergibt die Darstellung ein zwar gedrängtes, aber eindruckvolles Bild von der Evolution des Hormonsystems im Tierreich. Mit den gegenwärtigen Erkenntnissen treten aber auch neue grundsätzliche Probleme auf, die hier mit angeschnitten werden.

Dieses fast konservativ erscheinende Thema wirft somit außerordentlich aktuelle und z. T. viel diskutierte Fragenkomplexe auf. — Erschienen in den Abhandlungen Band 54 (1982) H. 5.

Sitzung am 10. Oktober

Anstelle eines Vortrags, den Herr Neef bereits im Mai gehalten hatte, gab Herr Neef als Vorsitzender der Kommission für spezielle Umweltfragen einen Bericht über die Arbeiten der Kommission zu Fragen der „Rangordnung von Umweltproblemen“[1]

Der Präsident der Sächsischen Akademie der Wissenschaften, Herr *Schwabe*, hatte vor einiger Zeit angeregt, daß die Kommission sich mit Fragen der Rangordnung von Umweltproblemen beschäftigte, da eine solche einen besseren Einsatz der zu Verfügung stehenden Forschungsmittel ermögliche. Die kleine Gruppe von Wissenschaftlern in der Sächsischen Akademie reicht natürlich nicht aus, um eine so vielseitige Aufgabe zu bewältigen. Außerdem war von vornherein klar, daß angesichts der Mannigfaltigkeit und Verschiedenartigkeit der Umweltschäden keine umfassenden Lösungen möglich waren, sondern nur die Prinzipien einer Rangordnung geprüft werden konnten.

Vorwiegend unter medizinischem Aspekt gab ein Entwurf von Herrn *Jordan* eine zweireihige Ordnung von Gesichtspunkten, die die Relation Mensch (Wirkung) und Umwelt (Ursachen) repräsentieren. Der Wertungsbereich Wirkung berücksichtigt Pathokinese und Pathogenese (also z. B. teratogene, mutagene, karzinogene oder hochtoxische Wirkungen, psychische Schädigungen), die Einwirkungsdauer, den betroffenen Lebensbereich (z. B. Kur- und Erholungsgebiete, Wohngebiete) und die Art der Schädigung (z. B. Schädigung irreparabel oder reparabel). Der Wertungsbereich Ursachen berücksichtigt den Interaktionsgrad im Sachzusammenhang — der das Interaktionsrisiko bestimmt — die zeitliche Belastung, die Lösungsmöglichkeiten für die Verhütbarkeit und die Organisationsebene der Verantwortlichkeit. Jeder der Gesichtspunkte kann in vier Stufen gestaffelt werden, so daß die in Punkten angebbare Ordnung zugleich ein Hinweis auf die Rangfolge ist. Doch ist die mögliche Punkte-Addition nicht das eigentliche Ziel der Studie, sondern eine Grundlage für das Durchdenken des gegebenen Problems.

Aufbauend auf den Diskussionen über den Entwurf von Herrn *Jordan* hat Herr *Neef* den Versuch unternommen, Umweltprobleme und Umweltschäden in Kategorien und Stufen der Umweltgefährdung einzuordnen, also eine Art Klassifikation zum Zwecke der Rangordnung zu schaffen. Er gliedert die Schadenswirkungen in drei Kategorien, die wiederum mehrere Stufen aufweisen. Sie werden bezeichnet als

Kategorie I: Gefahrengruppe (lebensbedrohende Prozesse) mit 2 Gefahrenstufen

Kategorie II: Schadensgruppe (nicht lebensbedrohende, aber volkswirtschaftlich stark belastende und die Umweltqualität mindernde Veränderungen) mit 3 Intensitätsstufen

Kategorie III: Belästigungsgruppe (vorwiegend lokale Veränderungen der Umwelt mit z. T. erheblicher psychischer Wirkung), nach ihrer Ausdehnung in 2 Stufen unterzugliedern.

Jede dieser Stufen kann nach ihren Verursachern, ihren Wirkungen, ihrer gesellschaftlichen Bedeutung, nach den geeigneten und z. T. unerläßlichen Behandlungsweisen und nach ihrer ökonomischen Belastung charakterisiert werden.

[1] Den Gesamtbericht siehe Seite 49—54.

Sitzung am 5. Dezember

Vortrag des Herrn Dietrich Uhlmann: „Ökologische Probleme der Trinkwassergewinnung aus Talsperren". — Für die Trinkwasserversorgung wird, soweit in ausreichender Menge vorhanden, normalerweise Grundwasser bevorzugt. In einigen der südlichen Bezirke der DDR fehlen breite Flußtäler mit grundwasserführenden Schottern und Kiesen weitgehend. Hier wird das Trinkwasser vor allem aus Talsperren gewonnen. Vollständig bewaldete Einzugsgebiete sind hinsichtlich der Beschaffenheit des Rohwassers am günstigsten. In landwirtschaftlich genutzten Einzugsgebieten (die meistens auch relativ dicht besiedelt sind) muß durch Einrichtung von Schutzzonen sowie durch geeignete Sanierungs- und Bewirtschaftungsmaßnahmen vor allem folgendes erreicht werden:

1. Verhinderung von Massenentfaltungen des Phytoplanktons, die zu Sauerstoffschwund im Tiefenwasser der Talsperre, zu Geschmacksbeeinträchtigungen des Trinkwassers und einer zu hohen Filterbelastung im Wasserwerk führen.
2. Nichtüberschreitung des Richtwertes für Nitrat, da dieses bei überhöhter Konzentration zu Gesundheitsschädigungen führen kann. Das Nitrat stammt vor allem aus diffusen Verunreinigungsquellen (Düngung landwirtschaftlicher Nutzflächen).

Die im Rohwasser des Wasserwerkes zu erwartende Nitratkonzentration kann normalerweise aus den Werten in den Zuläufen der Talsperre berechnet werden. Hinsichtlich der Vorhersage des Phytoplanktonwachstums ist eine so einfache Transformation zwischen Eingangsgrößen (hier vor allem Orthophosphat) und Ausgangsgrößen nicht möglich. Sie setzt vielmehr die Kenntnis der wichtigsten Strukturelemente und Kausalbeziehungen im Gewässer-Ökosystem voraus. Das gelöste Orthophosphat ist in den Trinkwassertalsperren der DDR der in erster Linie wachstumsbegrenzende Pflanzennährstoff. Die Nährstoffkomposition des Talsperrenwassers (C:B:P) weicht sehr stark von der des Phytoplanktons (im Mittel C_{106} N_{16} P_1) ab; sie beträgt im Wasser der Saidenbachtalsperre im Sommer im Mittel C_{106} N_{160} $P_{0,01}$. Hier ist also zuviel N und zu wenig P im Angebot. Sanierungsmaßnahmen sind darauf zu richten, diese „Disharmonie" noch zu vergrößern, d. h. das P-Angebot noch weiter zu verringern. Auf entsprechende Maßnahmen („Oligotrophierung") reagieren Talsperren weitaus empfindlicher bzw. schneller als Seen. Die Phytoplanktonentwicklung kann außerdem durch Reduzierung des Lichtangebotes (künstliche Durchmischung des Wasserkörpers) sowie durch Förderung des filtrierenden Zooplanktons kontrolliert werden. Beispielsweise erreicht in der Saidenbachtalsperre der Kleinkrebs *Daphnia hyalina* eine Filterleistung, die einer hydraulischen Belastung von 65 m Wassersäule pro mm^2 Filterfläche und Tag entspricht. Der Filterapparat hält auch sehr kleine Partikel (Bakterien $< 1{,}0\ \mu m$ Länge) zurück. Die volle Wirksamkeit des filtrierenden Zooplanktons muß durch Reduzierung des Fischbestandes (erhöhter Besatz mit Raubfischen, dadurch Abnahme der zooplanktonfressenden Fische) erreicht werden.

Der durchschnittliche Nitratgehalt ist in allen Talsperren, in deren Einzugsgebiet sich landwirtschaftliche Nutzflächen befinden, im letzten Jahrzehnt erheblich angestiegen. Da die nachträgliche Entfernung des Nitrats durch gelenkte mikrobielle Denitrifikation sehr hohe Kosten verursacht, muß vor allem nach Wegen gesucht werden, die Auswaschungsverluste im Einzugsgebiet zu verringern. Gesicherte Aussagen darüber, welche Kombination von Sanierungsmaßnahmen und direkten Eingriffen in den Stoffhaushalt des Gewässers die größten Auswirkungen hinsichtlich der Verbesserung der Rohwasserbeschaffenheit erwarten läßt, ist nur mit Hilfe eines dynamischen ökologischen Vorhersagemodells möglich. — Erscheint in erweiterter Form in den Abhandlungen Bd 55 (1983) H. 4

1979

Sitzung am 12. Januar

Vortrag des Herrn Ernst Werner: „Ökonomische und soziale Strukturen zu Beginn des europäischen Hochfeudalismus: Das 11. Jahrhundert". — Der besondere historische Stellenwert des 11. Jh. lag in dem Beginn einer vollen Ausprofilierung reiner, „klassischer" Formen des Feudalismus, von denen weltgeschichtliche Impulse ihren Ausgang nahmen. Der Übergang vom Früh- zum Hochfeudalismus war eine Entwicklung, die einen Kumulationseffekt darstellte, der ein dialektisches Ganzes vielfältiger Bewegungsvorgänge bildete. Es kam zu Veränderungen von Grundqualitäten, die neue Stufen eines Evolutionsprozesses erzeugten.

Mit dem 11. Jh. begann eine bis ins 13. Jh. reichende Langzeitdynamik. Der sichtbar werdende Herrschaftswandel erfolgte durch Eigentumskonzentration, die durch Erhöhung der Agrarproduktion, dritte gesellschaftliche Arbeitsteilung, Bevölkerungsanstieg und soziale Differenzierung bedingt war. Die Eigentums- und Besitzumverteilung in Westeuropa fand in den Bannherrschaften und den Incastellamenta unter starker Einwirkung der Ware-Geld-Beziehungen ihre Realisierung. Als dynamischstes Element und entscheidendes Fortschrittspotential erwiesen sich die neu entstehenden bzw. wiederentstehenden Städte. Händler und Handwerker erkämpften sich in conjurationes und communitates ökonomische und juristische Freiheiten. Die kommunale Bewegung beseitigte im Bereich der Städte die feudale Ausbeutung, ohne damit das feudale Gesamtsystem zu sprengen. Sie löste das feudale Rentenwesen in der Stadt ab und setzte das Prinzip kollektiver Freiheit durch. Die emanzipierten Stadtgemeinden stellten die feudale Herrschaftsstruktur in den civitates in Frage, indem sie die Amtsführung des Stadtherren ihres charismatischen Charakters entkleideten. Mit den Städten schürzten sich aber auch die Widersprüche innerhalb der Totalität Feudalismus. Einerseits ist reifer Feudalismus ohne Städte undenkbar, weil das Verzicht auf Arbeitsteilung zwischen Landwirtschaft, Handwerk und Handel bedeuten würde, andererseits bedingte die Urbanität einen Antagonismus zwischen Stadt und Land, der sich als eine dialektische Einheit von Gegensätzen darbot, die das Verhältnis von einfacher Warenproduktion und naturalwirtschaftlicher Basis der Ökonomie reflektierte. Es existierte ein enger Konnex zwischen gesellschaftlicher Evolution und Umfang der Warenproduktion.

Dennoch fiel die neue städtische Herrschaftsstruktur nicht aus den Rahmen feudaler Beziehungen, sondern begünstigte nur neue Ausgangs- und Übergangspositionen für einen tiefer gehenden Strukturwandel der Formation. Die Bürger erstrebten Privilegien und Vorzugspositionen. Nach außen hin blieben die alten Herrschaftsstrukturen erhalten.

Die europäische Sozialstruktur vereinheitlichte und differenzierte sich gleichermaßen, setzte Schichten frei, die um libertates („Rodungsfreie", Stadtluft macht frei, Freiheit der Kirche) rangen und neue Genossenschaften bildeten.

Die soziale Mobilität ermöglichte eine ökonomische Dynamik, die sich von der frühmittelalterlichen Statik abhob.

Worin lagen dann die Ursachen für den allgemeinen Strukturwandel im 11. Jh.? Monokausale Erklärungen sind kaum möglich. Die feudale Produktionsweise im dynamisch bewegten Strukturzusammenhang der gesellschaftlichen Totalität schließt an sich Monokausalität aus. Einige Momente springen aber ins Auge.

Die Allodisierung von Produktionsmitteln und feudalen Rechten im städtischen und ländlichen Sektor förderten die soziale Mobilität. Die libertates gewährten Landwirtschaft, Handel und Gewerbe eine relative Ellbogenfreiheit. Derartige Freiräume erkämpften die Produzenten in harten Auseinandersetzungen mit ihren Herren unter der Pax-Losung. Dem Friedensschutz lief wohl die Entwaffnung der Bauern parallel, aber zugleich erhielt die Treuga Dei, wie 1082 in Lüttich, politisches und ökonomisches Gepräge, wurde von den Regionalgewalten als Wirtschaftsfaktor begriffen.

Bewegten sich im 10. Jh. die Aktivitäten und Aktionen des Volkes weithin auf der Ebene der Ökonomie, so erfaßten sie 100 Jahre später die politische und ideologische Sphäre und forderten die herrschende Klasse zu Reaktionen heraus, zwangen sie auf die dornigen Pfade des Fortschritts.

Sitzung am 9. Februar

Vortrag des Herrn Kurt Rudolph: „Antike Baptisten". — Unter dem Namen „Taufsekten" werden in der Forschung eine Reihe von Gruppen der frühjüdischen und -christlichen Religionsgeschichte zusammengefaßt, die zu ihrem zentralen Kultbestand gewisse Wasserzeremonien, vor allem Untertauchungen in fließenden Gewässern, zählen und diese auch in besonderer Weise ideologisch-theologisch deuten. Dahinter steckt vornehmlich eine Radikalisierung von Reinheitsforderungen, wie sie das Judentum seit alters (Leviticus 15) kennt, und die parallel zu ähnlichen Erscheinungen der „Thoraverschärfung" Ausdruck einer Kritik am herkömmlichen religiös-gesellschaftlichen Leben ist, hervorgerufen aus der Krise der judäischen Gesellschaft im Zeitraum vom 2. Jh. v. Chr. bis zum 1. Jh. n. Chr., verursacht durch die seleukidische und römische Wirtschafts- und Religionspolitik, die zum Abbau traditioneller Strukturen und gleichzeitig zur Etablierung antiker Klassenverhältnisse führte. Die christlichen Nachfolgeerscheinungen zehren von diesem Ursprung, artikulieren sie nur in einem neuen Rahmen. Die Studie untersucht die recht sporadischen Überlieferungen jüdischer, griechisch-lateinischer und christlicher Herkunft über und von diesen Gemeinschaften, angefangen von den sog. Essenern bzw. der Qumrān-Gemeinde, den „Baptisten", „Hemerobaptisten" und „Masbothäern" der Häresiologen, Johannes dem Täufer, Jesus von Nazareth und seiner frühen Gemeinde, den Elchasaiten, den Ebioniten (Judenchristen), bis zu den Mandäern, der ausgeprägtesten Täufersekte. Zweck der Untersuchung war vor allem eine quellenkritische Durchmusterung der antiken Nachrichten, die seit längerem ausstand, und die Berücksichtigung neuer Quellen, wie des manichäischen (griechischen) Kölner Mani-Kodex (für die Elchasaiten), und neuester Forschungsergebnisse. Zwar läßt die trümmerhafte Überlieferung keine einheitliche Taufsektenbewegung vom 2. Jh. v. Chr. bis zum 4. Jh. n. Chr. erkennen, aber gewisse charakteristische Merkmale dieser Gruppen (Taufe, Lustrationen, Vergeistigung kultischer Begriffe, Ablehnung des Tempel- bzw. Opferkults, eschatologische und apokalyptische Erwartungen, mehr oder weniger gnostisches Gedankengut oder Ansätze dazu) zeigen eine Übereinstimmung in Theorie und Praxis. Herausragende Nachwirkungen bzw. Exponenten dieser Strömung sind Jesus von Nazareth (als Schüler des Täufers Johannes) und Mani, der unter elchasaitischen Baptisten Mesopotamiens aufwuchs. — Erschienen in den Sitzungsberichten Band 121 (1981) H. 4.

Vorgelegt werden Veröffentlichungen von: Heinrich Besseler, Lieselotte Blumenthal, Werner Coblenz, Rudolf Große, Rolf Lieberwirth, Albrecht Neubert, Werner Neumann, Claus Träger.

Sitzung am 9. März

Vortrag des auswärtigen Mitgliedes Josef Poulík: „Großmähren im Lichte archäologischer Funde“. — Im 9. Jahrhundert existierte nördlich der mittleren Donau ein westslawischer Staat, der vom byzantinischen Kaiser Konstantin Porphyrogennetos als Magna Moravia, „Großmähren“, bezeichnet wurde. Das heutige Mähren und die Südwestslowakei bildeten das Kerngebiet. Seine Geschichte versuchten die Historiker hauptsächlich aus den lateinischen und altslawischen schriftlichen Quellen zu erklären. Doch keine dieser Quellen berichtete davon, wie damals die Altmährer lebten, was für Häuser sie gebaut haben, wie sie ihre Felder bestellten, was sie produzierten, welche Handwerke sie kannten, was für Naturbedingungen zu jener Zeit herrschten usw. Es ist daher kein Zufall, daß sich die tschechoslowakischen Archäologen diesen Fragen zuwandten und sie zu lösen begannen.

Nach dem zweiten Weltkrieg und vor allem nach 1948 begannen ausgedehnte Ausgrabungen, die sich auf die wichtigsten Zentren des Großmährischen Reiches konzentrierten, wie z. B. die Burgwälle bei Mikulčice bei Hodonín, Staré Město bei Uherské Hradiště, Břeclav „Pohansko“, Nitra in der Westslowakei und andere. Diese Ausgrabungen haben eine größere Menge von Funden erbracht, die die materielle Kultur spiegeln. Zahlreiche Gegenstände aus Gold, Silber, Bronze, Eisen, Ton, Knochen und Holz, die auf den befestigten Siedlungen stadtartigen Charakters oder auf den Gräberfeldern gefunden wurden, zeugen von einem spezialisierten Handwerk. Die Entwicklung der Produktion und der Wirtschaft im allgemeinen, vor allem in der zweiten Hälfte des 9. Jahrhunderts, führte zweifellos zur sozialen Differenzierung der damaligen Gesellschaft. Die herrschende Schicht repräsentierte schon die entstehende Feudalklasse des Großmährischen Staates. Untrennbarer Bestandteil der damaligen Ideologie war das Christentum. Das wird auch durch die Entdeckungen der Fundamente von 20 Sakralbauten bewiesen. Die Grundrisse der Kirchen sind verschieden, was damit zusammenhängen mag, daß an der Verbreitung des Christentums im Zentralgebiet Großmähren Priester aus Welschland, Griechenland und Bayern beteiligt waren. Im Jahre 863 kam die byzantinische Mission nach Großmähren. An ihrer Spitze standen die Brüder Konstantin (Kyrill) und Methodius aus Saloniki.

Das Großmährische Reich hatte zwar eine ökonomisch starke Basis und eine gute administrative Organisation, die sich auf ein Netz befestigter Siedlungen „städtischen“ Charakters stützte, es konnte jedoch im Rahmen der weiteren politischen Entwicklung in Mitteleuropa die eroberten Gebiete nicht lange halten. Hinzu kamen Konflikte innerhalb der herrschenden Dynastie der Mojmiriden. All das führte schließlich zu Beginn des 10. Jahrhunderts zum Zusammenbruch des Großmährischen Reiches. In dieser Zeit verschob sich die politische Macht nach Böhmen. Hier begann sich der frühfeudale Přemysliden-Staat mit seinem Zentrum auf der Prager Burg zu entfalten.

Vorgelegt werden Veröffentlichungen von: Werner Bahner, Eberhard Brüning, Walter Horace Bruford, Ernst Eichler, Rudolf Große, Hermann Heimpel, Edgar Lehmann, Friedrich Möbius, Albrecht Neubert, Werner Neumann, Rudolf Růžička, Gertrud Schubart-Fikentscher, Kurt Tackenberg, Sir Eric Gardner Turner, Ernst Werner.

Sitzung am 11. Mai

Vortrag des Herrn Hans-Joachim Diesner: „Ursprünge der Geschichte: Thukydides“. — Es konnte gezeigt werden, daß Thukydides, der bereits in einer Traditionskette steht, die, mit Herodot und Hellanikos beginnend, auf Polybios und Prokop, ja weiter zu Machiavelli, Hobbes oder Hegel führt, mit den Ansätzen einer pragmatischen Geschichtsschreibung den entsprechenden Horizont bedeutend erweitert. Insofern gehört er unbedingt in die griechische Klassik hinein und ist innerhalb des kulturellen Erbes ebenso unentbehrlich wie die großen Naturwissenschaftler, Philosophen, Dramatiker und Baukünstler seiner Epoche.

In der Hauptsache besteht das aus der Zeitgeschichte entstehende und auf sie auch hauptsächlich reflektierende Werk des Attikers aus chronologisch eingebundenen und streng sachbezogenen Berichten, insbesondere des politischen und militärischen Geschehens. Neu — auch gegenüber Herodot — ist jedoch die ständig spürbare Durchdringung des ‚bloß' Faktischen mit Hilfe von Kausalketten, die oft als Hintergrundsanalysen erscheinen und, je nachdem, in direkter oder indirekter Rede oder in speziellen Exkursen dargelegt und verknüpft werden. Thukydides verfolgt aber bereits mehr als bloß Ursache und Wirkung und ist bemüht, Kulminations- und Wendepunkte genau zu beleuchten, Krisensituationen zu erkennen und in vielen Fällen die Motivationen der handelnden Personen zu hinterfragen. Auf diese Weise schafft er wichtige Ansätze eines historischen Menschenbildes, gewissermaßen sogar einen genauen Raster, den Nachfolger, wie Polybios (oder Spätere), nur zu verfeinern hatten. Als bestimmende Kräfte der Klassengesellschaft seiner Zeit sieht er vor allem Macht-, Herrschafts- und Besitzstreben an, neben denen andere Motivationen sich nur spärlich durchsetzen. Die Verbindung von biographischem und historiographischem Detail läßt aber zahlreiche Nuancen bei den einzelnen Personen und sozialen Schichten als mit handlungsbestimmend in Erscheinung treten. Obwohl Thukydides wichtige Strukturlinien herausarbeitet, weiß er doch dem Detail ständig die Treue zu halten, gewissermaßen ‚Mikrokosmos' und ‚Makrokosmos' zu verbinden. So auch wird die zwangsläufig brutale Schilderung von militärischem Geschehen und bürgerkriegsartigen Prozessen sublimiert: Zwar kann sie nicht jedem ästhetischen Bedürfnis gerecht werden, stets jedoch auch humanistische Anliegen verfolgen und beispielsweise den Krieg als bíaios didáskalos (III,82) scharf kritisieren. Der Faszination durch sein Thema setzt Thukydides eben die ständige nüchterne Überprüfung der Sachverhalte im Großen wie im Kleinen entgegen, in der Absicht, durch einen genauen Einblick (theoría) Möglichkeiten einer pragmatischen Nutzanwendung zu erschließen, so daß der enorme methodische Ertrag des Werkes nicht nur dem Historiker, sondern insbesondere auch dem Politiker zugute kommen konnte. Denn wenn zwar Thukydides starke Anzeichen eines erlebnisbedingten Skeptizismus zeigt und — realistisch oder mehr pessimistisch? — an die Unabänderlichkeit des Antrópinon glaubt, so hält er doch unter günstigen äußeren Bedingungen (im Friedenszustand) die Herausbildung gesunder politischer Haltungen, das Funktionieren ausgeglichener Verfassungen und somit eine gewisse Harmonie in den politischen und menschlichen Beziehungen für möglich.

Vorgelegt werden Veröffentlichungen von: Hans-Joachim Diesner, Ernst Eichler, Walter Markov, Manfred Mayrhofer, Kurt Rudolph, Claus Träger.

Sitzung am 8. Juni

Vortrag des Herrn Albrecht Neubert: „Aktuelle Probleme der lexikalischen Semantik". — Der Vortrag unternahm den Versuch, anhand von Wortbeispielen aus dem Deutschen und Englischen Einsichten in die Struktur lexikalischer Bedeutungen zu vermitteln. Es wurde aufgezeigt, auf welche Weise sich „unter der Oberfläche" identischer Wortkörper (Formative) durch hierarchisch unterschiedliche Merkmal- (Sem-) Bündelungen differenzierte lexikalisch-semantische Varianten (Sememe) „verbergen". Diese aus Semen zusammengesetzte Sememe bilden in ihrer Gesamtheit das Semantem eines Lexems. Über die semantischen Merkmale hinaus bzw. sich mit ihnen überlappend kommen den lexikalischen Einheiten einer Sprache pragmatische Indizes (Pragmeme) zu. Während die Seme die linguistischen Korrelate der Widerspiegelung der Realität durch die Sprachbenutzer sind, drücken die Pragmeme Merkmale der Kommunikation selbst aus, sie sind Korrelate der Widerspiegelung der widerspiegelnden bzw. des Widerspiegelungsprozesses.

Die demonstrierten Methoden der semantischen Komponentenanalyse und der pragmatischen Analyse stellen einen Beitrag zur linguistischen Modellierung der lexikalischen Kompetenz dar, die ein wesentlicher Aspekt der allgemeinsprachlichen Kompetenz ist. Lexikalische Bedeutung machen einen wesentlichen Bestandteil der sprachlichen Semantik aus.

Dem Vortrag lag die Absicht zugrunde, die Eigenständigkeit und Kreativität des Wortschatzes einer Sprache aufzudecken und überzeugende Illustrationen für lexikalische Regelhaftigkeit von Nominationsprozessen vorzuführen. — Erschienen in den Sitzungsberichten Band 121 (1981) H. 6.

Sitzung am 12. Oktober

Vortrag des Herrn Joachim Müller: „Der 4. Akt im 2. Teil von Goethes «Faust». Aktion und Bezüge". — Der 4. Akt ist im ganzen gesehen von der Forschung stiefmütterlich behandelt worden. Wenn auch der große Eingangsmonolog und Fausts Geistesaufschwung im Landgewinnungsplan stets gebührend herausgehoben wurden — und der Referent behandelte beides ausführlich an anderer Stelle —, so würdigte man die Dialoge zwischen Faust und Mephisto in den ersten Szenen des 4. Aktes sowie die Kriegs- und Belehnungsszenen in den mittleren und letzteren Szenenfolgen zu wenig oder akzentuierte sie falsch. Dabei kommen diesen Geschehnissen wichtige dramatische Funktionen zu, die in den Zusammenhang der Gesamthandlung eingreifen und an zentrale Vorgänge in den vorangehenden drei Akten anknüpfen wie solche im folgenden 5. Akt antizipieren. So wird die Figur des Kaisers aus dem 1. Akt in den 4. übernommen und in ihrer Zwiespältigkeit noch verschärft. Goethe hat in Planskizzen von leisen Bezügen zum Gesamtdrama gesprochen, hat aber dann in der Ausgestaltung kräftige und straffe Verbindungslinien geschaffen.

In dem großen Dialog zwischen Faust und Mephisto steht Goethes, von Faust vertretene Ansicht von den allmählich gebildeten Gebirgsmassen dem satanischen Humor von den Höllenexplosionen gegenüber (der alte Streit zwischen Neptunismus und Vulkanismus, der auch in der Klassischen Walpurgisnacht ausgefochten wird), und Mephistos, die biblische Szene parodierende Lockung mit den Reichen der Welt und ihren Herrlichkeiten gleitet von Faust ab, den weder nach Genußleben, noch nach Gewalt gelüstet, der vielmehr grenzenlosen Geistes die große Tat einer Meereseindeichung ins Auge faßt. Mephisto muß widerwillig diesen Wunsch fördern und ersinnt einen komödischen Umweg, die Belehnung mit einem ausgedehnten Uferstreifen durch den Kaiser dadurch zu erreichen, daß Faust dem in einem feudalen Parteikrieg bedrängten Monarchen entscheidende militärische Hilfe bringt. Goethe hat in lebenslanger Plutarchlektüre reiche Anschauungen von kriegerischen Aktionen gewonnen, die er nun in einem dramatischen Gaukelspiel parodiert. Er läßt es Mephisto mit Wasser- und Feuerspuk, mit dem Aufgebot von Gespensterscharen und mit spektakulären Täuschungsmanövern durchführen, so daß zuletzt Faust als der mächtige Zauberer erscheint, der dem Kaiser zum Sieg über die Partikulargewalten verholfen hat. Dieser freilich kommt eben dadurch bei den Reichsfürsten in Verruf und kann sich nur dadurch retten, daß er ihnen — nach der Historizität der Goldenen Bulle von 1356 — entscheidende Souveränitätsrechte verleiht. Das geschieht in den Szenen, die in die altertümlichen, aber rhetorisch effektvollen Alexandrinerverse gekleidet sind. Ihr Höhepunkt ist die Forderung des Kanzler-Erzbischofs, der Kirche alle Rechtsame auf dem nach der Belehnung des verrufenen Magiers Faust mit einem Küstenstrich zu erwartenden Neuland im voraus zu gewähren. Die Belehnungsszene selbst hat Goethe, obwohl er sie ursprünglich plante, ausgespart, vielleicht weil dadurch der jenseits aller feudalen Machtspekulation liegende Sinne von Fausts Belehnung akzentuiert werden soll. In der Scheltrede des Kanzler-Bischofs begegnen zwei auffallende Kontrafakturen, in denen eine idyllische Landschaft aufgerufen wird und ein prächtiger Dom entsteht. Indes verbirgt sich dahinter die tückische Ambivalenz, daß die künftigen Bereiche weltlich oder geistliche Ausbeutungsobjekte werden sollen. Durch alle diese machtpolitischen Manipulationen und vom Teufel vermittelten Aktionen wird Fausts Tatentwurf ins Zwielichtige gerückt, die Binnenlandgewinnung wird mit der Hypothek einer feudalen territorialegoistischen Vergangenheit belastet. Hier wurzelt Fausts gewalttätig-herrscherliches Verhalten zu Beginn des 5. Aktes. Die Problematik des komödischen 4. Aktes greift auf den tragischen ersten Teil des 5. Aktes über, und diese Schatten können nur durch eine völlig neue Aktionsreihe und tiefgreifende Metamorphosen bewältigt werden, wie dies dann dramatisch geschieht. — Erschienen in den Sitzungsberichten Band 122 (1981) H. 1.

Vorgelegt werden Veröffentlichungen von: Veselin Beševliev, Karl Czok, Hans-Joachim Diesner, Johannes Erben, Günther Hamann, Joachim Müller, Albrecht Neubert, Willem Pée, Claire Préaux, Kurt Rudolph, Gertrud Schubart-Fikentscher, Claus Träger.

Sitzung am 14. Dezember

Vortrag des Herrn Rudolf Meyer: „Neue Aspekte zur Geschichte des Althebräischen". — Für die Erschließung der geschichtlichen Verankerung des Althebräischen im größeren Rahmen des Kanaanäischen während der letzten 50 Jahre sind die keilschriftalphabetischen Tontafeltexte von Ugarit grundlegend; denn sie vermitteln einen Einblick sowohl in die epische als auch in die Prosasprache Altsyriens im 14. Jh. v. Chr. Hierbei läßt die archaisierende Epik eine ältere Sprachstufe erkennen, deren Rudimente auch noch im Hebräischen begegnen, während die jüngere Prosasprache die direkte Voraussetzung für jene Sprachgestalt darstellt, wie sie jetzt in der sogenannten klassischen Literatur des Alten Testaments vorliegt. In das 18. Jh. zurück führen die Tontafeltexte von Mari. Ihre westsemitischen Verfasser schreiben zwar altbabylonisch, doch läßt sich aus ihren Namen, ihrem großen Beitrag zum akkadischen Wortschatz und nicht zuletzt aus dem mundartlich bedingten Gebrauch akkadischer Verbformen unschwer ein westsemitisches Idiom erschließen, das dem aus der ugaritischen Epik erschlossenen Altkanaanäischem entspricht.

Durch die seitens der Universität Rom im Jahre 1964 eingeleiteten und unter der Führung von P. Matthiae stehenden Grabungen auf dem gewaltigen *tell mardiḫ*, etwa 55 km südwestlich von Aleppo, rückte die alte Stadt Ebla, längst aus den Quellen bekannt, in das helle Licht der Geschichte. Die Ergebnisse der italienischen Forschungen sind umwälzend, da sie in völliges Neuland führen. Entscheidend hierfür ist eine Tontafelsammlung von etwa 15000 Stück, die 1974 und 1975 zutage kam. Die Texte sind zu 80% sumerisch und zu 20% in einem altertümlichen semitischen Idiom abgefaßt, das G. Pettinato, ihr Erstbearbeiter, als „Altkanaanäisch" etikettiert hat. Das Palastarchiv entstammt der Periode zwischen 2450 und 2250 v. Chr., ist also über sechs Jahrhunderte älter als Mari und liegt rund ein Jahrtausend vor Ugarit.

Obwohl die bisherigen Veröffentlichungen von Originaltexten nur als vorläufig zu betrachten sind, kann schon jetzt mit Sicherheit gesagt werden, daß sowohl allgemein- als auch sprachgeschichtlich unser bisheriges Bild von der Geschichte des „Fruchtbaren Halbmondes“ teilweise völlig umgeschrieben werden muß. Bis jetzt galt als gleichsam axiomatisch, daß Syrien bis zum Auftreten Davids (1004—965) keinerlei Großreichbildung aufzuweisen habe. Die neuen Funde hingegen zeigen, daß Ebla im 25./23. Jh. Mittelpunkt eines großen Staates war, dessen politische und wirtschaftliche Ausstrahlung vom Mittelmeer bis zum Persischen Golf und von Anatolien bis an die Grenze Ägyptens reichte. Damit fällt eine weitere Grundvorstellung. Bisher galt Sargon I. von Akkad (ca. 2350—2295) als der Begründer des ersten semitischen Großreiches; jetzt erfahren wir, daß vor Akkad ein syrischer Handelsstaat bestand, dem Sargon wohl den größten Teil seiner Regierung Tribut zollen mußte und dessen Hegemonie erst sein Enkel und dritter Nachfolger, Naram-Sin (ca. 2270—2234), endgültig brechen konnte.

Diesem historischen Tatbestand entspricht das sprachgeschichtliche Bild. Ebla, das offenbar eine bis in den Beginn des 3. Jahrtausends zurückreichende Vorgeschichte hat, steht in engster Beziehung zur sumerischen Schriftkultur; aber seine Bewohner sind eindeutig Westsemiten, die eine Sprache sprechen, die mit dem Kanaanäischen, insbesondere auch mit dem Hebräischen, trotz des zeitlichen Unterschiedes von etwa 1500 Jahren erstaunlich verwandt ist. Dies gilt etwa von den Eigennamen, die als Satznamen einfache Kurzsätze darstellen und syntaktisch aufschlußreich sein können. So begegnet etwa in sumerischer Schreibweise der Name *Iš-ma-Il*, das sich mühelos in hebräisch *Yišmå̄ʿʾēl* „Gott erhörte“ (deutsch *Ismael*) umsetzen läßt. Daneben findet sich die unserem Perfectum praesens vergleichbare Zustandsaussage *En-na-ni-Il*, dem hebräisch **Ḥ^{a}nå̄nīʾēl* „Gott hat sich meiner erbarmt“ (griechisch *ʾΑνανιήλ*, deutsch *Hananiel*) entspricht. Das Nebeneinander von fientischem *yišmaʿ* und statischem, transitiv gebrauchtem *ḥå̄nan* auf so früher Stufe ist sprachgeschichtlich von wesentlicher Bedeutung. Im ersten Falle wird der einfache Akt (die Deutung als Jussiv „er möge erhören“ scheidet aus sachlichen Gründen aus), im zweiten dagegen das Ergebnis beziehungsweise der dadurch erreichte Zustand betont. In diesem dichten Nebeneinander scheint mir jetzt eher die Voraussetzung für das Zusammenwachsen von Vorgangs- und Zustandskonjugation im Althebräischen zu liegen, als in der Annahme, daß hier unterschiedliche Sprachträger aufeinander eingewirkt haben.

Ein Beispiel für typisch kanaanäischen Sprachgebrauch mag man ferner darin sehen, daß der König als *nam-en* = *malikum*, hebräisch *mælæḵ*, bezeichnet wird, während akkadisch *šarrum* nach G. Pettinato überhaupt nicht belegt ist. Schließlich sei noch auf den in Ebla mehrfach begegnenden Landschaftsnamen „Kanaan“ verwiesen, der *Ga-na-na* = *Kanʿna* lautet und als solcher aus Alalach (15. Jh.) und als Gentilicium **kanaʿnayu* aus Ugarit bekannt ist; die akkadische Wiedergabe findet sich in Nuzi-Texten: *māt kinaḫḫi* „Land der roten Purpurwolle“ (15. Jh.).

Gleichwohl scheint mir die Beziehung des Idioms von Ebla als „altkanaanäisch“ nicht völlig sachgemäß zu sein. In einer sorgfältigen Untersuchung hat I. J. Gelb gezeigt, daß die Morphologie starke Beziehungen zum Altakkadischen aufweist; es sei etwa auf das selbständige Personalpronomen *šuwa* „er“ verwiesen, das altakkadisch, aber auch amurritisch *šū* lautet, während ugaritisch **huwa* und hebräisch *hū* < **hūʾā* (Qumran) begegnen, oder auf die Präposition *in* „in“, der westsemitisch allgemein **bi* entspricht. Die Ausführungen I. J. Gelbs warnen davor, die geschichtlichen Beziehungen des Dialekts von Ebla allzu einfach zu sehen, und es bietet sich die These von W. v. Soden an, daß im „Fruchtbaren Halbmond" mit Sprachen zu rechnen ist, die völlig versunken sind. Eine solche Sprache dürfte in Ebla vorliegen, und es scheint geraten, sie zunächst im Anschluß an I. J. Gelb neutral als „Eblaitisch" (vgl. „Ugaritisch") zu bezeichnen und sie in das Altsemitische einzuordnen, das noch vor dem Kanaanäischen und dem Akkadischen liegt.

Für das Althebräische aber bedeutet diese neue Erkenntnis, daß dessen altertümliches Substrat — trotz seiner jungwestsemitischen Gesamtgestalt — bis tief in die Vorvergangenheit zurückgeführt werden kann und daß die Sprachentwicklung wohl nicht durch Bevölkerungsüberlagerung entscheidend verändert worden ist, sondern auf innerer Umgestaltung beruht, wie sie bei so langen Zeiträumen ohne weiteres verständlich ist. — Erscheint in den Sitzungsberichten.

Vorgelegt werden Veröffentlichungen von: Gerhard Dudek, Hermann Heimpel, Walter Markov, Joachim Müller, Werner Neumann, Kurt Rudolph, Claus Träger, Ernst Werner.

1980

Sitzung am 11. Januar

Vortrag des Herrn Gerhard Dudek: „Lew Tolstoi — künstlerische Entdeckungen und ästhetische Herausforderung". — Tolstoi gilt allgemein als der größte russische Epiker. Seine ersten literarischen Entdeckungen machte er jedoch auf dem Gebiet der psychologischen Analyse. Von ihnen werden zwei Neuerungen, die im Ansatz bereits im Fragment „Geschichte des gestrigen Tages" (1851) ausgebildet sind, untersucht: 1. Die Darstellung des Prozeßcharakters des menschlichen Denkens, des Bewußtseinsstroms sowie des Un- und Unterbewußten mit der Technik des spontanen inneren Monologs bzw. Dialogs, des Bewußtseinsprotokolls und einer assoziativen Verkettung von Wörtern und Sätzen. Diese Technik wurde von Tolstoi jedoch — im Gegensatz zur späteren Bewußtseinskunst (Joyce, V. Woolf u. a.) — nicht verabsolutiert, sondern nur punktuell eingesetzt. 2. Die Entwicklung eines „Systems von drei Sprachen" (Sprache der Vernunft, des Gefühls und des Körpers) und dessen komplexe Anwendung zur tieflotenden und allseitigen Enthüllung der Innenwelt der Charaktere. Das Ineinandergreifen dieser „drei Sprachen" wird an „Anna Karenina" (2. Teil, Kap. XXVIII) aufgezeigt.

Diese (und andere) Verfahren psychologischer Analyse bezog Tolstoi in seine epische Kunst ein. Andererseits gelang ihm eine echte Neubelebung des großen Epos in „Krieg und Frieden" durch a) die Gestaltung des historischen Schicksals seines Volkes, b) die weite äußere Dimensionierung in Raum und Zeit und das Erfassen eines überpersönlichen Seinsrhythmus, c) das Ausschöpfen der „inneren" Dimension der Erscheinungen. Die Modernität von Tolstois Epik besteht darin, daß er seine Helden zwar historischer Gesetzmäßigkeiten unterwirft, ihnen aber auch den Spielraum freier, individueller Willensentscheidung und das Bewußtsein existentieller Bedürfniserfüllung gibt. Dies wird an „Krieg und Frieden" (3. Buch, Kap. 3) demonstriert.

Für die künstlerischen Entdeckungen des späten Tolstoi lieferten seine neuen ästhetischen Fragestellungen den theoretischen Vorlauf. Sie bewegten sich in zwei Ebenen: 1. der Orientierung auf die unmittelbaren ästhetischen Bedürfnisse der patriarchalischen Bauernschaft (Aus dieser Position schuf Tolstoi seine Volkserzählungen und -dramen. Der einseitig moralisierende Zuschnitt dieser Kunst erwies sich aber als zu eng, um die ganze Vielfalt des Lebens zu reflektieren); 2. der ästhetischen Grundlegung einer realistisch-volksverbundenen Kunst und einer eigenen Definition des Wesens der Kunst. Bei der literarischen Umsetzung der in dieser Ebene gewonnenen Einsichten bewegten sich Tolstois Innovationen weniger im epischen bzw. psychologischen Bereich als vielmehr in der Erprobung neuer Erzählweisen und -strukturen, wobei die Gestaltung des Autorenstandpunktes und der Erzählerperspektive zur wirkungsvollen, zugespitzten Vermittlung der ihn bewegenden moralischen, sozialpolitischen und existentiellen Probleme eine wesentliche Rolle spielte. Diese Aspekte von Tolstois künstlerischen Neuerungen werden anhand der späten Erzählungen und des Romans „Auferstehung" beleuchtet. — Erschienen in den Sitzungsberichten Band 122 (1981) H. 2.

Sitzung am 8. Februar

Vortrag des Herrn Ernst Eichler: „Ergebnisse der Namenforschung im deutsch-slawischen Berührungsgebiet". — Ausgehend von W. v. Humboldts hoher Einschätzung der Ortsnamen als „ältester und dauerndsten Denkmäler", in der eine Nation ihre eigenen Schicksale erzähle, und von den Verdiensten des slowenischen Slawisten Franz von Miklosich werden die Möglichkeiten der historischen Auswertung der Ortsnamen im weitesten Sinne geprüft und gezeigt, daß sie wertvolle Aufschlüsse vor allem für Zeiten gewähren, für die andere Quellen nicht oder nur spärlich fließen. So deuten die Gewässernamen in besonders frühe Epochen der Besiedlung. Im deutsch-slawischen Berührungsgebiet eignen sich Tausende von Ortsnamen, die durch Familien- und Flurnamen ergänzt werden, als hervorragende Quellen für die Erforschung der früheren Beziehungen zwischen den Deutschen und den slawischen Völkern. Im 7. Jahrhundert war das Gebiet der DDR stark von slawischen Stämmen, die noch auf germanische Reste stießen, besiedelt. Mögen auch die linguistischen Quellen ganz anderer Art als die archäologischen sein, so können sie doch nicht ausgeklammert werden und stellen wichtige Grundlagen für die künftige interdisziplinäre Forschung dar, die gerade im Zeitalter der wissenschaftlich-technischen Revolution auch Probleme der sprachlichen Kommunikation durch Eigennamen (so der Standardisierung) zu lösen hat. — Erschienen in den Sitzungsberichten Band 122 (1982) H. 5.

Vorgelegt werden Veröffentlichungen von: Karl Bischoff, Lieselotte Blumenthal, Eberhard Brüning, Karl Czok, Ernst Eichler, Otto Eißfeldt, Rudolf Růžička, Claus Träger, Siegfried Wollgast.

Sitzung am 7. März

Vortrag des Herrn Siegfried Wollgast: „Die Philosophie in Deutschland von der Reformation bis zur Aufklärung — Hauptetappen und Tendenzen". — Die Zeit zwischen Augsburger Religionsfrieden (1555) und Ende des Dreißigjährigen Krieges (1648) ist in der philosophischen Forschung bislang hinsichtlich Deutschlands unzureichend berücksichtigt worden. Lange, z. T. noch heute, dominierte das Vorurteil, diese Zeit sei philosophisch für die deutsche wie für die internationale Geistesgeschichte wenig ertragreich. Dieses Vorurteil hält gründlicheren Untersuchungen nicht stand und die deutsche Philosophie dieser Zeit ist kein eherner orthodox-neuscholastischer Block. Innerhalb der lutherischen und calvinistischen Schulphilosophie gibt es unterschiedliche, darunter auch heterodoxe Strömungen. Gespeist u. a. von der italienischen Naturphilosophie und vom Paracelsismus entwickelt sich in Deutschland — vornehmlich außerhalb des offiziellen Universitätsbetriebs — eine starke mystisch-pantheistische philosophische Linie. Zum Teil kommt es zu einer eigentümlichen Verknüpfung von heterodoxem Aristotelismus, Neuplatonismus und Neustoizismus. Die Opposition gegen die bestehenden Kirchen und die feudale Unterdrückung der Zeit, das Suchen der sich als Klasse stärker formierenden Bürger nach einer theoretischen Legitimation, die Bemühungen um die Herausbildung von theoretischen Grundlagen deutschen Dichtens, die Entwicklung der Naturwissenschaften und ihre allmähliche Trennung von der Naturphilosophie, der Kampf gegen die Hexenprozesse, die Frage nach den Ursachen des Dreißigjährigen Krieges — diese und viele andere Probleme rufen eigenständiges philosophisches Denken in Deutschland zwischen 1550 und 1650 hervor. Dabei ist die Trennung zwischen Theologie und Philosophie erst in Ansätzen vollzogen. Folgende Linien werden gesehen: 1. Die Schulphilosophie in Deutschland 2. Die vornehmlich an Paracelsus und der italienischen Naturphilosophie des 15. und 16. Jahrhunderts orientierte Naturphilosophie 3. Die Philosophie Johannes Keplers (1571—1630) 4. Die idealistisch-pantheistisch-mystische Philosophie und Ideologie Valentin Weigels (1533—1588) 5. Die dialektische und oppositionelle Philosophie und Ideologie Jakob Böhmes (1575—1624) 6. Johann Valentin Andreae (1585—1654), die „Christianopolis" und die „Rosenkreuzer" 7. Der Universalgelehrte Joachim Jungius (1587—1657), der „deutsche Bacon" 8. Der Kampf gegen den Hexenglauben als Ausdruck von Toleranzdenken. Staats- und Sozialphilosophie (F. von Spee, J. Althusius, H. Arnisaeus) 9. Der Sozinianismus in Deutschland 10. Die explizite Widerspiegelung der Philosophie in der Dichtung nach Jakob Böhme (M. Opitz, A. Gryphius, A. von Franckenberg, J. Th. von Tschesch, J. Scheffler, D. Czepko von Reigersfeld u. a.). Das Gedankengut der genannten Strömungen bzw. Personen ist Grundlage für die deutsche Frühaufklärung und wird von ihr verarbeitet. Es führt eine direkte (nicht ausschließliche) Linie von der Reformation zur klassischen deutschen Philosophie. — Erschienen in den Sitzungsberichten Band 122 (1982) H. 6.

Vorgelegt werden Veröffentlichungen von: Rudolf Große, Walter Markov, Willem Pée.

Sitzung am 16. Mai

Vortrag des Herrn Friedmar Kühnert: „Orator perfectus. Das gesellschaftliche Leitbild des Redners bei Cicero und bei Quintilian". — Wie schon bei Isokrates und dann bei Cicero, so erhebt auch bei Quintilian die Redekunst den Anspruch, den ganzen Menschen zu bilden, und dementsprechend verkörpert nach Quintilians Ansicht der Redner die höchste und vollkommenste Existenzform des Menschen. Der *orator perfectus*, der Quintilian als Idealbild vor Augen steht, muß drei Voraussetzungen erfüllen: er muß ein moralischer Mensch sein; er muß eine umfassende Bildung besitzen, die sich erstreckt auf 1. Grammatik und die übrigen artes liberales und 2. auf Philosophie, Rechtswissenschaft und Geschichte; er muß schließlich auf dem fachlichen Gebiet der Beredsamkeit vollkommen sein. Bei der Aufstellung dieses Rednerideals hatte Quintilian Cicero vor Augen, in dem er den vollkommensten Redner sah, der die Beredsamkeit zu einem einmaligen Gipfelpunkt geführt hatte. So ist es auch verständlich, daß Quintilians Bild von *orator perfectus* bis in Einzelheiten eine Kopie des ciceronischen Rednerideals ist. Aber zwischen Cicero und Quintilian liegen anderthalb Jahrhunderte, in denen sich die gesellschaftliche Situation in Rom tiefgreifend gewandelt hat. Diese Tatsache spiegelt sich auch in Quintilians Institutio oratoria wider, ohne daß sich Quintilian dessen selbst bewußt war. Eine genauere Betrachtung des *orator perfectus* bei Quintilian und ein Vergleich mit Ciceros Idealredner lassen die Unterschiede deutlich werden.

Quintilian betont nachdrücklich, daß die erste Voraussetzung zum vollkommenen Redner ein sittlicher Charakter sei. Bei Cicero dagegen bezieht sich die Forderung, daß der Redner zugleich ein *vir bonus* sein müsse, weniger auf das moralische Verhalten: der *vir bonus* ist bei Cicero in erster Linie der gute Staatsbürger. Die Parallelität zwischen Cicero und Quintilian ist also ganz äußerlich, und es ist irreführend, wenn sich Quintilian für seine Forderung nach sittlichem Charakter des *orator perfectus* auf Cicero beruft. Ähnlich verhält es sich mit dem zweiten Merkmal des *orator perfectus*, der umfassenden Allgemeinbildung. Zur Zeit Ciceros war der aus Griechenland übernommene allgemeinbildende höhere Unterricht in den *artes liberales* noch nicht ein selbstverständlicher und fester Bestandteil des römischen Bildungswesens; dagegen war dieser höhere Unterricht zur Zeit Quintilians bereits gewissermaßen institutionalisiert, d. h. zu einer festen Einrichtung geworden. Daher ist Quintilians Forderung, sich eine allgemeine Bildung in den *artes liberales* anzueignen, eigentlich ganz überflüssig. Wichtiger noch ist der Unterschied zwischen Cicero und Quintilian bei der Forderung nach philosophischer, juristischer und historischer Bildung. Cicero fordert wiederholt, daß der Redner Geschichte und Verfassung des römischen Volkes kennen muß. Bei Quintilian ist diese Forderung reduziert auf die Kenntnis praktisch verwertbarer *exempla*. Ebenso schablonenhaft und formal ist Quintilians Übernahme der Forderung nach juristischer Bildung. Die Rechtswissenschaft hatte sich in der Zwischenzeit völlig verselbständigt; es gab den berufsmäßigen Rechtsanwalt, der aber in der Regel nicht als Redner gelten konnte. Quintilian selbst muß zugeben, daß zu seiner Zeit die Redner bei Prozessen im allgemeinen juristische Berater (*pragmatici*) zur Verfügung haben. Quintilians Forderung nach juristischer Bildung ist also überhaupt nicht mehr gerechtfertigt. Schließlich die wichtigste Forderung, die Forderung nach philosophischer Bildung des Redners, die das eigentliche Kernstück des ciceronischen Rednerideals ist. Wenn Cicero vom vollkommenen Redner vor allem eine philosophische Bildung verlangt, so war dies ein Programm, durch das er den bildungsfeindlichen Praktizismus der römischen Redner seiner Zeit zu überwinden suchte. Dagegen war in der Kaiserzeit eine allgemeine Grundkenntnis der griechischen Philosophie für jeden Römer der oberen Gesellschaftsschicht selbstverständlicher Bestandteil seiner Bildung. Quintilians Forderung nach philosophischer Bildung des Redners, die er übrigens in erster Linie aus dem notwendigen sittlichen Charakter des Redners ableitet, hat keine echte Funktion.

Auch auf dem fachlichen Gebiet der Beredsamkeit bestehen grundsätzliche Unterschiede zwischen Cicero und Quintilian. Quintilian behandelt in seinem Hauptwerk, der Institutio oratoria, genau genommen nicht die praktische Beredsamkeit, sondern die Schulberedsamkeit. Cicero dagegen spricht ausschließlich von der öffentlich-politischen Beredsamkeit und beschränkt seine Ausführungen in De oratore ausdrücklich auf die forensische Beredsamkeit. Ferner nimmt im Werk Quintilians die *imitatio*, die an literarischen Vorbildern geschulte Nachahmung, einen sehr breiten Raum ein. Das heißt, daß an Stelle des historisch, juristisch und philosophisch gebildeten praktischen Redners bei Cicero der literarisch gebildete Schulredner Quintilians getreten ist.

Seine Begeisterung für Cicero und sein konservativer Klassizismus haben Quintilian, den ersten öffentlichen Professor für Rhetorik in Rom, dazu veranlaßt, im Anschluß an Ciceros Rednerideal in der Gestalt des *orator perfectus* ein gesellschaftliches Leitbild aufzustellen, das ein Anachronismus war und die reale gesellschaftliche Situation verschleierte. — Erscheint in den Sitzungsberichten.

Vorgelegt werden Veröffentlichungen von: Karl Bischoff, Werner Coblenz, Gerhard Dudek, Ernst Eichler, Walter Markov, Rudolf Meyer, Werner Neumann, Kurt Rudolph, Claus Träger, Otto Vossler, Ernst Werner, Siegfried Wollgast.

Sitzung am 6. Juni

Vortrag des Herrn Dimiter Angelov: „Der bulgarische Staat und das europäische Mittelalter". — Die Gründung des bulgarischen Staates im Jahre 681 ist ein Ereignis von überaus weitgehender Bedeutung, das den Weg der ethnischen, sozialen, politischen und kulturellen Entwicklung des bulgarischen Volkes im Laufe von Jahrhunderten vorgezeichnet hat. Der bulgarische Staat ist einer der entscheidenden Faktoren beim Prozeß der Entstehung der bulgarischen Nation. Seine Existenz ermöglichte die Erhaltung der zahlreichen slawischen Stämme auf der Balkanhalbinsel, die sich unter byzantinischer Herrschaft befanden. Ihm ist im 9. und 10. Jahrhundert vor allem die Durchsetzung und Verbreitung der von den slawischen Brüdern geschaffenen Schrift und Literatur Kyrillos und Methodios zu verdanken. Der bulgarische Staat war im Laufe von etwa sieben Jahrhunderten jene mächtige Schranke, welche die Angriffe verschiedener Eindringlinge brach, das bulgarische Volk innerlich zusammenschloß und die Entwicklung seiner schöpferischen Möglichkeiten förderte.

Die Geschichte des mittelalterlichen Bulgarien von der Zeit der Staatsgründung bis zur Unterwerfung durch die osmanische Macht am Ende des 14. Jahrhunderts erschöpft sich aber nicht an ihrem eigenen Gegenstand im engen Rahmen eines rein nationalen Phänomens. In einer Reihe von Fällen sprengt die historische Entwicklung der Bulgaren diesen Rahmen. An Ereignissen und Prozessen, die mit der gesamten Balkanhalbinsel, in manchen Fällen auch mit einem großen Teil der damaligen europäischen Welt zusammenhängen, war der bulgarische Staat mitbeteiligt. Ein Beispiel dafür bietet die Entwicklung des altbulgarischen Schrifttums und der Literatur. Ursprünglich auf bulgarischem Boden als spezifisch nationales Phänomen entstanden, dringt dieses Schrifttum und diese Literatur in die gesamte ostkirchliche slawische Welt ein, um zum dauerhaften geistigen Besitz zu werden. Noch überzeugender ist die Erscheinung des Bogomilentums. Als Häresie unter den feudalen Verhältnissen aufgekommen, verbreitet es sich im Laufe der Zeit nicht nur auf der Balkanhalbinsel, sondern auch in einer Reihe von Ländern West- und Osteuropas. Dies ist ein spezifisch bulgarischer Beitrag von allslawischer und darüber hinaus den ganzen Balkan und das gesamte Europa erfassender Dimension. Zu ähnlichen Schlußfolgerungen führt auch die Untersuchung einiger militärischer Ereignisse, an denen der bulgarische feudale Staat wesentlichen Anteil hatte, die Untersuchung der Niederlage der Araber bei Konstantinopel im Jahre 717, der Vernichtung des Awarenhaganats im Jahre 805, des Sieges des Zaren Kalojans bei Adrianopel über die Lateiner im Jahre 1205 sowie des heldenhaften Kampfes gegen die Mongolen in der zweiten Hälfte 13. Jahrhunderts und gegen die osmanischen Türken am Ende des 14. Jahrhunderts. Dies sind Ereignisse von internationaler Bedeutung, bei denen Bulgarien eine führende Stellung einnahm. Sie bestimmten die weitere Entwicklung des bulgarischen Volkes und auch der anderen Länder und Völker Europas mit.

Sitzung am 10. Oktober

Vortrag des Herrn Eberhard Brüning: „Sinclair Lewis — der erste Nobelpreisträger für Literatur der USA — und die endgültige Emanzipation der amerikanischen Literatur". — Am 5. November 1930 kam aus Stockholm die offizielle Verlautbarung, daß der Nobelpreis für Literatur des Jahres 1930 dem nordamerikanischen Schriftsteller Sinclair Lewis zugesprochen wurde.

Fünfzig Jahre erster Nobelpreis für einen Schriftsteller der Vereinigten Staaten erscheinen willkommener Anlaß des Nachdenkens über Berechtigung und Bedeutung dieser Entscheidung. Auch stellen sich im Umfeld eines solchen „Jubiläums“ Fragen zur Entwicklung der neueren amerikanischen Literatur — zu ihren Hauptvertretern und -strömungen — sowie zu ihrem Stellenwert innerhalb der humanistischen Weltliteratur, einschließlich ihrer Position im weltliterarischen Rezeptionsfeld des deutschprachigen Raumes seit den zwanziger Jahren.

Zweifellos war die Verleihung des Preises an Lewis nicht nur die Anerkennung der Leistung einer singulären, herausragenden Schriftstellerpersönlichkeit, sondern vor allem auch Ausdruck der Überwindung zählebiger Vorurteile und der Zurkenntnisnahme einer neuen Phase, in die eine relativ junge nationale Literatur getreten war.

Entscheidend für die amerikanische Literaturentwicklung der neueren Zeit ist, daß die Schriftsteller im Gefolge der durch den 1. Weltkrieg ausgelösten gesellschaftlichen Prozesse rasch die Reste eines „Provinzialismus“ abzustreifen beginnen, daß sie aus einer gewissen nationalen Isoliertheit heraustreten, „weltoffener“ in dem Sinne werden, daß sie erkennen, wie eng nationale und internationale Probleme miteinander verknüpft sind und bestimmten gesellschaftlichen Erscheinungen eine objektive, über die einzelstaatlichen Grenzen hinausreichende Gesetzmäßigkeit zugrunde liegt.

Autoren wie Theodor Dreiser und Sinclair Lewis, die schon zu Beginn des Jahrhunderts realitätsbezogenes schriftstellerisches Profil gezeigt hatten, verstärkten ihre kritische Gesellschaftsanalyse und scheuten sich als unbestechliche Wahrheitssuchende nicht, alle Tabus des amerikanischen „Erfolgstraumes“ und des glorifizierten „American way of life“ zu durchbrechen. Beherzt und respektlos griffen sie in geheiligte Bezirke des Amerikanertums hinein und entblößten vor dem Auge der Weltöffentlichkeit das Leben, Fühlen und Denken gerade jener sozialen Schicht, die sich als der solide Kern der amerikanischen Gesellschaft verstand.

Lewis attackierte vor allem jenen Typus der „middle middle-class“, für den sich einfach alles Denken und Handeln auf das rein Geschäftliche, auf die „Jagd nach dem Dollar“ reduziert hat, und den er selbst einmal als den wahren „Beherrscher von Amerika“, einen „Diktator über Handel, Bildung, Arbeit, Kunst, Politik, Moral“ bezeichnete. Insbesondere seine besten Werke der zwanziger Jahre — die Romane „Die Hauptstraße“ (1920), „Babbitt“ (1922), „Dr. med. Arrowsmith“ (1925), „Elmer Gantry“ (1927) und „Sam Dodsworth“ (1929) — sind ein beredtes Zeugnis für seine Fähigkeit, den „Kampf gegen den bestehenden Gesellschaftsunsinn in Amerika und anderswo“ als ein Künstler zu führen, „der weiß, daß Gelächter und Spaß wundervolle Waffen sind“ (Arnold Zweig).

Sinclair Lewis wurde auch zu einem bedeutenden Schrittmacher für eine neue Wertungs- und Rezeptionsphase amerikanischer Literatur in Europa. Das trifft insbesondere auf Deutschland zu, wo er zumindest in den zwanziger Jahren als einer „der erfolgreichsten ausländischen Autoren“ (Klaus Mann) überhaupt galt. Diese Feststellung wird nicht nur durch die hohen Auflagenziffern der in der Regel rasch ins Deutsche übertragenen Romanwerke bekräftigt, sondern nicht zuletzt auch durch die ungewöhnlich zahlreichen und ausführlichen Reaktionen namhafter zeitgenössischer Schriftstellerkollegen. In erster Linie war es der Roman „Babbitt“ („die amerikanischen Buddenbrooks“ — Kurt Tucholsky), der in der Literaturgesellschaft der Weimarer Republik wie ein Ferment wirkte und immer wieder zu Vergleichen und Reflexionen herausforderte.

Nach 1945 sind vor allem die epochemachenden Romane der zwanziger Jahre in immer neuen Auflagen erschienen, und Sinclair Lewis ist inzwischen zu einem der meist gelesenen „modern classics“ der amerikanischen Literatur in der DDR geworden. — Erschienen in den Sitzungsberichten Band 123 (1982) H. 1.

Vortrag des Herrn Rudolf Große: „Zur Geschichte der Umgangssprache im Deutschen". — Auch wenn sich Sprachpflege und Muttersprachunterricht auf die Ebene der Schriftsprache (Literatursprache) orientieren müssen, ist es doch eine wichtige Aufgabe der Linguistik, auch die anderen Existenzformen der Sprache zu untersuchen, zumal diese für den größten Teil der Bevölkerung die Ausgangsbasis für die Bemühungen um die Förderung der Sprachkultur darstellen.

Der Begriff der Umgangssprache ist nach wie vor schillernd, vor allem deshalb, weil bei der Verwendung des Wortes zumeist die funktionale Betrachtungsweise in den Vordergrund rückt. Schon die Gegenüberstellung mit antonymen Begriffen läßt das deutlich werden:

einerseits: Umgangssprache — Standardsprache
Umgangssprache — Öffentlichkeitssprache
Umgangssprache — Kultursprache
Umgangssprache — Gebildetensprache
Umgangssprache — Fachsprache

andererseits: Umgangssprache — Dorfsprache
Umgangssprache — Haus- und Familiensprache
Umgangssprache — Platt(deutsch)

Auch die als Synonyme für Umgangssprache gebrauchten Begriffe lassen diese Tendenz zur Betonung des Funktionalen, der Verwendungsweise erkennen: Verkehrssprache, Alltagssprache, Volkssprache, Stadtsprache, Provinzialsprache, Regionalsprache. Aus diesem Vergleich wird sichtbar, daß der Begriff der Umgangssprache in der Stilistik einen festen Platz besitzt; neben den Funktionalstilen gehört die „normative Komponente der Stilfärbung" (nach Riesel und Schendels), die Stilschicht (nach Klappenbach) zu den zentralen Bestimmungsstücken der Stillehre.

Unter diesen Umständen ist die geschichtliche Betrachtung der sprachlichen Existenzformen sicher sehr schwierig, zumal kaum Quellen für die älteren Perioden unmittelbar Auskunft geben können und über weite Strecken Rückschlüsse erforderlich sind. Andererseits ist der historische Aspekt bei der Begriffsbestimmung der Umgangssprache zweifellos sehr aufschlußreich und auch aus methodologischen Gründen unumgänglich.

Für die vorgeschichtliche Zeit der Gentilstämme ist keine soziale, nur eine areale Differenzierung der Sprache vorauszusetzen. Erst für die Übergangsperiode zum Feudalismus, die Zeit der militärischen Demokratie, werden die Anfänge zu einer literatursprachlichen Entwicklung im Rechtswesen, im religiösen Kult und in der Dichtung angesetzt. Mit der sozialökonomischen Differenzierung bildet sich schrittweise auch eine sprachliche Sonderung heraus. Die Anfänge einer Schriftsprache sind im Deutschen an die Christianisierung gebunden; für die wesentlichen schriftlichen Kommunikationsaufgaben bleibt jedoch bis ins Spätmittelalter das Lateinische vorherrschend. Für die althochdeutsche Überlieferung ist auf sprechsprachliche Erscheinungen aufmerksam zu machen; dabei handelt es sich freilich nicht um die sprachliche Existenzform Umgangssprache, sondern um verkehrssprachliche Varianten der Literatursprache, die in ihren Formen noch stark dialektal differenziert erschien.

Umgangssprache als sprachliche Existenzform bildet sich als eigenes System zwischen Literatursprache und Mundarten erst seit der Durchsetzung einer relativ einheitlichen nationalen Literatursprache, seit dem 16. Jahrhundert, heraus, verstärkt mit der Festigung des Bürgertums im 18. Jahrhundert. Hinweise ergeben sich seit dieser Zeit fragmentarisch aus der Überlieferung, indirekt aus metasprachlichen Äußerungen von Autoren, wie sie in den Darstellungen zur Geschichte der gesprochenen Sprache zusammengetragen worden sind. Seit der industriellen Revolution schaffen die sozialen Bedingungen des Kapitalismus die breite Grundlage für die Entfaltung der umgangssprachlichen Potenzen in der Sphäre der materiellen Produktion und der sozialen Lebensformen der werktätigen Bevölkerungsschichten. — Erscheint in erweiterter Form in den Abhandlungen.

Öffentliche Gesamtsitzungen

6. April 1979

Ansprache des Präsidenten, Herrn Schwabe, Bericht des Vizepräsidenten, Herrn Lehmann, über die Arbeiten beider Klassen, — Vortrag des Herrn Träger: „Lessing — Kritik und Historizität".

Lessing war, von welcher Seite immer man ihn betrachten mag, ein „Unbefugter" (Marx), ein von Amtes wegen nicht Legitimierter. Er suchte die Wahrheit der überlieferten — theologischen, philosophischen, ästhetischen — Texte an den Tag zu bringen: Er zog sie in den Horizont der gegenwärtigen Weltgeschichte. Dieser Kampf wurde gleichwohl auf dem Felde der Schreibart ausgefochten. Die Gegner glaubten Lessings aufklärerische Gefährlichkeit seinem „blendenden Stil" zuschreiben zu müssen (z. B. Goeze), indes er selber „Glanz" allein der „Wahrheit" zuerkannte.

Der Text überhaupt war ihm die Konsolidierung der Geschichte. Die Freilegung seines Sinns mußte deshalb als die Freilegung der geschichtlichen Wahrheit erscheinen. Es ist Lessing so erst nur gegeben gewesen, die Geschichte als kritischer Philologe zu bemeistern. Jedoch im Philologen vereinigte sich dergestalt der „unbefugte" Schriftsteller mit dem Ketzer. Was sozialgeschichtlich sich als Unbefugtheit erweist, erweist sich religionsgeschichtlich als Ketzertum. Bereits früh hatte Lessing für sich die Dreieinigkeit abgeschafft und das Maß des Handelns nicht auf jenseitige Vorgaben, sondern auf die Beschaffenheit der Individualität gegründet. Folgerichtig reduzierte er die christliche Religion auf die Religion Christi und die moralische Wirkung auf die des menschlichen Vorbilds, das der einzelne selber sich vom Religionsstifter aufbaut.

Lessings Denken besaß also noch kaum die Dimension der Geschichtlichkeit. Aber es besaß die Valenz des Kritizismus, welche das beständige Pendant zum Prinzip der Historizität bildet. Kritik implizierte Geschichte in deren Punktualität, sie ist Geschichte in ihrer Punktualität. Insofern bedeutet kritisches Tun nicht geschichtliche Betrachtung, aber dennoch geschichtliches Handeln. So mied Lessing auch jede bloße „Erinnerung", mit der eine Lähmung der aktuellen Kräfte zu befürchten stand. Er blieb auf die Gegenwärtigkeit der Wirkung konzentriert, wozu er selbst den christlichen Wiedergeburtsgedanken bewährte: Wenn die ständige Gegenwart als der gewisseste Schauplatz kritischer Kämpfe um den Menschen gleichsam geheiligt ist, muß diese Gegenwart, um des individuellen Fortschreitens willen, durch die Idee einer dauernden Wiedergeburt nach vorn verlängert werden.

Lessing zeigt sich in das vernunftsmäßige Denken des 18. Jahrhunderts eingeschlossen, für das Geschichte letzthin die individuelle Auswickelung der menschlichen Natur blieb. Der Zweck der Geschichte selber lag noch außerhalb von Lessings Denken. Sein Zweck war in der Gegenwart als Wirkenwollen angelegt: Er beschränkte sich darauf, die zweckhafte Wirkung historisch abzuleiten. Lessing war kein Dialektiker der Geschichte, doch er praktizierte so geschichtliche Dialektik. Herder und Hegel versetzten alsdann dieses Denkergebnis in den weiteren Zusammenhang eines geschichtlich-philosophischen Weltbilds, für das die Bewegung selbst entscheidend wurde.

Lessing war noch mit dem kritischen Ordnen der ihm vorfindlichen Elemente der Realität beschäftigt. Das führt auf seinen Stil. Nicht nur, daß seine Darstellungsweise weithin ein gleichsam dramatisches Gegeneinander von Argumenten ist, das die Lösung dem Leser anheim gibt: Seine Sprache reflektiert nicht zuvörderst die Bewegung der Dinge, sondern deren Verhältnisse zueinander (das zugleich als Spinoza-Erbe). Diese Übereinstimmung mit dem Vermögen der Sprache überhaupt, wesentlich Beziehungen widerzuspiegeln, verweist auf ihre innere Einigkeit mit dem Anliegen Lessings, mithin auf die eigentümliche Faszination seines Stils. (Von Herder — auch Goethe und Schiller — über Hegel bis Marx wird danach eine andere Wirklichkeitssicht sprachlich bewältigt: die Fassung ihrer dialektischen Bewegtheit.) Lessing durchbrach, und zwar zwangsläufig vermittels Sprache, die orthodox gemauerten Denkmuster — in der Theologie wie in der Poetik. Das Gesetz, unter dem er antrat, erzwang einen kritischen Stil, dessen Mittel Metaphern, Analogien, Gleichnisse usw. sein mußten. Keine stilistische Mache, bedeuteten sie Aufträge für den Leser. Mehrdeutigkeiten waren ein Tribut gerade an den darin sich verbergenden emanzipatorischen Akt: Mit dauernd wechselndem Standort von den verschiedensten Seiten besichtigt, mußten die Gegenstände und Erscheinungen erst ihre Sprache erhalten, und erst indem sie dergestalt rezipiert, anverwandelt, begriffen werden, taten sie ihre geschichtliche Wirkung.

Alles zusammen ist nur der Ausdruck für die unaufgelöste Spannung zwischen Kritizismus und Historismus in diesem Prozeß. Lessing war und blieb der ungnädige Kritiker, der alles Überlieferte den Forderungen seiner Zeit unterwarf, der immer dort aufhörte, wo sein Wissen und seine Zeitgeschichte aufhörten, und der das, was sich dem Wissenzugriff entzog, die Zukunft, dennoch, wenn auch nicht ohne Skepsis, am Ende zuversichtlich dem Fortgang der Vernunft überantwortete. — Erschienen in den Sitzungsberichten Bd 121 (1981) H. 5.

9. November 1979

Ansprache des Präsidenten, Herrn Schwabe. — Vortrag des Herrn Jordan: „Balneobioklimatologie — eine Zielstellung im Mensch-Umwelt-Konzept".

Der Begriff „Balneobioklimatologie" wurde vom Verfasser 1964 eingeführt und ist zugleich ein Unterbegriff von „Balneologie" als auch von „Bioklimatologie". Die Integration bioklimatischer Elemente in die Kurorttherapie besteht einmal in der gezielten Nutzung als „Klimakur" oder in einer unterstützenden Nutzung bei einer Therapie „im Klima". Das Entscheidende ist die Änderung der Bioklimafaktoren, der allein eine medizinisch-nutzbare Wirkung zuerkannt werden kann. Es kommt darauf an, diese Änderung meßbar zu machen und die Reaktivität des kranken Organismus auf sie festzustellen. Drei Komplexe sind wichtig: der thermohygrische, der fotoaktinische und der luft-chemische Komplex, wohingegen der luftelektrische Komplex derzeit noch keine faßbare Rolle für die gezielte Therapie spielt. Deren örtliche und Fernwirkungen werden kurz erörtert. Die entscheidenden Einflußflächen sind die Körperhaut und die Schleimhaut des Respirationstraktes. Durch serienmäßige Einwirkung („Kur") entwickelt sich ein adaptiver Prozeß, der insgesamt als eine regulative Verbesserung der Reaktionen des Organismus zu bewerten ist. Dazu stellt eine gute Dosierbarkeit die wichtigste Voraussetzung dar. Die bisher vorliegenden und nutzbaren Dosierungshilfen werden kurz erläutert. Die „Hochseeklimakur 1965“ wird als Musterbeispiel für eine solche Behandlungsmöglichkeit kurz besprochen. Das erstmals in der Welt von der DDR ausgerüstete „Klimaschiff“ („MS Völkerfreundschaft“) gestattet eine freie Wahl der optimalen momentanen Klimabedingungen der gewählten Hochseeregion (Südwestflanke des subtropischen Hochdruckgebietes) und bot außerdem die Möglichkeit, in einer für Asthma- und Ekzemkranke äußerst ungünstigen Jahreszeit (November/Dezember) wirksam zu werden. Die saisonalen Differenzen des Klimas sind für jede Klimatherapie bedeutsame Faktoren, da auch die Wärme- und Lichtempfindlichkeit des Menschen jahreszeitlich variiert. Dabei tritt besonders der „Vernalisationseffekt“ hervor. Mit modernen Untersuchungsmethoden läßt sich zudem ein deutlicher immunregulativer Effekt der Klimabehandlung sicherstellen.

Drei Aspekte lassen die Wahl des Themas für einen öffentlichen Vortrag begründet erscheinen:

1. Die ständig wachsenden Ansprüche der Gesellschaft an ein umfassendes wirksames Gesundheitswesen verlangt eine ständige Suche nach einfachen, aufwand- und nebenwirkungsarmen und möglichst alle hygiogenetisch effektiven Potenzen des menschlichen Organismus erfassenden Formen der Therapie einschließlich der Prophylaxe.
2. Die klinisch-wissenschaftliche Forschungsarbeit auf dem Gebiet der therapeutischen Bioklimatologie muß verstärkt und interdisziplinär fundiert werden.
3. Die medizinische Nutzung des Bioklimas setzt einen gezielten und verantwortungsbewußten Schutz unserer Umwelt voraus: Umweltschutz soll nicht nur „Schäden abwenden“, sondern auch den „Nutzen vermehren“. — Erschienen in den Sitzungsberichten Bd 114 (1981) H. 6.

18. April 1980

Ansprache des Präsidenten, Herrn Schwabe, Bericht des Vizepräsidenten, Herrn Lehmann, über die Arbeiten beider Klassen. — Vortrag des Herrn Lieberwirth: „Eike von Repchow und der Sachsenspiegel“.

Eike von Repchow, dessen Familie sich nach dem Ort Reppichau im Kreis Köthen genannt hat, gehört zu den größten deutschen Rechtsdenkern überhaupt, weil sein Werk, der Sachsenspiegel, möglicherweise als das erste, mit Sicherheit aber als das berühmteste deutsche Rechtsbuch und zugleich als das erste profane Werk in mittelniederdeutscher Sprache bezeichnet wird. Eike ist uns aus sechs Rechtsurkunden aus dem Anfang des 13. Jahrhunderts, wenn auch in unterschiedlicher Schreibweise, als sicher bezeugt, woraus in wissenschaftlicher Kleinarbeit erschlossen werden konnte, daß er um 1180 geboren sein muß. Das Jahr 1980 wäre also als Gedenkjahr des 800. Geburtstages anzusehen.

Der Sachsenspiegel ist im östlichen Harzvorland, im Grenzgebiet zwischen früh- bis hochfeudalem Reich und slawischen Stammesverbänden, entstanden. Die politische Entwicklung dieses Raumes und die damals geltenden Rechtsanschauungen sind Ausgangspunkt der Betrachtungen, um dann auf die Person Eikes und auf sein Werk überzugehen. Nach dem heutigen Stand der Wissenschaft ist der Sachsenspiegel zwischen 1220 und 1230 entstanden. Zunächst in lateinischer Sprache abgefaßt, wie aus dem Prolog hervorgeht, entsprach dann Eike dem Wunsch des Grafen Hoyer von Falkenstein, dessen Stammburg über dem Selketal ebenfalls zum Bezirk Halle gehört, und übersetzte den Sachsenspiegel ins Deutsche. Wo dieses Werk abgefaßt wurde, ob auf dem Falkenstein, ob in seinem Heimatort Reppichau, ob in einer der Dombibliotheken in Quedlinburg, Halberstadt oder gar Magdeburg, ist wohl kaum noch zu ermitteln. Sicher ist nur eines: der Sachsenspiegel fand als Aufzeichnung bäuerlicher Rechtsverhältnisse und von Rechtsverhältnissen der Feudalherren untereinander sehr schnell und in freiwilliger Aufnahme über die großen Handelsstraßen weiteste Verbreitung in einem Raum, dessen westliche Begrenzung in Holland und rheinaufwärts zu suchen ist und dessen östliche bis an die Weichsel-San-Linie reicht. Im Süden fand er seine Grenze am Einflußgebiet des Schwabenspiegels, der aber letztlich aus einer oberdeutschen Übersetzung des Sachsenspiegels hervorgegangen ist. Trotz kriegsbedingter Verluste existieren heute noch über 200 Sachsenspiegelhandschriften aus dem 13., 14. und 15. Jahrhundert, deren bekannteste, etwa um 1300 entstanden, sich lange Zeit in Quedlinburg befand, bis sie 1938 in die UB Halle überführt werden mußte und dort, wohl gesichert, auch heute noch aufbewahrt wird. Die große Bedeutung des Sachsenspiegels liegt nicht allein in seiner weiten Verbreitung, sondern auch darin, daß er als Privataufzeichnung entstanden war, später aber wie ein Gesetzbuch verwendet wurde. Erst die großen Gesetzbücher des 19. Jahrhunderts haben den Sachsenspiegel endgültig außer Kraft gesetzt.

Eike, ein Mensch unserer engeren Heimat, hat hier ein Werk geschaffen, das über Jahrhunderte hinweg die deutsche Rechtspraxis maßgeblich beeinflußt hat. Person und Werk gehören zu unserem nationalen Kulturerbe und dürfen nicht vergessen werden. — Erschienen in den Sitzungsberichten Band 112 (1982) H. 4.

21. November 1980

Begrüßungsansprache des Vizepräsidenten, Herrn Lehmann, Ansprache des scheidenden Präsidenten, Herrn Schwabe, Ansprache des neu eingeführten Präsidenten, Herrn Bahner. — Vortrag des Herrn Oelßner: „Computertomographie“.

Die konventionelle Röntgendiagnostik nutzt das unterschiedliche Strahlenschwächungsvermögen menschlicher Gewebe und in den Körper eingebrachter Substanzen, um Strukturen des Körperinneren als Schattenbilder sichtbar zu machen. Es handelt sich hierbei um zweidimensionale Projektionen dreidimensionaler Objekte mit einer Summation der Schatten hintereinanderliegender Details.

Im Gegensatz zur hohen räumlichen Auflösung der Röntgenaufnahme ist die Dichteauflösung des konventionellen Röntgenbildes gering, da alle luft- und kalkfreien Gewebe ein ähnliches Strahlenschwächungsvermögen aufweisen, das vom wenig strahlenempfindlichen Film nicht differenziert wird. Weiterhin erschwert die Schattensummation die Abgrenzung der Schatten aufeinander projizierter Objektdetails. — Um der geringen Dichteauflösung zu begegnen, werden Röntgenkontrastmittel eingesetzt. Um die Nachteile der Schattensummation zu reduzieren, bedient man sich der Tomographie, die allerdings nur Schichtaufnahmen parallel zur Körperlängsachse ermöglicht. Die Transversaltomographie hat sich wegen einer unzureichenden Bildqualität infolge Schattenüberlagerung nicht durchgesetzt.

Die Herstellung überlagerungsfreier Querschnittsbilder ist der Computertomographie (CT) vorbehalten geblieben. Ihr Prinzip besteht darin, daß die Intensitätsänderungen eines schmalen Röntgenstrahlenbündels, das auf einen hochempfindlichen Detektor gerichtet ist, während einer Translationsbewegung quer zur Körperlängsachse gemessen werden. Es entsteht ein Schwächungsprofil, das digitalisiert und gespeichert wird. Durch Drehung des Röhrendetektorsystems um jeweils 1° und Wiederholung dieses Vorgangs, werden z. B. 180 Profile aufgenommen, aus denen die Schwächungskoeffizienten kleiner Teilvolumina der durchstrahlten Schicht errechnet und über Digital-Analog-Umsetzer als Grauwerte auf einem Sichtgerät ausgegeben werden. Es entsteht so ein von Summationseffekten freies Querschnittsbild mit Matrixstruktur, dessen Bildelemente den berechneten Teilvolumina entsprechen und das sich durch eine hohe Dichteauflösung auszeichnet.

Computertomographen der Spitzenklasse benutzen ein fächerförmiges Strahlenbündel, das um 360° rotiert, und 250 bis 560 bewegte oder 600 bis 1000 ringsum angeordnete stehende Detektoren. Die Meßzeit beträgt zwischen 10 sec und 1 sec. Das Bild erscheint nach Beendigung des Meßvorganges als „Sofortbild" auf dem Sichtgerät. Auf diese Weise sind Serienaufnahmen zur Funktionsdiagnostik möglich.

Der diagnostische Gewinn der CT ergibt sich einmal aus der Erschließung der 3. Ebene im Raum. Noch wichtiger ist die hohe Dichteauflösung, die eine Unterscheidung von Kontrastdifferenzen bis herab zu 0,3% gestattet. Dadurch lassen sich Weichteile und Körperflüssigkeiten abbilden, die sich bisher der Darstellung entzogen haben, wie z. B. die Liquorräume im Hirn oder Lebermetastasen. Durch Zuordnung von Dichtewerten zu den errechneten Schwächungskoeffizienten ist eine quantitative Diagnostik möglich, die z. B. durch die Bestimmung der Dichte innerhalb beliebig wählbarer Bezirke oder durch die Darstellung von Dichteprofilen entlang beliebiger Referenzstrecken erweitert werden kann. Eine Begrenzung des Bildumfanges auf besonders interessierende Dichtebereiche mittels der Fenstertechnik, die Möglichkeit der elektronischen Bildvergrößerung oder die Darstellung mehrerer Bilder nebeneinander erweitern die Ausweitemöglichkeit. Das gleiche gilt für Strecken-, Flächen- und Winkelmessungen sowie für die rechnerische Rekonstruktion von Sekundärschnitten in der Sagittal- und Frontalebene.

Große Bedeutung hat die CT für die Bestrahlungsplanung erlangt, gestattet sie doch, der Berechnung der örtlichen Dosisverteilung individuelle Körperquerschnitte zugrunde zu legen, die bisher nicht zur Verfügung standen. — Die Grenzen der CT liegen einmal in der Matrixstruktur des Bildes, die im Vergleich mit der konventionellen Röntgenaufnahme eine zehn- bis zwanzigmal schlechtere räumliche Auflösung bedingt. Zum andern führt die relativ lange Meßzeit bei der Untersuchung bewegter Organe zu störenden Bewegungsartefakten. — Die Strahlenbelastung durch eine computertomographische Untersuchung entspricht etwa der durch Röntgenaufnahmen in zwei Ebenen. Sie steigt mit Ansprüchen an die Bildqualität und ist angesichts des großen diagnostischen Gewinns bei kritischer Indikationsstellung vertretbar.

Die CT-Abteilung der Radiologischen Klinik der Karl-Marx-Universität sowie Beispiele für eine effektive Anwendung der CT in Diagnostik und Bestrahlungsplanung werden anhand von Abbildungen vorgestellt.

VERÖFFENTLICHUNGEN DER AKADEMIE IN DEN BERICHTSJAHREN

Jahrbuch 1977—1978. Berlin 1980. 373 S., 15 Taf. u. 7 Abb. im Text.

Mathematisch-naturwissenschaftliche Klasse

Sitzungsberichte

Band 113

Heft 5: Manfred Gersch: Wachstum und Wachstumsregulatoren der Krebse. Biologische Erkenntnisse und generelle Erwägungen. 1979. 32 S., 13 Abb., 1 Tab.

Heft 6: Friedrich Wolf, Ursula Koch: Über den Einfluß der chemischen Struktur von Dispersionsfarbstoffen auf deren Dispersionsstabilität. 1979. 18 S., 3 Abb., 10 Tab.

Heft 7: Friedrich Wolf, Wolfgang Heyer: Zur Sorption an Tetracalciumaluminathydroxysalzen. 1980, 12 S., 5 Abb., 4 Tab.

Band 114

Heft 1: Hasso Eßbach: Morphologisches zur othologischen und pathologischen Differenzierung und zum Anpassungs- und Abwehrvermögen der menschlichen Placenta. 1980. 19 S., 12 Abb.

Heft 2: Werner Ries: Risikofaktoren des Alterns aus klinischer Sicht. 1980. 19 S., 9 Abb., davon 1 Abb. auf Tafel.

Heft 3: Ott-Heinrich Keller: Anschaulichkeit und Eleganz beim Alexanderschen Dualitätssatz. 1980. 19 S.

Abhandlungen

Band 53

Heft 3: Kurt Schwabe, Christian Queck: Freie Überführungsenthalpien von Einzelionen aus Wasser in organische Solventien. Eine kritische Übersicht. 1979. 104 S., 38 Abb., 47 Tab.

Band 54

Heft 1: Ernst Neef: Analyse und Prognose von Nebenwirkungen gesellschaftlicher Aktivitäten im Naturraum. Mit Beiträgen von A. Bernhardt, K. D. Jäger und K. Mannsfeld. 1979. 70 S., 7 Abb., 1 Falttaf., 2 Tab.

Heft 2: Gunter Kabisch: Schwingungsspektroskopische und Kernresonanzuntersuchungen an Tetraalkylammoniumsalzlösungen. 1979. 71 S., 29 Abb., 11 Tab.

Heft 3: Dietrich Uhlmann: Künstliche Ökosysteme. 1980. 34 S., 17 Abb., 2 Tab.

Sitzungsberichte

Band 120

Heft 5: Rudolf Meyer: Gegensinn und Mehrdeutigkeit in der althebräischen Wort- und Begriffsbildung. 1979. 31 S.

Heft 6: Werner Neumann: Aufgaben und Probleme der heutigen Bachforschung. 1979. 25 S.

Band 121

Heft 1: Karl Czok: Vorstädte. Zu ihrer Entstehung, Wirtschaft und Sozialentwicklung in der älteren deutschen Stadtgeschichte. 1979. 28 S.

Heft 2: Hans-Joachim Diesner: Politik und Ideologie im Westgotenreich von Toledo: Chindasvind. 1979. 35 S.

Heft 3: Joachim Müller: Die dramatische Funktion von Mephistos Monolog in Goethes „Faust“ I: „Verachte nur Vernunft und Wissenschaft ...“ (V. 1851—1867). 1980. 32 S.

Abhandlungen

Band 68

Heft 2: Friedrich Möbius: Caspar David Friedrichs Gemälde „Abtei im Eichwald“ und die frühe Wirkungsgeschichte der Ruine Eldena bei Greifswald. Zu aktuellen Aspekten des Denkmalbegriffs und der Denkmalpflege. 1980. 36 S., 19 Abb. auf 16 Taf.

Band 69

Heft 1: Klaus Bochmann: Der politisch-soziale Wortschatz des Rumänischen von 1821 bis 1850. 1979. 221 S.

Heft 2: Werner Peek: Attische Versinschriften. 1980. 90 S., 7 Abb. auf 4 Taf.

Heft 3: Friedrich Weller: Untersuchung über die textgeschichtliche Entwicklung des tibetischen Buddhacarita. 1980. 91 S.

VERÖFFENTLICHUNGEN VON AKADEMIEMITGLIEDERN IN DEN JAHREN 1979 UND 1980

Mathematisch-naturwissenschaftliche Klasse

Beckert, Herbert: Leon Lichtenstein 1878—1933. In: WZ. KMU Leipzig, math.-nat. R. *29* (1980) H. 1, S. 1 (Vorwort), 3—13.
— Über den Zusammenhang zwischen statischer und dynamischer Stabilität in der nichtlinearen Elastizitätstheorie. Preprint KMU — Leipzig, Sektion Mathematik 1980. 10 S.
— A new theory for solving the general dynamic equations in nonlinear elasticity. Preprint KMU — Leipzig, Sektion Mathematik 1980. 21 S.
— [Nachr.] Mstislav Vsevolodovič Keldyš 10. 2. 1911—24. 6. 1978. In: Jahrb. Sächs. Akad. Wiss. zu Leipzig *1977—1978* (Berlin 1980) S. 252—253.

Berg, Hermann: V. Symposium Bioelectrochemistry, Weimar 4.—8. 9. 1979 (Zusammenfassung). In: Informationsblatt der Biophysikal. Gesellschaft, 1979, S. 9—15.
— I. Conformational Transitions of DNA in the Adsorption Layer. II. Interaktions between Antibiotics and DNA. III. Redox Processes during Photodyn. Dam. of DNA. IV. The early History of Electrochemistry and Biochemistry. In: Review of Polarography (Japan) *24* Suppl.-Bd (1979) 1—2.
— Konformationen von Proteinen und Nukleinsäuren an Elektrodenoberflächen. In: studia biophysica *75* (1979) H. 3, S. 209—217.
— [Nachr.] Alexander N. Frumkin 24. 10. 1895—25. 5. 1976. In: Jahrbuch Sächs. Akad. Wiss. zu Leipzig *1975—1976* (Berlin 1979) S. 261—263.
— Über wissenschaftliche Originalität. In: Spektrum *10* (1979) S. 26—27.
— Wilhelm Ostwald — Über physikalisch-chemische Forschung in der Biologie. In: Urania *11* (1979) S. 58—59.
— u. J. Flemming, G. Horn: Conformational Transitions of DNA at the Electrode Surface. In: Proceeding of V. Sympos. Bioelectrochemistry and Bioenergetics, Weimar, Sept. 1979.
— u. W. Ihn, U. Luthardt, H. Schütz, E. Stutter, A. Walter: Polarographic Behavior of DNA-Complexes with Anthracycline-Antibiotics. Ebda.
— H.-E. Jacob, W. Förster u. H. Berg: Electric field effects on single cells. Ebda.
— u. W. Fleck, H. Fritzsche, W. Förster, F. A. Gollmick, H. Schütz, D. Strauß, E. Stutter: Complexes between DNA and Violamycins a new series of Anthracycline Antibiotics. In: VI. Internat. Biophysics Congress, Kyoto, Abstracts 1978, S. 392.
— H.-E. Jacob, W. Förster u. H. Berg: Effects of Electric Discharge on Biological Matter. In: Proc. 19th. Hung. Ann. Meet. Biochem., Budapest 1979, S. 69—72.
— H.-E. Jacob, W. Förster u. H. Berg: Inactivation of Microorganisms by an electric discharge. In: Proceedings of the Fifth Winterschool on Biophysics of Membrane Transport, vol. *II* (1979) S. 297.
— K. Weber, W. Förster u. H. Berg: Kinetics of a Quinone (Quinol Equilibrium) Comparison between Polarographic and Temperatur-jump Techniques. In: J. Electroanal. Chem. *100* (1979) S. 135.
— L. Kittler, G. Löber, F. A. Gollmick u. H. Berg: Redox Mechanisms of Photosensitized Reactions with DNA. In: V. Symposium Bioelectrochem. and Bioenerg., Weimar, Sept. 1979, S. 60.

Berg, Hermann: Results and aspects of the 4th CMEA Symposium, 1980, „Biophysics of Nucleic Acids and Proteins". In: studia biophysica *79* (1980) S. 183.

– Polarographic Possibilities in Nucleic Acid Research. In: Proceedings I, J. Heyrovsky Memorial Congress, Prague, August 1980, S. 91.

– Historical roots of bioelectrochemistry. In: Experientia vol. *36* (1980) S. 1247.

– L. Kittler, G. Löber, F. A. Gollmick u. H. Berg: Redox Processes During Photodynamic Damage of DNA. III. Redox Mechanism of Photosensitization and Radical Reaction. In: Bioelectrochem. Bioenergetics *7* (1980) S. 503.

Bethge, Heinz: Opening Address / International HVEM-Symposium 1979. In: Kristall u. Technik *14* (1979) S. 1172–1173.

– J. Heydenreich u. H. Bethge: Electron microscopy in semiconductor physics and technology. In: Veröff. der XI. Allunions-Konferenz über Elektronenmikroskopie, Bd *III* (Tallinn 1979) S. 26–30.

– M. Krohn u. H. Bethge: Some problems in nucleation phenomena. In: Thin Solid Films *57* (1979) S. 227–230.

– J. Vetter u. H. Bethge: Decorated surfaces directly observed in the scanning electron microscope. In: Veröff. der XI. Allunions-Konferenz über Elektronenmikroskopie, Tallinn 1979, S. 98–99.

– u. K.-W. Keller, M. Krohn: Der Dekorationseffekt als elektronenmikroskopische Abbildungsmethode und Anwendung auf Probleme des Kristallwachstums. In: Izv. Chim. *11* (1978) S. 489 bis 516.

– u. U. Messerschmidt, F. Appel: Grundprobleme des plastischen Verhaltens von Keramiken. In: Abh. AdW der DDR, Nr. 1, Berlin 1979, S. 248–252.

– u. H. Höche, D. Katzer, K. Keller, P. Bennema, Bas van der Hoek: Interaction between successive monoatomic step trains of different density on evaporating crystal surfaces. In: J. Cryst. Growth *48* (1980) S. 9–18.

– D. Hesse u. H. Bethge: Formation of MgO_2TiO_4 epitaxial thin films on MgO by solid state reaction. In: 6th Int. Conf. on Crystal Growth, Extended Abstracts, Vol. *4* (Moscow 1980) S. 388–390.

– H. Höche u. H. Bethge: Diffusion-controlled processes of step motion on low-index crystal surfaces. In: 6th Int. Conf. on Crystal Growth. Extended Abstracts, Vol. *1* (Moscow 1980) S. 57–59.

– R. Scholz u. H. Bethge: High-resolution study of 20° [001] tilt boundaries in gold. In: Electron Microscopy 1980, Vol. *1* (= Proc. 7th Int. Congr. on Electron Microscopy , The Hague 1980) Leiden 1980, S. 238–239.

Buchheim, Wolfgang: Die Schrödingersche Wellenmechanik als Beitrag zum quantenphysikalischen Naturverständnis, Halle/S. 1980, 37 S. u. 20 Abb. (= Nova Acta Leopoldina, Abh. der Deutschen Akademie der Naturforscher Leopoldina, NF, Nr. 239, Bd 52).

– [Mithrsg.] Studien und Dokumente zur Geschichte der Physik an der Bergakademie Freiberg, Heft 2. Bergakademie Freiberg 1980 (= Veröffentlichungen des Wissenschaftlichen Informationszentrums der Bergakademie Freiberg Nr. 87).

Busch, Karl-Franz, u. Mitarbeiter: Simulation gekoppelter Transport-, Austausch- und Umwandlungsprozesse im Boden- und Grundwasser. In: Vorträge der Wissenschaftlichen Konferenz der Sektion Wasserwesen der TU Dresden 7.–8. Nov. 1979, Dresden 1979, 259 S.

– Beitrag 15: Wasserwirtschaft. In: Bautechnische Berechnungstafeln für Ingenieure. Hrsg. v. H. Pörschmann, Leipzig [15]1979. S. 515–541.

– Umweltschutztechnik. Hrsg. v. W. Jugel, Leipzig [2]1979, 109 S.

– [Hrsg.] Probleme der Sozialistischen Umweltgestaltung. In: WZ. TU Dresden *28* (1978) H. 6, S. 1289–1351.

Busch, Karl-Franz [Hrsg.] Probleme der Sozialistischen Umweltgestaltung. In: WZ. TU Dresden *29* (1979) H. 6, S. 1559–1621.

– u. Mitarbeiter: 10 Jahre gemeinsame Forschungsgruppe Grundwasser des Instituts für Wasserwirtschaft und der Technischen Universität Dresden, Berlin 1980, 135 S.

– u. P. Lösel: Bedeutung der Grundwasserforschung für die Volkswirtschaft der DDR. In: Mittlg. des Instituts f. Wasserwirtschaft 1980, H. 44, S. 1–5.

– Beitrag Teil 15.10: Wasserwirtschaft–Wasserbau. In: Kleine Enzyklopädie Technik, Leipzig 1980, S. 550–564.

– u. W. Beyer: Geohydrologie. 4. Lehrbrief – Wassererschließung. Hrsg. v. der Zentralstelle f. d. Hochschul- und Fernstudium d. MHF, Berlin 1980, 64 S.

– u. G. Müller: Hydromelioration. 1. Lehrbrief – Bodenentwässerung. Hrsg. von der Zentralstelle für das Hochschul- und Fernstudium d. MHF, Berlin 1980, 78 S.

– u. G. Müller: Hydromelioration. 2. Lehrbrief – Bodenbewässerung. Hrsg. von der Zentralstelle für das Hochschul- und Fernstudium des MHF, Berlin 1980, 80 S.

– u. W. Donnerhack: Hydromelioration. 3. Lehrbrief – Behandlung und Verwertung von Abwässern und Abwasserschlämme für landwirtschaftl. Nutzflächen. Hrsg. von der Zentralstelle für das Hochschul- und Fernstudium des MHF, Berlin 1980, 63 S.

Dörter, Klaus: Neue Erkenntnisse zur Beregnung verschiedener Kulturpflanzen aus der Forschungsarbeit der Sektion Pflanzenproduktion. In: WZ. Univ. Halle, math.-nat. R. *XXVIII* (1979) H. 4, S. 33–41.

– W. Isbaner, K. Dörter: Experiment zur effektiven Gestaltung des Vorstudienpraktikums Agraringenieurwesen (Pflanzenproduktion). In: Das Hochschulwesen *27* (Berlin 1979) H. 2, S. 58–59.

– H. Krause, S. Leister, K. Dörter: Die Wirkung stickstoffhaltiger Abwässer der Harnstoffindustrie auf die Entwicklung und den Ertrag ausgewählter Futterpflanzen sowie auf bodenphysikalische Eigenschaften. In: Hercynia NF *16* (1979) H. 3, S. 273–281.

– [Nachr.] Anton Arland 20. 7. 1895–23. 2. 1975. In: Jahrbuch Sächs. Akad. Wiss. zu Leipzig *1975–1976* (Berlin 1979) S. 203–207.

– [Nachr.] Karl Schmalfuß 5. 11. 1904–3. 12. 1976. Ebda, S. 239–241.

– u. S. Leister, H. Krause, B. Richter: Untersuchungen zur Nutzung des Wassers der Schwarzen Elster für die Bewässerung in der sozialistischen Landwirtschaft. In: Wasserwirtschaft–Wassertechnik *29* (Berlin 1979) H. 11, S. 394–395.

– Der Einfluß intensiver landwirtschaftlicher Produktion auf die Eutrophierung des Wassers im Trinkwasserschutzgebiet der Rappbodetalsperre des Harzes in der DDR. In: Acta Fytotechnika Universitatis Agriculturae – Czechoslovakia – *XXXV* (Nitra 1979) S. 15–28.

– u. H. Abdank: Mehrjährige Ergebnisse der Beregnung von Zuckerrüben und Welschem Weidelgras mit Bewässerungswasser der Eignungsklasse 5. In: Feldwirtschaft *21* (1980) H. 3, S. 120 bis 124.

– H. Abdank, K. Dörter: Mehrjährige Ergebnisse der Zuckerrüben- und Ackergrasberegnung mit Abwasser auf einem Lö 1-Standort. In: Tagungsber. Akad. Landwirtschaftswiss. DDR *180* (Berlin 1980) S. 257–263.

– Forschungsergebnisse zur Unterflurbewässerung über Wassersperrschichten. In: Optimalizácia Polnohospodárskej Krajiny Melioráciami [Optimierung landwirtschaftlicher Gebiete durch Meliorationen], Bd *II*: Hydromeliorácie. Symposium in Račkova dolina, ČSSR, 1980, S. 60–67.

– Hinweise zur Qualität des Bewässerungswassers. Ebda, Bd III: Zúrodňovanie Pôd [Urbarmachung der Böden], S. 160–164.

– Vom Nutzen der Bewässerung. In: Flüsse und Seen der Erde, Leipzig – Jena – Berlin 1980, S. 123–132.

– Materialien (Auswahl) zur Vorlesung „Meliorationen und Landeskultur" an der Sektion Pflanzenproduktion der Martin-Luther-Universität Halle–Wittenberg, Halle 1980, 119 S.

– [Hrsg.] Bewässerung und Flurneugestaltung. Kongreß- und Tagungsberichte der Martin-Luther-Universität, Wiss. Beitr. *1979*/57 (S. 21), Halle 1979, 72 S.

Dürwald, Wolfgang: The various systems of forensic medicine in the socialist countries. In: Acta medicina legalis et socialis *28* (1978 [erschienen 1979]) S. 101–107.
– Zur Bewertung von Ausschlüssen im GPT-System. In: Wiss. Beitr. der Martin-Luther-Universität Halle–Wittenberg *1979*/50 (R 53) S. 17–20.

Emons, Hans-Heinrich, u. P. Hellmold, G. Bräutigam, H. Holldorf, H. Martens: Technische Anorganische Chemie, Leipzig 1978, 365 S.
– Autorenkollektiv (TH Leuna–Merseburg): Lehrbuch der Technischen Chemie: 2. erweiterte Aufl., Leipzig 1979, 432 S.
– u. P. Hauptmann, D. Pohl: Ultraschallgeschwindigkeits- und Ultraschallabsorptionsmessungen an ausgewählten Elektrolytlösungen. In: Z. phys. Chem. *260* (Leipzig 1979) S. 281–288.
– u. S. Möhlhenrich, P. Hellmold: Zur Bilanzierung des technischen Calciumcarbidprozesses. Teil I: Problemstellung und praktische Untersuchungen. In: Chem. Techn. *31* (1979) S. 506 bis 510.
– u. A. Winzer, H.-H. Emons, B. Jugel: Untersuchungen zum Stoffübergang während der Ostwald-Reifungmittels radioaktiver Nuklide. In: Freiberger Forsch.-H. *A 600* (1979) S. 9–30 (= Beiträge zur Massenkristallisation leichtlöslicher Salze).
– A. Winzer, H.-H. Emons u. B. Jugel: Zum Einfluß grenzflächenaktiver Stoffe auf die Geschwindigkeit der Stoffübergangsprozesse während der Ostwald-Reifung des KCl. Ebda S. 31–44.
– A. Winzer, H.-H. Emons u. W. Ohmann: Zum Einfluß von Fremdstoffen auf die Geschwindigkeit der Stoffübergangsprozesse während der Ostwald-Reifung des KCl und NaCl. Ebda S. 45–60.
– A. Winzer, H.-H. Emons u. V. Bürger: Untersuchungen zur Kinetik der Verdrängungskristallisation von KCl aus gesättigten KCl-Lösungen durch NaCl. Ebda S. 61–72.
– A. Winzer u. H.-H. Emons: Zum Einfluß grenzflächenaktiver Stoffe und Fremdionen auf den Habitus von KCl und NaCl. Ebda S. 73–80.
– A. Winzer, H.-H. Emons u. K. Dettmann: Untersuchungen zur KCl-Kristallisation mit Hilfe der Mikroautoradiographie. Ebda S. 81–88.
– H. Voigt u. H.-H. Emons: Untersuchungen zur Agglomeration von Kaliumchlorid. Ebda S. 89–98.
– H. Voigt u. H.-H. Emons: Der Einfluß von Fremdstoffen auf die Agglomeration von Kaliumchlorid. Ebda S. 99–106.
– A. Winzer, H.-H. Emons u. G. Jakob: Zur Bestimmung von Aktivierungsenergien für die Stoffübergangsprozesse im Verlauf der Ostwald-Reifung des KCl. Ebda S. 107–120.
– u. S. Ziegenbalg, L. Kolditz: Zu anorganischen Problemen der Rohstoffnutzung. Teil I. In: Z. Chem. *19* (1979) S. 313–326.
– u. H.-H. Walter: Salz. Geschichte – Gegenwart – Zukunft, Berlin 1979, S. 5–48. (= Sitzungsber. der Akad. d. Wiss. der DDR, 19N).
– u. H.-H. Walter: Salz – Geschichte, Gegenwart, Zukunft. Teil 1. In: Wissenschaft u. Fortschritt *29* (1979) S. 251–255.
– u. H.-H. Walter: Salz – Geschichte, Gegenwart, Zukunft. Teil 2. Ebda S. 298–303.
– K. Matiasovsky, P. Fellner u. M. Chrenkova-Paucirova (Bratislava), G. Bräutigam u. H.-H. Emons: Density and electrical conductivity of molten NaCl–KCl–AlCl Mixtures. In: Electrochimica Acta *25* (1980) S. 195–200.
– u. W. Voigt: Geschmolzene Salze – Struktur und Eigenschaften. In: Wissenschaft u. Fortschritt *30* (1980) S. 258–262.
– G. Bräutigam u. H.-H. Emons: Transporteigenschaften geschmolzener binärer Salzmischungen vom Typ $MCl–M'Cl_2$ (M = Rb, C̄s, M̄' = Sr, Ba). In: Z. phys. Chem. *261* (Leipzig 1980) S. 425–432.
– u. W. Voigt: Geschmolzene Salze – vielseitig anwendbar. In: Wissenschaft u. Fortschritt *30* (1980) S. 289–291.

Emons, Hans-Heinrich, K. Matiasovsky, I. Votava (Bratislava), G. Bräutigam u. H.-H. Emons: Dichten und Volumina geschmolzener Salzmischungen aus Erdalkalimetallbromiden und Alkalimetallbromiden. In: Z. anorg. allg. Chem. *468* (1980) S. 123–129.
– G. Bräutigam u. H.-H. Emons, K. Matiasovsky, P. Fellner (Bratislava): Elektrische Leitfähigkeit geschmolzener Salzmischungen aus Erdalkalimetallbromiden und Alkalimetallbromiden. Ebda S. 111–122.
– u. S. Möhlhenrich, P. Hellmold: Zur Bilanzierung des technischen Calciumcarbidprozesses. Teil II: Thermodynamische Berechnungen. In: Chem. Techn. *32* (1980) S. 193–198.
– u. S. Möhlhenrich, P. Hellmold: Zur Bilanzierung des technischen Calciumcarbidprozesses. Teil III: Prozeßbilanzierung, Material- und Energieverbrauchsnormen. Ebda S. 352–359.
– u. S. Möhlhenrich, P. Hellmold: Rechnerische Bestimmung der Schmelzenthalpie des Calciumcarbids. In: Z. Chem. *20* (1980) S. 35.
– u. S. Möhlhenrich, P. Hellmold: Enthalpiemessungen bei hohen Temperaturen. In: Wiss. Z. TH Leuna–Merseburg *22* (1980) 4, S. 489–499.
– u. G. Duchrow: Kalisalze – Neue Aspekte beim Gewinnen und Verarbeiten. In: Wissenschaft u. Fortschritt *30* (1980) S. 193–196.
– L. Kolditz u. H.-H. Emons, S. Ziegenbalg: Zu anorganisch-chemischen Problemen der Rohstoffnutzung. Teil II. In: Z. Chem. *20* (1980) S. 357–361.
– u. H. Voigt, W. Wollny: Küvettenmikroskopische Untersuchungen von Auflösungs- und Kristallisationsvorgängen. In: Jenaer Rundschau *25* (1980) S. 213–216.

Eßbach, Hasso: Morphologisches zur orthologischen und pathologischen Differenzierung und zum Anpassungs- und Abwehrvermögen der menschlichen Placenta, Berlin 1980, 19 S. u. 12 Abb. auf 6 Taf. (= Sitzungsber. Sächs. Akad. Wiss. zu Leipzig Bd 114, H. 1).

Fejes Tóth, László: A remark on the Hadwiger numbers of a convex disc. In: Studia Sci. Math. Hungar. 12 (1977 [erschienen 1980]) S. 409–412.

Fink, Julius: Stand und Aufgaben der österr. Quartärforschung. In: Innsbrucker Geographische Studien Bd *5* (Innsbruck 1979) S. 79–104.
– Bericht über die Tagung der Deutschen Quartärvereinigung (DEUQUA) in Österreich 1978. In: Mitt. der Österr. Geogr. Ges., Bd *120* (Wien 1978) S. 358–364.
– u. A. Koči, H. Kohl, M. A. Pevzner: Paleomagnetic Research in the Northern Foothills of the Alps and the Question of Correlation of Terraces in the Upper Reach of the Danube. In: IGCP Report *5* (Prag 1979).
– u. R. Walder: Bodenkarte von Österreich. In: Österr. Mittelschulatlas für die Unterstufe, Wien 1979.
– u. a.: Der Hollabrunner Schotter östlich von Krems, Niederösterreich. In: Z. dt. geol. Ges. *130* (Hannover 1980) S. 303–322.
– Franz Fliri, sein Wirken als Geograph und Klimatologe. In: Mitt. Österr. Geogr. Ges., Bd *121* (Wien 1979) S. 297–303.
– Paleomagnetic research in the northeastern foothills of the Alps and in the Vienna Basin. In: Földrajzi Közlemények, Budapest 1980.
– Kommission für Quartärforschung. In: Tätigkeitsbericht der Österr. Akademie der Wissenschaften *1978/79*, S. 110–115.
– Akademiker I. P. Gerasimow – 75 Jahre. In: Mitteilungen der Österr. Geogr. Ges., Bd *122* (Wien 1980) H. 11.
– Quaternary soils; Bemerkungen zu einem bemerkenswerten Buch. In: Z. f. Geomorphologie *24* (1980) H. 4.
– u. H. Nagl: Quartäre Sedimente und Formen. In: Atlas der Republik Österreich *II/6* (1979) Lfg 6.
– u. R. Walder, W. Rerych: Böden und Standortbeurteilung. In: Atlas der Republik Österreich *IV/4* (1979) Lfg 6.

Fink, Julius: [Mithrsg.] Z. f. Geomorphologie. Mitteilungen der Österreichischen Geographischen Ges., Geograph. Jahresbericht aus Österreich.
— [Hrsg.] Mitteilungen der Kommission für Quartärforschung der Österreichischen Akademie der Wissenschaften.

Freimuth, Ulrich, u. F. Tebling, F. Böhme, E. Ludwig: Untersuchungen chemisch modifizierter Proteine. 1. Mitt., Darstellung und Charakterisierung. In: Nahrung *23* (1979) H. 3, S. 215 bis 222.
— u. W. Krause: Zur Alkalibehandlung von Proteinen. 3. Mitt., Dephosphorylierung von Säurecasein und Caseinfraktionen im alkalischen Milieu. Ebda *24* (1980) H. 3, S. 317—326.
— u. H. Nötzold, W. Krause: Zur Alkalibehandlung von Proteinen. 5. Mitt., Die Bildung von Lysinoalanin in β-Casein und β-Lactoglobulin. Ebda H. 4/5, S. 351—357.
— u. H. Nötzold: Zur Alkalibehandlung von Proteinen. 4. Mitt., Nachweis von Lysinoalanin in Eiweißstoffen. Ebda H. 7, S. 627—632.
— [Nachr.] Wilhelm Treibs 6. 11. 1890—20. 4. 1978. In: Jahrb. Sächs. Akad. Wiss. zu Leipzig *1977—1978* (Berlin 1980) S. 260—262.

Gersch, Manfred: A new endocrine gland in the antennal segment of the crayfishes Orconectes limosus and Astacus astacus. In: Gen. comp. Endocrinol. *39* (1979) S. 490—497.
— H. Birkenbeil, M. Eckert u. M. Gersch: Electron microscopical-immunocytochemical evidence of ecdysteroids in the prothoracic gland of Galleria mellonella. In: Cell Tissue Res. *200* (1979) S. 285—290.
— H. Birkenbeil u. M. Gersch: Ultrastructur of the Y-organ of Astacus astacus (L.) (Crustacea) in relation to the moult cycle. In: Cell Tissue Res. *196* (1979) S. 519—524.
— H. Eibisch, M. Gersch, M. Eckert u. G.-A. Böhm: Investigations of the ecdysteroid production in prothoracic glands and of the ecdysteroid level in the hemolymph of Periplaneta americana larvae by means of radioimmunoassay (RIA) with an anti-ecdysterone serum. In: Zool. Jb. Physiol. *84* (1980) S. 153—163.
— [Nachr.] Paul Buchner 12. 4. 1886—19. 10. 1978. In: Verhandl. Dt. Zool. Gesellsch. 72. Jahresversammlung 1979. Stuttgart—New York 1979. S. 319—321; Jahrbuch Sächs. Akad. Wiss. zu Leipzig *1977—1978* (Berlin 1980) S. 232—234.
— Untersuchungen über die Wirkungsmechanismen von Neurohormonen. In: Jahrbuch Sächs. Akad. Wiss. zu Leipzig *1975—1976* (Berlin 1979) S. 55—63; ebda *1977—1978* (Berlin 1980) S. 55—59.
— Wachstum und Wachstumsregulatoren der Krebse. Biologische Erkenntnisse und generelle Erwägungen. Berlin 1979. 29 S. (= Sitzungsber. Sächs. Akad. Wiss. zu Leipzig, math.-nat. Kl. Bd 113, H. 5).
— Control of activity of the prothoracic glands in insects at the cellular level. In: Progress in Ecdysone Research. Ed.: J. A. Hoffmann. Elsevier/North Holland Biomecial Press. Amsterdam 1980. pp. 111—123.
— u. H. Birkenbeil: The ultrastructure of a hitherto inrecognized gland, the cephalic gland in the head of Orconectes limosus which produces ecdysteroids. In: Gen. comp. Endocrinol. *39* (1979) S. 498—504.
— u. H. Birkenbeil: C-AMP als möglicher Mediator der neurohormonalen Beeinflussung des Membranpotentials der Prothoracaldrüsenzellen von Galleria mellonella. In: Zool. Jb. Physiol. *84* (1980) S. 58—66.
— u. G.-A. Böhm, H. Eibisch: Die Wirkung des Häutungs-Hemmfaktors aus Sinusdrüsen (molt inhibiting hormone activity MIH) auf die Ecdysteroidproduktion aktivierter Y-Organe des Flußkrebses Orconectes limosus (Crustacea, Decapoda). In: Zool. Jb. Physiol. *84* (1980) S. 46—57.
— u. H. Eibisch. G.-A. Böhm, J. Koolman: Ecdysteroid production by the cephalic gland of the crayfish Orconectes limosus. In: Gen. comp. Endocrinol. *39* (1979) S. 505—511.

Gersch, Manfred u. K. Richter, G.-A. Böhm, H. Eibisch: Experimentelle Untersuchungen zur saisonalen Abhängigkeit der neurohormonalen Steuerung der Gastrolithenbildung und der Ecdysteroidsynthese des Y-Organs von Orconectes limosus (Crustacea, Decapoda). In: Zool. Jb. Physiol. *84* (1980) S. 164—180.

Görlich, Paul u. A. Jensch: Zur Wechselwirkung astronomischer Forschung mit dem wissenschaftlichen Gerätebau. In: Astronomische Nachrichten *300* (1979) S. 269—271.
— u. K. Herrmann: Strahlungsempfänger auf Halbleiterbasis. In: Feingerätetechnik *28* (1979) S. 136.
— Laudatio zum 100. Geburtstag von Prof. Dr. phil. Georg Berndt. Ebda *29* (1980) S. 50—51.
— Geschichtliche Entwicklung des Wissenschaftlichen Gerätebaus und seine zukünftige Bedeutung. Ebda S. 435—436.
— In memoriam Dr.-Ing. Robert Tiedeken. In: Optik *57* (1980) S. 297—298.
— [Hrsg.] Autorenkollektiv unter Leitung von K. Unger und H. G. Schneider: Festkörperphysik, Leipzig 1979, 467 S. (= Technisch-Physikalische Monographien, Bd 37).
— [Hrsg.] Chr. Hofmann: Die optische Abbildung, Leipzig 1980, 419 S. (= Technisch-Physikalische Monographien, Bd 38).
— [Hrsg.] P. A. Arsenjew, Ch. S. Bagdasarow, K. Bienert, E. F. Kustow, A. W. Potjomkin: Kristalle in der modernen Lasertechnik, Leipzig 1980, 264 S. (= Technisch-Physikalische Monographien, Bd 39).
— [Hrsg.] H. Moenke: Physik—Technik—Laboratorium. Leipzig 1980. 196 S. (= Technisch-Physikalische Monographien, Bd 40).

Hund, Friedrich: Grundbegriffe der Physik. Teil 1 und 2, Mannheim, Wien, Zürich ²1979, 150 S. u. 151 S. (= B. I.-Hochschultaschenbücher Bd 449 u. 450).
— Werner Heisenberg 5. 12. 1901—1. 2. 1976. In: Jahrbuch Sächs. Akad. Wiss. zu Leipzig *1975—1976* (Berlin 1979) S. 246—249.
— Die Rolle des Dualismus Welle—Teilchen beim Werden der Quantentheorie. In: Rheinisch-Westfälische Akademie der Wissenschaften, Vorträge Nr. 288 (1979) S. 7—25.
— Wer hat die Relativitätstheorie geschaffen? In: Physikalische Blätter *36* (1980) S. 237—240.

Jordan, Herbert: Stichwortbearbeitung „Balneologie". In: Wörterbuch der Medizin (Zetkin-Schaldach). Berlin ⁷1979.
— Physikalische Therapie. In: Allgemeinmedizinische Arzneitherapie. Hrsg. v. W. Förster, W. Sziegoleit, B. Griegel u. D. Arnold, Leipzig 1979, S. 781—796.
— Über die Beeinflussung einiger kardialer Funktionsgrößen im Wasservollbad (wissenschaftliche Kurzmitteilung). In: Z. Physiother. *31* (1979) S. 47—48.
— G. Ploss, H. Wolfram u. H. Jordan: 30 Jahre Entwicklung der Kapazitäten und Leistungen des Kur- und Bäderwesens. Ebda S. 333—342.
— H. Wagner u. H. Jordan: Zur Darstellung reaktiver Phasen im Kurverlauf. Ebda S. 269—276.
— Das Verhalten der Diastolendauer des menschlichen Herzens unter dem Eintluß eines vier- bis sechswöchigen Trainings bei ischämischer Herzkrankheit. In: Z. ges. inn. Med. *35* (1980) S. 308—312.
— H. Wagner u. H. Jordan: Zur Beurteilung von Änderungen des Körpergewichtes bei thalassotherapeutischen Kinderkuren. In: Z. Physiother. *32* (1980) S. 333—342.
— Laudatio und Kurzbiographie Prof. Julius Grober. Ebda S. 71—72.
— [Nachr.] Károly Farkas. Ebda S. 1—2.
— Tagungsbericht zur 9. Internationalen Koordinierungskonferenz der sozialistischen Länder 1978 in Karlovy Vary. Ebda S. 235—244.
— A. N. Obrosov zum 85. Geburtstag. Ebda S. 313—314.
— Bericht über den XVII Congrés International de Thalassothérapie v. 16.—20. Mai 1979 in Varna (Bulgarien). Ebda S. 304—305.

Jordan, Herbert: Bericht über die Arbeitstagung der Sektion „Balneologie und Bioklimatologie“ 1979 der Gesellschaft für Physiotherapie der DDR. Ebda S. 363–366.

Keller, Ott-Heinrich: Die Homologiegruppen der Mannigfaltigkeit, die aus den linearen k-Räumen auf einer nicht ausgearteten 2k-Quadrik besteht. In: Beiträge zur Algebra und Geometrie *9* (1980) S. 161–169.
– Anschaulichkeit und Eleganz beim Alexanderschen Dualitätssatz, Berlin 1980, 19 S. (= Sitzungsber. Sächs. Akad. Wiss. zu Leipzig Bd 114, H. 3).

Krug, Herbert, u. W. Naundorf, E. Klose: Fortschritte bei der Herstellung von Verkokungsbriketts aus Weichbraunkohlen. In: Neue Bergbautechnik *9* (1979) 4, S. 218–223.
– u. W. Naundorf: Zum Phänomen der Entstehung fester Braunkohlenbriketts. Teil 2: Praktische Schlußfolgerungen für die Braunkohlenbrikettierung. In: Neue Bergbautechnik *9* (1979) 5, S. 285–290.
– u. W. Naundorf: Bedeutung und Perspektiven der Braunkohlenbrikettierung in der DDR. In: Neue Bergbautechnik *9* (1979) 8, S. 432–441.
– u. D. Trommer: Das Brikettierverhalten der türkischen Braunkohle aus der Lagerstätte Elbistan. In: Neue Bergbautechnik *9* (1979) 8, S. 442–447.
– u. W. Naundorf, H. Berger: Der Einfluß der Asche auf die Gebrauchseigenschaften von BHT-Koks aus Niederlausitzer Braunkohlen. In: Neue Bergbautechnik *9* (1979) 12, S. 696–701.
– Forschungsauftrag für die Energiebasis. In: Die Wirtschaft *35* (1980) 5, S. 14.
– u. W. Naundorf: Herstellung von hochwertigen Pyrolysebriketts aus nichtbackenden Steinkohlen. Teil 1: Ermittlung der günstigsten Prozeßparameter. In: Neue Bergbautechnik *10* (1980) 6, 358–363.
– u. W. Naundorf, H. Berger: Der Einfluß des Aschegehaltes auf die Gebrauchseigenschaften von BHT-Koks. In: Frbg. Forschungsh. *A 610* (1980) S. 7–28.
– u. W. Naundorf, D. Brückner: Herstellung von Verkokungsbriketts aus modifizierten Weichbraunkohlen. In: Frbg. Forschungsh. *A 610* (1980) S. 29–41.
– u. W. Naundorf, R. Wollenberg: Herstellung von pyrolysestandfesten Preßlingen aus Holzresten. In: Frbg. Forschungsh. *A 610* (1980) S. 43–62.
– u. D. Trommer: Über die Nutzung der Brikettiergutbedampfung zur Verbesserung des Brikettierverhaltens aschereicher und brikettierharter Kohlen. In: Frbg. Forschungsh. *A 610* (1980) S. 63–73.
– u. W. Naundorf: Herstellung von hochwertigen Verkokungsbriketts aus Kohle der Naßaufschlußmahlung und aus vorgranuliertem Trockenbraunkohlenstaub. In: Frbg. Forschungsh. *A 629* (1980) S. 7–55.
– u. W. Naundorf, H. Berger: Untersuchungen von Aschebestandteilen in Pyrolysepreßlingen mittels Röntgenbeugungsanalysen. In: Frbg. Forschungsh. *A 635* (1980) S. 7–18.
– u. W. Naundorf: Herstellung von hochwertigen Stückkoksen aus nicht- bzw. nur schwachbackenden Steinkohlen durch Mischbrikettierung mit Trockenbraunkohle oder Holzspänen. In: Frbg. Forschungsh. *A 635* (1980) S. 19–38.
– u. W. Naundorf: Verbundkoks aus nicht- bzw. nur schwachbackenden Steinkohlen oder aus Braunkohlen. In: Frbg. Forschungsh. *A 635* (1980) S. 39–62.
– u. R. Gleisberg: Änderung der Gütemerkmale von Braunkohlenbriketts in Abhängigkeit von den Lagerbedingungen. In: Frbg. Forschungsh. *A 635* (1980) S. 63–72.
– u. W. Naundorf, E. Klose: Herstellung von hochwertigen Pyrolysebriketts aus nichtbackenden Steinkohlen. Teil 2: Ergebnisse der Laborversuche. In: Neue Bergbautechnik *10* (1980) 12, S. 699–703.

Lange, Erich: Über Wissen und Werte, Erlangen 1979, 14 S. [Als Manuskript gedruckt].

Lösche, Artur: Über bedeutsame Ergebnisse der Physik. In: Urania-Universum 1978, S. 54–57.
– S. Grande, B. Hillner, A. Lösche, H. Schmiedel: ^{1}H-NMR investigations of nematic, S_A and S_C phases. In: III. Liquid Crystal Conference August 1979, Budapest A-51.

Lösche, Artur, Ju. Moltschanow, P. M. Borodin, A. Privalov, S. Grande, A. Lösche: Alignment of smectic A liquid crystal obtained by cooling the isotropic phase in magnetic field. In: III. Liquid Crystal Conference August 1979, Budapest A-31.
— S. Grande, B. Hillner, St. Limmer, A. Lösche, H. Schmiedel: ^{1}H–NMR investigations of nematic, S_A and S_C phases. In: II. Workshop Seminar on Liquid Crystals, Zakopane 1979.
— S. Grande, B. Hillner, A. Lösche, H. Schmiedel: ^{1}H–NMR investigations of nemantic, S_A and S_C phases: In: IV. Spec. Coll. Amp., Leipzig, September 1979, S. 163.
— [Nachr.] Gustav Hertz 22. 7. 1887—30. 10. 1975. In: Jahrbuch Sächs. Akad. Wiss. zu Leipzig *1975—1976* (Berlin 1979) S. 213—220.
— St. Limmer, H. Schmiedel, B. Hillner, A. Lösche, S. Grande: Ordering and intramolecular mobility in the nematic phase of PAA by means of NMR line-shape and computer simulations of the lineshape. In: J. Physique *41* (1980) S. 869—878.
— H. Schmiedel, B. Hillner, S. Grande, A. Lösche, St. Limmer: Interpretation of proton NMR lineshape of liquid crystals. In: J. Magn. Resonance *40* (1980) S. 369—376.
— Magnetische Kernresonanzspektroskopie. In: Natur *1980*, H. 10, S. 69—77 [russ.].
— Einige Bemerkungen zur Entwicklung der NMR-Spektroskopie. In: Exp. Techn. Physik *28* (1980) S. 443—450.
— ^{1}H and ^{13}C–NMR in thermotropic phases. In: Proc. Int. Summer-School, Waterloo (Canada) 1979 [im Druck].

Matzen, Peter Friedrich, u. H. K. Fleißner: Orthopädischer Röntgenatlas, Stuttgart ²1980, 512 S. u. 734 Abb. in 1 554 Einzeldarstellungen.
— F. Löffler, P. F. Matzen, E. W. Knöfler: Orthopädische Operationen, 2., bearbeitete Aufl., Berlin u. Stuttgart 1979. 586 S. u. 558 z. T. farbige Abb.

Mothes, Kurt: Wege der Wissenschaft. In: Wiss. u. Fortschr. *30* (1980) S. 127—128.
— The problem of chemical convergence in secondary metabolism in Public. In Honour of Prof. Egans, Tokyo 1980.
— Die Bedeutung sekundärer Stoffe für die medizin. Forschung (Autorenreferat). In: Pharmazie *35* (1980) S. 369.
— Nebenwege des Stoffwechsels bei Pflanze, Tier u. Mikrobe. In: Mitteil. Chem. Ges. der DDR *27* (1980) S. 2—10.
— Historical Introduction. In: Encycl. Plant Phys. N.-S. *8* (1980) S. 1—10.
— Sekundärstoffe — eine Spielerei der Natur? In: Wiss. u. Fortschr. *30* (1980) S. 413—418.
— [Mithrsg.] L. Nover, F. Lynen und K. Mothes: Cell Compartimation and Metabolic Chanelling, Jena u. Elsevier North Holland 1980, 532 S.
— [Nachr.] P. Bohley u. K. Mothes: Horst Hanson 5. 6. 1911—3. 7. 1978. In: Jahrb. Sächs. Akad. Wiss. zu Leipzig *1977—1978* (Berlin 1980) S. 217—220.
— [Nachr.] Karl Otto Müller 18. 12. 1897—20. 1. 1978. Ebda S. 253—256.
— Bibliographie Karl Otto Müller. Ebda S. 256—258.

Neef, Ernst: Festkolloquium für Ernst Neef anläßlich der Verleihung der Goldenen Carl-Ritter-Medaille der Gesellschaft für Erdkunde zu Berlin. Trierer Geographische Studien, Sonderheft 3, 1979. Darin: Erwiderung, S. 25—36, die Schriften von Ernst Neef, zusammengestellt von Hans-Martin Cloß. S. 37—45.
— u. Mitarbeiter: Analyse und Prognose von Nebenwirkungen gesellschaftlicher Aktivitäten im Naturraum. Berlin 1979, 70 S. (= Abh. Sächs. Akad. Wiss. zu Leipzig, math.-nat. Kl. Bd 54, H. 1).
— Ökologie — eine Grundform wissenschaftlichen Denkens. In: Jahrestagung der Gesellschaft für Ökologie 1978 in Münster, Göttingen 1980, S. 11—15.
— Zur Problemgeschichte der Kulturlandschaft. In: Festschrift zum 70. Geburtstag von Walter Rossow, [Manuskriptdruck] Stuttgart 1980, S. 42—46.

Neef, Ernst: Über Geographie in unserer Zeit. Ein Brief. Jar. Korcak zum 85. Geburtstag. In: Acta Universitatis Carolinae Supplementum. Prag 1980. S. 27–34.
– Ein Modell für landschaftsverändernde Prozesse. In: Geographische Rundschau 1980. S. 474 bis 477.
– [Hrsg.] Das Gesicht der Erde. [5]1980.
– Grenzen in naturräumlichen Einheiten. In: Gedenkschrift für Hans Boesch, Zürich 1980, S. 81–87.
– [Nachr.] Viktor Borisovič Sočava 20. 5. 1905–29. 12. 1978. In: Jahrb. Sächs. Akad. Wiss. zu Leipzig *1977–1978* (Berlin 1980) S. 262–266.

Oelßner, Wilhelm, u. E. W. Dörffel, F. Held: Zum 30. Jahrestag der Gründung der DDR. Die Bedeutung Fritz Gietzelts für die Radiologie und Geschwulstbekämpfung. In: Radiobiologia/Radiotherapia *20* (1979) S. 621–626.
– [Nachr.] In memorian Prof. Dr. sc. med. W. A. Dalicho 1915–1979. Ebda S. 827–828.
– u. F. Kamprad, J. Pfeiffer: Zur Fernmetastasierung intensiv behandelter Harnblasenkarzinome, Onkologie *3* (1980) S. 307–309.
– Bemerkungen zur Häufigkeit und Bekämpfung der Geschwulstkrankheiten im Bezirk Leipzig. In: Information der Abt. Gesundheits- u. Sozialwesen des Rates des Bezirkes Leipzig 10/1980.

Parthier, Benno: The Role of Phytohormones (Cytokinins) in Chloroplast Development (BPP Review). In: Biochem. Physiol. Pflanzen *174* (Jena 1979) S. 173–214.
– M. Püchel, B. Parthier, O. Aurich, R. Bassüner, R. Manteuffel, R. u. P. Schmidt: RNA Metabolism and Membrane-Bound Polysomes in Relation to Globulin Biosynthesis in Cotyledons of Developing Field Beans (Vicia faba L.). In: Eur. J. Biochem. *96* (1979) S. 321–329.
– R. Wollgiehn u. B. Parthier: RNA Synthesis in Isolated Chloroplasts of Euglena gracilis. In: Plant Sci. Letters *16* (Amsterdam 1979) S. 203–210.
– Evolutionary Aspects of Gene Expression Organization in Macrocompartments. In: Cell Compartmentation and Metabolic Chanelling. (Eds. L. Nover, F. Lynen and K. Mothes), Jena und Amsterdam 1980, S. 107–121.
– R. Wollgiehn u. B. Parthier: RNA and Protein Synthesis in Plastid Differentiation. In: Chloroplasts. Results and Problems of Cell Differentiation. Hrsg. v. J. Reinert, Vol. *10* (Berlin–Heidelberg 1980) S. 97–145.
– N. L. Klyachko u. B. Parthier: Cytokinin Control of Aminoacyl-tRNA Synthetases and Ribulose-Bisphosphate Carboxylase in Developing and Greening Excised Cucurbita Cotyledons. In: Biochem. Physiol. Pflanzen *175* (Jena 1980) S. 333–345.
– Plastogenesis as a Result of Compartment Cooperation at the Level of Gene Expression. In: Biol. Implicat. Proteins – Nucleic Acid Interactions. Hrsg. v. J. Augustyniak, Amsterdam 1980, S. 410–421.
– Gene Expression Interrelations Between Plastids, Nucleus and Cytoplasm. In: Endocytobiology, Endosymbiosis and Cell Biology. Hrsg. v. W. Schwemmler u. H. E. A. Schenk, Berlin – New York 1980, S. 623–647.
– N. L. Klyachko, B. Parthier, A. Chayanova, D. Volodarsky u. O. N. Kulaeva: Ribulose-1,5-bisphosphate Carboxylase Synthesis in Detached Cytokinintreated Pumpkin Cotyledons. In: Biochem. Physiol. Pflanzen *175* (Jena 1980) S. 712–721.
– Chloroplast Development in Euglena: Regulatory Aspects. In: Biochemistry and Physiology of Protozoa. Hrsg. v. M. Levandowsky u. S. H. Hutner, Vol. *4* (New York [2]1981) S. 261 bis 300.
– Lichtabhängige Chloroplastendifferenzierung und Cytokininwirkung. In: Wiss. Z. Univ. Greifswald *29* (1980) S. 19–22.

Paetzold, Roland, G. Haucke u. R. P.: Spectroscopy and Photochemistry of Indigoid Compounds. Part 6: Direct Trans → cis Photoisomerization of Indigoid Dyes. In: J. prak. Chem. *321* (1979) S. 978–986.

Paetzold, Roland, E. Birckner, G. Haucke, R. Paetzold: Spektroskopie und Photochemie indigoider Verbindungen 7. Mitteilung: Temperaturabhängigkeit der Fluoreszenzquantenausbeute und der Fluoreszenzlebensdauer von Thioindigo in Decalin. In: Z. Chem. *19* (1979) S. 219.

— E. Birckner, G. Haucke, R. Paetzold: Spektroskopie und Photochemie indigoider Verbindungen. 8. Mitteilung: Einfluß der Lösungsmittel auf die Temperaturabhängigkeit der Fluoreszenzquantenausbeute und der Fluoreszenzlebensdauer von Thioindigo. Ebda. S. 258 bis 259.

— K. Gustav, J. Sühnel, W. Weinrich, R. Paetzold: Über die Photochromie der Fulgide. 7. Mitteilung: Ein Vergleich quantenchemischer Reaktionsindizies. Ebda S. 219—221.

— M. Reichenbächer, H.-D. Ilge, R. Paetzold: Über die Photochromie der Fulgide. 8. Mitteilung: Substitutionseinfluß auf die Spektren und Quantenausbeute der Cyclisierung von α,α'-Diphenyl-δ,δ'-dimethylfulgid und seiner Imidderivate. Ebda S. 188.

— K. Appenroth, M. Reichenbächer, R. Paetzold: Thermochromism and Photochromism of Aryl-substituted Acyclic Azines. Part 2: Photokinetics. In: J. of Photochem. *14* (1980) S. 39—50.

— K. Appenroth, M. Reichenbächer, R. Paetzold: Thermochromism and Photochromism of Aryl-substituted Acyclic Azines. Part 3: Investigations on the Mechanism of Photochemical Isomerization. Ebda S. 51—60.

— H. Langbein, U. Barnstorf, S. Kummer, R. Paetzold: Farbstoffbildung durch Photooxidation — einige Möglichkeiten ihrer Anwendung für unkonventionelle photographische Verfahren. In: WZ. Friedrich-Schiller-Univ. Jena *29* (1980) S. 727—734.

— [Patentpublikation] M. Reichenbächer, U.-W. Grummt, R. Paetzold u. J. Epperlein: Photochrome Medien unter Verwendung von 1.4-2H-Oxazinen und Spirophenanthro-1.4-2H-Oxazinen. Angemeldet 31. 7. 1980 unter Aktenzeichen WPC 09 K/227 607/7.

Rammler, Erich, u. F. Böhme, G. Krumbiegel: Einige Kapitel aus den ersten 30 Jahren der Braunkohlenbrikettierung unter besonderer Berücksichtigung des Pressenbaus. I. Teil: Über die von 1858—1888 errichteten Braunkohlenbrikettfabriken. In: Freiberger Forschungshefte D *125* (Leipzig 1980) S. 19—77.

Ries, Werner: Risikofaktoren des Alterns aus klinischer Sicht, Berlin 1980, 19 S. u. 9 Abb., davon eine Abb. auf Taf. (= Sitzungsber. Sächs. Akad. Wiss. zu Leipzig, math.-nat. Kl. Bd 114, H. 2).

— Fettsucht und Altern. In: D. F. Cebotarew, G. Brüschke, U. J. Schmidt u. F. H. Schulz (Hrsg.): Handbuch der Gerontologie, Bd *3/I* (Jena 1979) S. 491—542.

— Fettsucht, S. 395—397; Magersucht, S. 401; Geriatrische Therapiehinweise, S. 506—510. In: W. Förster, W. Sziegoleit, B. Griegel u. D. Arnold (Hrsg.): Allgemeinmedizinische Arzneitherapie, Leipzig 1979.

— u. A. Minc: Längsschnittuntersuchungen zur Erfassung des menschlichen Alterns. 1. Mitteilung: Zielsetzung und Organisationsformen von Longitudinaluntersuchungen in Leipzig und Kiew. In: Z. Alternsforsch. *34* (1979) S. 393—397.

— Ch. Tauchnitz, W. Ries, J. Arnold u. M. Drephal: Bakteriuriehäufigkeit im Alter. In: akt. gerontol. *9* (1979) S. 115—118.

— I. Sauer, W. Reuter, I. Hunecke, C. Seifart u. W. Ries: Longitudinalverhalten von Cholesterol und Fettsäuren im Serum. In: H. Haller, H. Hanefeld, W. Jaross, III. Dresdner Lipidsymposium, Berlin 1979, S. 278—282.

— Kreativität und Alter in Kunst und Wissenschaft. In: akt. gerontol. *10* (1980) S. 95—103.

— Längsschnittstudien in der Gerontologie. In: Dtsch. Gesundheitswesen *35* (1980) S. 529—533.

— u. R. Noack: Pathogenese, Klinik und reale Risikofaktoren der Adipositas. In: Z. ärztl. Fortbild. *74* (1980) S. 613—618.

— Das Risiko bei Stoffwechselerkrankungen, bei endokrinen Erkrankungen, bei Hormontherapie und bei Schwangerschaft. In: Stomatol. DDR *30* (1980) S. 713—718.

Ries, Werner, W. Reuter, I. Sauer u. W. Ries: Harnsäure-Längsschnittverhalten im Alter. In: Z. Alternsforsch. *35* (1980) S. 453—459.

Rozenfeld, Josef L'wowič: Korrosion Inhibitoren, Tokyo 1979, 351 S. u. 129 Abb.
— u. Mitautoren: Untersuchung der anodischen Auflösung von Aluminiumlegierungen in neutralen Elektrolyten. In: Zaščita metallov *15* (1979) H. 1, S. 89.
— u. Mitautoren: Untersuchung inhibierter nichtbrennbarer Hydraulikflüssigkeiten auf Wasser-Glykol-Basis. Ebda H. 2, S. 154.
— u. Mitarbeiter: Untersuchung der Oxydation von Titan und der Titanlegierung VT-5 in Sauerstoff und in Wasserdampf mit Hilfe der Röntgenelektronenspektroskopie. Ebda S. 169.
— u. Mitarbeiter: Einfluß der Alterungstemperatur auf die Anfälligkeit martensithaltiger hochfester Legierungen gegenüber Spannungsrißkorrosion. Ebda H. 4, S. 416.
— u. Mitarbeiter: Elektromodulationsspektroskopie an Oberflächen von Chrom-Nickel-Stählen in Schwefelsäure. Ebda H. 5, S. 557.
— u. Mitarbeiter: Zur Vorhersage der Inhibitoreigenschaften von o-Arylcarboxylaten bei der lokalen Eisenauflösung. In: Elektrochimija *15* (1979) H. 11, S. 1703.
— u. Mitarbeiter: Untersuchung der Passivierung von Eisen in neutralen Elektrolyten mit Hilfe der Elipsometrie. Ebda H. 12, S. 1888.
— u. Mitarbeiter: Spannungsrißkorrosion von Zirkonium in salzsauren Lösungen. In: Zaščita metallov *16* (1980) H. 1, S. 43.
— u. Mitarbeiter: Wissenschaftliche und praktische Ergebnisse bei der Entwicklung und beim Einsatz von Inhibitoren in RGW-Ländern. Ebda H. 3, S. 227.
— u. Mitarbeiter: Einfluß der unter Einwirkung von Luft gebildeten Oxidschicht auf die Schutzeigenschaften anorganischer Inhibitoren. Ebda S. 339.
— u. Mitarbeiter: Zum Einfluß der Substituentenpolarität in Arylcarboxylaten auf den Schutz von D 16 T-Legierungen gegenüber Lochfraßkorrosion. Ebda H. 4, S. 446.
— u. Mitarbeiter: Elektrochemische Charakterisierung von Aluminium und Aluminiumlegierungen in Wasser bei Temperaturen bis 90 °C. Ebda S. 451.
— u. Mitarbeiter: Untersuchung der Oxydation von Aluminium in Sauerstoff und Wasserdampf mit Hilfe der Röntgenelektronenspektroskopie. Ebda H. 5, S. 573.
— u. Mitarbeiter: Einfluß des gelösten Sauerstoffs auf die Wirkung anorganischer Inhibitoren. Ebda S. 626.
— u. Mitarbeiter: Synergetischer Effekt beim Einsatz von Inhibitoren in neutralen Elektrolyten. Ebda H. 2, S. 339.
— u. Mitarbeiter: Untersuchung der Effektivität des Titans als Sauerstoffkathode. Ebda H. 6, S. 699.
— The Factors occeleratin anodic dissolution and corrosion of metalls and alloys. In: Proceedings of the second Japan—USSR Corrosion Seminar, Japan Society of Corrosion engineering 1980.
— u. F. I. Rubinschtein: Organische Schichten gegen Korrosion. Moskau 1980, 199 S. u. 85 Abb.

Sachsenweger, Rudolf: Sehtests zur Prüfung des Sehvermögens von Kindern von 4 bis 7 Jahren für Elternhaus, Kindergarten und Vorschule, Leipzig 1979.
— Stereo-Sehübungen. Leipzig ^{2}1979.
— Die Sehnervenpapille. Ein Atlas für Ophthalmologen, Neurologen und Internisten, Stuttgart, New York 1979. 97 S. mit 282 Abb. [Lizenzausgabe] Leipzig 1979.
— u. K. Mütze: Oftalmologická optika a nauka o brýlich. Prag 1979. 397 S. [= Übersetzung des dt. Titels: Ophthalmologische Optik und Brillenlehre. Programmierter Text, Leipzig 1972].
— Illustrated handbook of Ophthalmology, Bristol 1980, 164 S. [= Übersetzung des dt. Titels: Kompendium und Atlas der Augenheilkunde. Leipzig 1976].
— [Hrsg.] Bedeutungen von Strukturen und Systemen in der Ophthalmologie. Nova Acta Leopoldina NF Bd *50* (1979) Nr. 235, 133 S.
— u. G. Timm: Die Verwendung von alloplastischem Material in der Ophthalmologie. In: Nova Acta Leopoldina NF Bd *50* (1979) Nr. 234, S. 63—69.

Sachsenweger, Rudolf: Biomorphose des Auges. In: Bedeutungen von Strukturen und Systemen in der Ophthalmologie. Nova Acta Leopoldina NF Bd *50* (1979) Nr. 235, S. 29–36.

— Klinische und pathophysiologische Aspekte des menschlichen Augenbewegungssystems. In: Drischel, H. u. W. Kirmse: Das okulomotorische System, physiologische und klinische Aspekte, Leipzig 1979. S. 44–59.

— Funktionsprüfung und Funktionsstörung. In: Th. Axenfeld u. H. Pau: Lehrbuch und Atlas der Augenheilkunde, Stuttgart, New York 1980, S. 15–66.

— Die Rolle der Fusion bei der Beziehung zwischen Refraktion, Akkommodation und Konvergenz. In: H.-J. Merté: Augenärztliche Fortbildung, Bd *6* (München 1980) Teil 2, S. 223–266.

— Zum Zusammenhang zwischen Netzhautablösung und schwerer körperlicher Arbeit. In: Folia ophthal. *4* (1979) S. 148–150.

— Wann ist die Gewährung einer Begleitperson für Sehschwache gerechtfertigt? Ebda S. 151 bis 152.

— Das Problem der Wartezeiten in stationären augenärztlichen Einrichtungen. In: Dtsch. Ges.-wesen *34* (1979) S. 1865–1869.

— u. B. Cebulla: Möglichkeiten und Grenzen der Akupunktur. In: Medizin aktuell *6* (1980) S. 7.

— Neue Sreeningmethoden in der Strabologie. In: Folia ophthal. *5* (1980) S. 19–23.

— H. Römhild u. R. Sachsenweger: Die Differentialdiagnose der ophthalmologisch bedingten Kopfschmerzen mit Hilfe eines Fusionsbelastungstestes. Ebda S. 289–293.

Schwabe, Kurt: pH-Messung, Berlin 1980, 191 S., 51 Abb., 17 Tab. (= WTB 247).

— S. Herrmann, W. Oelssner: Influence of water on anodic dissolution and passivation metals. In: R. P. Frankenthal u. J. Kruger [Hrsg.]: Passivity of metals. Proceedings of the Fourth International Symposium on Passivity in the Airlie House Conference Center, Warrenton, Virginia, USA, 17.–21. 10. 1977, Princeton, New Jersey 1978, XVIII, S. 413–435.

— Leben und Werk Wilhelm Ostwalds. Internationales Symposium anläßlich des 125. Geburtstages von Wilhelm Ostwald vom 25.–27. 9. 1978 in Berlin, Berlin 1979, S. 12–21 (= Sitzungsberichte der AdW der DDR 13N/1979).

— Zur Problematik der Passivitätsforschung. 3. Internationales Symposium über Probleme der Passivität von Metallen. TU Dresden, 29.–31. 5. 1975, Berlin 1979, S. 117–129 (= Abhandlungen Sächs. Akad. Wiss. zu Leipzig, math.-nat. Kl. Bd 53, H. 1).

— Ch. Queck: Freie Überführungsenthalpien von Einzelionen aus Wasser in organische Solventien. Eine kritische Übersicht, Berlin 1979, 104 S., 38 Abb., 47 Tab. (= Abhandlungen Sächs. Akad. Wiss. zu Leipzig, math.-nat. Kl. Bd 53, H. 3).

— Problems of corrosion research with electrochemical methods. In: J. Electroanal. Chem. *100* (1979) S. 927–937.

— [Versuche von M. Berthold und H. Ihl]: Über den Einfluß von HCl auf die Lochfraßkorrosion des Nickels in schwefelsauren Lösungen von Dimethylformamid und Dimethylsulfoxid. In: Z. phys. Chem. NF *111* (1978) S. 47–59.

— u. M. Berthold: The influence of Cl^- on the passivity of Fe and Ni in acid organic solvents. In: J. Appl. Electrochem. *9* (1979) S. 171–181.

— W. Oelssner u. H.-D. Suschke: Automatische Kompensation des Ohmschen Spannungsabfalls bei potentiostatischen Messungen mit der Unterbrechermethode. In: Zaščita Metallov *15* (1979) H. 2, S. 160–168.

— Queck, Ch. u. K. Schwabe: Behaviour of pH-glass electrodes in strongly acid and non-aqueous solutions. IMEKO VIII Moskau 21.–27. 5. 1979 USSR. Measurement for progress in science an technology. Section II. New methods and means of physical object state, progress and environmental measurements, S 19. B, Composition analysis, S. 23–28.

— Ch. Queck: Verhalten von pH-Glaselektroden in Säuren und Lösungsmitteln. In: Feingerätetechnik *28* (1979) H. 5, S. 212–213.

— Erika Kálmán u. K. Schwabe: Osmotic and activity coefficients of ammonium thiocyanate in aqueous solutions at 25 °C. In: Journal of Solution Chemistry *8* (1979) H. 1, S. 1–4.

Schwabe, Kurt, Jacek Banas u. K. Schwabe: Anodisches Verhalten von Aluminium in wasserfreien Dimethylformamid-1 M H_2SO_4-Lösungen. In: Oberfläche — Surface *20* (1979) H. 9, S. 200—204.
— A fémek passziválásának problémái [Probleme der Passivität von Metallen]. In: Korróziós figyelö *20* (1980) H. 3, S. 102—109.
— H.-D. Suschke u. G. Wachler: Electrochemical Instrumentation. In: Electrochim. Acta *25* (1980) S. 59—76.
— W. Oelssner u. H.-D. Suschke: Beispiele für die Anwendung eines neuen Mehrkanal-Potentiostaten. In: Z. phys. Chem. *261* (Leipzig 1980) H. 1, S. 113—121.
— H. W. Fischer u. K. Schwabe: Versuche zur elektrolytischen Abscheidung von Tantal aus Lösungen von Tantalsalzen in Propylencarbonat. In: Korrosion *11* (Dresden 1980) H. 3, S. 105—115.

Smiałowski, Michał: Einfluß von Katalysatorgiften auf die Wasserstoffdurchlässigkeit von kathodisch polarisierten Stahlmembranen, Berlin 1979 (= Abh. Sächs. Akad. Wiss. zu Leipzig, math.-nat. Kl., Bd 53, H. 1, S. 85—92).
— Softening VS. Hardening Effects Produced in Iron by Charging with High Fugacity Hydrogen. In: Scripta Metallurgica *13* (1979) S. 393—395.
— J. Flis u. M. Smiałowski: Hydrogen Embrittlement of Polycrystalline Iron Whiskers. Ebda S. 641—643.
— u. J. Kostanski: Creep and Stress Corrosion Cracking of Austenitic Stainless Steel in Boiling 35% Magnesium Chloride Solution. In: Corrosion Science *19* (1979) S. 1019—1029.
— P. Kedzierzawski, Z. Szklarska-Smiałowska u. M. Smiałowski: A Pulse Technique Employed for Studying Egress of Hydrogen from Iron Polarized Cathodically in As^{3+}-Containing Solution. In: Journal of Electrochemistry *127* (1980) S. 2550—2555.

Szabó, Zoltán Gabor: Szerkezet és reakcióképesség [Struktur und Reaktionsfähigkeit], Budapest 1980, 190 S.
— u. M. Orbán, I. Perl: Some fundamental research for alumina industry in Hungary. In: 4th International Congress for the Study of Bauxites, Alumina and Aluminium, Vol. *3* (1979) S. 422—436 [National Technical University of Athens Department of Mineralogy-Petrology-Geology 42. October 28th St. Athens, T. T. 142, Greece].
— I. Ruff, Z. G. Szabó and J. Liszi: Ionic solvation in media with anomalous electrical equation of state. In: Acta Chim. Acad. Hung. *100* (1979) S. 353—363.
— u. I. Konkoly Thege: An attempt to calculate bond strengths from bond lengths data. In: Oxidation Communications *1* (1979) S. 65—73.
— u. M. Pálfalvi-Rózsahegyi, Á. Buvári, L. Barcza, Z. G. Szabó: Conductivity of Rather Concentrated Electrolyte Solutions at Constant Cation (Anion) Concentration — The Applicability of Conductometry in Coordination Chemistry. In: Acta Chim. Acad. Sci. Hung. *102* (1979) S. 401—412.
— u. E. Jóvér, J. Juhász: Preparation of catalysts by spray decomposition. In: React. Kinet. Catal. Lett. *13* (1980) S. 239—245.
— u. M. Pálfalvi-Rózsahegyi, Z. G. Szabó, L. Barcza: Interaction Between Aluminate and Hydroxide Ions. In: Acta Chim. Acad. Sci. Hung. *104* (1980) S. 303—309.
— u. I. Konkoly Thege: The Reduction of Silver Oxide by Hydrogen as Studied by DSC: A „Spillover" Effect? In: Proceedings of the Sixth International Conference on Thermal Analysis, Bayreuth, Federal Republic of Germany July 6—12, 1980 — Thermal Analysis, vol. *2* (Basel — Boston — Stuttgart 1980) S. 229—234.

Uhlmann, Dietrich: BOD removal rates of waste stabilization ponds as a function of loading, retention time, temperature and hydraulic flow pattern. In: Water Research *13* (1979) S. 193—200.
— Untersuchung zur Limnologie von Talsperren. In: Jahrb. Sächs. Akad. Wiss. zu Leipzig *1975—1976* (Berlin 1979) S. 66—71.

Uhlmann, Dietrich: Stratification and overturn conditions in standing and dammed up waters in tropical and subtropical regions as main influences on the oxygen and nutrient balance and on the utilization of such waters. In: Management of surface water resources with special reference to eutrophication *1* (1979) UNEP Training Course in the German Democratic Republic. June 11—July 6, 1979, S. 1—13.

— Mode of action and calculation to the efficiency of sewage ponds. Ebda *3* (1979) S. 27—41.

— The influence of eutrophication on the development, and spread of tropical disease vectors. Ebda *3* (1979) S. 48—53.

— O. Schlimpert, D. Uhlmann, M. Schüller u. E. Höhne: Automated Pattern Recognition of Phytoplankton — Procedure and Results. In: Int. Revue ges. Hydrobiol. *65* (1980) S. 427 to 437.

— Limnology and performance of waste treatment lagoons. In: Hydrobiologia *72* (1980) S. 21 to 30.

— Künstliche Ökosysteme. Berlin 1980. 33 S. (= Abh. Sächs. Akad. Wiss. zu Leipzig, math.-nat. Kl., Bd 54, H. 3).

— u. J. Benndorf: The use of primary reservoirs to control eutrophication caused by nutrient inflows from non-point sources. In: N. Duncan, J. Rzoska (ed.): Land use impacts on lake and reservoir ecosystems. Proceed. MAB Workshop May 26—June 2, 1978, Warsaw-Poland / Wien 1980, S. 152—195.

— Workshop on hypertrophic ecosystems. Växjö/Schweden 1.—14. 9. 1979, Tagungsbericht. In: Acta hydroch. hydrobiol. *8* (1980) S. 393.

— Stability and multiple steady states of hypereutrophic ecosystems. In Mur, L. and J. Barica (Edit.) Hypertrophic Ecosystems. In: Developments in Hydrobiology *2* (The Hague 1980) S. 257—269.

— u. S. Schwarz: Berechnung der biochemischen Abbauleistung bei der Teichbehandlung von häuslichem Abwasser. In: WWT *30* (1980) S. 285—288, 422.

— Hydrobiology — A Text for Engineers and Scientists. Chichester, New York, Brisbane, Toronto 1980. 257 S., 144 Abb., 16 Taf.

van der Waerden, Bartel L.: Die Pythagoreer, Zürich 1979, 503 S. (= Bibliothek der Alten Welt).

— Ewige Tafeln. In: Arithmos — Arrythmos. Festschrift für Joachim Otto Fleckenstein, München 1979, S. 285—293 (= Minerva Publikationen).

— The (2:n) Table in the Rhind Papyrus. In: Centaurus *24* (1980) S. 259—274.

— Two Treatises on Indian Astronomy. In: Journal for History of Astronomy *11* (1980) S. 50 to 58.

— The Conjunction of 3102 B. C. In: Centaurus *24* (1980) S. 117—131.

— On Pre-Babylonian Mathematics I + II. In: Archive History of Exact Sciences *23* (1980) S. 1—46.

Watznauer, Adolf: Das geologische Weltbild G. C. Füchsels (1722—1773), J. G. Lehmanns (1719—1767) und C. E. A. v. Hoffs (1771—1837) und seine Nachwirkung bis zur Gegenwart. In: Z. geol. Wiss. *8* (Berlin 1980) H. 1, S. 63—72.

Wolf, Friedrich, u. F. Janowski: Zur Wechselwirkung von Protein mit SiO_2-Adsorbentien. In: Z. Chem. *18* (1978) H. 11, S. 413—414.

— F. Janowski, F. Wolf, A. Sophianos: Zur Dehydrocyclodimierung von C_3- und C_4-Olefinen. In: Chem. Techn. *31* (1979) H. 1, S. 33—36.

— u. P. Frölich: Einfluß eines äußeren Druckes auf die Ionenaustauschselektivität eines stark basischen Anionenaustauscherharzes. In: Vom Wasser *51* (1978).

— u. Ursula Koch: Viskosimetrische Untersuchungen zur Wechselwirkung zwischen wasserlöslichen Polymeren und technischen Tensidgemischen. In: Faserforschung und Textiltechnik *29* (1978) H. 6, S. 402—406.

Wolf, Friedrich, u. Sabine Lindau, Sonja Eckert: Zur Sorption von Antibiotika und höhermolekularen polyfunktionellen Farbstoffen an Ionenaustauscherharzgemischen. In: Pharmazie *34* (1979) S. 157—159.

— P. Renger, F. Janowski, F. Wolf u. Elke Jahn: Zur Cyclodimerisierung von Butadien an Cu-SiO_2-Katalysatoren. In: Z. Chem. *19* (1979) H. 5, S. 194—195.

— u. P. Frölich: Zur Herstellung verschmutzungsresistenter Adsorber und Ionenaustauscherharze. In: Vom Wasser *52* (1979) S. 157—162.

— u. Sabine Lindau, Margit Tonn: Zur strahlenchemischen Zersetzung von in Wasser gelöstem und auf Aktivkohle adsorbierten p-Chlorphenol. In: Isotopenpraxis *15* (1979) H. 4, S. 90—93.

— u. Sabine Lindau, Christine Frank u. Magdalena Weise: Reinigung von Abwässern mit Hilfe von Adsorbentien. In: Jahrb. Sächs. Akad. Wiss. zu Leipzig *1975—1976* (Berlin 1979) S. 50 bis 54; *1977—1978* (Berlin 1980) S. 74—77.

— u. Ursula Koch: Über den Einfluß der chem. Struktur von Dispersionsfarbstoffen auf deren Dispersionsstabilität. Berlin 1979. 18 S. (= Sitzungsber. Sächs. Akad. Wiss. zu Leipzig, math.-nat. Kl., Bd 113, H. 6).

— K.-H. Bergk, F. Wolf u. Bärbel Walter: Zum Zerfall von tert. Butylhydroperoxid an Zeolithen. In: J. prakt. Chem. *321* (1979) H. 4, S. 529—536.

— R. Gaedeke, F. Wolf u. Gudrun Bernhardt: Zur Beeinflussung von Tracht und Habitus von Harnstoffkristallen (I). In: Kristall und Technik *14* (1979) S. 913—922.

— u. W. Heyer: Zur Synthese von Tetracalciumaluminathydroxy-Verbindungen in heterogener Phase. In: Z. Chem. *19* (1979) H. 10, S. 387—388.

— u. Sabine Lindau, Sonja Eckert: Zum Sorptionsverhalten polyfunktioneller höhermolekularer Farbstoffe an Ionenaustauscherharzen, dargestellt am Beispiel der Entfärbung von Dattelsaft. In: Lebensmittelindustrie *26* (1979) H. 11, S. 500—504.

— u. A. Kretzschmar, H. Reichel: Permeationsuntersuchungen an stabilisierten Schaumlamellen. In: Acta Polymerica *30* (1979) H. 7, S. 426—431.

— u. W. Schwieger: Zum Ionenaustausch einwertiger Kationen an synthetischen Natriumpolysilikaten mit Schichtstruktur. In: Zeitschr. anorg. allg. Chemie *457* (1979) S. 224 bis 228.

— P. Frölich u. F. Wolf: Anwendung der Dimersionsanalyse auf den Festbettionenaustauschreaktor. In: Acta hydrochim. hydrobiol. *7* (1979) H. 5, S. 519—526.

— A. Sophianos, F. Janowski u. F. Wolf: Über MoO_3- bzw. WO_3 Trägerkatalysatoren auf der Basis modifizierter Kieselgele. In: Chem. Techn. *32* (1980) S. 33—38.

— u. A. Kretzschmar, H. Reichel: Permeationsuntersuchungen an stabilisierten Schaumlamellen. In: Acta Polymerica *30* (1979) H. 7, S. 426—430.

— Ursula Koch u. F. Wolf: Zur Solvatation von Dispersionsfarbstoffen. In: Z. Chem. *20* (1980) H. 2, S. 72.

— K. H. Bergk u. F. Wolf: Alumosilikate in Waschmitteln. In: Textilreinigung *27* (1980) 1, S. 21—24.

— Ursula Koch u. F. Wolf: Relative Dissoziations- u. Komplexstabilitätskonstanten d. 1-Aminoethan 1,1-diphosphonsäure in 0,1 N Calciumchloridlösung. In: Z. Chem. *20* (1980) H. 2, S. 66—67.

— K.-H. Bergk, F. Janowski u. F. Wolf: Zur katalytischen Zersetzung niedriger Ameisensäurekonzentrationen in Essigsäure. In: Z. Chem. *20* (1980) H. 3, S. 103—104.

— K.-H. Bergk u. F. Wolf, H. Specht: Zur thermischen Stabilität des Systems $HgCl_2$-Zeolith. Ebda S. 113—114.

— M. Jamil Kanan, F. Wolf: Investigations for Characteristics and for Industrial Application of Iraqu Bitumin out Sulfur Deposits of Mishrak Fields in Northern Iraqu. In: Iraqui J. Sci. Vol. *20* (1979) Nr. 3, S. 422—429.

— M. Jamil Kanan u. F. Wolf: Structure and Property Investigation of Iraqui Tobacco. In: J. Iraqui Chemical Soc., Vol. *3* (1978) Nr. 2, S. 11—19.

— u. K. Pilchowski, K. Georgi: Zur Selektivität des Ionenaustausches an unterschiedlichen dealuminierten Mordeniten: In: Z. anorg. allg. Chem. *461* (1980) S. 211—216.

Wolf, Friedrich, K.-H. Bergk u. F. Wolf, H. Specht: Zur Dekationisierung von NaHg-Mordeniten. In: Z. Chem. *20* (1980) H. 6, S. 234.

— u. H.-J. Mallon, H. Gerlach: Zur Wirksamkeit verschiedener Metallsalzinitiatoren auf die Pfropfpolymerisation von Acrylnitril auf Kartoffelstärke. In: Stärke *32* (1980) Nr. 7, S. 229 bis 231.

— R. Gaedeke u. F. Wolf, Gudrun Bernhardt: On the Influence on Tracht and Habit of Urea Crystals (II). In: Kristall und Techn. *15* (1980) S. 557—564.

— U. Kroll u. F. Wolf, H. Rödicker: Zum Löslichkeitsverhalten gasförmiger Kohlenwasserstoffgemische in Polyethylen und sein Einfluß auf permeative Trennungen. In: Plaste u. Kautschuk *27* (1980) S. 490—492.

— A. Sophianos, F. Janowski u. F. Wolf: Zur Aromatisierung von C_3 und C_4-Olefinen an MoO_3–SiO_2-Katalysatoren. In: Chem. Techn. *32* (1980) H. 8, S. 419—424.

— u. F. Janowski: Über den Trägereinfluß bei Katalysatoren der Systeme Pt/SiO_2 und WO_3- bzw. MoO_3/SiO_2. In: Chem.-Ing. Techn. *52* (1980) Nr. 10, S. 802—808.

— 10 Patente.

Philologisch-historische Klasse

Bahner, Werner: Eine französische Geschichte der europäischen Literatur aus dem Jahre 1786. In: BrP *17* (1978) H. 1, S. 81—87.

— Sozio-kulturelle und kommunikativ-funktionelle Aspekte des französischen Einflusses auf das Rumänische. In: Festschrift für Kurt Baldinger, Tübingen 1979, S. 842—853.

— Entwicklungsrichtungen in der Herausbildung des modernen gesellschaftlichen Wortschatzes in Südosteuropa. In: Zur Herausbildung des modernen gesellschaftlichen Wortschatzes in Südosteuropa. Beiträge zur Balkanlinguistik *IV* (Berlin 1979) S. 1—34 (= Linguistische Studien A 58).

— Die Entwicklung der germanistischen Linguistik am Zentralinstitut für Sprachwissenschaft der Akademie der Wissenschaften der DDR. In: Sprachpflege *28* (1979) H. 10, S. 193—196.

— [Nachr.] Werner Krauss 7. 6. 1900—28. 8. 1976. In: Jahrbuch Sächs. Akad. Wiss. zu Leipzig *1975—1976* (Berlin 1979) S. 290—300.

— Werner Krauss und die Probleme der vergleichenden Literaturwissenschaft. Literaturgeschichte als geschichtlicher Auftrag. In memoriam Werner Krauss. Berlin 1978. S. 55—59 (= Sitzungsber. AdW, G 5).

— Iorgu Iordan zum 90. Geburtstag. In: BrP *17* (1978) S. 217—218.

— Zur spezifischen Bedeutungsentwicklung von gemeinromanischen Wörtern im Rumänischen: lat. *anima* > *inimă* „Herz". In: Studii şi cercetări Lingvistice. Bukarest 1980. H. 5, S. 517—521.

— Zur Wirkungsgeschichte der sprachhistorischen Auffassungen D. Cantemirs. In: Revue Roumaine de Linguistique. Bukarest 1980. H. 4, S. 311—316.

— Quelques problèmes épineux de la périodisation du siècle des Lumières. In: Transactions of the Fifth International Congress on the Englightenment, vol. *I* (Oxford 1980) S. 147—154.

— [Nachr.] Paul Aebischer 8. 12. 1897—9. 3. 1977. In: Jahrbuch Sächs. Akad. Wiss. zu Leipzig *1977—1978* (Berlin 1980) S. 295—298.

— Machiavelli — Machiavellismus. Ebda S. 155—157.

— [Rez.] F. Kopitzsch (Hrsg.): Aufklärung, Absolutismus und Bürgertum in Deutschland. München 1976. In: DLZ *100* (1979) H. 10, Sp. 629—631.

— [Rez.] H. Hina: Kastilien und Katalonien in der Kulturdiskussion 1714—1939. Tübingen 1978. Ebda H. 11/12, Sp. 733—736.

Bahner, Werner, [Rez.] L. Lehmann: Mably und Rousseau. Eine Studie über die Grenzen der Emanzipation im Ancien Régime. Bern u. Frankfurt/M. 1975. In: Revue d'Histoire Littéraire de la France *LXXVIII* (1978) S. 656–657.
– [Rez.] Terence Russon Wooldridge: Les débuts de la lexicographie française: Estienne, Nicot et le ‚Thresor de la langue françoyse' (1606). Toronto Univ. Press 1977. In: Historiographia Linguistica 1979, S. 264–269.
– [Rez.] Paul Aebischer: Etudes de stratigraphie linguistique. Berne 1978. In: BrP *18* (1979) H. 2, S. 337–338.
– [Rez.] Titus Heydenreich: Culteranismo und theologische Poetik. Die „Collusión de letras humanas y divinas" (1637/1644) des Aragoniers Gaspar Buesso de Arnal zur Verteidigung Góngoras. Frankfurt a. M. 1977 (= Analecta Romanica, Heft 40). Ebda S. 338–339.
– [Rez.] Karl-Hermann Körner: Einführung in das semantische Studium des Französischen. Darmstadt 1977. Ebda S. 339–340.
– [Rez.] August Buck: Die Rezeption der Antike in den romanischen Literaturen der Renaissance. Berlin (West) 1976 (= Grundlagen der Romanistik, Bd 8). Ebda H. 1, S. 151–153.
– [Rez.] Ruth El Saffar: Cervantes „El casamiento engañoso" and „El coloquio de los perros". London 1976 (= Critical Guides to Spanish Texts. 17). Ebda S. 153–154.
– [Rez.] L. Caretti/G. Luti: La Letteratura Italiana per saggi storicamente disposti. 5 vol., Milano 1972/1973. In: Referatedienst für Literaturwissenschaft *11* (1979) S. 121–124.
– [Rez.] Claude Lauriol: La Beaumelle. Un protestant cévenol entre Montesquieu et Voltaire. In: DLZ *101* (1980) H. 7/8, Sp. 558–560.
– [Rez.] Fritz Schalk: Studien zur französischen Aufklärung. (Das Abendland. Forschungen zur Geschichte europäischen Geisteslebens. Hrsg. v. E. Heftrich u. W. Hempel. NF 8). Ebda H. 1, Sp. 35–37.
– [Rez.] Harald Weinrich: Sprache in Texten. Ebda H. 2, Sp. 110–112.
– [Rez.] Daniel Droixhe: La Linguistique et l'appel de l'histoire (1600–1800). Rationalisme et révolutions positivistes. In: BrP *19* (1980) H. 1, S. 189–191.
– [Rez.] Peter Schifko: Aspekte einer strukturalen Lexikologie. Zur Bezeichnung räumlicher Beziehungen im modernen Französisch. Ebda S. 191–193.

Beševliev, Veselin: Părvobălgarski nadpisi [Die Protobulgarischen Inschriften], Sofia 1979, 253 S., 198 Abb.
– Zur historischen Geographie Thrakiens. In: Jahrbuch der Österreichischen Byzantinistik Bd *28* (1979) 1 S.
– Značenieto na părvobălgarskija znak IVI [Die Bedeutung des protobulgarischen Zeichens IVI]. In: Izvestija na Narodnija muzei [Mitteilungen des Volksmuseums] Bd *XV* [XXX] (Varna 1979) S. 17–29.
– [Rez.] I. Fodor: Altungarn, Bulgaro-Türken und Ostslaven in Südrußland, Szeged 1974. In: Archeologija *21* (1979), H. 2, S. 64–66.
– Bulgaren als Söldner in den italienischen Kriegen Justinians I. In: Jahrbuch der Österreichischen Byzantinistik Bd *29* (Wien 1980) S. 21–26.
– Die Stadtnamen Plodin und Plovdiv. In: Linguistique Balkanique Jg *22* (1980) H. 3, S. 21–28.
– Epigrafski ostanki ot părvobălgarskija ezik [Epigrafische Reste der protobulgarischen Sprache]. In: Ezikovedski proučvanija v čest na akad. Vl. I. Georgiev [Festschrift], Sofia 1980, S. 156 bis 162.
– Letopisi na kamăk [Steinchroniken]. In: Plamăk *24* (1980) H. 10, S. 150–160.
– Wilhelm Tomaschek i prabălgarite [W. Tomaschek und die Protobulgaren]. In: Vekove *9* (1980) H. 6, S. 56–59.

Bischoff, Karl: Germ. *+blaiw-* ‚Grabhügel, Grab, Hügel' im Deutschen, Mainz u. Wiesbaden 1979, 24 S. (= Abh. Akad. d. Wiss. u. d. Lit., geistes- und sozialwiss. Kl., Nr. 3).
– Die Meielache. In: Gedenkschr. für Heinrich Wesche, Neumünster 1979, S. 31–37.
– Nachträge zum Tie. In: Niederdeutsches Jahrbuch *101* (Neumünster 1979) S. 158–159.

Bischoff, Karl: [Rez.] Brandenburg-Berlinisches Wörterbuch Bd 1, 5.—10. Lieferung. In: Niederdeutsches Jahrbuch *101* (Neumünster 1979) S. 164—166.
— [Rez.] Jürgen Eichhoff: Wortatlas der deutschen Umgangssprachen, Bd 1. Ebda S. 166—169.

Blumenthal, Lieselotte: [Hrsg.] (Friedrich von) Schiller: Werke. Nationalausgabe. Begründet von Julius Petersen. Hrsg. [...] von Lieselotte Blumenthal und Benno von Wiese. Band *25*: Briefwechsel. Schillers Briefe 1. 1. 1788—28. 2. 1790. Bearbeiter: Eberhard Haufe. XI, 829 S.
— [Hrsg.] Johann Wolfgang [von] Goethe: Die großen Weimarer Dramen. Egmont. Iphigenie auf Tauris. Torquato Tasso. Textkritisch durchgesehen von Lieselotte Blumenthal und Wolfgang Kayser. München 1979. 425 S. (= dtv 6100).
— Ein Brief Schillers an Le Pique. In: Jahrbuch der deutschen Schillergesellschaft *23* (1979) S. 1—28.
— Goethes „Paria". In: Jahrbuch des Wiener Goethe-Vereins. Neue Folge der Chronik *81/83* (1977/79) S. 185—200.
— Wilhelm von Humboldts Aufsatz über den Trimeter. In: Goethe Jahrbuch *96* (1979) S. 261 bis 269.

Brüning, Eberhard: Die amerikanischen Schriftstellerkongresse der 30er Jahre — ihr internationalistischer Charakter und ihre Bedeutung für die Literaturentwicklung in den USA, Berlin 1979, 21 S. (= Sitzungsberichte der AdW der DDR, Gesellschaftswissenschaften, Jg 1979 — Nr. 5G).
— Das Menschen- und Weltbild im amerikanischen Roman der 70er Jahre. In: Antiimperialistischer Kampf und Funktion der Literatur in den USA. Materialien der Arbeitsberatung der DDR-Amerikanistik 1978. Potsdamer Forschungen der Pädagogischen Hochschule „Karl Liebknecht" Potsdam, ges. R. *36* (1979) S. 19—39.
— Der Beitrag von Richard Wülker, Max Förster und Levin L. Schücking zur Entwicklung der Leipziger Anglistik. In: Jahrb. Sächs. Akad. Wiss. zu Leipzig *1975—1976* (Berlin 1979) S. 139—140.
— Zum Stück „Das Zeichen am Fenster" von Lorraine Hansberry. In: Programmheft der Studiobühne der Karl-Marx-Universität Leipzig, Januar 1979.
— „American Literature Symposium" der polnischen Amerikanisten in Jablonna (bei Warschau) vom 7.—10. November 1978. In: ZAA *27* (1979) H. 4, S. 361—362.
— 74 Artikel zur Literatur der USA. In: Lexikon fremdsprachiger Schriftsteller von den Anfängen bis zur Gegenwart. Hrsg. v. Gerhard Steiner, Herbert Greiner-Mai, Wolfgang Lehmann, Bd *2* (Leipzig 1979) H/O.
— Az amerikai szocialista irodalom történetéhez. In: „Induló Balra". Hrsg. v. Georgi Dimov, Alekszandr L. Dimsic, Illés László, Oleg V. Jegorov, Klaus Kändler, Alfred Klein, Szabolcsi Miklós, Pavel M. Toper, Budapest 1979, S. 253—268, 514—515.
— US-amerikanische Literatur in der DDR seit 1965. In: ZAA *28* (1980) H. 4, S. 293—319.
— 66 Artikel zur Literatur der USA. In: Lexikon fremdsprachiger Schriftsteller von den Anfängen bis zur Gegenwart. Hrsg. v. Gerhard Steiner, Herbert Greiner-Mai, Wolfgang Lehmann, Bd *3* (Leipzig 1980) P/Z.
— Relations Between Progressive American and German Drama in the Twenties and Thirties. In: Proceedings of the 8th Congress of the International Comparative Literature Association. General Editors: Béla Köpeczi, György M. Vajda, *1* (Stuttgart 1980) S. 789—795.
— [Rez.] Len De Caux: The Living Spirit of the Wobblies. New York 1978. In: ZAA *27* (1979) H. 3, S. 282—283.
— [Rez.] Norman Mailer: Die Sprache der Männer. Erzählungen und anderes 1939—1969. Leipzig 1978. Ebda S. 267—268.
— [Rez.] Oliver Goldsmith: Der Weltbürger, oder Briefe eines in London weilenden chinesischen Philosophen an seine Freunde im Fernen Osten. Leipzig und Weimar 1977. Ebda H. 4, S. 364 bis 366.
— [Rez.] Jack Kerouac: Unterwegs. Leipzig 1978. In: ZAA *28* (1980) H. 1, S. 86—88.

Brüning, Eberhard, [Rez.] Gertrude Betz: Die Beatgeneration als literarische und soziale Bewegung. Bern 1977. Ebda S. 86–88.
– [Rez.] Sylvia Jenkins Cook: From Tobacco Road to Route 66. The Southern Poor White in Fiction. Chapel Hill 1976. Ebda H. 4, S. 355–357.
– [Rez.] Kurt Müller: Konventionen und Tendenzen der Gesellschaftskritik im expressionistischen amerikanischen Drama der zwanziger Jahre. Frankfurt/M., Bern, Las Vegas 1977. In: Referatedienst *12* (1980) H. 4, S. 625–626.
– [Rez.] Karl-Heinz Wirzberger: Von Cooper bis O'Neill. Beiträge zur USA-Literatur. Berlin 1979. In: DLZ *101* (Berlin 1980) H. 11/12, Sp. 913–915.

Bruford, Walter Horace: Some German Memories, 1911–1961. In: The 1979 Bithell Memorial Lecture. Institute of Germanic Studies, University of London, 1980.
– Goethe, Walter Pater and ‚the Aesthetic Consciousness'. In: Festschrift für E. W. Herd. Hrsg. von August Obermayer, Departement of German, University of Otago, Dunedin 1980, S. 44 bis 54.
– [Rez.] Goethe im Urteil seiner Kritiker. Teil 2: 1832–1870. Hrsg. von Karl Robert Mandelkow. In: Modern Language Review *7* (1979) S. 988–990.

Coblenz, Werner: Tätigkeitsbericht des Landesmuseums für Vorgeschichte Dresden für die Jahre 1973–1977. In: Ausgrabungen und Funde *24* (1979) H. 1, S. 1–11. Umschlagbild und Taf. 1–3.
– Zwischen Oder und Elbe. Bemerkungen zu den Kulturbeziehungen in ur- und frühgeschichtlicher Zeit nördlich der Grenzgebirge. In: Prace i materiały Muzeum Archeologicznego i Etnograficznego w Łodzi, Seria archeologiczna *25* (1978) S. 95–100.
– Die altsorbische Sumpfschanze von Brohna. In: Sächsische Gebirgsheimat *1978* (Blatt Februar/März).
– Ur- und frühgeschichtliche Burgen Sachsens und ihre Erforschung. In: Das Altertum *25* (1979) H. 3, S. 153–162, 8 Abb.
– Ur- und Frühgeschichte. In: Elbtal und Lößhügelland bei Meißen, 1979, S. 13–15 (= Werte unserer Heimat 32).
– Zur Handelsausstrahlung des Ostens in das Gebiet westlich der Oder im frühen Mittelalter. In: ZfA *12* (1978) H. 2, S. 139–143, 2 Abb.
– [Nachr.] In memoriam Erich Schmidt. Dem Ausgräber vom Schafberg. In: Bautzener Kulturschau *29* (1979) H. 11, S. 10–11, 4 Abb.
– Wissenschaftliche archäologisch-konservatorische Sitzung anläßlich des 50jährigen Wissenschaftlerjubiläums und des 70. Geburtstages von Prof. Dr. Konrad Jazdzewski, Lodz 1978. In: EAZ *20* (1979) 4, S. 753–756.
– Studenten im Museum. In: Schule und Museum im einheitlichen sozialistischen Bildungssystem der DDR *14* (1979) S. 89–95.
– Kugelamphore von Cossebaude. In: Blick ins Museum *22/23* (1979) S. 28–29.
– 3000jähriges Bronzegeschirr aus Dresden-Dobritz. Ebda S. 30–31.
– Verzierte beinerne Griffe und Griffel vom Burgberg Meißen. Ebda S. 38–39.
– Ur- und Frühgeschichte (Überschau) und Suchpunkte. In: Elbtal und Lößhügelland bei Meißen. Ergebnisse der heimatkundlichen Bestandsaufnahme in den Gebieten von Hirschstein und Meißen, Berlin 1979, S. 13–15 (= Werte unserer Heimat 38).
– Landesmuseum für Vorgeschichte Dresden. In: Archäologische Denkmale und Funde. 25 Jahre Bodendenkmalpflege in der DDR, Berlin 1979, S. 255–316, 65 Tafelabb.
– u. C. Fritzsche: Kleinstkindbestattung in einer reich ausgestatteten Salzmünder Grube mit Muschelschichten von Zauschwitz, Kr. Borna. In: Ausgrabungen und Funde *25* (1980) S. 5–17, 7 Abb., 4 Taf.
– [Rez.] N. Kalicz und J. Makkay: Die Linienbandkeramik in der Großen Ungarischen Tiefebene. Budapest 1977. In: DLZ *101* (1980) Sp. 154–158.

Coblenz, Werner, [Rez.] D.-W. Buck: Die Billendorfer Gruppe. Teil 1: Katalog, Berlin 1977 (= Veröffentlichungen des Museums für Ur- und Frühgeschichte Potsdam 11). In: Arbeits- und Forschungsberichte zur sächsischen Bodendenkmalpflege *23* (1980) S. 401–402.
– Landesmuseum für Vorgeschichte Dresden (Bericht für 1978). In: Mitteilungen zur Alten Geschichte und Archäologie in der Deutschen Demokratischen Republik *6* (1979) S. 94–100.
– Bevor Dresden Stadt wurde. In: Blick ins Museum *24/25* (1980) S. 6–9, 3 Abb.
– Bemerkungen zum Neolithikum im Paßland Sachsen. In: Fundberichte aus Hessen *19/20* (1980) S. 45–54.
– [Nachr.] Renate Sturm-Francke 1903–1979. Als Bodendenkmalpflegerin. In: Der Rundblick *27* (1980) S. 79.
– Herbert Küas zum 80. Geburtstag. In: EAZ *21* (1980) S. 303–305, 1 Abb.
– Bemerkungen zur slawischen Archäologie der sorbischen Gaue (Zusammenfassung). In: Rapports du IIIe Congrès International d'Archéologie Slave Bratislava 7–14 septembré 1975. *Bd I* (1979) S. 141–143.
– Bemerkungen zur Hallstattzeit im Westgebiet der Lausitzer Kultur (westlich der Neiße). In: Rola oddziaływań kręgu halsztackiego w rozwoju społeczeństw epoki żelaza w Polsce zachodniej na tle środkowoeuropejskim. In: Materiały konferencyjne, Wrocław 1980, S. 75–78.
– Landesmuseum für Vorgeschichte Dresden (Bericht für 1979). In: Mitteilungen zur Alten Geschichte und Archäologie in der Deutschen Demokratischen Republik *7* (1980) S. 114 bis 120.
– [Rez.] T. Bader: Epoca bronzului in nordvestul Transilvaniei. Cultura petracică. Bukarest 1978. In: ZfA *14* (1980) S. 130–133.
– [Rez.] E. Garam: Das Awarenzeitliche Gräberfeld von Kisköre. Budapest 1979. In: DLZ *101* (1980) Sp. 945–947.
– [Hrsg.] Arbeits- und Forschungsberichte zur sächsischen Bodendenkmalpflege, Beiheft 14: H.-J. Wendt: Steinkreuze und Kreuzsteine in Sachsen. II. Inventar Bezirk Karl-Marx-Stadt, Berlin 1979, 170 S., 97 Abb., 1 Karte.
– [Hrsg.] Archäologische Denkmale und Funde. 25 Jahre Bodendenkmalpflege in der Deutschen Demokratischen Republik, Berlin 1979, 319 S., 317 Abb.
– [Hrsg.] Arbeits- und Forschungsberichte zur sächsischen Bodendenkmalpflege *23* (1980) 402 S., 184 Abb., 16 Taf.
– [Nachr.] Hans Höckner 1886–1978. In: Arbeits- und Forschungsberichte zur sächsischen Bodendenkmalpflege *23* (1980) S. 7–10.
– [Hrsg.] Arbeits- und Forschungsberichte zur sächsischen Bodendenkmalpflege, Beiheft 15: H. Quietzsch: Steinkreuze und Kreuzsteine in Sachsen. III. Inventar Bezirk Leipzig, Berlin 1980, 152 S., 99 Abb., 1 Karte.

Czok, Karl: Vorstädte – Zu ihrer Entstehung, Wirtschaft und Sozialentwicklung in der älteren deutschen Stadtgeschichte, Berlin 1979, 28 S. (= Sitzungsber. Sächs. Akad. Wiss. zu Leipzig, phil.-hist. Kl. Bd 121, H. 1).
– [Redaktion] Jahrbuch für Regionalgeschichte, Bd 7, Hrsg. von der Historischen Kommission der Sächsischen Akademie der Wissenschaften zu Leipzig, Weimar 1979, 296 S.
– Zur Kommunalpolitik in der deutschen Arbeiterbewegung während der neunziger Jahre des 19. Jahrhunderts. In: Jahrbuch für Regionalgeschichte *7* (Weimar 1979) S. 67–91.
– Gesellschaftliche Bedingungen für die Entstehung und Entwicklung historischer Stadtstrukturen im Bezirk Leipzig – dargestellt an der Siedlungsentwicklung (*Thesen*). In: Aussage und Gestaltung historischer Stadtkerne, 2. Bezirksfachtagung der Gesellschaft für Denkmalpflege, Leipzig, Sept. 1979, Leipzig 1979, S. 8ff.
– Gesellschaftliche Bedingungen für die Entstehung und Entwicklung historischer Stadtstrukturen im Bezirk Leipzig (Ein Diskussionsbeitrag). In: Sächsische Heimatblätter *25* (1979) H. 6, S. 241–243.
– Zur kapitalistischen Wohnungspolitik in Leipzig. In: Argumente, Fakten, Zahlen. Die Lösung der Wohnungsfrage im Sozialismus, Leipzig 1979, S. 3–6.

Czok, Karl: Forschungen zur Regionalgeschichte 1970—1980. In: Historische Forschungen in der DDR *1970—1980* (Berlin 1980) S. 720—733 (= Sonderband der ZfG 1980).

— Zur Leipziger Kulturgeschichte des 18. Jahrhunderts. Ein Beitrag zur Diskussion über die Wirksamkeit der Handels- und Manufakturbourgeoisie. In: Jahrbuch zur Geschichte der Stadt Leipzig *1980* (Leipzig 1980) S. 111—129.

— Städtische Volksbewegungen unter dem Einfluß von Territorial- und Kirchenpolitik. In: European University Institute. The Reactions of the Poverty, Florenz 1980, 18 S. (Masch. vervielfältigt).

— Zur Rolle der Vorstädte in Sachsen und Thüringen im Zeitalter der deutschen frühbürgerlichen Revolution. In: Die Stadt an der Schwelle zur Neuzeit. Hrsg. W. Rausch, Linz/Donau 1980, S. 227—244.

— u. W. Fellmann: Leipzig, Tourist-Stadtführer, Berlin/Leipzig ^{3}1980, 208 S., ca. 100 Abb.

— Dr. phil. Manfred Unger 50 Jahre. In: Sächsische Heimatblätter *26* (1980) H. 5, S. 236—237.

— [Rez.] Die deutsche Stadt im Industriezeitalter. Hrsg. J. Reulecke, Wuppertal 1978. In: ZfG *27* (1979) H. 6, S. 575.

— [Rez.] W. Mägdefrau: Der Thüringer Städtebund im Mittelalter, Weimar 1977. In: Jahrbuch für Regionalgeschichte *7* (Weimar 1979) S. 278—281.

— [Rez.] Th. Hall: Mittelalterliche Stadtgrundrisse. Versuch einer Übersicht der Entwicklung in Deutschland und Frankreich, Stockholm 1978. In: ZfG *27* (1979) H. 11, S. 1102—1103.

— [Art.] Rund um das Leipziger Rathaus. In: Leipziger Volkszeitung v. 10./11. November 1979.

— [Art.] Septembersturm 1830. In: Leipziger Volkszeitung 27./28. September 1980.

Diesner, Hans-Joachim: Die Völkerwanderung. Leipzig ^{2}1980, 256 S., 2 Ktn., zahlreiche Tafeln und Abbildungen im Text.

— Fragen der Macht- und Herrschaftsstruktur bei Beda. Mainz *1980* (Wiesbaden 1981) 38 S. (= Abhandlungen der Geistes- und Sozialwissenschaftlichen Klasse / Akademie der Wissenschaften und der Literatur, Jg 1980, Nr. 8).

— Thukydides und Thomas Hobbes. In: Historia. Bd *29* (1980) H. 1, S. 1—16.

— Zur Erforschung der langobardischen Gesellschaft. In: Jahrbuch f. Internationale Germanistik, Bd *10* (1979) S. 63—76.

— Eugenius II. von Toledo im Konflikt zwischen Demut und Gewissen. In: Pietas. Festschrift für Bernhard Kötting (= Jahrbuch für Antike und Christentum, Erg.-Band *8* [1980] S. 472 bis 480).

— Probleme der älteren griechischen Tyrannis. In: Die ältere Tyrannis bis zu den Perserkriegen. Hrsg. v. K. H. Kinzl. Darmstadt 1979, S. 211—225 (= Wege der Forschung, Bd 510).

— Zu einigen Kernproblemen der älteren griechischen Tyrannis. In: Die ältere Tyrannis bis zu den Perserkriegen. Hrsg. v. K. H. Kinzl, Darmstadt 1979, S. 245—255 (= Wege der Forschung. Bd 510).

— Politik und Ideologie im Westgotenreich von Toledo: Chindasvind. Berlin 1979. 35 S. (= Sitzungsber. Sächs. Akad. Wiss. zu Leipzig, phil.-hist. Kl., Bd 121, H. 2).

— [Nachw.] Mark Aurel. Selbstbetrachtungen. Nachwort und Anmerkungen von H.-J. Diesner, Leipzig 1979 und Wiesbaden 1980, 195 S.

— [Rez.] J. M. Blázquez, A. Montenegro u. a.: Historia de España Antigua, Bd. II. Hispania Romana. Madrid 1978. In: DLZ *100* (1979) H. 7/8, Sp. 451—453.

— [Rez.] J. M. Blázquez: Imagen y mito. Madrid 1977. Ders., Diccionario de las religionas prerromanas e ibérica. Madrid 1977. Ebda Sp. 125—127.

— [Rez.] G. Haendler: Von Tertullian bis zu Ambrosius. Berlin 1978. Ebda Sp. 577—580.

— [Rez.] T. Schmidt: Alexander II. (1061—1073) und die römische Reformgruppe seiner Zeit, Stuttgart 1977. In: ThLZ *105* (1980) H. 7, Sp. 515—517.

— [Rez.] A. B. Hasler: Pius IX. (1846—1878). Päpstliche Unfehlbarkeit und 1. Vatikanisches Konzil. Stuttgart 1977. Ebda Sp. 762—765.

— [Rez.] H. Wolfram: Geschichte der Goten. München 1979. In: Gnomon *52* (1980) S. 354 bis 358.

Dietze, Walter: Erkundigung nach Wirkungschancen oder Über Rasselböcke, allerlei überwindbare Schwierigkeiten, Herrn Justin aus Weimar und sozialistische Kulturpolitik in der DDR. In: Beiträge zur Kinder- und Jugendliteratur *47*, Berlin 1978, S. 5–11.

— [Einleitender Text, viersprachig, in:] Weimar, Klassikerstätte im Bild. Памятные места классиков в картинах. Weimar, Les lieux de commémoration de la littérature classique allemande en images. Weimar, Classical Places in Pictures. Weimar ²1979, 4 Blatt, 36 Tafeln.

— [Hrsg.] Impulse. Aufsätze, Quellen, Berichte zur deutschen Klassik und Romantik. Im Auftrag der Nationalen Forschungs- und Gedenkstätten der klassischen deutschen Literatur hrsg. von Walter Dietze und Peter Goldammer, Folge *2*, Berlin und Weimar 1979, 420 S. mit 12 Abbildungen.

— Official Adress at the Opening of the First Annual Conference of the International Commitee for Museums of Literature in Weimar. In: Possibilities and Limitations of Literary-Biographical and Literary-Historical Museums: Experiences, Cognitations, and Projects, Weimar 1979. S. 1–16.

— [Hrsg.] Schaudervolle Begebenheit, welche sich in der Schweiz unweit Zürk durch Carl Moor, als Anführer einer Räuberbande, zugetragen hat, welcher in Zürk nebst 9 seiner Kameraden durch den Strang hingerichtet wurde. Mit einem Nachwort von Jochen Golz. Hrsg. von Walter Dietze, Weimar 1979, 6 Blatt unpaginiert.

— Johann Gottfried Herder. Abriß seines Lebens und Schaffens, Berlin und Weimar, 161 S.

— [Hrsg.] Herder-Kolloquium 1978. Referate und Diskussionsbeiträge. Im Auftrage der Nationalen Forschungs- und Gedenkstätten der klassischen deutschen Literatur hrsg. von Walter Dietze in Zusammenarbeit mit Hans-Dietrich Dahnke, Peter Goldammer, Karl-Heinz Hahn und Regine Otto, Weimar 1980, 424 S.

— Festvortrag zur Herder-Ehrung im Deutschen National-Theater Weimar am 17. Dezember 1978. In: Herder-Kolloquium 1978, Referate und Diskussionen, S. 14–27; und in: Weimarer Beiträge *25* (1979) H. 5, S. 35–46.

— [Hrsg.] Deutsche Epigramme aus vier Jahrhunderten. Hrsg. von Anita und Walter Dietze. Leipzig ⁴1980, 437 S.

— [Nachwort zu:] Johann Wolfgang Goethe: Faust. Berlin und Weimar ⁵1980, S. 595–627.

— „Faust", Vers 11 580. Weimar ²1980, 6. Blatt unpaginiert.

— [Hrsg.] Johann Gottfried Herder: Bloß für Dich geschrieben. Briefe und Aufzeichnungen über eine Reise nach Italien 1788/1789. Hrsg. von Walter Dietze und Ernst Loeb, Berlin 1980, 484 S.

— Arthur Schopenhauers Philosophie und die bürgerliche deutsche Literatur des neunzehnten Jahrhunderts. In: Germanistische Forschungsberichte der „Freunde von Weimar", Tókyo 1979, H. 4, S. 31–78.

— „... die reinste und höchste Poesie an Würde und Klarheit." Über den Universalismus im Denken Johann Gottfried Herders. In: Impulse, Folge *2*, S. 87–115.

— Glatte, jedoch begründete Absage. In: Die Weltbühne *74* (1979) H. 39, S. 1229–1231.

— Goethes Auseinandersetzung mit modernen Literaturen Europas. Gegenwärtige Aspekte eines historischen Problems. In: Zeitschrift für Germanistik *1* (1980) H. 1, S. 58–70; und in: Goethe-Jahrbuch Bd *97* (1980) S. 11–37.

— Klassisches literarisches Erbe und sozialistisches Traditionsverständnis. In: Deutsch als Fremdsprache, Sonderheft 1980, S. 38–42.

— [Rez.] Wolfdietrich Rasch: Goethes „Iphigenie auf Tauris" als Drama der Autonomie. München 1979. In: DLZ *101* (1980) H. 3, Sp. 208–211.

— [Rez.] Literatur und Literaturgeschichte in Österreich. Hrsg. von Ilona T. Erdély, Sonderheft der Zeitschrift Helikon, Budapest und Wien 1979. Ebda H. 5, Sp. 384–387.

Droz, Jacques: Histoire de l'Allemagne au dix-neuvième siècle. In: Revue historique *263* (1980) H. 2, avril–juin, S. 463–495.

Dudek, Gerhard: N. A. Nekrasov und die deutsche Dichtung des Vormärz. In: ZfSl *24* (1979) H. 4, S. 457–470.

Dudek, Gerhard, [Nachw.] I. S. Turgenew: Väter und Söhne, Leipzig und Weimar 1979, S. 241—259.
— Die Bedeutung von Puschkins Shakespeare-Rezeption für die Entwicklung der russischen Nationalliteratur. In: Shakespeare-Jahrbuch *116* (1980) S. 26—35.
— Zur Realismusqualität bei I. S. Turgenev. In: Wiss. Z. PH „Erich Weinert" Magdeburg *17* (1980) H. 5, S. 439—448.
— [Hrsg. u. Nachw.] Lew N. Tolstoi: Über Literatur und Kunst Leipzig 1980, S. 297—311.
— u. W. Hartinger, I. Seehase, C. Träger: Leipziger Kolloquium zur Literatur der 60er und 70er Jahre in der DDR und der Sowjetunion. In: Weimarer Beiträge *27* (1980) H. 8, S. 142—143 (Anteil v. G. D. S. 146—148).
— [Rez.] R. Neuhäuser: The Romantic Age in Russian Literature. München 1975. In: RD *11* (1979) H. 1, S. 103—104.
— [Rez.] L. G. Frizman: Žizn' liričeskogo žanra. Russkaja elegija ot Sumarokova do Nekrasova. Moskva 1973. Ebda S. 77—78.
— [Rez.] E. A. Majmin: Russkaja filosofskaja poezija. Poetyljubomudry, A. S. Puškin, F. I. Tjutčev. Moskva 1976. In: RD *12* (1980) H. 3, S. 445—446.
— [Rez.] M. R. Katz: The literary ballad in early nineteenthcentury Russian literature. London 1976. In: RD *12* (1980) H. 4, S. 579—580.

Eichler, Ernst: Toponomastische Lexikographie. In: Linguist. Studien, Reihe A, H. *73/I* (1980) S. 11—17.
— Zur Standardisierung geographischer Eigennamen. In: ZfSl *25* (1980) S. 880—883.
— u. V. Šmilauer: Auf dem Wege zum Slawischen Onomastischen Atlas. Ebda S. 749—755.
— [A. Brückners] Beiträge zur interdisziplinären Forschung. Ebda S. 232—235.
— Der Beitrag Gustav Heys zur slawistischen Namenforschung. In: Lětopis Inst. za serbskí ludospyt, Reihe A, Bd *27* (1980) S. 37—46.
— Zur slawischen Ortsnamenforschung in der Oberlausitz. (Teil III). Ebda S. 162—175.
— Aleksander Brückner und die Namenforschung. In: Nkdl. Inf. *36* (1979) S. 9—12.
— Onomastik und historische Lexikologie des Westslawischen. In: ZfSl *24* (1979) S. 24—27.
— Problemy issledovanija onomastičeskogo areala [Probleme der Erforschung des onomastischen Areals]. In: Perspektivy razvitija slavjanskoj onomastiki, Moskva 1980, S. 76—78.
— Ein Zeugnis des westslawischen Lokativs Plural auf *-as*. In: Zpravodaj Místopisné komise ČSAV *XXI* (1980) S. 240—246 [= Festschrift zum 85. Geburtstag von V. Šmilauer].
— Über die soziale Differenzierung von Ortsnamenformen. In: Linguist. Arbeitsberichte *28* (Leipzig 1980) S. 99—103.
— Grundfragen der toponymischen Integration. In: Ortnamn och Språkkontakt. In: NORNA-Rapporter *17* (Uppsala 1980) S. 128—139.
— Über Voraussetzungen zur Geschichte der Slawistik. In: WZ. KMU Leipzig, ges. u. sprachwiss. R. *29* (1980) S. 363—367.
— Zur Ortsnamenforschung in der Niederlausitz. In: Gesch. u. Gegenwart d. Bezirkes Cottbus *14* (1980) S. 115—117 (= Niederlaus. Studien).
— u. H. Walther: 25 Jahre Namenforschung in der DDR (1954—1979). In: Nkdl. Inform. *36* (1979) S. 1—9.
— u. H. Walther: Onomastik. In: Linguist. Arbeitsberichte *24* (Leipzig 1979) S. 41—48.
— u. W. Fleischer, J. Schultheis: Bibliographia Onomastica 1975—1976. German Democratic Republic. In: Onoma *23* (1979) S. 467—473.
— [Hrsg.] A. Muka: Serbski zemjepisny słowničk. Kleines sorbisches geographisches Wörterbuch. Fotomechanischer Neudruck mit einem Vorwort von Ernst Eichler und einer Bibliographie der namenkundlichen Veröffentlichungen Arnošt Mukas, Bautzen 1979, 16 + XII + 144 S.
— Namenkundliche Jahrestagung am 9. Juni 1978 in Leipzig. [Berichte in:] Nkdl. Inf. *34* (1978) S. 47—49; Onomastica *23* (1979) S. 157—159; ZfSl *24* (1979) S. 267—269; Zpravodaj Místopisné komise ČSAV *XX* (1979) S. 451—454.

Eichler, Ernst: Bericht über das NORNA-Symposium „Ortsnamen und Sprachkontakt". Uppsala 1978. In: Zpravodaj Místopisné komise ČSAV *XX* (1979) S. 447–450.

— u. K. Hengst, I. Bily: Die slawische Onomastik auf dem XIII. Internationalen Kongreß für Namenforschung, Kraków 1978. In: ZfSl *25* (1980) S. 563–576.

— u. I. Bily: Aktuelle Probleme der Namenforschung in der DDR. Internationale Arbeitstagung in Leipzig, 23.–24. 10. 1979. In: Nkdl. Inf. *37* (1980) S. 21–24; Onoma *24* (1980) S. 176–182.

— III. Jugoslawische Onomastische Konferenz, Dubrovnik 1980. In: Nkdl. Inf. *37* (1980) S. 28 bis 30.

— VII. Arbeitstagung der Onomastischen Kommission beim Internationalen Slawistenkomitee. Mogilany bei Kraków, 23.–25. 9. 1980. In: Nkdl. Inf. *38* (1980) S. 42–43.

— VIII. Slowakische Onomastische Konferenz. Banská Bystrica/Dedinky ČSSR, 2.–6. 6. 1980. Ebda S. 45–46.

— Arbeitsberatung zum westslawischen toponymischen Wortschatz. Leipzig, 27. 11. 1980. Ebda S. 44.

— Wissenschaftliches Kolloquium über das Schaffen August Leskiens, Leipzig, 24. April 1980. In: Palaeobulgarica/Starobălgaristika *4* (1980) H. 4, S. 119–121.

— [Rez.] F. Barthel: Vogtländische Wörter und Wendungen. Plauen 1978. In: Nkdl. Inf. *36* (1979) S. 34–35.

— [Rez.] Brandenburgisches Namenbuch. Teil 4: R. E. Fischer: Die Ortsnamen des Havellandes. Weimar 1976. In: Zs. f. Phonetik, Sprachwiss. u. Kommunikationsforsch. *32* (1979) S. 87–88.

— [Rez.] W. Brandenstein: Kleine namenkundliche Schriften. Graz 1978. In: Nkdl. Inf. *36* (1979) S. 41–42.

— [Rez.] W. Dzikowski, D. Kopertowska, Toponimia Kielec. Warszawa–Kraków 1976. Ebda S. 54–55.

— [Rez.] H. Jakob: Der Schamelstein. Die Welt der Slaven NF 1 (1977). Ebda *35* (1979) S. 54–55.

— [Rez.] V. Kopecký: Úvod do studia staročeských rukopisů a tisků. Praha 1978. In: Lětopis Inst. za serbski ludospyt A *26* (1979) S. 196–197.

— [Rez.] St. Rospond: Ausgewählte slavische Onomastica in der Chronik des Thietmar von Merseburg. Die Welt der Slaven 21 (1976). In: Nkdl. Inf. *36* (1979) S. 55–56.

— [Rez.] Russisches geographisches Namenbuch. Begründet von Max Vasmer, hrsg. von H. Bräuer. Bd III–VIII. Wiesbaden 1968–1977. In: ZfSl *25* (1980) S. 145–149.

— [Rez.] Slovnyk hidronimiv Ukrajiny. Redaktion: A. P. Nepokupnyj u. a. Kiev 1979. In: Ndkl. Inf. *38* (1980) S. 66–70.

— [Rez.] J. Udolph: Studien zu slavischen Gewässernamen und Gewässerbezeichnungen. Heidelberg 1979. Ebda *37* (1980) S. 37–41 und in: ZfSl *25* (1980) S. 759–765.

— [Rez.] T. Witkowski: Die Ortsnamen des Kreises Greifswald. Weimar 1978. In: Nkdl. Inf. *35* (1979) S. 30–32.

— [Nekrolog] Jaromír Bělič †. In: ZfSl *24* (1979) S. 923–924.

— [Nekrolog] Bohuslav Havránek. 30. 1. 1893–2. 3. 1978. In: Jahrbuch Sächs. Akad. Wiss. zu Leipzig *1977–1978* (Berlin 1980) S. 313–317.

— [Nekrolog] Bohuslav Havránek zum Gedenken. In: ZfSl *25* (1980) S. 155–157.

— [Nekrolog] In memoriam Friedrich Redlich (1905–1977). In: Onoma *23* (1979) S. 242–244.

— u. S. Wauer: Gerhard Schlimpert 50 Jahre. In: Nkdl. Inf. *18* (1980) S. 38–41.

— [Nekrolog] Witold Taszycki †. Ebda *37* (1980) S. 15–17.

— Walter Wenzel zum 50. Geburtstag. Ebda *35* (1979) S. 28–29.

— [Hrsg. mit H. Walther:] Beiträge zur Onomastik. Vorträge der namenkundlichen Arbeitstagung „Aktuelle Probleme der Namenforschung in der DDR", Karl-Marx-Universität Leipzig, 23.–24. 10. 1979, Linguist. Studien, Reihe A, H. 73/I–II, Berlin 1980, 246 S.

Erben, Johannes: Die Herausforderung der *ur-hēttun* im althochdeutschen Hildebrandslied. In: Zeitsch. f. dt. Philologie *98* (1979) S. 4–9. (= Sonderheft).

— Bemerkungen zur „inhaltbezogenen" Wortbildungslehre. In: Wirkendes Wort *29* (1979) S. 158–164.

Erben, Johannes: Zur „Multivalenz“ von *es* im Neuhochdeutschen und im Sprachstil der Grimmschen Märchen. In: Wirkendes Wort *29* (1979) S. 384–391.
– Komposition und Tradition im „Ackermann aus Böhmen“. Bemerkungen zum Aufschlußwert der Wortbildung und des Wortgebrauchs. In: Sprache und Name in Österreich. Festschrift für Walter Steinhauser zum 95. Geburtstag, hrsg. v. Peter Wiesinger, Wien 1980, S. 81–97 (= Schriften zur deutschen Sprache in Österreich 6).
– Deutsche Grammatik. Ein Abriß, 12., durchgesehene Aufl., München 1980, 392 S.
– [Rez.] R. P. Ebert: Historische Syntax des Deutschen. Stuttgart 1978. (= Sammlung Metzler 167. Realien zur Literatur. Abt. C: Sprachwissenschaft). In: Beiträge zur Namenforschung *14* (1979) H. 1, S. 93–94.
– [Rez.] W. Schenker: Die Sprache Huldrych Zwinglis im Kontrast zur Sprache Luthers. Berlin/New York 1977. (= Studia Linguistica Germanica 14). In: Beitr. *102* (1980) S. 72–76.

Forberger, Rudolf: Theoretische und empirische Bemerkungen zum Thema: Die Industrielle Revolution in der Sicht der Genesis der Produktivkräfte. In: Technik–Geschichte. Hist. Beitr. u. neuere Ansätze. Hrsg. v. Ulrich Troitzsch u. Gabriele Wohlauf, Frankfurt am Main 1980, S. 302–327 (= Suhrkamp Taschenbuch Wissenschaft, 319).

Große, Rudolf: Zum Verhältnis von Phonem und Graphem im Deutschen. In: Beiträge zu Problemen den Orthographie, Linguistische Studien, Reihe A. Arbeitsberichte 54, Akademie der Wissenschaften der DDR, Zentralinstitut für Sprachwissenschaft, Berlin 1979, S. 11–18.
– Soziolinguistische Aspekte des Verhältnisses von gesellschaftlichem und individuellem Bewußtsein. In: Theoretische und methodologische Fragen der Sprachwissenschaft, hrsg. von W. Neumann; Linguistische Studien, Reihe A, Arbeitsberichte *62/II*, Akademie der Wissenschaften der DDR, Zentralinstitut für Sprachwissenschaft, Berlin 1979, S. 80–89.
– Verchnesaksonskie dialekty i literaturnyj nemeckij jazyk. In: Aktual'nye problemy jazykoznanija GDR. Jazyk – ideologija – obscestvo, Moskva 1979, S. 162–182.
– Mögliche Beiträge der Dialektologie zur Entwicklung der Sprachwissenschaft. In: Linguistische Arbeitsberichte *26*, Sektion Theoretische und angewandte Sprachwissenschaft der Karl-Marx-Universität Leipzig, Leipzig, S. 36–44.
– Vergleichswortgruppe und Vergleichssatz in der deutschen Gegenwartssprache und im älteren Deutsch. In: Studia Onomastica I, Namenkundliche Informationen, Beiheft 2, Karl-Marx-Universität Leipzig, Leipzig 1980, S. 37–47.
– Entwicklung und Aufgaben des Althochdeutschen Wörterbuches. In: Zeitschrift für Germanistik *1* (1980) S. 37–47.
– Soziolinguistische Grundlagen des Meißnischen Deutsch. In: Akten des VI. Internationalen Germanisten-Kongresses, Basel 1980, hrsg. von H. Rupp und H.-G. Roloff, Bd *2* (Bern 1980) S. 358–365.
– „Der Klügere gibt nach“ – „De wijste geeft toe“. Ein kleines Problem der vergleichenden Syntax. In: Liber Amicorum Weijnen, Van Gorcum. Assen 1980. S. 205–209.
– Zur Verwendung des Wortes „Volk“ bei Herder. In: Herder-Kolloquium 1978. Referate und Diskussionsbeiträge, Weimar 1980, S. 304–314.
– Entwicklung und Aufgaben der Soziolinguistik in der DDR. In: Sprachpflege *29* (1980) H. 1, S. 1–5.
– [Rez.] Standard und Dialekt. Studien zur gesprochenen und geschriebenen Gegenwartssprache. Festschrift für Heinz Rupp. In: Zeitschrift für Germanistik *1* (1980) S. 483–487.
– [Hrsg.] Althochdeutsches Wörterbuch, Bd *III* (Berlin 1979/1980) Lfg 9/10/11.
– [Mithrsg.] Beiträge zur Geschichte der deutschen Sprache und Literatur Bd *100* (Halle/S. 1979).

Hamann, Günther: Kartographisches und wirkliches Weltbild in der Renaissancezeit. Zum wechselseitigen Verhältnis von Theorie und Praxis im Zeitalter der großen Entdeckungsfahrten. In: Humanismus und Naturwissenschaften/Beiträge zur Humanismusforschung Bd *6* (Boppard 1980) S. 155–180.

Hamann, Günther: Atlantische Inseln: In: Lexikon des Mittelalters Bd *1* (München 1979) S. 1170–1173.
— Grazioso Benincasa. In: Lexikon des Mittelalters Bd *1* (München 1980) S. 1914–1915.
— [Hrsg.] Regiomontanus-Studien. Wien 1980. 449 S. (= Sitzungsberichte der Österreichischen Akademie der Wissenschaften, phil.-hist. Kl., 364. Bd = Veröffentlichungen der Kommission für Geschichte der Mathematik, Naturwissenschaften und Medizin Nr. 28, 29, 30).
— Johannes Regiomontanus 1436–1476. Die Schauplätze seines Lebens und Wirkens (Jubiläumsfestvorträge). Ebda S. 11–46.
— Regiomontanus in Wien. Ebda S. 53–74.
— [Bearbeitung von:] László Bendefy: Regiomontanus und Ungarn. Ebda S. 243–253.
— Johannes Regiomontanus — Sein Verhältnis zur Wiener Mathematisch-Naturwissenschaftlichen Schule und sein wissenschaftlicher Weg nach Italien, Ungarn und Nürnberg. In: Organon/International Review, publ. by the Mianowski Institute for the promotion of science and letters Bd *14* (Warschau 1980) S. 231–252.
— [Hrsg. u. Bearbeitung] Zdenko Šolle: Neue Gesichtspunkte zum Galilei-Prozeß mit neuen Akten aus böhmischen Archiven, Wien 1980, 71 S. (= Sitzungsberichte der Österreichischen Akademie der Wissenschaften, phil.-hist. Kl., 361. Bd = Veröffentlichungen der Kommission für Geschichte der Mathematik, Naturwissenschaften und Medizin Nr. 24).
— Die Geschichte der Mathematik, Naturwissenschaften und Geographie in Österreich. In: Archives Internationales d'Histoire des Sciences Bd *30* (Paris–Wiesbaden 1980) Nr. 105, S. 167–173.
— Die österreichische Kriegsmarine im Dienste der Wissenschaften. In: Österreich zur See. Schriften des Heeresgeschichtlichen Museums in Wien Bd *8* (Wien 1980) S. 59–90; und in: Revue Internationale d'Histoire Militaire/Revue Périodique Nr. 45 (1980).
— Professor Dr. Erich Woldan. Ein verdienter historischer Geograph wurde geehrt. In: Der Globusfreund. Wissenschaftliche Zeitschrift für Globen- und Instrumentenkunde Nr. 28/29, Wien 1980, S. 7–12.
— Erläuterungstexte und Entwurfsberatungen zu den Historischen Landkarten: Österreich zur Römerzeit. Die Entwicklung der Österreichischen Länder 976–1526. Die Entwicklung der Habsburgischen Länder 1526–1795. Vom Wiener Kongreß bis zum Ersten Weltkrieg. Weltkarte „Casa d'Austria". Alle in: Spectrum Austriae-Österreich in Geschichte und Gegenwart, Wien–München–Zürich–Innsbruck 1980, S. 17–24 u. 80–81.
— [Hrsg.] Wiener Beiträge zur Geschichte der Neuzeit.
— [Hrsg.] Biographien österreichischer Geographen und Forschungsreisender im Rahmen der Sektion Österreich der Commission d'Histoire de la Pensée Géographique der Union Géographique Internationale (Paris).
— [Hrsg.] Artikel über die Geschichte der Geographie, des geographischen Weltbildes und der Entdeckungs- und Forschungsreisen im Rahmen des Lexikons des Mittelalters (München).

Heimpel, Hermann: Dahlmann-Waitz: Quellenkunde der Deutschen Geschichte, Viertes Buch: Deutschland im späten Mittelalter. Abschnitte 237: Allgemeines, und 238: Das Interregnum ... Die Zeit der Könige ... 1273–1378. Lfg *36* (Stuttgart [10]1980) Nr. 1–1088.
— Ein „Studenkrieg" vor 557 Jahren (1422). In: Georgia Augusta *1979*, S. 20–23.

Hiebsch, Hans: Ein Jahrhundert wissenschaftliche Psychologie. In: G. Eckardt (Hrsg.): Zur Geschichte der Psychologie, Berlin 1979, S. 21–31.
— Wilhelm Wundt und die Anfänge der experimentellen Psychologie — zur Hundertjahrfeier des ersten psychologischen Laboratoriums der Welt in Leipzig. In: Probleme und Ergebnisse der Psychologie, Berlin 1979, H. 71, S. 5–18.
— u. G. Clauß: Gyermekpszichologia [ungar. Übers. von „Kinderpsychologie", Berlin 1958 bis 1964], Budapest [6]1980, 372 S. mit vielen Abb.
— [Mithrsg.] u. M. Vorweg: Sozialpsychologie, Berlin 1979, Berlin [2]1980, 468 S., mit vielen Abb. u. Bibliographie.

Hunger, Herbert: Die hochsprachliche profane Literatur der Byzantiner, Bd *II*: Philologie – Profandichtung – Musik – Mathematik und Astronomie – Naturwissenschaft – Medizin – Kriegswissenschaft – Rechtsliteratur, München 1978, XX u. 528 S. (= Handbuch der Altertumswissenschaft XII, 5).

– Byzantinistische Forschung in Österreich (Geschichte und Literatur). Aufbau und Aktivitäten eines „Orchideenfaches". In: Südosteuropaforschung in der Bundesrepublik Deutschland und in Österreich, Symposium des Südosteuropa-Arbeitskreises der Deutschen Forschungsgemeinschaft Bad Reichenhall, 4. und 5. November 1978. Hrsg. v. K.-D. Grothusen. Boppard 1979, S. 9–46.

– Stilstufen in der byzantinischen Geschichtsschreibung des 12. Jahrhunderts: Anna Komnene und Michael Glykas. In: Byzantine Studies/Études Byzantines *5* (1978; erschienen 1979) S. 139–170.

– Antiker und byzantinischer Roman. In: Sitzungsber. Heidelberger Akademie der Wissenschaften, phil.-hist. Kl. 1980, 3. Abhandlung.

– Archaisierende Minuskel und Hodegonstil im 14. Jahrhundert. Der Schreiber Theoktistos und die κράλαινα τῶν Τριβαλῶν In: Jb. Österr. Byz. *29* (1980) S. 187–236.

– Zum Badewesen in byzantinischen Klöstern. In: Klösterliche Sachkultur des Spätmittelalters, Wien 1980. S. 353–364. (= Veröffentlichungen des Instituts für mittelalterliche Realienkunde Österreichs, Nr. 3).

– Wissenschaftsgläubigkeit – Wissenschaftsskeptizismus. Vom Standpunkt des Wissenschaftlers, Wien 1980.

– [Rez.] G. Podskalsky: Theologie und Philosophie in Byzanz. München 1977. In: Jb. Österr. Byz. *28* (1979) S. 357–359.

– [Rez.] E. Kitzinger: Byzantine Art in the Making. London 1977. In: Jb. Österr. Byz. *28* (1979) S. 382–385.

– [Rez.] G. Dagron: Vie et Miracles de Sainte Thècle. Texte grec, traduction et commentaire. Bruxelles 1978. (= Subsidia hagiographica 62). In: Jb. Österr. Byz. *29* (1980) S. 373–376.

– [Hrsg.] Jahrbuch der Österr. Byzantinistik, seit 1954.

– [Hrsg.] Wiener Byzantinistische Studien, seit 1964.

– [Hrsg.] Veröffentlichungen der Kommission für die Tabula Imperii Byzantini (TIB und VTIB), seit 1972.

– [Hrsg.] Veröffentlichungen der Kommission für Schrift- und Buchwesen (VSB), seit 1974.

– [Hrsg.] Prosopografisches Lexikon der Palaiologenzeit (PLP), seit 1976.

– [Mithrsg.] Byzantinische Zeitschrift, München, seit 1964.

– [Mithrsg.] Byzantina Vindobonensia, seit 1965.

– [Mithrsg.] Veröffentlichungen der Kommission für Byzantinistik, seit 1976.

– [Mithrsg.] Corpus Fontium Historia Byzantinae, Series Vindobonensis, seit 1975.

Iordan, Iorgu: Memorii III, Bucureşti 1979, 379 S.

– Articole politice. Bucureşti 1979. 175 S.

– Observations sur la terminologie piscicole roumaine. In: Mélanges à la mémoire de Louis Michel, Montpellier 1979, S. 292–297.

– Or dormi = or fi dormind. In: Limba română *28* (1979) S. 13–14.

– Influenţa modei asupra numelor de persoană. In: Limba română *28* (1979) S. 41–49.

– Note sintactice: (pre)cum = ca. In: Limba română *28* (1979) S. 191–192.

– Al XIII – lea Congres de Ştiinţe onomastice (Crakovia, 21–25 august, 1978). In: Limba română *28* (1979) S. 559–561.

– Lingvistica românească în anii socialismului. In: Limba română *28* (1979) S. 577–579.

– Note de lexicologie românească: V. In: Studii şi cercetări lingvistice *30* (1979) S. 91–99.

– Note de lexicologie românească: Z. In: Studii şi cercetări lingvistice *30* (1979) S. 571–578.

– Despre „magia cuvintelor". In: România literară, 1 nov. 1979, S. 19.

– Aurel Nicolescu (1919–1978). In: Limba română *28* (1979) S. 565.

– Al. A. Philippide (1900–1979). In: Limba română *28* (1979) S. 213–214.

– Alexandru A. Philippide – omul. In: România literară, 23 febr. 1979, S. 11.

Iordan, Iorgu: Vorbeşti de lup, şi lupul la uşă. In: Limba şi literatura română (pentru elevi), nr. 1, 1979, S. 5.
— Observaţii cu privire la stilul publicistic. In: Preza noastră, nr. 10—11, 1979, S. 28—29.
— O limbă corecta şi frumoasă se învaţă în primul rînd din lecturi literare + Obrazul subţire cu cheltuială se ţine. In: Limba şi literatura română (pentru elevi), nr. 3, 1979, S. 3—4.
— [Rez.] Current Trends in Romanian Linguistics. In: Cercetări de lingvistică (Cluj-Napoca) *24* (1979) S. 223—224.
— [Rez.] Eugenio Coseriu: Tradición y novedad en la historia de la lingüística. In: Studii şi cercetări lingvistice *30* (1979) S. 597—599.
— [Rez.] Jana Balacciu si Rodica Chiriacescu: Dicţionar de filologii şi lingvişti români. In: Studii şi cercetari lingvistice *30* (1979) S. 278—280.
— Cum este informat publicul larg în probleme de istorie a lingvisticii româneşti. In: Limba română *28* (1979) S. 333—334.
— Precizare [în chestiunea interviului din „Flacăra" i Febr. 1979]. In: România literară 22 febr. 1979, S. 9.
— Deprinderi vechi... In: România literară, 8 martie 1979, S. 9.
— Cîteva precizări în legătură cu anumite monumente vechi de limbă românească. In: Limba română *28* (1979) S. 313.
— A zecea aniversare. In: Manuscriptum, nr. 4, 1979, S. 20—21.
— Interviu. In: Echinox, Jan.—Febr. 1979, S. 1—2 (Cluj—Napoca).
— Interviu. In: Conştiinţa artistică, prin opera. Craiova 1979. S. 63—75.
— Interviu: In: Flacăra, 1 febr. 1979. S. 13.
— Limbajul poetic al lui Arghezi. In: Viaţa românească, nr. 6—7, 1980, S. 100—105.
— Precursorii lui Sadoveanu. In: Viaţa românească, nr. 11, 1980, S. 1—4.
— Eugen Crăciun (1889—1955). In: Viaţa românească, nr. 12, 1980, S. 53—55.
— Ovid Densusianu. In: Momente diu Istoria învăţămîntului limbilor străine la Universitatea din Bucureşti, Bucureşti 1980, S. 19—23.
— Probleme de lingvistică românească la Radio. In: Limba română *29* (1980) S. 67—69.
— Despre Dicţionarele literare. In: Viaţa românească, febr. 1980, S. 39—40.
— Centenarul unei cărţi de seamă. In: Cutezătorii, 3 aprilie 1980, S. 8.
— Interviu. In: Romulus Rusan, Arta fără muză, Cluj-Napoca 1980, S. 261—265.
— Interviu [M. Sadoveanu]. In: Revista noastră, Focşani, Okt.—Dez. 1980, S. 5, 13.
— Interviu. In: Semenicul, Reşiţa, febr. 1980, S. 58—60.

Ivić, Milka: On Empirical Evidence for Positing a Deep Subject Form in Some Subjectless Sentences. In: Studia Linguistica Alexandro Vasilii Issachenko a collegis amicisque oblata, Lisse 1978, S. 203—205.
— Pravci u lingvistici, Ljubljana [4]1978, 302 S. u. 6 S.
— On a Particular Type of Sentence Variance in Serbo-Croatian. In: Folia Slavica Vol. *2* (Columbus/Ohio 1978) S. 144—148 (= Studies in Honor of Horace G. Lunt. On the Occasion of His Sixtieth Birthday, Sept. 12, 1978, Part 1).
— O srpskohrvatskim rečeničnim prilozima. In: Južnoslovenski filolog *34* (Beograd 1978) S. 1—16.
— Predikatska kondenzacija u gramatičkom opisu slovenskih jezika. In: Referati od X zasedanie na megunarodnata komisija za izučuvanje na gramatičkata struktura na slovenskite literaturni jazici. Makedonska akademija na naukite i umetnostite, Skopje 1979, S. 117—122.
— [Diskusija] Referati od X zasedanie na megunarodnata komisija za izučuvanje na gramatičkata struktura na slovenskite literaturni jazici, Makedonska akademija na naukite i umetnostite, Skopje 1979, S. 63, 66, 68, 70, 106, 108, 166, 168—169, 169, 170, 183, 221, 222, 224, 225.
— O slovenskim predikatskim konstrukcijama deriviranim od korena **gold-* i **žęd-*. Opuscula Polonico-Slavica, Wrocław 1979, S. 145—147 (= Munera linguistica Stanislao Urbańczyk dedicata).
— O srpskohrvatskim prilozima „za način". In: Južnoslovenski filolog *35* (Beograd 1979) S. 1—18.

Ivić, Milka: O „partikularizatorima". In: Južnoslovenski filolog *36* (Beograd 1980) S. 1–12.
– [Nachr.] André Vaillant (3. XI. 1890–23. IV. 1977). In: Južnoslovenski filolog *35* (Beograd 1979) S. 239.
– [Nachr.] Bohuslav Havránek (30. I. 1893–2. III. 1978). In: Južnoslovenski filolog *35* (Beograd *1979*) S. 241–242.

Jarceva, Viktorija Nikolaevna: Problema variativnosti na morfologičeskom urovne jazyka [Das Problem der Varianz auf der morphologischen Sprachebene]. In: Semantičeskoe i formal'noe var'irovanie [Semantische und formale Variierung], Moskva 1979, S. 7–26.
– Ob izdanii enciklopedičeskogo truda „Jazyki mira" [Über die Herausgabe der enzyklopädischen Arbeit „Sprachen der Welt"]. In: Vestnik AN SSSR *1979*, Nr. 2, S. 26–36.
– Teorija vzaimodejstvija jazykov i rabota U. Vajnrajcha „Jazykovye kontakty". In: U. Vajnrajch [Weinreich], Jazykovye kontakty. Sostojanie i problemy issledovanija [Übersetzung aus dem Englischen: Languages in Contact. Findings and Problems], Kiev 1979, S. 5–17.
– Semantičeskie korreljacii edinic struktury jazyka [Die semantische Korrelationen der Einheiten der Sprachstruktur]. In: Filosofskie nauki *1980*, Nr. 1, S. 37–43.
– „Jazykovoj tip" sredi sopredel'nych ponjatij [Der „Sprachtyp" und sein Verhältnis zu angrenzenden Begriffen]. In: Teoretičeskie osnovy klassifikacii jazykov mira [Theoretische Grundlagen der Klassifizierung der Sprachen der Welt], Moskva 1980, S. 24–61.
– Jazykovye kontakty i ich rol'v razvitii jazyka [Die Sprachkontakte und ihre Rolle bei der Sprachentwicklung]. In: Zs. f. Phonetik, Sprachwiss. u. Kommunikationsforschung *33* (1980) S. 42–47.
– O soderžatel'nom aspekte sopostavitel'nogo analiza jazykov [Über den inhaltlichen Aspekt bei der konfrontativen Sprachanalyse]. Ebda S. 330–335.
– O roli perevodov v istorii literaturnych jazykov [Über die Rolle von Übersetzungen in der Geschichte der Literatursprache]. In: Vestnik Leningradskogo univ. Nr. 20 (Istorija – jazyk – literatura), Vyp. *4* (1980) S. 45–49.
– The Languages of the World – a Linguistic Encyclopaedia. In: Social Sciences *XI* (1980) Nr. 2, S. 78–90.
– u. Natalia Semenjuk: Soviet Germanic Studies: Achievements and Plans. Ebda Nr. 3, S. 124 bis 137.

Kühnert, Friedmar: Die Literatur der Augusteischen Zeit zwischen Prinzipatsideologie und Individualismus. In: Kulturgeschichte der Antike. Hrsg. v. Reimar Müller u. a., Bd *2*: Rom (Berlin 1978) S. 250–265.
– Die Literatur in der Blütezeit des Prinzipats. Ebda S. 375–389.
– Das gesellschaftliche Leitbild des Orator perfectus bei Quintilian. In: Problemy anticnoj istorii i kul'tury Bd *2* (Jerewan 1979) S. 90–96.
– Die Funktion der Orientberichte in der Darstellungskunst des Tacitus. In: Caucasica – Mediterranea. Tbilissi 1980. S. 117–120.
– Die Orientberichte des Tacitus über Iberien und Armenien. In: Z. „Georgia", Jena und Tbilissi 1980, S. 36–40.

Lehmann, Edgar: Schlußbemerkungen über die Ergebnisse der gemeinsamen Sitzung der Klassen „Umweltschutz/Umweltgestaltung" und „Chemie" am 17. 11. 1977. In: Sitzungsberichte der AdW, math.-nat. R., 11 N 1978.
– [Mithrsg.] Beiträge zur Geographie, Bd *29* (1978).
– Bericht über den Stand der Arbeiten der SAW, erstattet in der öffentl. Sitzung der SAW am 2. 4. 1976. In: Jahrbuch Sächs. Akad. Wiss. zu Leipzig *1975–1976* (Berlin 1979) S. 113–119.
– [Mithrsg.] Briefwechsel zwischen A. v. Humboldt und Heinrich Schumacher. Zum 200. Geburtstag von H. C. Schumacher, hrsg. v. Kurt-R. Biermann, Beiträge zur A. v. Humboldt Forschung, Berlin 1979, 192 S.
– Zur Problematik von Umweltatlanten. In: PGM *124* (1980) S. 161–163.

Lehmannn, Edgar: [Schlußbemerkung.] Geogr. Methoden landeskultureller Untersuchungen im Vergleich mit geophysikalischen und toxikologischen Beiträgen zur Umweltforschung. In: Sitzungsberichte der AdW, math.-nat. R, 5 N 1980, S. 123–134.
— Bericht über den Stand der Arbeiten der SAW, erstattet in der öffentl. Sitzung der SAW am 16. 4. 1977 und in der öffentl. Sitzung am 14. 4. 1978. In: Jahrbuch Sächs. Akad. Wiss. zu Leipzig *1977–1978* (Berlin 1980) S. 107–125.

Lieberwirth, Rolf: Der Kampf um die Verwirklichung der staatsbürgerlichen Rechte im Strafverfahren des Königreichs Sachsen während der ersten Hälfte des 19. Jahrhunderts. In: Zeszyty naukowe uniwersytetu Jagiellónskiego, *CCCCXI*, Prace Prawnicze Z. *73* (Warszawa – Kraków 1976) S. 121ff.
— Die Universität Wittenberg in der Zeit der verfallenden feudalen Gesellschaftsordnung und der Entwicklung des Manufakturkapitalismus. In: Geschichte der Martin-Luther-Universität Halle–Wittenberg 1502–1977 (Abriß), Halle 1977, S. 27–28.
— Die Universität Wittenberg zur Zeit der Anfänge der bürgerlichen Umwälzung (1789–1817). Ebda S. 33–34.
— Zu den Aufgaben der Staats- und Rechtsgeschichte. In: Arbeitsblätter zur Wissenschaftsgeschichte (2), Halle 1977.
— Der Staat als Gegenstand des Hochschulunterrichts in Deutschland vom 16. bis zum 18. Jahrhundert, Berlin 1978, 28 S. (= Sitzungsber. Sächs. Akad. Wiss. zu Leipzig, phil.-hist. Kl., Bd 120, H. 4).
— Eike von Repchow und sein Sachsenspiegel, Köthen 1980.
— Die staatstheoretischen und verfassungsrechtlichen Anschauungen von Christian Thomasius und Christian Wolff. In: Arbeiten zur Rechtsgeschichte. Festschrift für Gustav Klemens Schmelzeisen, Stuttgart 1980, S. 217–218.
— [Nachr.] Gerhard Buchda 22. 10. 1901–20. 12. 1977. In: Jahrbuch Sächs. Akad. Wiss. zu Leipzig *1977–1978* (Berlin 1980) S. 283–286.
— Bibliographie Gerhard Buchda. Ebda S. 286–295.
— [Nachr.] Eberhard Schmidt 16. 3. 1891–17. 6. 1977. Ebda S. 328–329.
— [Nachr.] Gerhard Buchda. In: ZRG (GA) *95* (Weimar 1978) S. 492.
— [Rez.] Deutsche Juristen aus fünf Jahrhunderten. Eine biographische Einführung in die Rechtswissenschaft. Hrsg. von Gerd Kleinheyer und Jan Schröder unter Mitarbeit von Erwin Forster, Hagen Hof und Bernhard Pahlmann. Karlsruhe–Heidelberg 1976. 390 S. (= Uni-Taschenbücher 578). Ebda S. 443–444.
— [Rez.] Wolfgang Fikentscher: Methoden des Rechts in vergleichender Darstellung. I: Frühe und religiöse Rechte. Romanischer Rechtskreis. XXXI, 590 S. II: Anglo-amerikanischer Rechtskreis. XXI, 479 S. III: Mitteleuropäischer Rechtskreis. XXIV, 796 S. IV: Dogmatischer Teil, Anhang. XXV, 707 S. V: Nachträge-Register. XIX, 446 S. 1977. Tübingen 1975 bis 1977. In: ThLZ *103* (1978) Nr. 12, Sp. 911–912.
— [Rez.] 500 Jahre Eberhard-Karls-Universität Tübingen. Beiträge zur Geschichte der Universität Tübingen 1477–1977. Hrsg. im Auftrag des Universitätspräsidenten und des Senats der Eberhard-Karls-Universität von Hansmartin Decker-Hauff, Gerhard Fichtner und Klaus Schreitner. Bearb. von Wilfried Setzler. Tübingen 1977. XXIV, 576 S., 15 Bilder und 17 Faksimile. In: ZRG (GA) *96* (Weimar 1979) S. 396–397.
— [Rez.] Lebensbilder zur Geschichte der Tübinger Juristenfakultät (= Contubernium. Beiträge zur Geschichte der Eberhard-Karls-Universität Tübingen 17). Hrsg. von Ferdinand Elsener. Tübingen 1977. XV, 233 S., 12 Abb. Ebda S. 396–397.
[Rez.] Premier Livre des Procurateurs de la Nation Germanique de l'ancienne Université d'Orléans 1444–1546. Second partie: Biographies des étudiants. Volume I: Introduction, Sources et bibliographie, Biographies des étudiants 1444–1515 par Hilde de Ridder-Symoens (Grand), Detlef Illmer (Fribourg-en-Brisgau), Cornelia M. Riddeikhoff (Amsterdam). E. J. Brill, Leiden 1978. CXXXV, 354 S. Ebda *97* (Weimar 1980) S. 454–455.

Lieberwirth, Rolf: [Rez.] Beiträge zu Problemen deutscher Universitätsgründungen der frühen Neuzeit. Hrsg. von Peter Baumgart und Notker Hammerstein (= Wolfenbütteler Forschungen 4). Nendeln/Liechtenstein 1978. 341 S. Ebda S. 456–457.

– [Rez.] Karl Mommsen: Katalog der Basler juristischen Disputationen 1558–1818. Aus dem Nachlaß herausgegeben von Werner Kundert (= Ius commune, Veröffentlichungen des Max-Planck-Instituts für Europäische Rechtsgeschichte Frankfurt am Main, Sonderhefte Texte und Monographien 9). Frankfurt am Main 1978. 408 S., 16 Illustrationen. Ebda S. 457–458.

Lomov, Boris F.: Die Psychologie im System der Wissenschaften und in der gesellschaftlichen Praxis. In: Vestnik AN SSSR *1979*, Nr. 10, S. 35–45 [russ.].

– Bewußtsein, Gehirn und äußere Welt. In: Voprosy filosofii *1979*, Nr. 3, S. 109–118 [russ.].

– Die Kategorien der sozialen Wechselwirkung und der Tätigkeit in der Psychologie. Ebda Nr. 8, S. 34–47 [russ.].

– Besonderheiten der Erkenntnisprozesse unter den Bedingungen der sozialen Wechselwirkung. In: Psichologičeskij žurnal Bd *1* (1980) Nr. 5, S. 23–45 [russ.].

– Probleme der sozialen Wechselwirkung in der Psychologie (anstelle einer Einführung). In: Sammelband: Probleme der sozialen Wechselwirkung in der Psychologie, Moskau 1981, S. 3–23 [russ.].

– Die Persönlichkeit im System der gesellschaftlichen Beziehungen. In: Psichologičeskij žurnal Bd *2* (1981) Nr. 1, S. 3–17 [russ.].

– Cognitive processes and communication. In: Zeitschrift für Psychologie *188* (1980) Nr. 1, S. 3–25.

Markov, Walter: Kognak und Königsmörder. Historisch-literarische Miniaturen, Berlin und Weimar 1979, 230 S.

– Weltgeschichte im Revolutionsquadrat, Berlin 1979, 547 S. (= Studien zur Revolutionsgeschichte, Bd 4); und Vaduz/Liechtenstein 1979, 547 S.

– u. H. Helmert: Battles of World History, New York 1979, 439 S.

– u. H. Helmert: L'Histoire à travers les batailles, de Kadesh à Hiroshima, Leipzig 1979, 439 S.

– u. E. Werner: Geschichte der Türken. Berlin ²1979, 379 S.

– L'absolutisme éclairé. Bibliographie sommaire. In: Annales historiques de la Révolution française Jg *51* (1979) Nr. 228, H. 4, S. 647–649.

– Die DDR und die nationale Befreiungsbewegung. In: 30 Jahre DDR. Kämpfe – Erfolge – Erfahrungen, Berlin 1979, S. 98–106.

– I giacobini e l'opposizione di sinistra nell'anno II. In: La Rivoluzione francese. Problemi storici e metodologici. Hrsg. A. Groppi, W. Markov u. a., Milano 1979, S. 79–97 (= Quaderni della Fondazione Lelio e Lisli Basso).

– Krieg und Frieden 1792. In: Revue Internationale d'Histoire Militaire, Potsdam 1979, Nr. 43, S. 23–37.

– Die letzten Demokraten in der braunen Universität. In: Faschismus und Widerstand an der Univ. Bonn, Bonn 1979, S. 13–24.

– Meždunarodnaja komissija po istorii Francuzskoj revoljucii pri Meždunarodnom istoričeskom komitete. In: Francuzskij ežegodnik 1977, Moskva 1979, S. 239–240.

– La naissance de l'Université africaine. Le succès difficile. In: Genève-Afrique, Jg *17* (1979) H. 2, S. 59–64.

– Beim Schreiben einer Biographie ... In: Wiener Beiträge zur Geschichte der Neuzeit, Bd 6: Biographie und Geschichtswissenschaft, Wien 1979, S. 241–253.

– Zum Stellenwert des napoleonischen Illyrien. In: Revue des Etudes sud-est européennes Jg *17* (București 1979) H. 2, S. 269–281.

– M. Kossok u. W. Markov: Zur Methodologie der vergleichenden Revolutionsgeschichte der Neuzeit. In: Theorie und Methode II: Bürgerliche Revolutionen. Probleme des Übergangs vom Feudalismus zum Kapitalismus, Institut für marxistische Studien und Forschungen, Frankfurt/M. 1979, S. 7–33.

Markov, Walter: Begrüßungsworte des Ehrenvorsitzenden. In: Karl Marx und Grundfragen der Revolution in Theorie und Praxis. Materialien der Karl-Marx-Konferenz, Leipzig 1980, S. 9–10.
– Aus Büchern, die es noch nicht gibt. In: Die Weltbühne *74* (1979) H. 1, S. 27.
– Edelweißpiraten. Ebda H. 19, S. 601–603.
– Entdeckungen 79. Ebda *75* (1980) H. 1, S. 27.
– Wieviel Weltgeschichte braucht der Mensch? In: Forum *33* (Berlin 1979) H. 4, S. 8–9.
– [Rez.] G. Lefebvre: La France sous le Directoire, 1795–1799. Hrsg. J.-R. Suratteau. Paris 1977. In: ZfG *27* (1979) H. 2, S. 172–173.
– [Rez.] A. Z. Manfred: Tri portreta. Moskva 1978. Ebda H. 4, S. 372–373.
– [Rez.] V. I. Špil'kova: Mladotureckaja revoljucija 1908–1909 gg. Moskva 1977. Ebda H. 6, S. 567–568.
– [Rez.] F. Hincker u. C. Mazauric: Histoire de la France contemporaine, T. 1: 1789–1799. Paris 1978. Ebda H. 8, S. 781–782.
– [Rez.] Corpus des notes marginales de Voltaire, Bd 1: A–B. Berlin 1979. Ebda *28* (1980) H. 7, S. 673–674.
– [Anz.] F. Sieburg: Robespierre. Stuttgart 1978. Ebda *27* (1979) H. 6, S. 582.
– [Anz.] Domokos Kosary: Napolèon et la Hongrie. Budapest 1979. Ebda *28* (1980) H. 7, S. 686.
– [Anz.] Jean-Paul Bertaud: La révolution armée. Paris 1979. Ebda H. 8, S. 807–808.
– [Anz.] Jean Tulard: Napoleon oder der Mythos des Retters. 2. Ausg. Tübingen 1979. Ebda H. 9, S. 905.
– [Mithrsg.] Kleine Enzyklopädie Weltgeschichte. Leipzig 1979. 2 Bde, 634 u. 610 S., 64 S. Karten.
– [Interview] B. Jeschonnek: Fragen an Walter Markov. In: Die Weltbühne *74* (1979) H. 39, S. 1238–1240.
– [Interview] Sächsisches Tageblatt v. 5. Oktober 1979.

Mayrhofer, Manfred: Iranisches Personennamenbuch. Band *I*: Die altiranischen Namen, Wien 1979, 113, 31 u. 33 S.
– Zur Gestaltung des etymologischen Wörterbuches einer „Großcorpus-Sprache“, Wien 1980, 58 S. [Mit je einem Anhang von Vasilij Ivanovič Abaev, Karl Hoffmann und Eva Tichy].
– Kurzgefaßtes etymologisches Wörterbuch des Altindischen. Band IV: Register, Heidelberg 1980, VIII, 384 S.
– Ausgewählte Kleine Schriften. Hrsg. von Sigrid Deger-Jalkotzy und Rüdiger Schmitt, Wiesbaden 1979, 235 S.
– Archaismus und Innovation. Eine grammatische Unterscheidung in Keilschrift-Paralleltexten aus schämenidischer Zeit. In: Archív Orientální *47* (1979) S. 96–99.
– Ein unpubliziertes beschriftetes Eichgewicht der Dareios-Zeit. In: Anzeiger der phil.-hist. Klasse der Österreichischen Akademie der Wissenschaften *116* (1979) S. 25–27.
– Überlegungen zur Entstehung der altpersischen Keilschrift. In: Bulletin of the School of Oriental and African Studies *42* (1979) S. 290–296.
– Die iranischen Elemente im aramäischen Text. In: Fouilles de Xanthos Tome *VI*, La Stèle Trilingue du Létôon, Paris 1979, S. 181–185.
– Zu iranischen Reflexen des *vṛkí*-Typus. In: Hommages à Maurice Leroy, Brüssel 1980, S. 130 bis 152.

Meyer, Rudolf: Gegensinn und Mehrdeutigkeit in der althebräischen Wort- und Begriffsbildung, Berlin 1979, 31 S. (= Sitzungsber. Sächs. Akad. Wiss. zu Leipzig, phil.-hist. Kl., Bd 120, H. 5).
– Gegensinn und Mehrdeutigkeit in der althebräischen Wort- und Begriffsbildung. Ugarit-Forschung Band *11*: Festschrift für C. F. A. Schaeffer zum 80. Geburtstag, Neukirchen-Vluyn 1979, S. 601–612.

Mitchell, Terence Frederick: The English appearance of Aspect. In: Function and Context in Linguistic Analysis, Cambridge University Press 1979.
– Writing with the learned, pronouncing with the vulgar, investigating the educated spoken Arabic of Egypt and the Levant. In: Mont Follick Series, ed. W. Haas, Manchester University Press 1980.

Möbius, Friedrich: Caspar David Friedrichs Gemälde „Abtei im Eichwald" und die frühe Wirkungsgeschichte der Ruine Eldena bei Greifswald. Zu aktuellen Aspekten des Denkmalbegriffes und der Denkmalpflege, Berlin 1980, 36 S. mit 19 Abb. auf 16 Taf. (= Abhandlungen der Sächs. Akad. Wiss. zu Leipzig, phil.-hist. Kl. Bd 68, H. 2).
– Die Klosterkirche zu Paulinzella. 3. neubearb. Aufl., Berlin 1980, 30 S. (= Das christliche Denkmal 26).
– Basilikale Raumstruktur im Feudalisierungsprozeß. Anmerkungen zu einer „Ikonologie der Seitenschiffe". In: kritische berichte, Mitteilungsorgan des Ulmer Vereins *7* (1979) H. 2/3, S. 5–17.
– Eldenas Erbewerte. Versuch einer ikonologischen Bestimmung. In: Bildende Kunst *27* (1979) H. 8, Kunstwissenschaftliche Beiträge S. 1–6.
– Philipp Otto Runges Gemälde „Petrus auf dem Meer". Topoisierung und Adressierung im romantischen Schaffensprozeß. In: WZ. Univ. Greifswald *28* (1979) H. 1/2, S. 122–126 (= Sonderband der 2. Greifswalder Romantikkonferenz Philipp Otto Runge im Umkreis der deutschen und europäischen Romantik).
– Das Erben – eine Besonderheit des künstlerischen Schaffensprozesses. Anmerkungen zur Dialektik von Traditionsbezug und Lebensweise. In: Bildende Kunst *27* (1979) H. 6, S. 262 bis 264.
– Anmerkungen zur Dialektik des künstlerischen Traditionsbezuges. In: Jenaer „Anti-Dühring"-Konferenz, Protokollband Jena 1979. S. 186–189.
– Die Kathedralfassade in der mittelalterlichen Stadt. Versuch einer kulturtheoretischen Grundlegung. In: Bildende Kunst *28* (1980) H. 10, Kunstwissenschaftliche Beiträge S. 1–9.
– Mönchtum und Gotik in der Kritik der deutschen Klassik. In: WZ. Univ. Jena, gesellschafts- und sprachwissenschaftliche Reihe *29* (1980) S. 355–361.

Müller, Joachim: Die Staatsthematik in Grillparzers Drama „Die Jüdin von Toledo". In: Die Andere Welt. Aspekte der österr. Literatur des 19. u. 20. Jahrhunderts, Bern und München 1979 S. 71–96.
– Die sprachkünstlerische Qualität von Stifters Sachprosa. In: Vierteljahresschrift Adalbert-Stifter-Institut des Landes Oberösterreich Jg *28* (1979) Folge 1/2, S. 19–33.
– Ambivalente Existenz. Die epische Trilogie des österreichischen Dichters Thomas Bernhard. Ebda S. 51–61.
– Peter Handke und sein Journal „Das Gewicht der Welt". In: Universitas *34* (1979) H. 10, S. 1055–1062.
– Der Dichter Max Frisch und seine neuen Werke. Ebda *35* (1980) H. 2, S. 167–174.
– Die dramatische Funktion von Mephistos Monolog in Goethes Faust I: „Verachte nur Vernunft und Wissenschaft..." (V. 1851–1867), Berlin 1980, 32 S. (= Sitzungsber. Sächs. Akad. Wiss. zu Leipzig, phil.-hist. Kl. Bd 121, H. 3).
– Taedium vitae und fortdauerndes Leben. Drei Briefe Goethes an Zelter. Eine Kommentierung im Kontext von beider Briefwechsel. In: Zeitschrift für Germanistik *1* (Berlin 1980) H. 2, S. 166–182.
– Kunst des Schlichten. Linguostilistische Analyse eines Prosastücks von Hermann Hesse. In: Jahrbuch für Internationale Germanistik *XII* (1980) H. 1, S. 19–29.
– Goethes Dramentheorie. In: Deutsche Dramentheorien I, hrsg. v. Reinhold Grimm. 3., verb. Aufl., Wiesbaden 1980, S. 157–195.
– Romanze und Ballade. Die Frage ihrer Strukturen, an zwei Gedichten von Heine dargelegt. In: Balladenforschung, hrsg. v. Walter Müller-Seidel, Königstein/Ts. 1980, S. 216–232.

Müller, Joachim: Das Furchtbare und großartig Erhabene. Adalbert Stifters Prosawerk „Aus dem Bairischen Walde". In: Vierteljahresschrift Adalbert Stifter-Institut Jg *29* (1980) Folge 3/4, S. 122–138.
— Goethe-Wirkung und Humanitätstradition. Vier Vorträge. Jenaer Reden und Schriften, Jena 1980, 96 S.
— [Einl.] Hebbels Werke in drei Bänden. Ausgewählt und eingeleitet, mit Anmerkungen versehen. Berlin und Weimar [5]1980.
— [Nachw.] Gottfried Keller: Der Grüne Heinrich. Nachwort. Leipzig [3]1980.
— Köster, Albert. In: NDB *XII* (1980) S. 403–405.
— Korff, Hermann August. Ebda S. 584–586.
— Kurzanalysen der Hauptwerke von Goethe, Schiller, Stifter, Hebbel, Grillparzer, Droste-Hülshoff, Raabe, Thomas Mann. In: Lexikon der Weltliteratur Bd *II*: Werke. Stuttgart [2]1980.
— [Rez.] Schillers Werke, Nationalausgabe Bd 29: Briefwechsel. Schillers Briefe 1. 11. 1796 bis 31. 10. 1798. Hrsg. v. Norbert Oellers u. Frithjof Stock, Weimar 1977. In: DLZ *100* (1979) Sp. 39–41.
— [Rez.] Hugo v. Hofmannsthal. Sämtliche Werke. Kritische Ausgabe. Bd XXIX: Erzählungen 2. Aus dem Nachlaß hrsg. v. Ellen Ritter. Bd XXVI: Operndichtungen 4. Hrsg. v. Hans-Albrecht Koch. Bd X: Dramen 8. Hrsg. v. Hans-Harro Lendner, Hans-Georg Dewitz. Frankfurt/M. 1976, 1977. Ebda Sp. 435–438.
— [Rez.] Clemens Brentano. Sämtliche Werke und Briefe. Hist.-krit. Ausgabe. Bd 7, Teil II; Bd 8, Teil III: Des Knaben Wunderhorn ... Hrsg. v. Heinz Rölleke. Bd 9, Teil II: Des Knaben Wunderhorn, Apparat. Bd 9, Teil III: Lesarten und Erläuterungen. Stuttgart, Berlin-West, Köln, Mainz 1976, 1977, 1978. Ebda Sp. 741–743.
— [Rez.] Hans Joachim Schrimpf: Der Schriftsteller als öffentliche Person. Von Lessing bis Hochhuth. Beiträge zur deutschen Literatur. Berlin-West 1977. In: Z. f. deutsche Philologie *98* (1979) S. 310–313.
— [Rez.] Benno v. Wiese: Perspektiven I. Studien zur deutschen Literatur und Literaturwissenschaft. Berlin-West 1978. Ebda S. 313–316.
— [Rez.] Wissen aus Erfahrungen. Werkbegriff und Interpretation heute. Festschrift für Hermann Meyer zum 65. Geburtstag. Hrsg. v. Alexander v. Bormann. Tübingen 1976. Ebda S. 628–634.
— [Rez.] Literatur und Theater im Wilhelminischen Zeitalter. Hrsg. v. Hans-Peter Bayerdörfer u. a. Tübingen 1978. Ebda S. 604–606.
— [Rez.] Thomas Mann: Tagebücher. 1935–1936. Hrsg. v. Peter de Mendelssohn. Frankfurt/M. 1978. Die Briefe Thomas Manns. Regesten und Register. Bearb. u. hrsg. v. Hans Bürgin (†) u. Hans-Otto Mayer. Mit einem Vorwort von Hans Wysling. Frankfurt/M. 1977. — Bd I: Die Briefe v. 1889–1933. In: DLZ *101* (1980) Sp. 49–53.
— [Rez.] Birgit Fenner: Friedrich Hebbel zwischen Hegel und Freud. Stuttgart 1979. — Briefe von und an Friedrich Hebbel. Bisher unbekannte Schriftstücke. Gesammelt u. erläutert v. U. Henry Gerlach. Heidelberg 1978. Ebda S. 300–303.
— [Rez.] Clemens Brentano. Sämtliche Werke und Briefe. Histor.-krit. Ausgabe Bd 16 Prosa I. Godwi ... Hrsg. v. Werner Bellmann. Stuttgart u. a. O.: Kohlhammer 1978. In: DLZ *101* (1980) Sp. 380–382.
— [Rez.] Thomas Mann: Tagebücher 1918–1921. Hrsg. v. Peter de Mendelssohn. Franfurt/M. 1979. Ebda Sp. 575–578.
— [Rez.] Schillers Werke. Nationalausgabe Bd 25: Briefwechsel. Schillers Briefe 1. 1. 1788–28. 2. 1790. Hrsg. v. Eberhard Haufe. Weimar 1979. Ebda Sp. 706–709.
— [Rez.] Schillers Dramen. Neue Interpretationen. Hrsg. v. Walter Hinderer. Stuttgart 1979. Ebda Sp. 923–926.
— [Rez.] Josef Kunz: Die deutsche Novelle im 19. Jahrhundert (= Grundlagen der Germanistik 10). — Ders., Die deutsche Novelle im 20. Jahrhundert (= Grundlagen der Germanistik 23). Berlin (West) [2]1978, 1977. In: Z. f. deutsche Philologie *99* (1980) S. 314–317.
— [Rez.] Benno v. Wiese: Perspektiven II. Literarische Porträts. Berlin (West) 1979. Ebda S. 630 bis 634.

Neubert, Albrecht: Words and texts. In: Linguistische Studien Reihe A, *55* (Berlin 1979) S. 16–29.
– Weltanschaulich-theoretische Aspekte der Linguistik. Ebda *62/I* (Berlin 1979) S. 1–17.
– Übersetzungswissenschaft in soziolinguistischer Sicht. In: Käätäminen tutkimuksen Kohteena [Übersetzen als Forschungsgegenstand], Kieli-Instituuttien Symposiumi Tampereella 1979, S. 67–77.
– Teoria ja käytänto kääntäjien koulutuksessa [Theorie und Praxis der Übersetzerausbildung]. Ebda S. 77–82, 98–102, 103–107.
– Englische Intonation, Leipzig ^{4}1979, 32 S. mit Schallplatte.
– u. G. Graustein: Tendenzen in der Entwicklung der Leipziger sprachwissenschaftlichen Anglistik. In: Linguistische Arbeitsberichte *24* (Leipzig 1979) S. 57–71.
– u. G. Graustein [Hrsg.]: Trends in English text linguistics. Linguistische Studien, Reihe A, *55* (Berlin 1979) 168 S.
– Englische Sprache der Gegenwart. In: Texte und Aufgaben zur Sprachtheorie. Hrsg. von G. Michel et al., Leipzig 1979, S. 513–514.
– Entwicklung der Sprachwissenschaft in der DDR. Ebda S. 302–303.
– Dreißig Jahre anglistische Linguistik. In: ZAA *28* (1980) S. 5–11.
– u. K. Hansen [Hrsg.]: Studien zur Lexik und Grammatik der englischen Sprache der Gegenwart. Martin Lehnert zum 70. Geburtstag. Linguistische Studien, Reihe A, *67* (Berlin 1980) 203 S.
– Textual analysis and translation theory or what translators know about texts. In: Linguistische Arbeitsberichte *28* (Leipzig 1980) S. 23–31.
– Schriftenverzeichnis. Ebda *26* (Leipzig 1980) S. IV–X.
– Englische Aussprache, Leipzig ^{10}1980, 32 S. mit Schallplatte.
– Autorenkollektiv: English Grammar. A University Handbook, Leipzig ^{2}1980, 406 S.

Neumann, Werner: Bilddokumente zur Lebensgeschichte Johann Sebastian Bachs – Pictorial Documents of the Life of Johann Sebastian Bach. In: Bach-Dokumente, herausgegeben vom Bach-Archiv Leipzig unter Leitung von Werner Neumann (Supplement zu Johann Sebastian Bach, Neue Ausgabe sämtlicher Werke) Band IV. Deutsch–Englisch. VEB Deutscher Verlag für Musik Leipzig und Bärenreiter-Verlag Kassel, Basel, Tours, London 1979, 447 S., davon 337 S. Abb.
– Einführungstexte zu Bach-Schallplatten der Edition ETERNA (VEB Deutsche Schallplatten): Magnificat D-Dur (BWV 243), Geistliche Lieder und Arien aus Schemellis Gesangbuch, Kantaten: Meine Seel erhebt den Herren (BWV 10), Tönet, ihr Pauken, erschallet, Trompeten (BWV 214), Vereinigte Zwietracht der wechselnden Saiten (BWV 207), Angenehmes Wiederau, freue dich in deinen Auen (BWV 30a), Laßt uns sorgen, laßt uns wachen (BWV 213), Schwingt freudig euch empor (BWV 36c), Non sa che sia dolore (BWV 209).
– Johann Sebastian Bach. Angenehmes Wiederau, freue dich in deinen Auen. Drama per Musica BWV 30a. Faksimile der autographen Partitur, herausgegeben von Werner Neumann. Leipzig 1980. (= Faksimile-Reihe Bachscher Werke und Schriftstücke, herausgegeben vom Bach-Archiv Leipzig, Band 16). Vorwort (deutsch und englisch), 4 S., 40 S. Abb.
– [Hrsg.] Bach-Dokumente. Bde I–III. Kassel u. Leipzig 1963, 1969, 1972. Moskau 1980. 272 S. [russisch.].

Petschow, Herbert: [Art.] Kauf, neuassyrisch. In: Reallexikon der Assyriologie und vorderasiatischen Archäologie *V* (1980) 7–8, S. 520–528.

Rudolph, Kurt: Die Gnosis. Wesen und Geschichte einer spätantiken Religion. 2. durchges. und ergänzte Aufl., Leipzig: Koehler & Amelang, Göttingen: Vandenhoeck & Ruprecht 1980, 444 S. m. 48 Abb., 4 Farbtafeln, 1 Karte.
– Der Koran. Aus dem Arabischen von Max Henning. Einleitung von Ernst Werner u. Kurt Rudolph. Textdurchsicht, Anmerkungen, Register von Kurt Rudolph. Leipzig: Reclam ^{4}1979, 575 S.; Wiesbaden: VMA-Verlag 1979 (1.–3. Aufl.), 1980 (4. Aufl.), 599 S.

Rudolph, Kurt: The Position of Source Research in Religious Studies (Religionswissenschaft). In: L. Honko (Ed.): Science of Religion. Studies in Methodology. Proceedings of the International Association for the History of Religions, held in Turku/Finland Aug. 27–31, 1973, The Hague 1979, S. 98–109 (= Religion and Reason 13).

– Religionswissenschaft auf alten und neuen Wegen. In: ThLZ *104* (1979) Sp. 11–34.

– Mitra, Mithra, Mithras. Altiranische Mithraverehrung und hellenistisch-römische Mithrasmysterien. In: OLZ *74* (1979) Sp. 309–320.

– Zur Soziologie, sozialen „Verortung" und Rolle der Gnosis in der Spätantike. In: P. Nagel (Hrsg.): Menschenbild in Gnosis und Manichäismus. Halle 1979. S. 19–29. (Martin-Luther-Universität Halle–Wittenberg. Wiss. Beiträge 1979/39 [K 5]).

– Synkretismus – vom theologischen Scheltwort zum religionswissenschaftlichen Begriff. In: Humanitas Religiosa. Festschrift für Haralds Biezais. Dargebracht von Freunden und Kollegen, Stockholm 1979, S. 194–212.

– Wesen und Struktur der Sekte. In: Kairos *XXI* (1979) S. 241–254.

– Gnosis – Weltreligion oder Sekte. In: Kairos *XXI* (1979) S. 255–263.

– Neue Wege der Koranforschung? In: ThLZ *105* (1980) H. 1, Sp. 1–19.

– Sophia und Gnosis. Bemerkungen zum Problem „Gnosis und Frühjudentum". In: K.-W. Tröger (Hrsg.): Altes Testament – Frühjudentum – Gnosis. Neue Studien zu „Gnosis und Bibel", Berlin u. Gütersloh 1980, S. 221–237.

– [Vortrag] Der Diwan der Flüsse und andere Probleme der Mandäerforschung. In: Jahrb. Sächs. Akad. Wiss. zu Leipzig *1975–1976* (Berlin 1979) S. 141–142.

– [Rez.] J. Schacht – C. E. Bosworth (Ed.): The Legacy of Islam. 2nd Ed. Oxford 1974. In: OLZ *74* (1979) Sp. 249–261.

– [Rez.] J. J. G. Jansen: The Interpretation of the Koran in Modern Egypt, Leiden 1974. Ebda Sp. 476–477.

– [Rez.] W. M. Watt: The Formative Period of Islamic Thought. Edinburgh 1973. Ebda Sp. 555 bis 559.

– [Rez.] J. I. Smith: An historical and semantic study of the term ‚Islām as seen in a sequenze of Qur'ān commentaries, 1975. In: ThLZ *104* (1979) Sp. 890–891.

– [Rez.] J. van Ess: Zwischen Ḥadīṯ und Theologie. Berlin 197 5.In: OLZ *75* (1980) Sp. 51–53.

– [Rez.] J. Teixidor: The Pagan God. Princeton/N. Y. 1977. Ebda Sp. 111–114.

– [Rez.] H. Biezais (Hrsg.): Dynamics and Institution. Based on Papers read at the Symposium on Dynamics and Institution held at Åbo on the 6th–8th of Sept. 1976, Stockholm 1976 (= Scripta Instituti Donneriani Aboensis, IX). Ebda Sp. 241–243.

– [Rez.] A. Rupp: Religion, Phänomen und Geschichte, Prolegomena zur Methodologie der Religionsgeschichte. Saarbrücken 1978. In: Numen *XXVII* (1980) S. 180–185.

– [Rez.] Allāmah Sayyid Muhammad Ḥusayn Tabātabā'ī, Shi'ite Islam. Transl. from Persian and ed. with Intr. and Notes by S. H. Nasr. New York 1975. In: BO *36* (1979) No. 1/2, S. 102–105.

– [Ber.] History of Religions 15, 1975/76. In: OLZ *73* (1978) Sp. 621–622.

– [Ber.] Religione e Civiltà II, 1976. Ebda *75* (1980) Sp. 410–411.

– [Ber.] Revue de l'histoire des religions 188 (Juli–Okt. 1975). Ebda Sp. 301–302.

– [Ber.] Religion 6, 1976, 1. u. 2. Ebda Sp. 509–510.

Růžička, Rudolf: Kondensacija — isključenie v semantike? [Kondensation — eine Ausnahme in der Semantik?]. In: Referate der X. Sitzung der Internationalen Kommission für das Studium des grammatischen Aufbaus der slavischen Sprachen, Makedonische Akademie der Wissenschaften und Künste Skopje 1979, S. 129–133.

– Über propositionale und präferentielle Wertungen (Probleme ihrer Homonymie und Kombination, ihres Skopus und seiner syntaktischen Gestalt). In: Slovo a Slovesnost *XL* (1979) S. 88–97.

– Neue Philologie durch Strukturanalyse. Kommentar zu Fritz Hintze. Beiträge zur meroitischen Grammatik, Berlin 1979, S. 135–138.

Růžička, Rudolph: Das Verhältnis von allgemeiner Methodologie und Methodologie der Linguistik (unter Mitarbeit von R. Conrad, G. Jäger, A. Neubert, H. Walter und D. Wittich). In: Linguistische Studien, Reihe A, *62/I* (Berlin 1979) S. 84–111.
– Linguistik zwischen Analogie und Anomalie. Werner Krauss zum Gedenken. In: Linguistische Arbeitsberichte *24* (Leipzig 1979) S. 98–113.
– Meinungen zu Claus Träger: Revolution und Literatur bei Marx. In: Sinn und Form *31* (1979) H. 4, S. 834–847.
– Taschenwörterbuch Russisch-Deutsch. 17., durchgesehene Aufl., Leipzig 1979.
– Studien zum Verhältnis von Syntax und Semantik im modernen Russischen. Bd *1* (Berlin 1980) I–VII, 280 S.
– Taschenwörterbuch Russisch-Deutsch. 18., durchgesehene Aufl., Leipzig 1980.
– O smysle tipologičeskich protivopostavlenij vnutri rodstvennych jazykov. In: Linguistische Arbeitsberichte *26* (Leipzig 1980) S. 114–121.
– O trech aspektach vzaimoproniknovenija sintaksisa i semantiki. In: Russian Linguistics *4* (1980) S. 229–234.
– Raising between Syntax and Semantics – A Demonstration in Modern Standard Russian. In: Folia Slavica Numbers 1–2. Studies in Honor of Horace G. Lunt – on the Occasion of his sixtieth Birthday. Part *2* (Columbus/Ohio 1979) S. 216–221.
– Kondensation und Modalität. In: Otázky slovanské syntaxe *IV* (Brno 1980).

Schubart-Fikentscher, Gertrud: [Rez.] Die Matrikel der Universität Jena II (1652 bis 1723). Lfg 8: Ortsregister He-Ro, 1972, S. 1113–1272; Lfg 9: Ortsregister Ro-Zy, 1975, Nachträge u. Berichtigungen, S. 1273–1416; Lfg 10: Vorwort, Einleitung, Abkürzungs- u. Literaturverzeichnisse, Rektorenverzeichnis, Abbildungen. 1977. S. I–CXLV. Bearb. von Reinhold Jauernig (†), weitergeführt von Marga Steiger. Weimar – III (1723 bis 1764). Erster Teil: Text (chronologischer Abdruck). Bearb. von Otto Köhler. Halle/S. 4. Lfg: 1746 bis 1753, 1972, S. 481–640; 5. Lfg: 1753 bis 1762, 1975, S. 641–800; 6. Lfg: 1762 bis 1764. Zweiter Teil: Personenregister A-He, 1977, S. 801–960. In: ZSS (GA) *95* (1978) S. 358–360.
– [Rez.] Alois Schikora: Die Spruchpraxis an der Juristenfakultät zu Helmstedt (= Göttinger Studien zur Rechtsgeschichte 4) Göttingen, Zürich, Frankfurt 1973, 315 S., Ill. Ebda S. 356 bis 358.
– [Rez.] Handwörterbuch zur deutschen Rechtsgeschichte. HRG. Hrsg. von Adalbert Erler u. Ekkehard Kaufmann unter philolog. Mitarbeit von Ruth Schmidt-Wiegand. Berlin (West) Bielefeld, München 1975–1978. Bd 2, Lfg 13–16: Königsbann-Lippe, Sp. 1025–2048. In: DLZ *100* (1979) H. 11/12, Sp. 815–816.
– [Rez.] Notker Hammerstein: Aufklärung und katholisches Reich. Untersuchungen zur Universitätsreform und Politik katholischer Territorien des Heiligen Römischen Reichs deutscher Nation. Berlin (West) 1977. 276 S. (= Historische Forschungen 12). In: ZSS (GA) *96* (1979) S. 393–396.
– [Rez.] Guido Kisch: Das Fischereirecht im Deutschordensgebiet. Beiträge zu seiner Geschichte. 2., erw. Aufl. Sigmaringen 1978. XIV, 234 S. (= Forschungen und Quellen zur Rechts- und Sozialgeschichte des Deutschordenslandes 3). Ebda S. 303.
– [Rez.] Guido Kisch: Forschungen zur Rechts- und Sozialgeschichte der Juden in Deutschland während des Mittelalters. Sigmaringen 1978. 336 S. Ebda S. 303–304.

Tackenberg, Kurt: Kleine Beiträge zur Ur- und Frühgeschichte Nordwestdeutschlands. In: Nachrichten aus Niedersachsens Urgeschichte *47* (1978–79) S. 1–63.
– Funde der Gesichtsurnenkultur in westdeutschen Museen. In: Archäologisches Korrespondenzblatt *10* (1980) S. 49–54.

Träger, Claus: Geschichtlichkeit und Erbe der Romantik. In: Arbeitshefte der Akademie der Künste der DDR, Nr. 26 – Arbeiten mit der Romantik heute. Hrsg. von Heide Hess und Peter Liebers, Berlin 1978, S. 21–28.

Träger, Claus: Werner Krauss und die Romantik. In: Literaturgeschichte als geschichtlicher Auftrag. In memoriam Werner Krauss. Berlin 1978. S. 86–94. (= Sitzungsber. AdW der DDR, Gesellschaftswissenschaften, 1978, Nr. 5/G).

— Wissenschaftler und Künstler unserer Zeit über Gotthold Ephraim Lessing und seine Geburtsstadt. Hrsg. vom Rat der Stadt Kamenz, Kamenz 1979, S. 44–45 (eig. Beitr.).

— Revolution und Literatur bei Marx. In: Sinn und Form *31* (1979) H. 1, S. 130–140; und in: Kultur und Gesellschaft. Zeitschrift des Demokratischen Kulturbundes der BRD 1979. H. 7/8, S. 6–9; und [gekürzt] in: Karl Marx und Grundfragen der Revolution in Theorie und Praxis (Materialien der Karl-Marx-Konferenz 1978). Hrsg. von M. Kossok, Karl-Marx-Universität Leipzig 1980, S. 175–181.

— Weltgeschichte – Nationalliteratur, Nationalgeschichte – Weltliteratur. In: Actes du VIIe Congrès de l'AILC, Bd *2* (Budapest und Stuttgart 1979) S. 485–490.

— [Hrsg.] Die Französische Revolution im Spiegel der deutschen Literatur. Leipzig und Frankfurt/Main ^{2}1979. 1135 S.; Einl. S. 7–23, Komment. S. 1023–1117 [unter Mitarbeit von Frauke Schaefer].

— „1700 Barbarei, 1750 Lessing...". In: Leipziger Volks-Zeitung v. 19. 5. 1979, S. 6.

— Die Herder-Legende des deutschen Historismus, Berlin und Frankfurt/Main 1979, 74 S. (= Zur Kritik der bürgerlichen Ideologie, hrsg. von Manfred Buhr. 93).

— [Rez.] Literatur im Epochenumbruch, hrsg. von G. Klotz, W. Schröder, P. Weber. Berlin und Weimar 1977. In: DLZ *100* (1979) H. 1/2, Sp. 22–25 (zus. mit W. Zieger).

— [Rez.] Karlheinz Weigand: Tiecks „William Lovell". Studie zur frühromantischen Antithese. Heidelberg 1975. – Ernst Ribbat: Ludwig Tieck. Studien zur Konzeption und Praxis romantischer Poesie. Kronberg/Ts. 1978. Ebda H. 3, Sp. 114–116.

— [Rez.] Hans-Jürgen Schings: Melancholie und Aufklärung. Stuttgart 1977. – Dietrich Naumann: Politik und Moral. Studien zur Utopie der deutschen Aufklärung. Heidelberg 1977. Ebda H. 6, Sp. 329–332.

— Über Schrifstellerei. In: Leipziger Volks-Zeitung v. 7./8. 7. 1979, S. 13.

— [Rez.] S. S. Prawer: Karl Marx and World Literature. Oxford–London 1976. In: ZAA *27* (1979) H. 3, S. 262–264.

— [Einl.] Sebastian Brant: Das Narrenschiff. Leipzig 1979. Einleitung S. 5–22.

— Über Historizität und Normativität des Klassik-Begriffs. In: Weimarer Beiträge *26* (1979) H. 12, S. 5–20.

— Seminar „Literaturwissenschaft heute 2". In: Literaturwissenschaftliche Methoden im Gespräch. Deutsches Seminar der Universität Basel (8.–10. Juni 1979). S. 12–24.

— Lessing – Kritik, Geschichte, Menschenbild und Tragödie. In: Acta Litteraria Academiae Scientiarum Hungariae, Tomus *21* (3–4) (Budapest 1979) S. 245–260.

— Ursprünge und Stellung der Romantik. In: Romantikforschung seit 1945. Hrsg. von Klaus Peter, Königstein/Ts. 1979, S. 304–334 (= Neue Wissenschaftliche Bibliothek 93).

— [Rez.] Arseni Gulyga: Johann Gottfried Herder. Eine Einführung in seine Philosophie. Leipzig 1978. – János Rathmann: Zur Geschichtsphilosophie Johann Gottfried Herders. Budapest 1978. In: DLZ *101* (1980) H. 2, Sp. 101–102 (zus. mit W. Zieger).

— [Rez.] Axel Kuhn: Linksrheinische deutsche Jakobiner. Aufrufe, Reden, Protokolle, Briefe und Schriften 1794–1801. Stuttgart 1978. Ebda H. 3, Sp. 225–226.

— Kritizismus und Historizität bei Lessing. In: Zs. für Germanistik *1* (1980) H. 1, S. 82–94; und in: Lessing-Konferenz Halle 1979. Hrsg. von Hans-Georg Werner. Teil 1, S. 88–107 (= Wiss. Beiträge der Martin-Luther-Universität Halle–Wittenberg 1980/3-F 21).

— [Nachw.] C. F. D. Schubart: Leben und Gesinnungen, Reprint der Ausg. Stuttgart 1791/1793, Leipzig 1980, S. 1–41.

— [Rez.] Literaturwissenschaft heute. Hrsg. von Friedrich Nemec und Wilhelm Solms. München 1979. – Christofer Zöckler: Dilthey und die Hermeneutik. Stuttgart 1975. In: DLZ *101* (1980) H. 10, Sp. 807–810 (zus. mit Marion Förster).

— Des Lumières à 1830: héritage et innovation dans le romantisme allemand. In: Romantisme – Revue de la Société des Etudes romantiques, Dixième année, N° 28–29, Paris 1980, S. 87–102.

Träger, Claus, G. Dudek/W. Hartinger/I. Seehase/C. Träger: Leipziger Kolloquium zur Literatur der sechziger und siebziger Jahre in der DDR und der Sowjetunion. In: Weimarer Beiträge *27* (1980) H. 8, S. 148–151 (eig. Beitr.).
– V. Hochschulkonferenz der DDR, 4. und 5. September 1980, Berlin 1980, S. 217–223 (eig. Beitr.).
– Herder als Literaturtheoretiker. In: Herder-Kolloquium 1978. Hrsg. von W. Dietze in Zusammenarbeit mit H.-D. Dahnke, P. Goldammer, K.-H. Hahn und R. Otto, Weimar 1980, S. 48–72.
– [Hrsg.] Grillparzers Werke in 3 Bänden. Hrsg., eingeleitet u. kommentiert, Berlin u. Weimar ²1980.

Turner, Sir Eric: The lost beginning of Menander. In: Misoumenos. Proceedings of the British Academy, vol. *LXIII* (1977) pp. 315–331.
– The date of the Strasbourg fragments of Euripides. In: Alexandros. Miscellanea Codicologica F. Masai Dicata, ed. P. Cockshaw, M. C. Garand, P. Jodogne, Ghent 1979, pp. 1–5 + 1 pl.
– Menander and the new society of his time. In: Chronique d'Egypte, vol. *54* (1979) pp. 106–126.
– The rhetoric of question and answer in Menander. In: Themes in Drama, vol. *2* (1980) pp. 1 to 23.

Vossler, Otto: Geschichte als Sinn. Frankfurt/Main 1979. 162 S.

von Weizsäcker, Carl Friedrich: Diagnosen zur Aktualität, München 1979, 109 S.
– u. Pinchas Lapide: Die Seeligpreisungen. Ein Glaubensgespräch, München, Stuttgart 1980, 102 S.

Werner, Ernst: Stadt und Geistesleben im Hochmittelalter. 11. bis 13. Jahrhundert, Weimar 1980, 277 S. (= Forschungen zur mittelalterlichen Geschichte Bd 30).
– u. W. Markov: Geschichte der Türken von den Anfängen bis zur Gegenwart. Berlin ²1979, 378 S., 29 Abb. u. 7 Ktn.
– Mittellateinische Philologie und Philosophiegeschichte. Die Glaubensdefinition bei Abaelard und den Viktorinern. In: Philologus *123* (1979) S. 136–141.
– Ökonomische und soziale Strukturen im 10. und 11. Jahrhundert. In: ZfG *28* (1980) H. 5, S. 455–468.
– Einleitung zum Koran. In: Der Koran. Wiesbaden ³1980. S. 5–15.
– [Rez.] H.-G. Beck: Das byzantische Jahrtausend. München 1978. In: ZfG *27* (1979) H. 6, S. 571–572.
– [Rez.] H. Keller: Adelsherrschaft und städtische Gesellschaft in Oberitalien. Tübingen 1979. Ebda *28* (1980) H. 10, S. 1009–1010.
– [Rez.] A. Borst: Mönche am Bodensee 610–1525. Sigmaringen 1978. Ebda *27* (1979) H. 6, S. 577–578.
– [Rez.] Dizionario degli istituti di perfezione, Band 5, Rom 1978. Ebda S. 788.
– [Rez.] Die Türkei in Europa. Hrsg. v. K.-D. Grothusen. Göttingen 1979. Ebda *28* (1980) S. 800–801.
– [Rez.] Wien 1529. Die erste Türkenbelagerung. Textband. Wien, Köln, Graz 1979. Ebda S. 904.

Wieacker, Franz: Einwirkungen der altertumswissenschaftlichen Behandlung des römischen Rechts auf die Rechtswissenschaft des 19. Jahrhunderts. In: Flashar-Fründer-Horstmann (Hrsg.): Philologie u. Hermeneutik im 19. Jh. Zur Geschichte und Methodologie der Geisteswissenschaften, Göttingen 1979, S. 312–320.
– Geschichtliche Wurzeln des Prinzips der verhältnismäßigen Rechtsanwendung. In: Lutter-Stimpel-Wiedemann (Hrsg.): Festschrift für Robert Fischer, Berlin–New York 1979. S. 867 bis 881.

Wieacker, Franz: Vom Lebenswert des römischen Rechts. In: K. Büchner (Hrsg.): Latein und Europa. Traditionen und Renaissancen, Stuttgart 1979, S. 84–99.
— Vorbedingungen und aktuelle Grundfragen einer rechtshistorischen Methodik. In: Archiv. f. Rechts- u. Sozialphilosophie, Beiheft NF *13* (Iur. Austria I 1980). Internationale Vereinigung für Rechts- und Sozialphilosophie (Hrsg.): Wissenschaften und Philosophie als Basis der Jurisprudenz, S. 2–15.
— [Art.] Methodik der Rechtsgeschichte. In: Erler, Kaufmann (Hrsg.): Handwörterbuch zur deutschen Rechtsgeschichte Methodik, Berlin 1980, Sp. 518–526.
— Rechtsaustrag und Rechtsvorstellung im archaischen Rom. In: Fikentscher-Franke-Köhler (Hrsg.): Entstehung und Wandel rechtlicher Traditionen, Freiburg—München 1980, S. 581–608.
— Ius. Die Entstehung einer Rechtsordnung im archaischen Rom. In: Juristische Fakultät Göttingen (Hrsg.), Rechtswissenschaft und Rechtsentwicklung, Göttingen. Rechtswiss. Studien *111* (Göttingen 1980) S. 33–53.
— [Nachw.] zu: Luig/Liebs (Hrsg.): Das Profil des Juristen in der europäischen Tradition. Symposium aus Anlaß des 70. Geburtstags von F. W. Ebelsbach 1980, S. 417–428.
— [Übers.] F. Wieacker, Storia del Divitto Porivato Moderno. Presentazione di U. Santarelli (I) u. A. Fusco (II), I/II, Per la storia del pensiero giuridico moderno Nr. 6, Milano 1980.
— [Rez.] Endre Ferenczy: From the Patrician to the Patricio. Plebe an State. Amsterdam—Budapest 1976. In: ZRG (RA) *96* (Weimar 1979) S. 359–368.
— [Rez.] J. M. J. Chorus: Handelen in Strijd met de wet. De verboden rechtshandeling bij de romeinse juristen etc. Zwolle 1976. In: Tijdeschrift voor Rechtsgschiedenis *47* (Leiden, Antwerpen 1979) S. 277–283.

Wittich, Dieter: Zur Entwicklung der marxistisch-leninistischen Erkenntnistheorie. In: Zur Geschichte der marxistisch-leninistischen Philosophie in der DDR 1945 bis Anfang der sechziger Jahre. Redaktion V. Wrona und F. Richter, Berlin 1979, S. 276–304.
— u. K. Gößler, K. Wagner: Marxistisch-leninistische Erkenntnistheorie. Berlin [2]1980, 558 S.
— Einige Bemerkungen zur praktisch-politischen Bedeutung von Lenins methodischem Vorgehen in „Materialismus und Empiriokritizismus" und seines Kampfes um ein materialistisches Verständnis der Dialektik der Erkenntnisentwicklung. In: 70 Jahre W. I. Lenins Werk „Materialismus und Empiriokritizismus". Hrsg. von der Parteihochschule „Karl Marx" beim ZK der SED, Berlin 1979, S. 65–70.
— Lenins „Materialismus und Empiriokritizismus" — Impulse und Wirkungen. In: Urania *55* (1979) H. 4, S. 4–7.
— Siebzig Jahre „Materialismus und Empiriokritizismus". In: Deutsche Zeitschrift für Philosophie *27* (1979) H. 5, S. 525–537.
— Der Marxismus-Leninismus als theoretische und praktizierte Weltanschauung. In: Deutsche Zeitschrift für Philosophie *27* (1979) H. 10, S. 1169–1183 [wiederabgedruckt in: Erkenntnistheoretische und methodisch-sprachliche Probleme populärwissenschaftlicher Literatur der Gesellschaftswissenschaften. Wissenschaftliche Beiträge der Karl-Marx-Universität Leipzig. Reihe Germanistik und Literaturwissenschaft. Leipzig 1980. S. 7–32].
— Thomas S. Kuhns zwiespältige Sicht der Wissenschaftsgeschichte. In: WZ. KMU Leipzig, ges. u. sprachwiss. R. *29* (1980) S. 385–390.
— [Rez.] W. Krajewski: Correspondence Principle and Growth of Science. In: Deutsche Zeitschrift für Philosophie *28* (1980) H. 11, S. 1421–1424.

Wollgast, Siegfried, u. S. Marx: Johannes Kepler. 2., durchgesehene Aufl., Berlin — Leipzig — Jena 1980, 120 S.
— u. G. Banse: Philosophie und Technik. Zur Geschichte und Kritik, zu den Voraussetzungen und Funktionen bürgerlicher „Technikphilosophie", Berlin 1979, 315 S.
— Die Tradition als philosophische Kategorie. In: Sport — Traditionen in Theorie und Praxis. Sportwissenschaftliches Kolloquium „Traditionen und Traditionspflege im DTSB der DDR", Bad Blankenburg, 8.–9. Dezember 1978, Friedrich-Schiller-Universität 1979, S. 13–39.

Wollgast, Siegfried: Nachwirkungen der Ideologie der frühbürgerlichen Revolution auf die Philosophie bis Mitte des 17. Jahrhunderts. In: Reform — Reformation — Revolution. Hrsg. von Siegfried Hoyer, Karl-Marx-Universität Leipzig 1980, S. 262—268.

— u. G. Banse: Neue Aspekte der „Technikphilosophie" in der BRD. In: Deutsche Zeitschrift für Philosophie *27* (1979) H. 4, S. 481—492; und in: Marxistische Blätter *17* (1979) H. 6, S. 56—66.

— Emil du Bois-Reymonds naturwissenschaftlicher Materialismus. In: Wissenschaft und Fortschritt *29* (1979) H. 6, S. 235—239.

— Emil du Bois-Reymond. In: Magyar filozofigi szemele, Budapest, 1—2, 1979, S. 164—193.

— u. H.-M. Gerlach: Christian Wolff — ein hervorragender deutscher Philosoph der Aufklärung. In: Deutsche Zeitschrift für Philosophie *29* (1979) H. 10, S. 1239—1247.

— Zum Verhältnis von Philosophie- und Wissenschaftsgeschichte seit der Entstehung beider Disziplinen. Einige Aspekte. In: NTM — Schriftenreihe für Geschichte der Naturwissenschaft, Technik und Medizin *16* (1979) H. 2, S. 81—94.

— Gedanken zur Aufklärungszeit — Zur Ideengeschichte der Zeit. In: Zeitschrift für Geologische Wissenschaften *8* (1980) H. 1, S. 5—23.

— Die gesellschaftliche Stellung des Gelehrten vom 16.—18. Jahrhundert in Deutschland — Veränderungen, Entwicklungen und Tendenzen. In: Rostocker Wissenschaftshistorische Manuskripte, H. 4, Wilhelm-Pieck-Universität Rostock 1980, S. 45—75.

— Echa Sozynianizmu w Luterańs Kiej Teologii i Metafizyce Szkołnej. Kraje Niemeckie, Gdańsk i Prusy w i Połowie XVII w. In: Człowiek i Światopoyląd, Warszawa *7* [180] (1980) S. 69 bis 77.

— Zu Christian Wolffs theoretischer Philosophie und Teleologie. In: Wissenschaftliche Zeitschrift TU Dresden *29* (1980) H. 6, S. 1215—1221.

— Kraft der Vernunft. Zum 175. Todestag von Immanuel Kant am 12. Februar. In: Wochenendbeilage der „Sächsischen Zeitung" („Wir" Nr. 4), 9. 2. 1979, S. 2.

— Rundfunkvortrag. Zyklus „Begegnungen mit der Geschichte": Traditionen im Sozialismus, Stimme der DDR, Sendereihe: Wissenschaftliche Weltanschauung, 15. 2. 1979, Manuskriptdruck, S. 1—8.

— u. E. Woit: Eine theoretische Quelle unserer Siegeszuversicht. 100 Jahre: „Die Entwicklung des Sozialismus von der Utopie zur Wissenschaft" von Friedrich Engels. In: Wochenendbeilage der „Sächsischen Zeitung" („Wir" Nr. 12), 21. 3. 1980, S. 2.

— Condillac, „der französische Dolmetscher Lockes". Zum 200. Todestag des Philosophen. In: Wochenendbeilage der „Sächsischen Zeitung" („Wir" Nr. 33), 15. 8. 1980, S. 2.

— In der Arbeiterklasse leben seine Ideen. Zum 175. Geburtstag Ludwig Feuerbachs. In: Sächsische Zeitung, Beilage („Wir" Nr. 26), 27. 7. 1979, S. 2.

— Die aristotelische Metaphysik in der Sicht der protestantischen Schulphilosophie in Deutschland im 16. und 17. Jahrhundert. In: Aus dem philosophischen Leben der DDR, Informationsbulletin 7/1979. S. 14.

— Zu Christian Wolffs theoretischer Philosophie und Teleologie. In: Aus dem philosophischen Leben der DDR, Informationsbulletin 1/1980, S. 14—15.

— [Rez.] W. Lenk: „Ketzer"lehren und Kampfprogramme. Ideologieentwicklung im Zeichen der frühbürgerlichen Revolution. In: DLZ *100* (1979) Sp. 352—356.

— [Rez.] W. Bahner: Formen, Ideen, Prozesse in den Literaturen der romanischen Völker, Bd I und II. In: Deutsche Zeitschrift für Philosophie *28* (1980) H. 6, S. 772—776.

— [Rez.] J. V. Andreae: Christianopolis, mit einem Nachwort von G. Wirth. In: DLZ *101* (1980) Sp. 439—443.

— [Rez.] Zur Geschichte der Dialektik (Sammelbesprechung). In: Einheit *35* (Berlin 1980) H. 11, S. 1196—1199.

— [Rez.] H. Ley: Geschichte der Aufklärung und des Atheismus, Bd 3/1. In: DLZ *101* (1980) Sp. 778—782.

— [Rez.] H. Bergmann, U. Hedtke, P. Ruben, C. Warnke: Dialektik und Systemdenken. Historische Aspekte. Nikolaus von Kues, Französische Aufklärung, Schelling. In: Wissenschaft und Fortschritt *29* (1979) H. 3, S. 120.

Wollgast, Siegfried: [Rez.] Justus Möser, Anwalt des Vaterlandes. Wochenschriften – Patriotische Phantasien – Aufsätze – Fragmente. In: Neues Deutschland v. 7./8. 4. 1979, S. 14.
– [Rez.] Geschichte der Dialektik. 14. bis 18. Jahrhundert. In: Neues Deutschland v. 30. 6./1. 7. 1979, S. 10.
– [Rez.] S. Dietzsch: Friedrich Wilhelm Joseph Schelling. In: Wissenschaft und Fortschritt *29* (1979) H. 7, S. 280–281.
– [Rez.] Alfons Auer: Utopie – Technologie – Lebensqualität. In: Referateblatt Philosophie. Reihe C. Berlin *14* (1978) 2, Bl. 61–62.
– [Rez.] Autorenkollektiv: Geschichte der Dialektik 14. bis 18. Jahrhundert. In: Wissenschaft und Fortschritt *30* (1980) H. 1, S. 41–42.
– [Rez.] E. Winter: Ketzerschicksale. Christliche Denker aus neun Jahrhunderten. Berlin 1979. In: Neues Deutschland v. 7./8. 6. 1980, S. 14.
– [Rez.] W. Voigt, V. Sucker: Johann Wolfgang v. Goethe als Naturwissenschaftler. In: Wissenschaft und Fortschritt *30* (1980) H. 9, S. 360.

NACHRUFE

Mathematisch-naturwissenschaftliche Klasse

HANS DRISCHEL

8. 6. 1915—14. 5. 1980

FRITZ OBENAUS

9. 12. 1904—20. 1. 1980

ROBERT KÖNIG

11. 4. 1885—10. 7. 1979

RUDOLF NISSEN

9. 9. 1896—22. 1. 1981

Hans Drischel

8. 6. 1915—14. 5. 1980

Am 14. Mai 1980 verstarb Hans Drischel, ordentlicher Professor für Physiologie und Direktor des Carl-Ludwig-Instituts für Physiologie der Karl-Marx-Universität Leipzig. Ein plötzlicher Tod riß ihn mitten aus vollem Schaffen und hoffnungsreichem Planen. Er war der älteste Ordinarius seines Faches in der DDR, und mit ihm verliert die Naturwissenschaft einen der profiliertesten Vertreter der Physiologie, der das Bild seines Faches wesentlich geprägt hat.

Hans Drischel gehörte zu den wenigen Physiologen, die die analytische Physiologie des 19. und beginnenden 20. Jahrhunderts in die zusammenschauende, den menschlichen Organismus bis in die Einzelheiten feinster Mechanismen hinein als Gesamtheit begreifende Physiologie unserer Zeit hinüberführten. Wie jeder Physiologe war er zunächst ein intensiver und sorgfältiger Experimentator. Doch hat er in seinen Arbeiten die Konzeptionen und Ausdeutungen der Untersuchungsergebnisse mit Hilfe biokybernetischer und mathematischer Methoden in eine Gesamtsicht des Organismus und der Organismus-Umwelt-Beziehungen weitergeführt. Es bleibt Drischels entscheidendes Verdienst, die modernen mathematisch-naturwissenschaftlichen Verfahren durchgesetzt und die vordem meist nur spekulativ angedeuteten Betrachtungsweisen wissenschaftlich untermauert zu haben. So wurde es ihm möglich, umfangreiche Darstellungen zur Regulationsdynamik verschiedener Organe und Organsysteme im Körper vorzulegen, die wesentliche Bausteine einer biokybernetischen Interpretation der Arbeitsweise des Organismus bilden. Und als begeisterter Lehrer verstand er es, auch seine Schüler auf diese neuen Wege zu leiten.

Seinen wissenschaftlichen Lebensweg begann Hans Drischel, am 08. 06. 1915 in Köln geboren, im damaligen Breslau aufgewachsen, nach Absolvieren der Oberrealschule und des Abiturs 1934 mit dem Studium der Medizin in Breslau. Dem Staatsexamen 1939 folgte eine kurze Zeit klinischer Tätigkeit, bis ihn der faschistische Krieg in den Militärdienst zog. 1949 kehrte er aus sowjetischer Kriegsgefangenschaft, in der er als Arzt tätig war, zurück, und 1951 konnte er sich mit dem Eintritt in das Physiologische Institut der Universität Greifswald endlich seiner eigentlichen Lebensaufgabe, der Physiologie, zuwenden. Er hatte sich durch intensive biologische und vor allem mathematische Studien gründlich darauf vorbereitet.

In kurzer Zeit veröffentlichte Hans Drischel zahlreiche Untersuchungen über die Dynamik der vegetativen Regulationen, die er an verschiedenen Rezeptoren, am Blutbild, an dem Verhalten des Blutzuckers, an der Reaktion der menschlichen Pupille, an den Bewegungen des Augapfels, an der Einstellung des Blutdruckes und der Pulsfrequenz, an der Tätigkeit des Bogengangsapparates und an der Arbeitsweise verschiedener endokriner Regulationen vorgenommen hatte. Sie beruhen alle auf der gleichen grundsätzlichen Konzeption, der biokybernetischen Behandlungsweise. Darüber hinaus liefern sie den Ansatz zu einer dynamischen Regeltheorie für den gesamten Organismus. Mit ihnen schuf sich Drischel das experimentelle Fundament, das später durch ihn selbst und viele seiner Mitarbeiter erweitert und zu der bedeutsamen Beschreibung der Dynamik von Regulationssystemen des Körpers zusammengeführt wurde. Sie sind die Grundlage seiner Beiträge zur Biokybernetik, die er dann nach Übernahme des Leipziger Physiologischen Instituts 1969 zielstrebig auf- und ausgebaut hat.

Seine Leistungen, vor allem seine Forschungstätigkeit mit ihren umfangreichen Konzeptionen und experimentellen Ergebnissen fanden mit vollem Recht rasche Anerkennung. Der Habilitation 1955 folgt sofort die Ernennung zum Dozenten, 1958 wird er Professor in Greifswald, 1959 Direktor des Physiologischen Instituts der Karl-Marx-Universität Leipzig.

Die New York Academy of Sciences wählte ihn 1963 zum aktiven Mitglied, in die Sächsische Akademie der Wissenschaften zu Leipzig wurde er 1964 berufen, seit 1966 war er ordentliches Mitglied der Akademie der Wissenschaften der DDR und Mitglied der Akademie der Naturforscher „Leopoldina". Er stand als erster Vorsitzender der neu gegründeten Gesellschaft der Physiologen in der DDR vor, wirkte als Prodekan für Forschung an der Medizinischen Fakultät der Karl-Marx-Universität Leipzig, als Mitglied des Council der International Union of Physiological Sciences, als Dekan der Fakultät für Medizin im Wissenschaftlichen Rat der Karl-Marx-Universität Leipzig. Als Ehrungen wurden ihm neben anderen 1967 der Nationalpreis für Wissenschaft und Technik, 1977 der Titel Verdienter Hochschullehrer der DDR und 1978 die Bronzene Ehrennadel der Kammer der Technik verliehen.

Es war kein Zufall, daß Hans Drischel das in der Geschichte der Leipziger Universität berühmte Physiologische Institut bald nach seiner Berufung von einem klassisch-experimentellen Institut in jenes Physiologische Institut umformte, das die Biokybernetik als wesentlichen Baustein der Lehre vom Leben führend vertritt. Unter seiner Leitung erhielt es nach seinem Begründer den Namen Carl-Ludwig-Institut für Physiologie.

Drischel verstand es, den hohen wissenschaftlichen Anspruch, der mit diesem Namen verbunden ist, bei allen Mitarbeitern durchzusetzen. Mit bewundernswerter Klarheit und großartiger Grundsätzlichkeit hat er diese Auffassung auch den Studenten lebendig gemacht und damit seinem Fach im modernen Medizinstudium einen hohen Stellenwert gesichert.

Der Name Carl *Ludwigs* war für Drischel eng mit der Sächsischen Akademie der Wissenschaften verbunden. Carl *Ludwig* wirkte im letzten Drittel des vergangenen Jahrhunderts als Sekretär der mathematisch-physischen Klasse für die Gesellschaft, und der größte Teil der Arbeiten seiner Schüler aus dem Physiologischen Institut wurde in ihren Schriften gedruckt. Hans Drischel trug seit 1971 als stellvertretender Sekretar der mathematisch-naturwissenschaftlichen Klasse Verantwortung für die Unternehmungen der Sächsischen Akademie. Auch er stellte seine Kenntnisse und Erfahrungen der Erforschung vor allem der speziellen Umweltprobleme, dem größten und eigentlichen Anliegen der Akademie, zur Verfügung. In deutlicher Erinnerung bleibt sein Vortrag zur öffentlichen Sitzung im November 1973 über Organismus und geophysikalische Umwelt. Er war noch voller Pläne, auch für die Sächsische Akademie. Allen, die durch ihn in die Physiologie eingeführt wurden und durch ihn verstehen lernten, was moderne Physiologie bedeutet, wird er unvergessen bleiben.

Prof. Dr. Ernst Schubert

Fritz Obenaus

9. 12. 1904—20. 1. 1980

Kurz nach Vollendung seines 75. Lebensjahres verstarb in Dresden das ordentliche Mitglied der mathematisch-naturwissenschaftlichen Klasse der Sächsischen Akademie der Wissenschaften zu Leipzig Prof. Dr.-Ing. Fritz Obenaus, Nationalpreisträger, ordentliches Mitglied der Akademie der Wissenschaften der DDR.

Fritz Obenaus wurde am 9. 12. 1904 in Niedersedlitz/Sachsen geboren. Von 1924—1929 studierte er Elektrotechnik an der Technischen Hochschule Dresden. Hier übte wohl der Direktor des Institutes für Starkstrom- und Hochspannungstechnik — Prof. Ludwig *Binder* — den nachhaltigsten Eindruck auf ihn aus, so daß er seine über 20 Jahre währende außerordentlich erfolgreiche Tätigkeit in der Industrie zunächst als Versuchsfeldingenieur im Hochspannungslaboratorium der Hermsdorf-Schomburg-Isolatoren-Gesellschaft begann.

Obenaus bearbeitete bereits hier unter anderem ein auch in der heutigen Elektroenergietechnik noch außerordentlich wichtiges Problem, den Überschlag von Isolatoren mit elektrolytisch leitender Oberfläche. 1933 legte er diese Arbeiten als Dissertation der Technischen Hochschule Dresden vor und promovierte zum Dr.-Ing. Die seinerzeit erarbeiteten grundsätzlichen Gedankengänge zum Überschlag von verschmutzten Isolatoren, die er bis etwa zum Jahre 1970 selbst und durch seine Schüler ständig fortführte und weiterentwickelte, sind heute längst zum Allgemeingut aller Hochspannungstechniker geworden und fanden hohe nationale und internationale Anerkennung.

Ab 1935 wurde Obenaus mit der Leitung des Hochspannungsversuchsfeldes in Hermsdorf betraut, wurde 1941 Abteilungsdirektor und nach 1945 Chefkonstrukteur des Keramischen Werkes „Hescho-Kahla" der Elektrotechnischen SAG Hermsdorf.

Am 1. 5. 1951 wurde Fritz Obenaus als ordentlicher Professor an die Technische Hochschule Dresden berufen. Mit der im gleichen Jahr erfolgten Teilung der Aufgabengebiete des Institutes für Starkstrom- und Hochspannungstechnik, das sein Lehrer, der ehemalige Vizepräsident der Sächsischen Akademie der Wissenschaften Ludwig *Binder*, leitete, wurde er zum Direktor des neu gegründeten Institutes für Hochspannungstechnik ernannt. Damit begann der zweite wissenschaftliche Abschnitt im Leben von Fritz Obenaus, dem er sich bis zu seiner Emeritierung im Jahre 1968 mit der ihm eigenen Tatkraft und Gewissenhaftigkeit widmete.

Es ist im wesentlichen sein Verdienst, daß die in den letzten Kriegstagen stark zerstörte Hochspannungshalle der Technischen Hochschule Dresden wieder aufgebaut, neu ausgerüstet und zu einem leistungsfähigen und international anerkannten Hochspannungsinstitut erweitert wurde. Außerdem wurde F. Obenaus gleich zu Beginn seiner Hochschultätigkeit zum Dekan der am 1. 1. 1952 gegründeten Fakultät Elektrotechnik gewählt. Auch in dieser Funktion hat er durch seine unermüdliche Einsatzbereitschaft und sein Engagement wesentliche und hervorragende Grundlagen für die gesamte starkstrom- und schwachstromtechnische Ausbildung an der Technischen Hochschule geschaffen.

Mit Fritz Obenaus verlor die Akademie einen hervorragenden Verteter der technischen Wissenschaften. Er war stets bemüht, die Erkenntnisse der Naturwissenschaften und der Mathematik dem Techniker nutzbar zu machen. Seine wissenschaftlichen Leistungen und das wissenschaftliche Leben, das er in dem von ihm geleiteten Institut entwickelte, wirken über seinen Tod hinaus. Das breite Spektrum seiner Arbeiten wird deutlich sichtbar, wenn man seine über 60 Veröffentlichungen und die über 30 Dissertationen betrachtet, die unter seiner Leitung abgeschlossen wurden. Trotz der von ihm klar erkannten und immer wieder betonten notwendigen Breite der Forschungen zur Entwicklung der gesamten Fachdisziplin gelang es ihm durch zielstrebige Arbeitsweise und zeitweilige Konzentration der Kräfte, hervorragende Ergebnisse auf wichtigen Gebieten der Hochspannungstechnik zu erreichen. Es sind Ergebnisse, die heute zum selbstverständlichen Wissen der Fachleute gehören und die mit die Grundlage für eine praxisorientierte Ausbildung der Studenten in vielen elektrotechnischen Ausbildungsstätten bilden. Erinnert sei in diesem Zusammenhang an seine Arbeiten auf dem Gebiet der Hochspannungs-Isoliertechnik zur Entwicklung von Hänge- und Stützisolatoren für die Übertragung von Elektroenergie, an die Arbeiten über funkenartige Vorentladungen, die auch heute noch Grundlage für die Dimensionierung von Hochspannungsprüfanlagen für mehrere Millionen Volt sind, seine zahlreichen Arbeiten zum Durchschlag fester Isolierstoffe, die er durch geschickt angesetzte Experimente modellmäßig interpretieren konnte und die auch heute noch im Zusammenhang mit der Lebensdauer von elektrischen Isolierungen aus hochpolymeren Stoffen Beachtung finden. Er zählt durch seine grundsätzlichen Arbeiten über das mechanische Verhalten von keramischen Isolatoren mit zu den Wegbereitern für die Anwendung moderner mathematischer Methoden der Statistik in der Hochspannungstechnik, und er gab den Anstoß für den notwendigen Schutz von Isolatoren vor der Einwirkung von Leistungslichtbögen.

Fritz Obenaus ist es in vorbildlicher Art und Weise gelungen, seinen zahlreichen Schülern eine nutzbringende und wissenschaftliche Arbeitsweise anzuerziehen, sie zu einer für eine technische Wissenschaftsdisziplin spezifischen — an experimentellen und theoretischen Modellen orientierten — Denkart zu führen und den Blick für das technisch Notwendige und technisch Mögliche in der Hochspannungstechnik zu schärfen. Seine Verdienste reichen damit weit über die Erforschung und Vermittlung von wichtigen technisch-wissenschaftlichen Erkenntnissen hinaus, weil er mit der Dresdner hochspannungstechnischen Schule, aufbauend auf den Erfolgen von Ludwig *Binder*, den Grundstein für eine ständige schöpferische Weiterentwicklung der Hochspannungstechnik gelegt hat.

Besonders deshalb sind ihm seine zahlreichen Schüler, Mitarbeiter, Fachkollegen und Freunde sehr dankbar und werden ihm ein ehrendes Andenken bewahren.

Prof. Dr. Wolfgang Mosch

Robert König

11. 4. 1885—10. 7. 1979

Am 10. 7. 1979 verstarb Dr. phil. Robert König, em. o. Prof. für Mathematik an der Ludwig-Maximilians-Universität München, o. Mitglied der Bayerischen Akademie der Wissenschaften in München und Mitglied der Sächsischen Akademie der Wissenschaften seit dem 31. VII. 1934, im Alter von 94 Jahren.

Robert König wurde am 11. April 1885 in Linz, Österreich, als Sohn des Schulrats Joseph König geboren. Nach dreijährigem Studium der Mathematik und Physik an der Universität Wien zog es ihn 1905 nach Göttingen, dem zu jener Zeit führenden mathematischen Zentrum auf der Welt, der Wirkungsstätte David *Hilberts*. Schon 1907 promovierte er bei diesem mit der Arbeit: „Oszillationseigenschaften der Eigenfunktionen der

Integralgleichung mit definitem Kern und das Jacobische Kriterium der Variationsrechnung". Er wandte sich hiernach der Funktionstheorie zu, die nach den fundamentalen Arbeiten von *Klein*, *Poincaré*, *Hilbert*, *Koebe* u. a. sich auf breiter Front entwickelte. In zwei Arbeiten gibt König ein Verfahren zur konformen Abbildung der Oberfläche einer analytischen körperlichen Ecke auf ein ebenes Gebiet an, das sich auf den damals durch Hilbert eröffneten Zugang der direkten Methoden der Variationsrechnung zu den Existenzproblemen der Funktionentheorie stützt. Die folgenden Arbeiten sind der Theorie der sogenannten Riemannschen Funktionensysteme gewidmet, d. h. den Lösungssystemen linearer homogener Differentialgleichungen vom Fuchsschen Typus bzw. Funktionensystemen mit vorgeschriebener Monodromiegruppe. Hier gelingen R. König die Hauptleistungen seines bedeutenden Lebenswerkes. Die von ihm eingeführten Begriffsbildungen sind heute noch aktuell und haben u. a. auf dem allgemeinen Gebiet der analytischen Vektorraumbündel bemerkenswerte Anwendung gefunden. Es geht ihm um die Verknüpfung der kraftvollen algebraisch-funktionentheoretischen Richtung von *Weierstraß* mit dem Rüstzeug der arithmetischen Methoden von *Dedekind* und *Hensel*. R. König stellte für die Riemannschen transzendenten Funktionensysteme mit vorgegebener Monodromiegruppe und deren Differentiale und Integrale eine geschlossene Theorie auf in dem Umriß, wie er für die Abelschen Differentiale und Integrale bei algebraischen Funktionen zur damaligen Zeit vorlag. Viele wertvollen Anregungen für die moderne Theorie der algebraischen Funktionen über allgemeinen Grundkörpern sind aus diesen Arbeiten hervorgegangen wie auch starke Impulse für die Weiterentwicklung der algebraischen Geometrie, was deren funktionentheoretische Wurzeln anlangt.

Das originelle Lehrbuch „Elliptische Funktionen" (Walter de Gruyter 1928), das Robert König gemeinsam mit M. *Krafft* verfaßte, nimmt eine gewisse Sonderstellung ein. Der Gegenstand wird nicht wie üblich aus dem ad hoc konstruierbaren Formelapparat entwickelt, vielmehr in die Theorie der algebraischen Funktionen und Riemannschen Funktionensysteme unter konsequenter Herausarbeitung seines arithmetischen Gehalts eingeordnet. Bewußt wird in dem Buch nicht auf die zahlreichen Anwendungen der Theorie elliptischer Funktionen eingegangen, vielmehr ist es darauf ausgerichtet, dem Leser den Blick für eigene Forschungen zu öffnen. Vieles wird hierzu bereitgestellt. Zu den funktionentheoretischen Arbeiten und denen zur konformen Abbildung stehen in enger Verbindung die Untersuchungen Königs über quadratische Formen und über die Beiträge zur Grundlegung einer allgemeinen Infinitesimalgeometrie (zum Teil gemeinsam mit *Peschel*). Diese Arbeiten zur Infinitesimalgeometrie beziehen sich keinesfalls bloß auf geometrische Gegenstände, sondern sind auch auf algebraische und funktionentheoretische Strukturen, wie zum Beispiel die in der Theorie algebraischer Funktionen oder die in den bereits genannten Riemannschen Funktionensystemen, ausgerichtet. Daher geht König in seinem axiomatischem Aufbau der Tensorrechnung grundsätzlich von einer Basisdarstellung aus. Wenngleich die moderne Forschung über diesen Aufbau hinweggegangen ist, so muß doch gesagt werden, daß sich viele Begriffsbildungen, wie zum Beispiel der der „angehafteten Mannigfaltigkeit", in etwas abgewandelter Form als äußerst nützlich erwiesen haben.

Im Jahre 1911 habilitierte sich Robert König mit der bereits genannten Arbeit über die konforme Abbildung einer räumlichen Ecke an der Universität Leipzig. Er war anschließend drei Jahre als wissenschaftlicher Assistent an der Universität Leipzig tätig bis zu seiner Fortberufung 1914 als Extraordinarius an die Universität Tübingen. 1922 folgte er einem Ruf als ordentlicher Professor nach Münster, wo er sich großer Wertschätzung erfreute und wo unter seiner Leitung eine Reihe beachtenswerter Dissertationen entstanden, vorher hatte er Berufungen zum ordentlichen Professor nach Rostock 1919 und an die TH Brünn

1921 abgelehnt. 1926 war an der Universität Jena durch die Berufung von P. *Koebe* nach Leipzig eine Professur freigeworden. Für die Wiederbesetzung setzte die Mathematisch-Naturwissenschaftliche Fakultät der Universität Jena R. König „wegen dessen einmütigen Wertschätzung in der mathematischen Welt" an die erste Stelle, O. *Haupt* und K. *Knopp* an die zweite Stelle. So kam nach Klärung einiger persönlicher Wünsche schließlich R. König 1927 als ordentlicher Professor an die Universität Jena, wo er eine äußerst fruchtbare Lehrtätigkeit entfaltete.

Hier entstanden die bereits genannten Untersuchungen zur axiomatischen Begründung der Tensorrechnung. Darüber hinaus wurden die funktionentheoretischen Untersuchungen weitergeführt in Arbeiten über Polynomsysteme und die Umkehr von speziellen trigonometrischen Reihen, auch die Problematik der konformen Abbildungen griff er mit einer Arbeit über die Abbildung von Flächen mit beliebigen Parametern wieder auf.

Bei Kriegsende 1945 siedelte R. König nach München um und übernahm zunächst die Vertretung, später eine planmäßige ordentliche Professur für Mathematik an der dortigen Universität, 1953 wurde er zum ordentlichen Mitglied der Bayerischen Akademie der Wissenschaften gewählt. Trotz der naturgemäß mit seiner Umsiedlung verbundenen Schwierigkeiten gelang es R. König, seine Hauptarbeitsrichtungen Funktionentheorie und Grundlagen der Geometrie mit einem wichtigen Anwendungsgebiet zu vereinigen: der höheren Geodäsie. Diese Untersuchungen fanden schließlich ihren Niederschlag in einem gemeinsam mit K.-H. *Weise* verfaßten großangelegten Lehrwerk: „Mathematische Grundlagen der höheren Geodäsie und Kartographie", Springer Verlag 1951. Das auch 1954 in der Sowjetunion aufgelegte Buch fand auf der ganzen Welt bei Mathematikern und Geodäten hohe Anerkennung und wurde als führendes Standardwerk dieses Gebietes eingeschätzt.

Das Lebenswerk von R. König ist vielseitig und doch von innerer Einheit getragen. Seine funktionentheoretisch geometrischen Arbeiten haben die moderne Entwicklung der algebraischen Geometrie nicht unerheblich gefördert. Als akademischer Lehrer war er sehr erfolgreich. Seine Schüler, von denen eine ganze Reihe heute selbst Lehrstühle innehaben, danken ihm seine menschliche Güte, die vielfältigen Anregungen in den Vorlesungen und in persönlichen Gesprächen und das Mitgefühl, das er ihren Sorgen entgegenbrachte. Dazu kam — wie es in dem Glückwunschschreiben des Präsidenten der Bayerischen Akademie der Wissenschaften zum 80. Geburtstag treffend heißt — der unvergeßliche Eindruck seiner gewinnenden hochgebildeten Persönlichkeit, die frei von fachwissenschaftlicher Vereinzelung war, sein feiner Sinn für Musik und Dichtung. Kollegen und Schüler werden Robert König stets ein ehrendes Andenken bewahren.

Herbert Beckert

Rudolf Nissen

9. 9. 1896—22. 1. 1981

Am 22. 1. 1981 verstarb in Riehen (Schweiz) Prof. Dr. Dr. h. c. mult. Rudolf Nissen, auswärtiges Mitglied der Sächsischen Akademie der Wissenschaften der DDR seit 1963.

Mit ihm hat die Akademie den letzten und hervorragendsten Vertreter einer großen Zeit verloren, die durch Ferdinand *Sauerbruch* eingeleitet wurde und durch den großartigen Aufschwung der operativen Disziplinen in den Kriegs- und Nachkriegsjahren gekennzeichnet ist.

Rudolf Nissen wurde am 9. 9. 1896 als Sohn eines Chirurgen in Neiße (Schlesien) geboren. Hier verbrachte er eine glückliche Kindheit und Jugend. Der Medizin ursprünglich gleichgültig gegenüberstehend, hatte er zunächst den Wunsch, Kunstmaler zu werden. Sein Vater vermochte ihn jedoch umzustimmen, und so studierte er in Breslau, Marburg und Kiel Medizin. Eine Verwundung im ersten Weltkrieg und eine schwere Krankheit brachte eine für die Prägung des Arzttums bedeutsame Studienunterbrechung.

Nach Approbation und Promotion in Breslau 1920 war er zunächst Assistent bei dem Internisten *Minkowski* und anschließend bei dem Pathologen *Aschoff* in Freiburg im Breisgau. 1921 trat er in die Chirurgische Klinik München unter der Leitung von *Sauerbruch* ein. Damit war der Auftakt zu einer außerordentlich fruchtbaren Zusammenarbeit gegeben, die bald Grundlage zu einer über den Tod hinausreichenden Freundschaft werden sollte. 1926 folgte die Habilitation. Als Oberarzt ging er 1927 mit *Sauerbruch* an die Chirurgische Klinik der Charité in Berlin. Hier wurde er stellvertretender Klinikdirektor und 1930 zum a. o. Professor ernannt. Als begnadeter Operateur auf allen Gebieten der Chirurgie erfolgreich tätig, beteiligte er sich mit eigenen Ideen und Beiträgen an der Weiterentwicklung der von *Sauerbruch* auf neue Grundlagen gestellten Thoraxchirurgie. 1930 glückte ihm als erstem eine Pneumonektomie, die weit über Deutschland hinaus Aufsehen erregte und ihn in der ganzen Welt bekannt machte.

Einen glänzenden beruflichen und akademischen Aufstieg vor Augen, verließ Rudolf Nissen 1933 mit seiner Familie Berlin, da er den Nationalsozialismus ablehnte und in seinen Grundsätzen niemals zu Kompromissen bereit war. Er folgte einem Ruf auf den Chirurgischen Lehrstuhl der Universität Istanbul (Türkei) und übernahm das Direktorat der dortigen Chirurgischen Universitätsklinik. Hier entfaltete er eine außerordentlich fruchtbare Tätigkeit als Chirurg und Hochschullehrer. Er schuf neue Techniken zur Operation des Zwerchfelles, der Cardia und der Speiseröhre. 1937 führte er als erster eine operative Entfernung eines Oesophagus-Carcinoms durch. Seine Vorlesungen über allgemeine Chirurgie wurden in türkischer Sprache veröffentlicht. Trotz der für einen Mitteleuropäer ungewöhnlichen Situation, wurde ihm von türkischer Seite hohe Anerkennung und Verehrung zuteil, die lange Zeit über sein Wirken in Istanbul hinausreichten.

1939 wurde Rudolf Nissen als Gast-Dozent in den USA vom Ausbruch des Krieges überrascht und konnte nicht in die Türkei zurückkommen. Trotz einer schweren Erkrankung gelang es ihm, zunächst in Boston Fuß zu fassen. Dort und ab 1942 in New York wurde ihm die Leitung bedeutender Chirurgischer Kliniken übertragen. An der State University in New York nahm er die geliebte Lehrtätigkeit wieder auf. Sein überragendes chirurgisches Können, gepaart mit außerordentlichen menschlich-ärztlichen Qualitäten, brachten ihn mit zahlreichen prominenten Wissenschaftlern, Künstlern und Politikern in Berührung, zu denen sich zum Teil freundschaftliche Bindungen entwickelten. Auf diese Weise gewann Rudolf Nissen eine weit über fachliche Belange hinausreichende Universalität und weltmännische Breite. Zugleich führte er seine intensive wissenschaftliche Arbeit fort, die sich in zahlreichen Publikationen niederschlug.

Trotz mancher Schwierigkeiten und vieler enttäuschender Erfahrungen hielt Rudolf Nissen von 1933 bis 1945 ständig die Verbindungen zu Freunden und Kollegen in Deutschland aufrecht. Es lag deshalb nahe, daß er 1945 Berufungen nach Hamburg, München und Wien erhielt, die er jedoch ablehnte. Als ihn jedoch 1951 der Ruf nach Basel erreichte, sagte er zu, da es ihn reizte, im neu erbauten Baseler Bürger-Hospital „Lehre, Forschung und chirurgisch-ärztliche Tätigkeit unter einem Dach auszuüben". Auch wollte er wieder in seiner Muttersprache lehren. Dazu kam, daß er wohl schon seit Jahren Sympathie für die Stadt Basel hegte und hoffen durfte, dort verstärkt wissenschaftlich arbeiten zu können.

Rudolf Nissens Wirken in Basel war vor allem dadurch gekennzeichnet, daß er als einer der bedeutendsten Chirurgen Europas der Vorkriegszeit jene außerordentliche Entwicklung der Chirurgie in den Vereinigten Staaten mitgestaltend erlebt hatte und nunmehr in der Lage war, die dort errungenen Fortschritte in seine neue Wirkungsstätte zu transponieren. Darüber hinaus gab er, dank seiner faszinierenden Persönlichkeit und seiner auf Leistung beruhenden allseitig anerkannten Autorität, der im Krieg zurückgebliebenen Entwicklung der europäischen Chirurgie maßgebliche Impulse. Dazu kam eine ideale Zusammenarbeit mit den Vertretern anderer Disziplinen und eine allein dem Fortschritt verpflichtete Förderung jüngerer Spezialdisziplinen, wie der Anästhesie oder der Neurochirurgie.

Als ideenreicher, außerordentlich fleißiger und ständig vorandrängender Wissenschaftler, hat Rudolf Nissen alle Gebiete der Chirurgie bereichert, voran die Thorax-Zwerchfell-Speiseröhren-Chirurgie.

Seiner Feder entsprangen über 450 Publikationen, die sich auch mit ethischen sowie philosophischen Fragen auseinandersetzen und das breite geistige Fundament erkennen lassen, auf dem seine humanistische Arztpersönlichkeit gewachsen war.

In einem hohen Maße selbstkritisch, scheute er sich nicht, andere zu kritisieren und unermüdlich für eine menschliche Medizin einzutreten. Darüber hinaus engagierte er sich wiederholt für eine sinnvolle Reform des Medizinstudiums. Als begeisterter Hochschullehrer vermittelte er den Studenten nicht nur Fachwissen, sondern demonstrierte ihnen durch seine Berufsauffassung und hingebungsvolle Berufsausübung echtes Arzttum. Ihnen und seinen Mitarbeitern war er jederzeit unumschränkt anerkanntes Vorbild. Als Arzt hat er zahllosen Patienten geholfen und wurde von diesen zutiefst verehrt.

Auch nach seiner Emeritierung 1967 war Rudolf Nissen nicht untätig. In seinen Lebenserinnerungen „Helle Blätter — dunkle Blätter" (1969), den „Randbemerkungen zur ärztlichen, speziell chirurgischen Berufsführung" (1974) und „50 Jahre erlebter Chirurgie" (1978) faßte er den weit gespannten Bogen seines Wirkens, sein ärztlich ethisches Bekenntnis und seine Erinnerungen zusammen, zugleich seiner ihm seit 1932 verbundenen Ehefrau ein bleibendes Denkmal setzend.

Rudolf Nissen hat weltweit Anerkennung gefunden. Mehrere nationale und internationale Gesellschaften wie die Gesellschaft für Chirurgie und das International College of Surgeons, wählten ihn zu ihrem Präsidenten, mehrere Akademien und wissenschaftliche Vereinigungen zu ihrem Mitglied, unter ihnen auch die Sächsische Akademie der Wissenschaften, mit der er einen engen Kontakt hielt.

Fast 30 medizinische Gesellschaften erhoben ihn zum Ehrenmitglied, und die Humboldt-Universität Berlin (1966), die Technische Universität München (1970) und die Hacettepe-Universität Ankara (1974) verliehen ihm den Dr. med. h. c.

Von den vielen Auszeichnungen, die er in Amerika und Europa erhalten hat, sei die „Ernst von Bergmann-Medaille" in Gold, die selten verliehene höchste Auszeichnung der Deutschen Gesellschaft für Chirurgie, hervorgehoben, die ihm mit den Worten überreicht wurde: „Die Chirurgie wird human sein oder sie wird nicht sein".

Mit Rudolf Nissen ist einer der ganz großen Ärzte unseres Jahrhunderts von uns gegangen. Die Sächsische Akademie der Wissenschaften ist stolz darauf, daß sie ihn zu ihren auswärtigen Mitgliedern zählen durfte.

Wilhelm Oelßner

Julius Fink

18. 4. 1918—2. 4. 1981

Im Herbst 1979 wurde Julius Fink zum auswärtigen Mitglied der Sächsischen Akademie der Wissenschaften zu Leipzig gewählt. Auf ältere Verbindungen zur DDR zurückgreifend versuchte er, in diesem Rahmen den langjährigen fruchtbaren Erfahrungsaustausch zu einer Zusammenarbeit zu führen, als ihn am 2. April 1981 der Tod völlig unerwartet aus unseren Reihen riß.

Julius Fink, der 1918 in Wien geboren wurde, kann in mehrfacher Hinsicht als typischer Vertreter einer wissenschaftlichen Generation gelten. Kaum hatte er das Studium begonnen, so riß ihn der Krieg wieder heraus. Mit 29 Jahren erst konnte er seine erste wissenschaftliche Publikation vorlegen. Dazu stellten sich Schwierigkeiten ein, eine geeignete Anstellung zu finden. Die Universität Wien konnte sie ihm nicht bieten. So wechselte er nach dem Studium von Geographie und Geologie an die Hochschule für Bodenkultur über. Die Bodenkunde wird dem Geographen zum Hauptarbeitsfeld, doch er findet von diesem damals etwas abseits von der Geographie spezialisierten Arbeitsgebiet über bemerkenswerte Forschungsergebnisse schließlich zur Geographie und zur Universität zurück.

Um 1950 schaltet sich der jung habilitierte J. Fink energisch in die bodenkundliche Forschung ein. Er bestimmt einen wesentlichen Teil des damals ansetzenden Entwicklungsstadiums kräftig mit. Fast zur gleichen Zeit, Anfang der fünfziger Jahre, wird am Geographischen Institut der Universität Leipzig die Landschaftsforschung mit starker Beteiligung der Bodengeographie aufgebaut und — der Natur der Leipziger Umgebung entsprechend — auch die Erkundung der Lößgebiete begonnen. Die Finkschen Ergebnisse der Lößforschung entboten wertvolle Hinweise, und J. Fink empfing von den Ergebnissen der Leipziger Lößstudien eine Vervollständigung und zugleich auch eine Bestätigung seiner Erfahrungen. Internationale bodenkundliche Tagungen schufen unmittelbaren persönlichen Kontakt. Das Ergebnis war, daß die Lößkarte von Europa 1:2,5 Mio von Julius Fink, Wien, und Günter *Haase*, Leipzig, gemeinsam erarbeitet und in Petermanns Geographischen Mitteilungen (Gotha, vgl. Jg. 1977, H. 2) veröffentlicht werden sollte.

1969 kehrte J. Fink als Professor für Physische Geographie an die Universität Wien zurück, 1972 wurde er korrespondierendes, 1974 wirkliches Mitglied der Österreichischen Akademie der Wissenschaften, und darin zum Obmann für Quartärforschung.

Freilich, dieser Weg war nicht einfach. Er verkörperte nicht nur die beharrliche Leistung eines hervorragenden Forschers, sondern damit zugleich die gesamte geistige Entwicklung der Löß- und Quartärforschung in jener Zeit, von bescheidenen Anfängen bis zu der recht ausgedehnten Vorstellungswelt, die heute das Wort Quartär umreißt. Am Anfang stand genaueste Beobachtung, gewissenhafte Beschreibung und Klassifizierung, wobei kleine, bisher kaum beachtete Erscheinungen und kaum auffallende Unterschiede schon Bedeutung gewinnen konnten. Der Weg zu einer geschlossenen regionalen Übersicht, die Überprüfung der Zulässigkeit von Interpretationen und die Beachtung der praktischen Brauchbarkeit des sich rasch entwickelnden bodenkundlichen Denkens zwang zur Herstellung von Bodenkarten. J. Fink erreichte nicht nur, daß eine Bodenkartierung für Österreich unter seiner Leitung entstand, sondern er gab ihr auch bemerkenswerte Züge. Im Programm der Kartierung, in den Erläuterungen zu den einzelnen Blättern, aber auch in regionalen Darstellungen einzelner Landesteile und nicht zuletzt in inhaltsreichen Exkursionsführern hat er festgestellt, daß die einzelnen Bodenmerkmale ein ungleichgroßes Verbreitungsgebiet haben. In den Legenden der Karten unterscheidet er einige bedeutsamere Merkmale, die für ganz Österreich gelten und daher auf allen Karten gleich dargestellt sind, und Bodenmerkmale, die nur ein geringeres Verbreitungsgebiet haben. Fink selbst hat auf die theoretische Bedeutung dieser Tatsache nicht aufmerksam gemacht, wohl weil sie ihm als Geographen selbstverständlich schien. Tatsächlich ist es ein geographisches Grundphänomen, und von großer Bedeutung für alle großräumigen Vergleiche. Ich habe diese Dokumentation konkreter Verhaltungsunterschiede als eine wesentliche Grundlage für die Dimensionslehre in Anspruch genommen. Sie hat die schon ältere Feststellung regionaltypischer Wertedifferenzierungen neu belebt und unterbaut.

Von ganz besonderer Bedeutung wurden die Beobachtungen J. Finks über die zahlreichen fossilen Bodenbildungen im Löß Nieder-Österreichs, die zunächst für die Gliederung der jüngsten, der Würm-Kaltzeit, auf Grund ihrer Beschaffenheit unterschieden werden konnten und offensichtlich als ehemalige Oberflächenbildung auch mit den geomorphologischen Prozessen verbunden werden mußten. Sie ergaben ein feineres Instrument für die Aufspürung klimatischer Veränderungen innerhalb einer Kaltzeit, als sie in den kaltzeitlichen Sedimentbildungen zur Verfügung stehen. Bald zeigte sich, daß solche fossilen Bodenbildungen auch in den älteren Kaltzeiten vorhandene Paläoböden sind. So mußte die Geochronologie des Quartärs in entscheidender Weise verfeinert und ergänzt werden und neue Argumentationsmittel erhalten, zumal in den älteren Bildungen der Zusammenhang zwischen Oberflächengestalt und Bodenbildung meist nicht mehr zu gewinnen war. Dabei traten mehrfach Widersprüche geomorphologischer Vorstellungen, bei den Unterschieden in der Ausbildungsintensität schon auf relativ engem Raum, und auch zu den Radiokarbondatierungen auf. Daher mußte der gesamte Sachverhalt der quartären Geochronologie immer wieder einer kritischen Überprüfung unterworfen werden, die nicht so sehr das Einzelfaktum als vielmehr das komplexe Zusammenwirken mehrerer Faktoren zum Maßstab nahm. Es entstanden zwei Ergebnisse, die wiederum nicht leicht in eine Vorstellung zu bringen sind: daß es nämlich eine große Zahl bodenkundlich fixierter Klimaschwankungen gegeben haben muß, daß jedoch nur ein geringer Teil davon so durchgreifend war, daß er in eine Stratigraphie des Quartärs eingebaut werden kann. Julius Fink hat sich immer wieder an der Lösung dieser Probleme beteiligt. Ohne sein Wirken wäre die moderne Geochronologie des Quartärs gar nicht denkbar.

Forschungsleistungen wie die Julius Finks führen unvermeidlich zur Wahl in leitende Positionen wissenschaftlicher Gremien. Die Lößkommission (bzw. Subkommission) der INQUA hat sich viele Jahre der Betreuung durch J. Fink erfreuen können. Was Julius Fink immer auszeichnete, war seine lebendige Leitungstätigkeit. Ganz gleich, welche Arbeitsgruppen er leitete, er verstand es, die Mitglieder am Forschungsobjekt zu vereinigen. Dort kam es nicht nur zum offenen Austausch der verschiedenen Gedanken, sondern Fink wußte auch die spezielle (z. B. bodenkundliche) Problematik mit ihren weitreichenden Beziehungen und Zusammenhängen zur Diskussion zu bringen. Aus der bodenkundlichen Exkursion wurden quartärspezifische Exkursionen, auf denen auch die geomorphologischen, klimatologischen und die paläogeographischen Gesichtspunkte mit den bodenkundlichen vereinigt waren. Die Zahl derer, die mit ihm auf Exkursionen bekannt wurden und seine wissenschaftlichen Denkformen kennenlernten, ist groß. Die Zahl seiner geomorphologischen Arbeiten ist gering. Aber gleichwohl wurde er zum Mitherausgeber der hochangesehenen Zeitschrift für Geomorphologie berufen. Der ihm zu seinem 60. Geburtstag überreichte Festband „Beiträge zur Quartär- und Landschaftsforschung" enthält zu einem großen Teil Beiträge von Wissenschaftlern, die ihn in der Arbeit der Lößkommission kennen und schätzen gelernt haben und die er in seinen leitenden Funktionen an sich herangezogen hatte. Die umfangreichen Verpflichtungen, die er sich selbst mit seinem

Arbeitsstil auferlegte, hinderten ihn freilich daran, sich anderen ihn sehr interessierenden Arbeitszweigen zuzuwenden. Aus dem Verzeichnis seiner Publikationen erscheint er daher viel einseitiger, als er tatsächlich war, und in seinem Universitätsamte hat er für ein breites Spektrum der Arbeitsrichtungen gesorgt.

Eine besondere Liebe zeigte er zu der Komplexforschung und besonders zu der sich neu entfaltenden Landschaftsökologie. Er hat mir gegenüber mehrfach bedauert, selbst nicht mehr Zeit für seine wissenschaftlichen Hobbies zu finden.

Schließlich sei aber seine große Liebe zur schönen Landschaft nicht vergessen. Von der Rückreise von der Sitzung der Sächsischen Akademie der Wissenschaften, auf der ihm seine Ernennungsurkunde überreicht wurde, sandte er mir als Dank für freundliche Tage in Leipzig eine wunderschöne Farbaufnahme eines märkischen Sees, an dem der Weg vorbeigeführt hatte.

Ernst Neef

Erich Lange

26. 11. 1896—24. 4. 1981

Erich Lange, geboren am 26. November 1896 in Hartha bei Waldheim (Sachsen), begann sein Studium der Chemie 1919 an der Technischen Hochschule Dresden, nachdem er aus dem 1. Weltkrieg zurückgekehrt war. Damals waren Fritz *Förster* und Erich *Müller*, die bedeutendsten Vertreter der Elektrochemie in Deutschland, als Hochschullehrer an der TH Dresden tätig und haben sicher Erich Langes besonderes Interesse für diesen Bereich der physikalischen Chemie geweckt. Er hatte aber auch Gelegenheit, sich auf allen möglichen anderen Gebieten, auch der Kulturwissenschaften, durch die allgemeinbildenden Vorlesungen, die seinerzeit in Dresden regelmäßig abgehalten wurden, zu informieren. Er hat sich später immer gern gerade an diese Gelegenheit, sich allseitig zu bilden, erinnert, zumal er sie an anderen Universitäten nicht wieder angetroffen hat.

Nach Abschluß seines Diplomexamens an der TH Dresden ging er zur Vollendung seines Studiums an die Universität München, wo er unter Kasimir *Fajans* auch über elektrochemische Probleme arbeitete und trat bald durch Schriften hervor, die sich mit der Elektrolyttheorie von Peter *Debye* und Erich *Hückel* befaßten, sie waren dem Ziel gewidmet, die theoretischen Konsequenzen aus dieser Theorie experimentell zu überprüfen. Dabei ging es ihm vor allen um besonders sorgfältige Messungen der thermodynamischen Daten in verdünnten Lösungen, und bis heute werden seine Untersuchungen über Lösungs- und Verdünnungswärmen von Elektrolyten als Musterbeispiele präziser kalorimetrischer Messungen gewürdigt. Diese Arbeiten waren auch Gegenstand seiner Promotion, die er 1924 abschloß.

Neben den exakten Studien der thermodynamischen Eigenschaften verdünnter Elektrolytlösungen hat sich Erich Lange später auch Fragen der Elektrodenkinetik, aber immer aus thermodynamischer Sicht, gewidmet. Aus diesen theoretischen und experimentellen Untersuchungen resultiert der berühmte Artikel im Handbuch der Experimentalphysik, der bis heute eine wesentliche Grundlage der Elektrodenprozesse bildet.

Seine Habilitation unter *Fajans* schloß er 1928 mit einer Arbeit ab, die auch der Überprüfung der *Debye-Hückel*-Theorie durch präzise kalorimetrische Messungen diente, wobei er Temperaturmessungen mit einer Genauigkeit bis auf 10^{-7} K ausführte. Dieses experimentell so schwierige Gebiet hat ihn über viele Jahre, auch nach seiner Berufung an die Universität Erlangen 1932, beschäftigt.

In Erlangen wurde ihm die selbständige Leitung eines neugegründeten Instituts für Physikalische Chemie als Extraordinarius übertragen. Dort befaßte er sich auch mit den PELTIER-wärmen in Elektrolyten und an metallischen Zweiphasensystemen. Auch die Messung der Temperaturkoeffizienten von Dielektrizitätskonstanten gehörte zu seinem thermodynamischen Arbeitsgebiet. Gleichzeitig hat er sich eingehend mit Fragen der Potentiometrie und potentialbestimmenden Adsorptionsvorgängen befaßt.

Durch diese Untersuchungen und seine ständigen Bemühungen um die Systematik, Nomenklatur und Symbolik in der Elektrochemie gewann er hohes internationales Ansehen. Das Comité International de Thermodynamique et de Cinétique Elektrochimiques (CITCE), dem er von seiner Gründung an angehörte, hat ihn für die Jahre 1954 bis 1957 zu ihrem Vizepräsidenten gewählt. In der Deutschen Bunsen-Gesellschaft gehörte er dem ständigen Ausschuß von 1958 bis 1961 an und zeichnete sich dabei durch große Aktivität aus. Die Universität Erlangen ernannte ihn 1959 zum planmäßigen Ordinarius für Physikalische Chemie.

Seine reichen Kenntnisse der Thermodynamik und insbesondere der elektronischen Thermodynamik hat er in zwei Monographien mit besonderer Klarheit niedergelegt. Seine Vorschläge zur Bezeichnung der fundamentalen elektrochemischen Größen haben sich zum großen Teil international durchgesetzt. Allerdings ist ein Teil seiner wohldurchdachten Vorschläge dem Beharrungsvermögen eingebürgerter Bezeichnungen zum Opfer gefallen.

Nach seiner Emeritierung hat sich Erich Lange Fragen der Ausbildung an den Universitäten und Hochschulen gewidmet und dabei immer wieder auf die Bedeutung der allgemeinbildenden Lehrveranstaltungen für die Erziehung der Studierenden hingewiesen. Er hat sich sehr eingehend mit allgemeinen Fragen der Ethik im Hinblick auf die Entwicklung der menschlichen Gesellschaft befaßt und darüber auch Schriften veröffentlicht. Es lag ihm daran, im persönlichen Zusammenleben und in der Völkergemeinschaft die Toleranz gegenüber anderen religiösen oder politischen Auffassungen zu fördern.

Seiner Heimat hat er sich bis an sein Lebensende eng verbunden gefühlt. Noch wenige Monate vor seinem Ableben hat er seine alten Freunde in Sachsen besucht. Bis ins hohe Alter hat er sich durch Bergsteigen, Schifahren und Schwimmen gesund erhalten. Er war kein Freund großer gesellschaftlicher Veranstaltungen, konnte sich aber sowohl an den Schönheiten der Natur wie auch an vertrauten Gespräch im kleinen Kreis immer wieder erfreuen. Durch vieles Photographieren und Filmen hat er sich die Erinnerungen an schöne Reisen, vor allem nach Österreich, und an anregende Zusammenkünfte bewahrt.

Seit 1961 auswärtiges Mitglied der Sächsischen Akademie der Wissenschaften, hat er ihr durch gelegentliche Teilnahme an ihren Veranstaltungen und durch Überlassung aller seiner Schriften bis zu seinem Ende die Treue bewahrt.

Kurt Schwabe

Philologisch-historische Klasse

Gedenkrede auf Friedrich Weller, gesprochen von Vizepräsident Edgar Lehmann bei der Beisetzung am 28. XI. 1980

Der Tod spricht im Schweigen laut genug. — Auch die Mitglieder der Sächsischen Akademie der Wissenschaften, zu denen Friedrich Weller schon seit 1943 als eine bereits seinerzeit gewählte, aber von den nazistischen Unterdrückern wirklichen Geisteslebens nicht zugelassene, international schon damals hochgeschätzte Persönlichkeit gehörte — eben diese Akademiemitglieder müssen ebenfalls den von der Wesensart Friedrich Wellers charakteristisch geprägten Wunsch hinnehmen, von einer Würdigung seines Wirkens hier und heute abzusehen.

Was uns in dieser ernsten Stunde in stillem Gedenken tief berührt, das könnte ohnehin den inneren, von ihm in einem strengen, langen Leben, in einer leidenschaftlichen, unermüdlichen Hingabe an die Sanskritforschung und Tibetologie geschaffenen wissenschaftlichen Reichtum kaum auch nur andeuten.

Viele Freunde, Fachkollegen und einstige Schüler werden in den kommenden Monaten in aller Welt sein Werk als Ganzes oder in Teilen in sicher umfänglichen und tiefgreifenden Nachrufen würdigen.

Die Mitglieder der Sächsischen Akademie der Wissenschaften aber neigen sich in Ehrfurcht vor ihm — vor seiner gesamten Lebensleistung. Sie haben ja in vielen Vorträgen Friedrich Wellers und in so manchen, von höchsten Ansprüchen an sich selbst, aber auch an die Gesprächspartner getragenen Diskussionen wahrgenommen, wie tief die Wurzeln seines Wirkens in das wissenschaftliche Erdreich gesenkt sind. Und dies keineswegs nur in unserem Lande. Indische Doktoranden im Institut für Physikalische Chemie der Technischen Universität Dresden, das der bisherige Präsident der SAW leitete, haben — wie er berichtete — als Naturwissenschaftler mit Bewunderung von Friedrich Weller als einem großen europäischen Indologen und geradezu als einem der Ihren gesprochen.

Friedrich Wellers meist frei vorgetragenen Reden war zu entnehmen, daß er die ihm geschenkte Lebenszeit immer erneut als Aufgabe und Aufforderung ansah, seine Forschungen vornehmlich auf diffizile sprachliche Phänomene zu konzentrieren — wie dies auch in seiner, noch kurz vor seinem Tode zu seiner großen Freude erschienenen „Untersuchung über die textgeschichtliche Entwicklung der tibetischen Buddhacarita" zum Ausdruck kam. Jedes Wort, jeden Gedanken, jedes Textbild hat er ganz zu durchdringen getrachtet, um durch sprachliche, sachliche und logische Analysen die vollkommenste Wiedergabe dessen anzustreben, das etwa den Schöpfer einer im Sanskrit geschriebenen Dichtung auszeichnete und bewegte. Immer aber fiel in seinem spezialistischen philologischen Wirken zugleich ein heller Schein auf die Vergangenheit, auf die Geschichte — aus der Geschichte aber auch Licht auf die kulturelle Entwicklung der Völker Asiens und Europas in ihrem Verhältnis zueinander.

Die Sächsische Akademie der Wissenschaften wird Friedrich Weller, der in ihre eigene Geschichte längst als eines ihrer bedeutendsten Mitglieder eingegangen ist, über die Zeiten hin ein tiefes, ehrendes Gedächtnis bewahren.

Friedrich Weller

22. 7. 1889—19. 11. 1980

Ein Leben für die Erforschung der Asia Major

[1]Nach dem Ende des zweiten Weltkrieges, als viele Professoren der Leipziger Universität auf Grund ihrer politischen Haltung während der faschistischen Diktatur ihren Dienst quittieren mußten, stand der Dekan der Philosophischen Fakultät vor der schwierigen Aufgabe, die Leitungen fast aller gesellschaftswissenschaftlichen Institute neu zu besetzen. Eine der ganz wenigen Einrichtungen, die ihren bisherigen Direktor behielten, war das Indische Institut. Dessen Direktor war in jenen schlimmen Jahren zwar nicht in der Wider-

standsbewegung tätig gewesen, aber er gehörte doch zu denen, die auch nach 1933 aus ihrer antifaschistischen Gesinnung keinen Hehl machten und dadurch eine ganze Menge Ungemach und Demütigungen zu erdulden hatten. Und dieser Direktor des Indischen Instituts war nach dem Mai 1945 noch in einer anderen Hinsicht für die Universitätsbehörden von großem Nutzen: Er war nicht nur Indologe, sondern hatte auch Romanistik und Germanistik, Völkerkunde, etwas Altiranistik und Irisch studiert, er sprach und las Russisch und Chinesisch, kannte Tibetisch, Mongolisch und Mandschurisch. Diese umfangreichen Kenntnisse kamen nicht nur seinen wissenschaftlichen Arbeiten zugute, sondern im Sommer 1945 auch dem Dekan der Philosophischen Fakultät, der damals ohne viele Diskussionen Friedrich Weller nicht nur als Direktor des Indischen Instituts bestätigte, sondern ihm zugleich die Leitung des Indogermanischen, des Slawistischen, des Ungarischen und des Afrikanischen Instituts übertrug. Man sollte diesen Tatbestand natürlich nicht überbewerten: Damals wurde mancher mit Aufgaben betraut, von denen er sich vorher nichts hätte träumen lassen. Aber im Falle Weller lagen die Dinge insofern etwas anders, als hier ein Wissenschaftler bereitstand, der über eine nicht alltägliche Breite an Kenntnissen verfügte.

Schon während des Studiums, in den Jahren 1909 bis 1914, bahnte sich die spätere Vielseitigkeit an: Weller, am 22. Juli 1889 in Markneukirchen als Sohn eines Geigenbaumeisters geboren, hatte nach Abschluß seiner Schulzeit, zuletzt am Realgymnasium zu Plauen, zunächst Romanistik und Germanistik studieren wollen. Neben Eduard *Sievers*, dem als Literaturwissenschaftler, mehr noch als Phonetiker bekannten Germanisten, den er zeitlebens als denjenigen betrachtete, dem er seine gründliche philologische Ausbildung verdankt, war es vor allem der Slawist August *Leskien*, der ihm Anregungen für seine späteren Arbeiten gab. Aber schon bald gewannen seine orientalistischen Lehrer, deren Vorlesungen und Übungen er zunächst als Nebenfach betrachtet hatte, entscheidenden Einfluß auf den Gang seiner Studien. Sein Hauptfach wurde die Indologie, für welche die Leipziger Universität schon damals als erstrangige Ausbildungs- und Forschungsstätte galt, obwohl sie hier noch keine lange Geschichte hinter sich hatte. Bereits Hermann *Brockhaus* (1806 bis 1877), der erste Indologe in der Königlich-Sächsischen Gesellschaft der Wissenschaften und der erste indologische Ordinarius in Leipzig, trat durch jene Breite des wissenschaftlichen Gesichtsfeldes hervor, die auch seine Nachfolger auszeichnete. Wellers Lehrer wurde Ernst *Windisch*[2] (1844—1918), der seit 1877, als Schüler und Nachfolger von Brockhaus, in Leipzig als Ordinarius tätig war und der sich durch seine Arbeiten zum Ursprung des indischen Dramas, zu vedistischen Fragen, zur Buddhologie, vor allem aber durch seine bis heute unübertroffene „Geschichte der Sanskritphilologie und indischen Altertumskunde" einen Namen gemacht hat. — Die Indologie blieb Wellers zentrales Thema bis zum Tode, und wenn er später zu sinologischen, tibetologischen oder mongolistischen Problemen Stellung nahm, so geschah dies stets im Hinblick auf die Lösung indologischer Fragen. — Daneben führte ihn Windisch auch an das Irische heran. Außerdem hörte er Lehrveranstaltungen in Altiranistik (Awestisch) bei Bruno *Lindner* und in Völkerkunde bei Karl *Weule*. Vor allem aber war er in den Räumen August *Conradys*, des späteren Ostasiatischen Seminars, anzutreffen, wo er sich ins Tibetische und mehr noch in die Sinologie einarbeitete, so daß ihn Conrady zehn Jahre später „als einen der ganz wenigen wirklichen Kenner des buddhistischen Chinesisch" rühmen konnte.[3] — So wurde er während seiner Ausbildung nicht nur mit der Leipziger indologischen Tradition bekannt, sondern trat auch ein in die Tradition der Leipziger Sinologie, die seit den Tagen ihres ersten Ordinarius, Georg *von der Gabelentz*[4], sich nicht auf die Erforschung der Probleme Chinas beschränkte, sondern stets auch die Nachbargebiete in ihre Arbeit einbezog. Wenn hier vom

Eintritt in bestimmte Traditionen die Rede ist, so darf Wellers Verhältnis zu seinen Vorgängern nicht so verstanden werden, als sei er ein Arbeiter im Garten einer zu pflegenden und weiterzuentwickelnden Tradition gewesen. Jeder, der wissenschaftliche Diskussionen mit ihm hatte, wird wohl zumindest einmal den Satz von ihm gehört haben: „Wissen Sie, ich bin ein Ketzer!" Gegenüber den Anschauungen der älteren Generation war er von tiefem Mißtrauen erfüllt, und es ist dieser Skepsis zu danken, daß er nach seinem Studium einer jener erfolgreichen „Pioniere im Dschungel wurde, die Neuland erschließen und urbar machen"[5].

Um Conrady begann sich in den Jahren vor dem ersten Weltkrieg eine Schule zu bilden, und hier lernte Weller damals verschiedene Kommilitonen kennen, mit denen er später, als sie als Wissenschaftler in alle Welt verstreut waren, enge und fruchtbare wissenschaftliche Kontakte pflegte. Zu diesem Kreis gehörten Bruno *Schindler*, der durch seine religionsgeschichtlichen Arbeiten bekannt wurde, mehr aber noch durch die Gründung und langjährige Leitung der Asia Major; Bogdan *Richter*, der polnische Sinologe; der steirische Mönch Pater Franz Xaver *Biallas*, der nach seinem Examen nach China ging und sich vor allem als Ch'ü Yüan-Übersetzer einen Namen machte; schließlich Eduard *Erkes*, der Leipziger Sinologe und Völkerkundler. Einige Jahre später kamen Jüngere dazu, die Weller bereits als Lehrer kennenlernten, so Gustav *Haloun*, der nach dem Studium einem Ruf nach Cambridge folgte und der chinesische Quellen für die Erhellung der zentralasiatischen Geschichte auswertete, wobei er — Weller vergleichbar und mitunter auch in Zusammenarbeit mit ihm — die Methoden strenger Quellenanalyse und textgenetischer Untersuchung anwandte; Johannes *Schubert*, der 1960 als erster überhaupt einen Lehrstuhl für Tibetologie erhielt; Siegfried *Behrsing*, nach dem zweiten Weltkrieg Ordinarius für Sinologie an der Berliner Humboldt-Universität; Jaroslav *Průšek*, der 1945, nach mehrjährigen Studien in China und Japan, bei denen er 1931/32 in Peking auch mit Weller zusammentraf, an der Karls-Universität die Prager sinologische Schule aufbaute.

Vier Jahre dauerte das Studium, und es sei nur am Rande vermerkt, daß diese Zeit nicht nur für Friedrich Weller selbst, sondern für seine gesamte Familie eine außerordentliche Belastung darstellte. Sein Vater gab seine Arbeit als Geigenbaumeister in Markneukirchen im Vogtland auf und zog mit seiner Frau nach Leipzig, damit nicht zwei getrennte Haushalte geführt werden mußten. — Nach Abschluß des Studiums, im Mai 1914, promovierte Weller mit einer indologischen Arbeit „Zum Lalita Vistara"[6], eine teils in Prosa, teils in Versen abgefaßte Biographie Buddhas bis zu seiner ersten Predigt. Bereits hier zeigte sich seine Genauigkeit im einzelnen, die keine Kleinigkeit außer Betracht läßt, und die Sorgfalt der darauf basierenden Überlegungen. Zahlreiche Abweichungen von den Regeln der Sanskrit-Grammatik führten ihn zu dem Schluß, daß der Lalitavistara ursprünglich nicht in Sanskrit abgefaßt war, sondern in einem Dialekt, der der Sprache des Mahāvastu ähnelte und der erst später sanskritisiert wurde.

Unmittelbar nach dem Kriege ging die wissenschaftliche Arbeit weiter, und schon die ersten Aufsätze zeigten die künftige Richtung an: Auswertung chinesischer Quellen zur Erhellung der indischen Geschichte, und zwar von Anfang an konzentriert um den großen Komplex „Buddhismus", der als soziale, antibrahmanische Reformbewegung in den Jahrhunderten vor der Zeitenwende in Indien entstanden war und sich von hier aus über zahlreiche Länder Asiens ausbreitete, dabei mancherlei Wandlungen erfuhr. Wellers erste Arbeiten auf diesem Gebiet galten dem Bericht, den der chinesische Mönch Fa-hsien von seiner Pilgerreise nach Indien hinterlassen hat.[7] Aber parallel dazu lief die mit dem Lalitavistara begonnene Beschäftigung mit dem buddhistischen Kanon weiter. Die nächsten Publikationen galten dem Pāṭikasuttanta.[8] Bereits die Analyse des Aufbaus des überlieferten

Pāli-Textes, die zusätzlich durch die Untersuchung der chinesischen Fassung gestützt wurde, führte ihn zu dem Schluß: Dieser Text „ist eine Kompilation, und zwar eine recht traurige. Mithin kann auch das Suttanta als Ganzes keine Rede Buddhas sein [wie es die einheimische Tradition und ihr folgend bisher auch die europäische Wissenschaft annahm]. Der Stifter des Buddhismus hätte dann [falls er diesem Texte seine jetzige Form gegeben hätte] ein ziemlich törichter Mensch sein müssen, weil er die Kentsche Fähigkeit, eine hübsche Geschichte schlecht zu erzählen, in großer Vollkommenheit besessen haben müßte".[9]

Es folgt 1922 die Habilitationsschrift „Über den chinesischen Dharmasaṃgraha"[10], einen buddhistischen Text, unter anderem die Merkmale eines Buddha behandelnd, der — wie Weller zeigt — höchstwahrscheinlich auf einer sanskritischen Vorlage beruht. Die Gutachter — an erster Stelle August Conrady, daneben Johannes *Hertel* (Windisch war 1918 verstorben) und der Religionshistoriker Hans *Haas* — waren in ihrem Urteil sehr einhellig. Conrady bezeichnet die Arbeit als eine „mustergültige, um nicht zu sagen vorbildliche Leistung", und er fährt fort: „Der Verfasser, wenn er sich auch selbst einen Anfänger nennt, hat unseres Erachtens gerade durch sie den bündigen Beweis geliefert, daß er ein zünftiger Sinologe ist, welchem das volle Bürgerrecht in dieser Fakultät zukommt."[11] Und Hertel faßte seine Einschätzung zusammen: „... kurzum, auch der indologische Beurteiler kann nur zu dem Ergebnis kommen, daß der Verfasser der Arbeit nicht der Anfänger, als den er sich selbst bezeichnet, sondern ein Fachgelehrter von umfangreichem Wissen und reifem Urteil ist ...".[12]

Trotz dieser allgemein anerkannten Leistung betrug Wellers Anfangsgehalt als Privatdozent „lediglich" — 25000 Mark im Monat. In einem Schreiben, das er im Februar 1923 an den Dekan richtete, heißt es: „Ich bin verpflichtet, 5 Exemplare meiner Habilitationsschrift an die Fakultät abzuliefern, muß aber leider bitten, mir die Ablieferung zu erlassen. Zur Begründung ... möchte ich mir gestatten, folgendes anzuführen. Der Betrag von 25000.— Mark, den ich als Entlohnung für Januar erhielt, reichte gerade aus, mir jede Woche ein Pfund Fett zu kaufen. Er langt nicht, auch nur die notwendigsten Lebensmittel für einen Monat zu verschaffen ... Da jedes Stück meiner Habilitationsschrift etwa 20000 M kostet, müßte ich der Fakultät Bücher im Werte von 100000 M zukommen lassen. Das ist mir ... unmöglich." — Vier Tage später schickte er ein zweites Schreiben hinterher: „In dem Gesuch ... bitte ich zu berichtigen, daß der Preis eines Exemplars nicht 20000, sondern 30000 M beträgt..."[13]. Aus ökonomischen Gründen arbeitete Weller in dieser Zeit auch als Hilfsarbeiter in orientalistischen Antiquariaten, um seine Eltern unterstützen zu können, deren Ersparnisse durch die Inflation verlorengegangen waren. 1924 erhielt er einen sogenannten „kleinen Lehrauftrag", zunächst für Buddhismus, später erweitert auf Sprachen und Kulturen Mittelasiens, und damit ein Monatsgehalt von immerhin 200 M, jetzt in stabiler Währung.

Mit der Habilitationsschrift war zwar nicht das ganze Feld abgesteckt, das er künftig beackern sollte, aber es war doch eindeutig die Richtung fixiert, in der sich seine Forschungen im nächsten halben Jahrhundert bewegten. Die bewundernswürdige Konsequenz, mit der er die damals aufgestellten Ziele bis zu seinem Tode verfolgte, ist — neben seiner „phänomenalen Arbeitskraft" (wie Sten *Konow* einmal schrieb)[14] — sicher eine der Voraussetzungen für den Erfolg seiner wissenschaftlichen Arbeit. Um den Ausgangspunkt dieses Lebenswerkes zu charakterisieren, seien einige Sätze aus einer Vorlesung von 1928 zitiert, die man als eine Art programmatische Erklärung bezeichnen kann. Er schreibt, „daß nicht nur für die älteste Zeit indischen Geisteslebens [gemeint ist die Vedaforschung] die Grundmauern der Häuser wanken, die sich unsere Lehrer erreichtet hatten, sondern auch von dem

JULIUS FINK

18. 4. 1918—2. 4. 1981

ERICH LANGE

26. 11. 1896—20. 4. 1981

FRIEDRICH WELLER

22. 7. 1889—19. 11. 1980

CLAIRE PRÉAUX

21. 12. 1904—29. 3. 1979

ANASTASIOS K. ORLANDOS

23. 12. 1887—6. 10. 1979

manches nachgibt, was unsere Lehrer als gesicherte Erkenntnis über Buddha und sein Werk in ihre Scheuern gebracht zu haben meinten. Auch hier hat sich den jüngeren herausgestellt, daß die Grundlage, auf der unsere Lehrer standen, (nämlich der Pāli-Kanon) für sich allein überhaupt nicht tragfähig genug ist, irgendeine Frage über den älteren Buddhismus und seine Geschichte zu lösen. Denn diese Literatur bedarf nicht nur als Ganzes betrachtet, sondern in allen ihren Einzelteilen der Sicherung durch die Parallelliteratur, die uns in chinesischer und zum Teile in tibetischer Sprache mit der mongolischen Begleitübersetzung erhalten ist. Wir jüngeren sind der Überzeugung, daß durch solche vergleichende Textkritik eine sicherere Möglichkeit geboten wird, geschichtliches Werden zu erkennen, als sie der Pāli-Kanon allein gewährleistet."[15]

In den folgenden Jahren wurden die Grundmauern einer ganzen Reihe von Häusern nicht nur ins Wanken, sondern zum Einsturz gebracht. Und wenn auch manche seiner Formulierungen der damaligen Zeit polemisch überspitzt sein mögen — etwa seine Feststellung „Arbeiten mit dem Pāli-Kanon allein sind unfruchtbar und zwecklos"[16] —, so ist doch nicht zu leugnen, daß sein „Ketzertum", seine Neigung, vielleicht nicht alles, aber doch sehr vieles von dem in Frage zu stellen, was seine Vorgänger als gesicherte Erkenntnis zu wissen glaubten, die Indologie ein gutes Stück vorangebracht hat. Und die wichtigsten Mittel, mit deren Hilfe er ältere Anschauungen überwand, waren die Ergebnisse seiner Untersuchung der sogenannten „nördlichen Überlieferung" des Buddhismus, d. h. der chinesischen, tibetischen und mongolischen Übersetzungen.

So ging bis in die ersten Jahrzehnte unseres Jahrhunderts die allgemeine Meinung dahin, „daß man... in dem auf Ceylon erhaltenen Kanon dasjenige Schrifttum der Buddhisten vor sich habe, welches jedenfalls in seinem hauptsächlichsten Bestande aus einer Zeit stamme, die Buddhas Todesjahr recht nahe steht".[17] Weller zeigte, daß dieser ceylonesische Pāli-Kanon eine vermutlich jahrhundertelange Entwicklung hinter sich hat.

Die allgemeine Meinung besagte ferner: „Die Sammlung der Werke habe mit Buddhas Tod eingesetzt, und wenn die Sammlung auch, wie schon aus der verschiedenen sprachlichen Form des Pāli erhellt, im Laufe der Zeit gewachsen sei, so wäre sie doch auf dem Konzil unter Aśoka [3. vorchristliches Jahrhundert] wohl in der Hauptsache zum Abschluß gekommen."[18] Weller konnte zumindest die Vermutung aussprechen, daß der Pāli-Kanon, wie er heute vorliegt, „eher aus einer Zeit um die Wende der Jahreszählung herstammt, vielleicht gar aus nachchristlicher Zeit".[19]

Die erwähnte allgemeine Meinung ging schließlich dahin: „Die Werke [des buddhistischen Kanons] seien gedächtnismäßig bewahrt und mündlich überliefert worden, bis sie gegen Mitte des 1. vorchristlichen Jahrhunderts... auf Ceylon zum ersten Male... schriftlich wären niedergelegt worden".[20] Weller wies nach, daß die Übersetzungen an mehr als einer Stelle auf einen indischen Wortlaut zurückgehen, der vom Wortlaut des überlieferten Pāli-Kanons abweicht, und zwar sind diese Abweichungen nicht durch einen Hörfehler zu erklären, sondern allein durch das Versehen eines Schreibers.

Um die Haltbarkeit seiner Thesen zu überprüfen, unterzog er immer neue Texte der buddhistischen Literatur einer sprachlichen, sachlichen und logischen Analyse, wie sie exakter kaum denkbar ist. Genannt seien hier als Beispiele seine Arbeiten zum Buddhacarita[21] des Aśvaghoṣa, eines der hervorragendsten Sanskritdichter aus der Übergangszeit vom Hīnayāna- zum Mahāyāna-Buddhismus, und zum Brahmajālasūtra,[22] welches durch die Aufzählung aller Arten von Beschäftigungen, Lebens- und Denkweisen der Brahmanen, von denen sich der buddhistische Mönch fernhalten soll, für die Religionsgeschichte von größtem Interesse ist. In allen seinen Publikationen ist Weller sorgfältig darauf bedacht, daß jeder seiner Schritte nachprüfbar ist. Dies erleichtert zwar nicht die Lektüre, bietet aber den großen Vorteil, daß der Leser immer die Möglichkeit, hat, ihm „in jeder Einzelheit auf die Finger [zu] sehen".[23] Er kommt häufig zu dem Schluß, daß in den Texten, wie sie uns heute vorliegen, verschiedene Überlieferungen unorganisch nebeneinandergestellt sind; er bleibt jedoch bei diesem zunächst negativen Befunde nicht stehen, sondern versucht, aus den Scherben ein neues Bild der buddhistischen Literaturgeschichte zusammenzufügen — ein Bemühen, das allerdings nicht in jedem Falle zum Erfolg führte, wie beispielsweise aus einem Balzac-Zitat aus Les Chouans („Die Königstreuen") hervorgeht, das er als Motto seiner Arbeit zur Sung-Fassung des Kāśyapaparivarta voranstellte: „Nous sommes allés chercher de la laine, et nous allons revenir tondûs."[24]

Neben seine wissenschaftlichen Arbeiten traten im Laufe der Zeit immer mehr wissenschaftsorganisatorische Verpflichtungen. 1924 trat er auf Wunsch seines Freundes Bruno Schindler als Mitherausgeber der Redaktion der „Asia Major" bei und war in den nächsten elf Jahren maßgebend an der Gestaltung dieser Zeitschrift beteiligt. Die Herausgeber konnten hier ein ausgezeichnet ausgestattetes Fachjournal vorlegen, hatten aber ständig mit finanziellen Schwierigkeiten zu kämpfen. Es fand sich damals kein deutscher Verlag, der bereit gewesen wäre, das Risiko einer neuen orientalistischen Zeitschrift zu tragen. So erschien der Einführungsband („Hirth Anniversary Volume") bei Probsthain in England, aber schon nach dem Erscheinen des 1. Faszikels des 1. Bandes streckten die Londoner die Waffen. Schindler gründete daraufhin einen eigenen Verlag, der zuerst als „Verlag der Asia", einige Monate später als „Verlag der Asia Major" zahlreiche wichtige Publikationen aus dem Gesamtgebiet des Orients herausbrachte.[25]

Nicht nur die finanzielle Lage bereitete den Herausgebern ständige Sorgen, sondern bald sollten auch die ersten Angriffe nationalistischer Gruppen erfolgen, die in den Jahren der Weimarer Republik immer mehr an Boden gewannen. Grund für diese Angriffe war wohl nicht nur die Tatsache, daß Weller mit einem „Nichtarier" zusammenarbeitete, sondern auch, daß die Zeitschrift Neuerungen aufwies, die bestimmten Kreisen nicht paßten. In der „Asia Major" wurden Aufsätze von sowjetischen Wissenschaftlern veröffentlicht, Weller selbst rezensierte regelmäßig russischsprachige, d. h. sowjetische Publikationen, zu Geburtstagen erschienen Würdigungen sowjetischer Orientalisten, und es wurden Artikel aufgenommen, die die Inhalte sowjetischer Arbeiten zu bestimmten Gebieten der Orientalistik zusammenfaßten und so bekanntmachten. — Als Beispiel für die Nadelstiche rechter Gruppierungen sei hier nur ein Artikel von Georg *Karo*, damals Professor für Archäologie in Halle, angeführt, in dem sich der Passus findet: „Freilich, wie kann man mit den Schweizern rechten, wenn in der ... Zeitschrift ‚Asia Major' die Mehrzahl der deutschen Mitarbeiter ihre Beiträge in englischer Sprache veröffentlicht."[26] Schindler und Weller reagierten anfangs sehr heftig auf solche Vorwürfe: „Hat Herr Prof. Karo persönliche Opfer an Geld gebracht, um orientalische Veröffentlichungen ... drucken zu lassen ... wieviel Stück dieser Werke sind in dem betreffenden Land gekauft und gelesen worden? Welche Summe hat Herr Prof. Karo dafür verausgabt?"[27] — Schwieriger wurde die Lage, als die Faschisten in Deutschland an die Macht kamen: Weller blieb bis 1935 in der Redaktion, bis zu dem Zeitpunkt, da Schindler Deutschland endgültig verließ, doch auch danach noch wurde ihm diese gemeinsame Arbeit von den Faschisten ständig angekreidet.

Doch zunächst noch einmal zurück zu den 20er Jahren: Am 3. Juni 1925 starb August Conrady. Auf der Kandidatenliste für die Neubesetzung des Ordinariats stand damals eine ganze Reihe seiner ehemaligen Schüler, so *Laufer*, *Erkes*, *Schindler*, *Haloun*, *Karlgren* und auch Friedrich Weller.[28] Die Wahl fiel jedoch schließlich auf den bereits etwas älteren Erich *Haenisch*, der bisher eine Professur in Göttingen innehatte. Sieben Jahre später, als Haenisch (ab August 1932) einem Ruf nach Berlin folgte, wurde die Besetzung des sinologischen

Lehrstuhls abermals akut, und auch diesmal stand Weller wieder auf der Vorschlagsliste, diesmal pari passu mit André *Wedemeyer*, der zwei Jahre später berufen wurde.[29] — Letztlich war es wohl nur folgerichtig, daß Weller, der seine allgemein anerkannten Chinesisch-Kenntnisse in erster Linie als Mittel zur Aufhellung der indischen Geschichte betrachtete, nicht das sinologische Ordinariat erhielt, sondern 1928 zunächst eine nichtplanmäßige außerordentliche Professur, und zwar für Indologie, daneben für Chinesisch und ostasiatische Religionsgeschichte, und daß ihm später der indologische Lehrstuhl zugesprochen wurde.

Wie schon unter Conrady hielt Weller auch unter Erich Haenisch Vorlesungen am Ostasiatischen Seminar,[30] und auch seine wissenschaftlichen Arbeiten jener Zeit fielen zum großen Teil eher in den ostasiatischen als den indologischen Bereich. Zugleich arbeitete er sich weiter in die zentralasiatischen Sprachen ein, so ins Mongolische, wobei ihn besonders D. *Nacagdorž* (1906—1937) unterstützte, einer der Begründer und der bedeutendsten Vertreter der modernen mongolischen Literatur, der — mit einer Gruppe junger Mongolen zum Studium nach Deutschland gekommen — Ende der 20er Jahre auf Haenischs Veranlassung mit Frau und Kind in Leipzig wohnte.

Durch Haenischs Vermittlung bekam Weller im September 1930 die Möglichkeit, in China zu arbeiten. Er erhielt eine Assistentenstelle am Sino-Indian Institute der Harvard University in Peking,[31] und er hat hier drei sehr glückliche Jahre verbracht. Neben der Lehrtätigkeit blieb ihm genügend Zeit für seine Forschungen und für Reisen durch das Land, und hier hat er auch die Konzertsängerin Johanna geborene Bachmann geheiratet, die ihm fast vier Jahrzehnte lang eine treue Begleiterin war. Überschattet war dieser China-Aufenthalt nur durch die Tatsache, daß sein Vater in jener Zeit arbeitslos war und keinerlei Unterstützung erhielt; die Sorgen um die Eltern wurden auch der Anlaß, daß er nach drei Jahren seine Tätigkeit in Peking abbrach.

Dieses Sino-Indian Institute stand unter der Leitung von Alexander *von Staël-Holstein*[32], der als Professor für zentralasiatische Philologie die Erforschung des Buddhismus in seinem gesamten Umfang, d. h. die Nutzbarmachung der in verschiedenen Sprachen abgefaßten Quellen, als seine Aufgabe ansah. Dies war auch die Zielstellung des Instituts, und es bedarf keines Kommentares, daß dies für Friedrich Weller eine ideale Arbeitsstelle war. Außer Staël-Holstein und Weller war in jenen Jahren B. J. *Pankratov* aus Leningrad an diesem Institut tätig, der — als Fachmann für Mongolisch, Mandschurisch und Chinesisch — bereits damals unter anderem mit den Untersuchungen zur „Geheimen Geschichte der Mongolen" befaßt war, die erst 30 Jahre später, 1962, in Leningrad erscheinen sollten.[33] Weiterhin wirkten Professor *Lin* Li-kuang an diesem Institut, der nach seinem Studium in Paris für Sanskrit und Tibetisch zuständig war und damals über die Ta-hsia arbeitete, die Turkologin Annemarie *von Gabain* und schließlich zwei mongolische Lamas, die vor allem durch ihre Realienkenntnisse von großem Wert waren.

Neben seinen Lehrveranstaltungen (er gab Unterricht in Sanskrit und leitete Seminare über chinesische buddhistische Texte) begann Weller damals auf Anregung von Staël-Holstein mit seinen Arbeiten zum Kāśyapaparivarta, der für die Entwicklung des Buddhismus insofern von Bedeutung ist, als hier zum ersten Male nicht mehr dem Buddha, sondern dem Bodhisattva der höchste Wert zugesprochen wird — eine Anschauung, die sich später im Mahāyāna-Buddhismus endgültig durchsetzte. Weller ging aus von der Überlegung, daß „für die weitere Forschung auf dem Gebiet des Buddhismus vielfach und in weitem Ausmaß noch die technischen Mittel zum Studium geschaffen werden [müssen], vor allem neue Wörterbücher für die Sprachen, in welchen das buddhistische Schrifttum abgefaßt ist, um... die Erschließung neuer Quellen zu erleichtern".[34] Zu diesem Zwecke publizierte er zunächst einen tibetischen Index zum Kāśyapaparivarta[35], und zwar von einer Genauigkeit und Ausführlichkeit, wie es zuvor in der Buddhologie nirgends realisiert worden ist. Einen ähnlichen Index erarbeitete er damals auch für den indischen Text des Kāśyapaparivarta[36], einige Jahre später folgte ein soghdisch-chinesischer Index zum Dīrghanikāyasūtra[37], und 25 Jahre später, in den 50er Jahren, erschien der tibetisch-sanskritische Index zum Bodhicaryāvatāra[38] — zwei große handgeschriebene Bände von immerhin 304 und 307 Seiten. — Weitere Arbeiten zum Kāśyapaparivarta waren der textkritischen Untersuchung der drei wichtigsten chinesischen Fassungen gewidmet (aus der Han-, der Sung- und der Chin-Zeit),[39] die er später zusammen mit der deutschen Übersetzung veröffentlichte, da diese Texte dem Indologen im allgemeinen unzugänglich sind.

Aber auch damit war für ihn diese Arbeit noch nicht zu Ende. Die nächste Aufgabe war die Herausgabe der mongolischen Fassung[40], welche — nach der tibetischen Version hergestellt — dort, wo der tibetische Text allein aus Mangel an Hilfsmitteln unverständlich ist, weiterhelfen kann, die zumindest zeigen kann, wie der mongolische Übersetzer die fragliche Stelle auffaßte. Weller wies außerdem nach, daß der Text des mongolischen Kandschurs in seiner heutigen Form nicht nur aus den uns bekannten tibetischen Fassungen übersetzt sein kann, sondern daß der Übersetzer entweder eine andere tibetische Fassung vor sich hatte oder daß ihm ein uns unbekanntes Sanskritmanuskript als Hilfe zur Verfügung stand. Schließlich verdeutschte Weller noch den sanskritisch-tibetischen Text.[41]

Um anzudeuten, mit welchen Mühen allein die Herstellung einer solchen Textausgabe verbunden war, sei noch auf zwei Dinge hingewiesen: Der mongolische Kandschur (die Sammlung der heiligen Texte des Lamaismus, zumeist Übersetzungen, darunter auch des genannten Kāśyapaparivarta) umfaßt — ebenso wie der tibetische — etwa 108 großformatige Bände, jeder Band mit etwa 400 Blatt, also 800 Seiten. Es gab damals kein Inhaltsverzeichnis in unserem Sinne, mit dessen Hilfe man einen Text hätte herausfinden können. Die Katalogisierung und damit Erschließung der tibetischen und mongolischen Literatur begann in größerem Maße erst um die Mitte unseres Jahrhunderts. Weller hatte damals das Glück, daß ihm ein so ausgezeichneter Mongolist wie Pankratov zur Seite stand — sonst wäre allein das Auffinden des Textes eine sehr langwierige Sache gewesen.

Ein zweiter Punkt, auf den hingewiesen werden soll: Wenn man heute eine Textausgabe plant, läßt man sich als erstes von dem in Aussicht genommenen Texte einen Mikrofilm, eine Xerokopie oder ähnliches herstellen. Weller mußte den Text mit der Hand abschreiben. Da sich die Publikation dieser Arbeit nicht sofort realisieren ließ, wurde diese Abschrift zusammen mit großen Teilen seiner Bibliothek während des zweiten Weltkrieges ausgelagert, und als er sie 1945 wiedererhielt, waren so viele Teile davon zerstört oder beschädigt, daß sie als Vorlage nicht mehr brauchbar waren. Zum Glück war die Technik inzwischen so weit fortgeschritten, daß seine Kollegen in Indien und Paris ihm Mikrofilme zur Verfügung stellen konnten.

Einige andere Aktivitäten Wellers während dieser Pekinger Zeit seien zumindest gestreift. Um die chinesische Umgangssprache zu lernen, nahm er auf eigene Kosten einen Chinesisch-Lehrer, einen Herrn *Tung* Hsiang-chen, der jeden Abend — außer sonntags — zwei Stunden auf sein Zimmer kam. Dabei stellte sich heraus, daß dieser Lehrer ein guter Kenner der Folklore des Pekinger Raumes war. Eine ganze Reihe von Märchen und Legenden wurden daraufhin schriftlich fixiert, und in den nächsten Jahren erschienen nicht weniger als vier Beiträge zu dieser Thematik — einmal die Übersetzungen, dazu Angaben zum Brauchtum und zum Alltagsleben der Chinesen.[42]

Noch ein anderer Komplex scheint mir charakteristisch zu sein für die Breite seines Blickes. Er selbst erzählte die Geschichte so: Als er einmal durch den ehemals kaiserlichen

Park der alten chinesischen Hauptstadt ging, sah er seltsame Felsbildungen — zackig geformte Steine, wie man sie üblicherweise in der Natur nicht antrifft. Er entsann sich, daß auf manchen Malereien des mittelalterlichen Europa eben diese charakteristischen Formen auftauchen. Später, wieder in Deutschland, ging er der Sache nach, sah sich nun auch andere Motive dieser alten europäischen Bildwerke genauer an und stellte fest, daß manche dieser Motive sich beim besten Willen nicht mit der zeitgenössischen europäischen Tradition verknüpfen lassen, daß sie aber sofort einsichtig werden, wenn man unterstellt, daß die mittelalterlichen Künstler Vorlagen benutzten, die aus einem buddhistischen Lande stammen, in diesem Falle aus China. Erwähnt seien hier nur Darstellungen mit der Geburt Christi, auf denen Maria nicht in einer Hütte bei der Krippe sitzt, sondern vor einem Baume steht, das Jesuskind ihr zu Füßen auf dem Boden oder einem Tuche liegend — ein Motiv, das innerhalb der europäischen Kunstgeschichte nicht zu erklären ist, das sich aber löst, wenn man es mit der Geburtsgeschichte Buddhas in Verbindung bringt: Māyā, die Mutter des späteren Buddha, stand bei dessen Geburt unter einem Feigenbaum.[43] Einflüsse der Kulturen Asiens auf die abendländische Geschichte, die nach seiner Ansicht vielleicht einen Anstoß zur Entstehung der europäischen Renaissance gaben, fanden stets Wellers Interesse, und es ist bedauerlich, daß er seine Gedanken dazu zwar oft in Seminaren und Gesprächen vortrug, aber nur selten zu Papier brachte.[44] Wenige Jahre vor seinem Tode hat er diese asiatisch-europäischen Beziehungen nochmals aufgegriffen und einige Bemerkungen zum „Besuch eines Indologen im Halberstädter Dom“ veröffentlicht; hier weist er hin auf Bezüge zwischen einem christlichen Marienteppich aus dem 15. Jahrhundert und chinesischen buddhistischen Holzschnitten sowie auf Affinitäten eines Tympanonreliefs am nördlichen Turmportal der Westvorhalle des Domes zu drei Strophen des Ṛgveda.[45]

Damit soll es genug sein über diese Pekinger Zeit. Im Frühjahr 1933 bestieg er das Schiff nach Italien, und damit waren für ihn „die schönen Tage von Aranjuez“ zu Ende. Während seines China-Aufenthaltes hatten in Deutschland die Faschisten zunächst die Straßen und schließlich die Macht im Staate erobert — Ereignisse, von denen er in seinem Institut in Peking nicht so sehr viel erfuhr. Erst während der Rückreise, auf dem Schiff, als in Bombay einige damals in Indien ansässige Juden zustiegen, erhielt er von diesen nähere Auskünfte über die Geschehnisse in Deutschland. Im Mai 1933 traf er wieder in Leipzig ein, und damit begann wohl die schlimmste Zeit seines Lebens. Die faschistische Ideologie und speziell die „Rassentheorie“ waren ihm zutiefst zuwider, und er sah in seiner naiven Aufrichtigkeit keinen Grund, aus dieser Abneigung einen Hehl zu machen und etwa die Zusammenarbeit mit jüdischen Kollegen abzubrechen. Die Folgen sollten sich sehr bald zeigen: Im September 1934 wollte er zum Orientalistenkongreß nach Rom fahren. Sein Antrag war genehmigt worden, er saß mit seiner Frau im Zug nach dem Süden, als er hinter Plauen vom Zugschaffner ein Telegramm erhielt: „Zurückziehe Genehmigung Teilnahme Orientalistenkongreß Rom. Reichswissenschaftsminister“[46]. Um nicht an der Grenze verhaftet zu werden — eine Furcht, die damals wahrscheinlich nicht ganz unbegründet war —, stieg er in Hof um in den nächsten Zug nach Leipzig, und hier erhielt er, etliche Wochen später, auf seine dringenden Rückfragen vom Reichsministerium die schriftliche Mitteilung, daß die Zurücknahme der Genehmigung nicht auf persönlichen Gründen beruhe, sondern daß sie erfolgt sei, da die deutsche Delegation zu groß gewesen sei.[47] Und auf seine Erkundigung, wen diese Maßnahme noch betroffen hätte, stellte sich heraus, daß nur der Hallenser Semitist *Brockelmann* außer ihm zurückgerufen worden war, dessen Einstellung zum Faschismus sich von der Wellers kaum unterschied. Mit der Stellungnahme des Ministeriums war Weller zwar formal rehabilitiert, aber inzwischen waren verschiedene Gerüchte in Umlauf gekommen, nicht zuletzt durch den damaligen Dekan, die besagten, „daß Kollege Weller wegen Freimaurerei oder ähnlichen Schandtaten in Hof aus dem Zug geholt worden sei“[48]. Und die Folgen dieser Gerüchte hatte Weller noch lange Zeit zu spüren: Ihm galt von jetzt an die „Fürsorge“ bestimmter staatlicher Stellen, seine Post wurde kontrolliert, wahrscheinlich auch seine Telephongespräche, er durfte Deutschland nicht mehr verlassen. Und als — um noch ein Beispiel anzuführen — einige Zeit später ein Dolmetscher für Russisch gesucht wurde, lehnte der damalige Dozentenschaftsleiter Weller ab unter Bezug auf jene Angelegenheit: „Die Vertretung der deutschen Orientalistik bei dem ... Kongreß in Rom durch Prof. Weller ist von der Regierung als unerwünscht bezeichnet worden“[49].

Einen Höhepunkt erreichten die Angriffe auf Weller noch einmal, als nach der Emeritierung des 65jährigen Johannes Hertel[50] im März 1937 die Frage der Besetzung des Lehrstuhls für Indologie aktuell wurde. Zur Diskussion standen damals außer Weller seine jüngeren Kollegen Ernst *Waldschmidt* und Ludwig *Alsdorf*. Die Dinge, die beim Antrag für Weller aufs Tapet kamen, betrafen wieder die Zusammenarbeit mit Bruno Schindler. In einem Gutachten der Dozentenschaft heißt es: „Die... Frage, die geklärt werden muß, ist die, warum Weller nicht spätestens nach der Revolution [gemeint ist der Januar 1933] die Bindungen mit dem jüdischen Verlag löste!“[51] Zu Wellers Gunsten spräche lediglich, daß er keine pekuniären Vorteile aus dieser Verbindung gezogen habe. Außerdem warf man ihm jetzt vor allem seine Neigung zu den philantropischen Zielen der Freimaurer vor, die in den 20er Jahren — nicht zuletzt unter dem Einfluß seines späteren Schwiegervaters, des „Meisters vom Stuhl“ Karl Eduard *Bachmann* — eine starke Anziehung auf ihn ausgeübt hatten und zu denen er bis 1933 gehört hatte. — Indes war die Menge und die Qualität seiner wissenschaftlichen Arbeiten und dadurch sein internationales Ansehen in den zurückliegenden Jahren so gewachsen, daß die Philosophische Fakultät und das zuständige Ministerium an diesen Leistungen nicht vorübergehen konnten. Besonders zu erwähnen sind hier Wellers Arbeiten zu buddhistischen Texten in soghdischer Sprache.[52] Dank seiner sinologischen Kenntnisse konnte Weller den endgültigen Beweis liefern, daß diese nordiranischen Soghder nach chinesischen Quellen arbeiteten, und ebenso wies er nach, daß der Buddhismus über eben diese Soghder zu den türkischen Uiguren und von diesen zu den Mongolen gekommen ist. Nicht zuletzt auf diesen Arbeiten Wellers beruhten die Gutachten, die anläßlich der Wiederbesetzung des indologischen Lehrstuhls von Heinrich *Lüders* und Emil *Sieg* und von dem Norweger Sten *Konow* bei der Philosophischen Fakultät eintrafen und deren Tenor ganz eindeutig war.[53] Vor allem aber setzte sich Johannes Hertel mit großem Nachdruck für Weller ein — eine Haltung, die unter den damaligen Umständen besondere Achtung verdient: Weller war nie Hertels Schüler, Hertel veröffentlichte gerade in jenen Jahren manche Thesen, mit denen sich Weller nicht einverstanden erklären konnte, und Hertel war natürlich über die Einwände gegen Weller genau informiert. Hertel schrieb: „Kein zweiter Indologe kann sich so ausgebreiteter Sprach- und Literaturkenntnisse rühmen wie Weller“[54] — und das gab schließlich den Ausschlag: Weller wurde 1938 zum Ordinarius für Indologie und zugleich zum Direktor des Indischen Instituts berufen — ein Amt, das er von nun an bis zu seinem 69. Lebensjahre ausüben sollte.

Dennoch sind die folgenden Jahre bis zum Zusammenbruch des Faschismus eine Zeit schwerster psychischer Belastung für Friedrich Weller gewesen, und bis in seine letzten Lebensjahre war die Erinnerung daran wach und bedrückend. Ängste, von denen er oft sprach, müssen wohl im Zusammenhang mit Erlebnissen jener finsteren Periode deutscher Geschichte verstanden werden. Während eines Urlaubs zu Beginn der 40er Jahre in Überlingen erlitt er einen Nervenzusammenbruch. Der ihn dort behandelnde Arzt, mit einer

Jüdin verheiratet, überwies ihn an den damaligen Direktor der Leipziger Universitätsnervenklinik, Professor *Bostroem*, der ihn aus gesundheitlichen Gründen für längere Zeit dem Universitätsbetrieb entzog. Seiner gedachte Weller bis zu seinem Tode voller Dankbarkeit: „Wenn dieser Mann sich nicht vor mich gestellt hätte ...“.

Ein Jahr nach seinem Amtsantritt hatte der faschistische Krieg begonnen. Er erlebte die Bombenangriffe auf Leipzig mit, und damals traf ihn ein Verlust, den er bis an sein Ende nicht verwunden hat: Am 3. Dezember 1943 ging zusammen mit vielen anderen Universitätseinrichtungen das Indische Institut (damals Universitätsstraße 15[I]) mit seiner gesamten Bibliothek in Flammen auf — einige Tage später stellte ihm der Universitätsrentmeister Kellerräume zur Verfügung, die er seit Monaten erbeten und gefordert hatte. In den letzten Kriegsjahren befand sich das Indische Institut — soweit man eine Einrichtung, deren gesamtes Inventar verlorengegangen ist, noch als „Institut“ bezeichnen kann — in der Mädchenberufsschule in der Hohen Straße (heute Goethe-Schule). Und nach Kriegsende mußte er feststellen, daß auch von seiner Privatbibliothek, die in das Schloß von Machern und in die Albrechtsburg zu Meißen ausgelagert worden war, ein großer Teil der wertvollsten und nicht wieder ersetzbaren Bestände nicht mehr vorhanden oder nicht mehr benutzbar war. Verschiedene Projekte, die er sich vorgenommen hatte, konnten deshalb nicht realisiert werden.

Noch ein anderes Ereignis fiel in jene Kriegsjahre: Am 9. Juni 1943 wurde Friedrich Weller von der Sächsischen Akademie der Wissenschaften zu Leipzig zum ordentlichen Mitglied ihrer Philologisch-historischen Klasse gewählt[55] — eine Auszeichnung, die angesichts seiner wissenschaftlichen Leistungen nur folgerichtig war. Aber wegen der bekannten politischen Einstellung Wellers erhob der sächsische Gauleiter Martin Mutschmann persönlich Einspruch, und das zuständige Ministerium der faschistischen Regierung weigerte sich, die Wahl zu bestätigen, so daß die offizielle Aufnahme Wellers in die Akademie erst am 21. Juni 1945, auf der ersten Gesamtsitzung nach dem Zusammenbruch des faschistischen Regimes, erfolgen konnte.[56]

Nach dem Ende des faschistischen Krieges hatte Weller natürlich andere Möglichkeiten als während der Naziherrschaft. Einige Aufgaben, mit denen man ihn jetzt betraute, wurden bereits erwähnt (Übernahme der Leitung verschiedener Institute). Einen gewissen Ausgleich für die verlorengegangenen Materialien bot die Tatsache, daß jetzt der internationale Austausch von Publikationen wieder in Gang kam und daß auch der Austausch von Gedanken und Informationen — durch den Besuch internationaler Kongresse — wieder möglich war. Dazu kam, daß nach der Gründung der Deutschen Demokratischen Republik die Mittel, die für den Wiederaufbau der Institutsbibliothek zur Verfügung gestellt wurden, trotz der nicht einfachen Nachkriegssituation recht beträchtlich waren. So gelang es ihm, eine Bibliothek aufzubauen, die zwar in manchem den Vorkriegsstand nicht wieder erreichte, die aber — vor allem, nachdem der Hertelsche Nachlaß erworben werden konnte — nicht nur für die Lehre, sondern auch für die wissenschaftliche Arbeit eine solide Grundlage bot und die heute innerhalb der DDR zu den am besten ausgestatteten indologischen Fachbibliotheken zählt.[57]

In den folgenden Jahren fand die Arbeit Wellers nicht nur im eigenen Land, sondern international immer mehr Anerkennung. 1954, zu seinem 65. Geburtstage, wurde ihm eine stattliche Festschrift gewidmet mit Beiträgen von 55 Gelehrten aus aller Welt.[58] Im folgenden Jahr erhielt er den Nationalpreis II. Klasse für Wissenschaft und Technik, 1957 wurde er korrespondierendes Mitglied der School of Oriental and African Studies in London, später Ehrenmitglied der Deutschen Morgenländischen Gesellschaft zu Mainz, des Nationalkomitees der Asien-, Afrika- und Lateinamerikawissenschaften der DDR und der

Kőrösi-Csoma-Gesellschaft in Budapest. Zu seinem 75. Geburtstag wurde ihm der Titel „Hervorragender Wissenschaftler des Volkes" verliehen.

In den Jahren vor seiner Emeritierung hatte Weller nun wieder regelmäßig einige Schüler, wenn auch ihre Zahl — wie in den orientalistischen Fächern meist üblich — nie besonders groß war. Wer sich durch die ersten Gespräche mit ihm, in denen er auf die Schwierigkeiten beim Studium hinwies, nachdrücklicher aber noch auf die Schwierigkeiten, die nach dem Studium zu erwarten sein könnten, und wer sich durch die Anfangsschwierigkeiten nicht abschrecken ließ, fand in ihm einen Lehrer, der ihn mit großer Geduld und Güte mit den handwerklichen Fertigkeiten seiner Wissenschaft vertraut machte, der auch für seine privaten Sorgen jederzeit ein offenes Ohr hatte, der allerdings auch hohe Anforderungen stellte. Für die Lektüre von Pālitexten legte er die unter König Tschulalongkorn edierte Ausgabe in siamesischer Schrift zugrunde — die Erlernung der auf dem indischen Subkontinent gängigen Schriften wurde vorausgesetzt. Und ebenso ging er davon aus, daß ein Student imstande sein müsse, sich die Grundregeln einer fremden Sprache im Selbststudium anzueignen, wenn er bei buddhistischen Texten, die in mehreren Sprachen vorlagen, auch die Parallelfassungen lesen ließ, in Tibetisch, später auch in Mongolisch — nicht ohne den Hinweis, daß er kein Mongolist sei. Die gleiche Bescheidenheit, auf die Conrady und Hertel schon in ihren Gutachten zu seiner Habilitationsschrift hingewiesen hatten, zeigt sich auch in seinen späteren Publikationen immer wieder. Ende der 50er Jahre veröffentlicht er einige Beiträge zur mongolischen Grammatik, mit dem bezeichnenden Titel „Anfragen eines Nichtmongolisten an den Mongolisten"[59], und Nikolaus *Poppe* kann in seiner Antwort nur konstatieren, „daß diejenigen Kollegen, die Wellers Arbeiten kennen, wohl kaum mit seiner ... Selbstbezeichnung ... einverstanden sein werden ... als Kenner der mongolischen buddhistischen Werke ist er vielen Spezialisten auf mongolistischem Gebiet ... überlegen".[60]

Neben den buddhologischen Arbeiten, die sich außer auf Pāli- und Sanskritquellen vor allem auf ost- und zentralasiatische Texte stützten, publizierte er in der Zeit seines Ordinariats auch Forschungsergebnisse zu anderen Bereichen der Indologie, in die er seine Studenten natürlich mit der gleichen Sorgfalt einführte. Erwähnt seien hier nur seine Veröffentlichungen zu den Aśoka-Inschriften von Bairāt und Sāṃchī[61] und vor allem zur Vedistik; wie in vielen seiner buddhologischen Arbeiten lieferte er auch auf diesem Gebiet neue Beiträge zur Überlieferungsgeschichte altindischer Texte, etwa der Kathopanisad oder des Aitareya-Brāhmana.[62]

1958, mit 69 Jahren, wurde Friedrich Weller emeritiert. Der Lehrstuhl blieb zunächst unbesetzt. Dies hatte verschiedene Gründe. Einmal war — wie gesagt — die Zahl seiner Schüler immer nur gering, und die Breite seines Forschungsfeldes bedingte, daß viele derer, die bei ihm studiert hatten, sich nicht der Indologie, sondern einem der von Weller ebenfalls bearbeiteten Nachbargebiete zuwandten. So war zum Zeitpunkt von Wellers Emeritierung keiner seiner Schüler in Leipzig, dessen Ausbildung so weit fortgeschritten war, daß man ihn als Nachfolger hätte einsetzen können. Dazu kommt, daß gerade in jenen Jahren die orientalistischen Disziplinen einen tiefgreifenden Wandlungsprozeß durchmachten: Die Entwicklung der Asien- und Afrikawissenschaften, wie wir sie heute kennen, nahm damals ihren Anfang — eine Entwicklung, deren Berechtigung Weller nicht nur voll anerkannte, sondern die er selbst nachdrücklich unterstützte. Im Unterricht betonte er häufig, daß es nötig sei, „die Indologie aus dem siebenten Himmel Brahmas auf unsere Erde herunterzuholen". Und nachdem *Hertel* in den 20er Jahren vergeblich versucht hatte, einen indischen Lektor für Hindī zu bekommen, konnte Weller Mitte der 50er Jahre eine Planstelle für einen solchen Lektor durchsetzen, die 1957 bis 1959 von Śānti Bhikṣu

Śāstrī besetzt war. — Die Erkenntnis, daß der einzig richtige Weg in einem ausgewogenen Verhältnis zwischen den Disziplinen, die sich der modernen Zeit widmen, und denen der Altorientalistik liegt, diese Erkenntnis war zwar bei vielen auch damals ständig gegenwärtig, aber ihre Umsetzung in die Praxis bereitete doch einige Mühe. So erklärt es sich vielleicht, daß das Staatssekretariat für das Hoch- und Fachschulwesen 1958 nicht darauf zurückkam, einen Lehrstuhl neu zu besetzen, der auf Grund seiner ganzen Tradition mehr der Altorientalistik als der modernen Zeit verhaftet war.

Die Emeritierung bedeutete für Weller natürlich nicht das Ende seiner wissenschaftlichen Arbeiten. Seine bereits erwähnten Untersuchungen zum Kāśyapaparivarta und zum Brahmajālasūtra fanden jetzt einen gewissen Abschluß.[63] In den letzten Jahren seines Lebens war er zwar nicht mehr körperlich, aber doch geistig von einer Frische, um die ihn mancher Jüngere beneiden könnte. Er war über 85, als er begann, sich in das Uigurische einzuarbeiten; er klagte zwar dabei, daß ihm das Vokabel-Lernen neuerdings Schwierigkeiten bereite, daß ihn das Studium der Grammatik von Annemarie von Gabain außerordentlich anstrenge — aber 1979 lag der kleine Aufsatz, um dessentwillen er diese Mühen auf sich genommen hatte, vor.[64] Und unmittelbar, nachdem er bedauernd feststellte — mit 90 Jahren! —, daß selbst die Abendlektüre der Molièreschen Dramen — natürlich auf französisch — ihm nicht mehr so leicht falle wie er sich das wünschte, hielt er einen langen Exkurs über die Spezifik der Dramatik Molières, dem zuzuhören jeden Gedanken an das Alter vergessen machte. — Die letzte Monographie von Friedrich Weller, mit der er noch einmal zu einem der Ausgangspunkte, zu Aśvaghoṣas Buddhacarita, und zwar zur Geschichte der tibetischen Fassung dieses Textes, zurückkehrte, erschien wenige Monate, ehe er starb, in den Abhandlungen der Sächsischen Akademie.

Zwei Tage vor seinem Tode ließ er sich — auf seinen eigenen Wunsch — in ein Leipziger Krankenhaus bringen — „zu einer gründlichen Untersuchung", wie er sagte. Aber die Worte, mit denen er sich am Abend zuvor von seinen Freunden verabschiedete, zeigten, daß er recht genau wußte, wie es um ihn stand. Dafür spricht auch, daß er sich wenige Tage zuvor sehr eindringlich bei Frau Lucie *Geist*, die seit über 50 Jahren, seit 1926, seine Arbeiten für die Orientalistische Literaturzeitung redigierte, erkundigte, ob sie wirklich keine Außenstände mehr bei ihm habe.[65] Am Abend des 19. November 1980 verstarb er im Alter von 91 Jahren in der Leipziger Robert-Koch-Klinik. Es entsprach seiner Bescheidenheit, die bei allen Ehrungen, mit denen staatliche und wissenschaftliche Institutionen seine Leistungen würdigten, charakteristisch für ihn blieb, daß er schriftlich den Wunsch hinterließ, bei seinem Tode keine Karten zu verschicken und keine Würdigungsreden zu halten.

Das wissenschaftliche Werk, die ungewöhnliche Arbeitsdisziplin und Akribie und nicht zuletzt die menschliche Größe Friedrich Wellers werden seinen Schülern, seinen Kollegen und Freunden unvergessen bleiben.[66]

Anmerkungen

1 Bedanken möchte ich mich für ihre Unterstützung bei Frau Prof. Dr. Drucker und Frau Prof. Dr. Schwendler vom Universitätsarchiv Leipzig, bei Herrn Wiemers vom Archiv der Sächsischen Akademie der Wissenschaften, bei Fräulein Lucie Geist vom Hinrichs-Verlag (heute Akademie-Verlag), die seit 1926 mit F. Weller bekannt ist, und bei Fräulein Margarete Kießling, die seit über 20 Jahren Wellers Haushalt betreute. — In den Fußnoten werden folgende Abkürzungen verwendet:

AM	Asia Major (London: Probsthain; Leipzig: Asia Major)
ASAW	Abhandlungen der Sächsischen Akademie der Wissenschaften zu Leipzig, Philologisch-historische Klasse (Berlin: Akademie-Verlag)
CAJ	Central Asiatic Journal (The Hague, Wiesbaden)
HSIS	Harvard Sino-Indian Series (Harvard/Mass.: Harvard Yenching Institute)
MIO	Mitteilungen des Instituts für Orientforschung der Deutschen Akademie der Wissenschaften zu Berlin (Berlin: Akademie-Verlag)
MS	Monumenta Serica (Peiping; Los Angeles)
PA	Personalakte
UAL	Universitätsarchiv Leipzig
WZ KMU	Wissenschaftliche Zeitschrift der Karl-Marx-Universität Leipzig, Gesellschafts- und sprachwissenschaftliche Reihe (Leipzig: Karl-Marx-Universität)
WZKM	Wiener Zeitschrift für die Kunde des Morgenlandes (Wien)
ZDMG	Zeitschrift der Deutschen Morgenländischen Gesellschaft (Leipzig, ab 1949 Wiesbaden)

[2] Zu Brockhaus und Windisch siehe K. Mylius: Bedeutende Traditionen der Indologie in Leipzig. In: WZ KMU 28, 1979, 47–56.

[3] UAL PA 1115 (Friedrich Weller).

[4] Zu Conrady siehe F. Weller: A. Conrady zum 60. Geburtstag (28. April 1924). In: Japanisch-Deutsche Zeitschrift für Wissenschaft und Technik 2, 1924, 122; G. Lewin: Fortschrittliche Traditionen der Sinologie an der Leipziger Universität. In: WZ KMU 28, 1979, 18–20; vgl. auch M. Taube: Tibetologie und Mongolistik an der Leipziger Universität. Ebenda 39–41. – Zu v. d. Gabelentz siehe E. Richter und M. Reichardt (ed.): H. G. C. v. d. Gabelentz. Erbe und Verpflichtung, Berlin 1979 = Akademie der Wissenschaften der DDR, Zentralinstitut für Sprachwissenschaft. Linguistische Studien, Reihe A, Arbeitsberichte 53; M. Taube: G. v. d. Gabelentz – seine Herkunft und seine Zeit. In: Jahrbuch des Museums für Völkerkunde zu Leipzig 34, Berlin 1982, 16–36.

[5] So P. Thieme in Forschungen und Fortschritte 38, Berlin 1964, 222.

[6] Zum Lalita Vistara. I. Über die Prosa des Lalita Vistara. Leipzig: Harrassowitz 1915. 55 S. 8°.

[7] *Yojana* und *li* bei Fa hsien. In: ZDMG 74, 1920, 225–237; Kleine Beiträge zur Erklärung Fa hsiens. In: Hirth Anniversary Volume (Asia Major), London: Probsthain 1922, 560–574.

[8] Über den Aufbau des Pāṭikasuttanta. I. Der Pāli-Text (Dīghanikāya XXIV). In: Hirth Anniversary Volume, London 1922, 620–639; II. Übersetzung des chinesischen Textes. In: AM 5, 1928, 104–140.

[9] A. a. O., 639 und 631; die Anspielung betrifft den amerikanischen Schriftsteller und Maler Rockwell Kent, 1882–1971.

[10] Der chinesische Dharmasaṃgraha. Mit einem Anhang über das Lakkhanasuttanta des Dīghanikāya, Leipzig: E. Haessel 1923, 198 autogr. S. 4°.

[11] UAL PA 1115 (Weller).

[12] Idem.

[13] Idem.

[14] Idem.

[15] Vorlesung, veröffentlicht unter dem Titel: Die Überlieferung des älteren buddhistischen Schrifttums. In: AM 5, 1928, 149–182; Zitat auf S. 150f.

[16] AM 5, 179.

[17] A. a. O., 151.

[18] A. a. O., 151.

[19] A. a. O., 171f.

[20] A. a. O., 151.

[21] Aśvaghoṣa: Das Leben des Buddha (Buddhacaritamahākāvyanāma). Tibetisch und deutsch herausgegeben. Teil I. Leipzig 1926. XI, 328 S. 8°; Teil II, Leipzig 1928. 189 S. 8° = Veröffentlichungen des Forschungsinstituts für vergleichende Religionsgeschichte an der Universität

Leipzig, Reihe 2, Heft 3 und 8. — Vgl. auch: Schauplatz und Handlung im Buddhacarita. In: ZDMG 93 = NF 18, 1939, 306—338; Zwei zentralasiatische Fragmente des Buddhacarita, Berlin 1953, 26 S. 2 Tafeln 4° = ASAW 46,4.

22 Über das Brahmājalasūtra. Teil 1. In: AM 9, 1933, 195—332; 381—440; Brahmajālasūtra. Tibetischer und mongolischer Text. Leipzig: Harrassowitz 1934. 84 S. 8°; Das tibetische Brahmajālasūtra verdeutscht. In: Zeitschrift für Indologie und Iranistik 10, 1935, 1—61; Das Brahmajālasūtra des chinesischen Dīrghāgama verdeutscht. In: Asiatische Studien 25, Bern 1971, 202—264.

23 AM 3, 1926 („Zu Buddhacarita I,26 tibetischer Ausgabe"), 543.

24 Die Sung-Fassung des Kāśyapaparivarta. Versuch einer Verdeutschung. In: MS 25, Los Angeles 1966, 207.

25 Vgl. dazu E. Haenisch: Bruno Schindler und die alte Asia Major. In: Oriens Extremus 12, 1965, 7—9.

26 Georg Karo: Der geistige Krieg gegen Deutschland. In: Beilage zu „Mitteilungen des Verbandes der Deutschen Hochschulen", 1924, S. 8, Anm. 13.

27 „In eigener Sache". In: AM 2, 1925, (377).

28 UAL PA 525 (Haenisch); siehe dazu Lewin, a. a. O. (vgl. Anm. 4), 20.

29 Lewin, a. a. O., 22.

30 Wellers erste Vorlesungen, im WS 1922/23, betrafen „Pāliquellen zur Buddhalegende", „Karaṇḍavyūha (chin.)", „Chines. buddhistische Erzählungen". Später kamen unter anderem dazu „Lektüre ausgewählter Abschnitte eines tibet. Historikers" (SS 1926), „Einführung in das klassische Tibetisch" (SS 1927), „Avadānakalpalatā skt. und tib. (WS 1927), „Einführung ins klassische Mongolisch" (SS 1929), „Klassische mongolische Texte" (WS 1929), „Chinesische Quellen zur Hunnengeschichte" (WS 1933/34).

31 Vgl. dazu Weller: Das Sino-Indian Institute der Harvard University in Peking. In: AM 9, 1933, 658—663.

32 Siehe dazu J. Schubert: Baron Alexander von Staël-Holstein † (mit Bibliographie). In: Artibus Asiae 7, 1937, 227—229.

33 B. I. Pankratov: Juan'-čao bi-ši (Sekretnaja istorija Mongolov). Tom 1. Tekst. Moskva 1962 = Pamjatniki literatury narodov vostoka. Teksty, Bol'šaja serija VIII.

34 AM 9, 1933.

35 Index to the Tibetan Translation of the Kāśyapaparivarta, Cambridge/Mass. 1934, VI, 252 S. 4° = HSIS 1.

36 Index to the Indian Text of the Kāśyapaparivarta, Cambridge/Mass. 1935, 4, 61 S. 4° = HSIS 2, part 1.

37 Soghdish-Chinese Index to the Dīrghanikāyasūtra, Cambridge/Mass. 1936, VIII, 72 S. 4° (= HSIS, mir nicht zugänglich, erwähnt in: Zum soghdischen Vimalakīrtinirdeśasūtra [siehe Anm. 52], S. 1, Anm. 2).

38 Tibetisch-sanskritischer Index zum Bodhicaryāvatāra. 1, Berlin 1952. IV, 304 S.; 2, Berlin 1955, II, 307 S. 4° = ASAW 46,3 und 47,3.

39 Kāśyapaparivarta nach der Tjin-Übersetzung verdeutscht. In: WZ KMU 13, 1964, 771—804; Kāśyapaparivarta nach der Djin-Fassung verdeutscht. In: MIO 12, 1966, 379—462; Die Sung-Fassung des Kāśyapaparivarta. Versuch einer Verdeutschung. In: MS 25, 1966, 207—361; Kāśyapaparivarta, nach der Han-Fassung verdeutscht. In: Buddhist Yearly 1968/69, Halle/S. 1970, 57—221.

40 Zum Kāśyapaparivarta. 1. Mongolischer Text, Berlin 1962, 122 S. 4° = ASAW 54,2.

41 Zum Kāśyapaparivarta. 2. Verdeutschung des sanskritisch-tibetischen Textes, Berlin 1965, 163 S. 4° = ASAW 57,3.

42 Zehn Pekinger Erzählungen. Ins Deutsche übersetzt. In: ZDMG 87 = NF 12, 1934, 138—176; Fünf Pekinger Legenden. Übersetzt. In: Zeitschrift für Missionskunde und Religionswissenschaft 49, 1934, 225—243; Zehn Volkserzählungen aus Peking. Verdeutscht. In: Anthropos 32, 1937, 743—772; Zehn Pekinger Legenden. In: Harvard Journal of Asiatic Studies 3, 1938, 68—98.

[43] Buddhistische Einflüsse auf die christliche Kunst des europäischen Mittelalters. In: WZKM 50, 1943/44, 65–146.

[44] Siehe dazu: Der Arme Heinrich in Indien. In: Orientalistische Literaturzeitung 68, 1973, 437–448.

[45] Besuch eines Indologen im Halberstädter Dom. In: Orientalistische Literaturzeitung 71, 1976, 5–11.

[46] UAL PA 1115 (Weller).

[47] Idem.

[48] Idem.

[49] Idem. – In der gleichen Stellungsnahme wurde übrigens auch ein „Herr Dr. Behrsing" (nach dem zweiten Weltkrieg Direktor des Ostasiatischen Instituts der Humboldt-Universität Berlin) zurückgewiesen: Er sei „... politisch so wenig bestimmbar, daß seine Eignung als Dolmetscher in Zweifel gezogen werden muß"!

[50] Zu Hertel siehe F. Weller: J. Hertel 13. 3. 1872 – 27. 10. 1955. In: Jahrbuch der Sächsischen Akademie der Wissenschaften zu Leipzig 1954–1956, 259–264; K. Mylius, a. a. O. (siehe Anm. 2), 56–62.

[51] UAL PA 1115 (Weller).

[52] Bemerkungen zum soghdischen Dīrghanakasūtra. In: AM 10, 1935, 221–228; Bemerkungen zum soghdischen Vimalakīrtinirdeśasūtra. In: AM 10, 1935, 314–364; Bemerkungen zur soghdischen Vajracchedikā. In: Acta Orientalia 14, Leiden – Copenhagen 1936, 112–146; Zum soghdischen Vimalakīrtinirdeśasūtra. Leipzig: DMG 1937. 87 S. 8° = Abhandlungen für die Kunde des Morgenlandes 22,6; Bemerkungen zum soghdischen Dhyāna-Texte. In: MS 2, 1936/37, 341–404, und 3, 1938, 78–129; siehe auch Anm. 37.

[53] UAL PA 1115 (Weller).

[54] Idem.

[55] Archiv der SAW, Protokollbuch III der Sächsischen Akademie der Wissenschaften, Gesamtsitzungen 1943–1961, S. 2.

[56] A. a. O., nach S. 8. – Die konstituierende Sitzung nach dem Ende des zweiten Weltkrieges fand erst am 19. 7. 1948 statt, da sich die Verhandlungen über die Weiterführung der Arbeit der Akademie über drei Jahre hinzogen.

[57] 1972 wurden alle Institutsbibliotheken der Universitätsbibliothek unterstellt. Seitdem sind die indologischen Bestände nur teilweise nutzbar, und es ist nur zu wünschen, daß sie recht bald wieder dem allgemeinen Leihverkehr zugänglich werden.

[58] Asiatica. Festschrift Friedrich Weller zum 65. Geburtstag gewidmet von seinen Freunden, Kollegen und Schülern. Herausgegeben von J. Schubert und U. Schneider, Leipzig: Harrassowitz 1954, XIX, 903 S. 4°.

[59] In: CAJ 3, 1957/58, 23–61.

[60] N. Poppe: Antwort auf Professor Fr. Wellers Fragen. In: CAJ 7, 1962, 42–59; Zitat S. 52f.

[61] Satz C der Aśoka-Inschrift von Calcutta-Bairāt. In: MIO 5, 1957, 84–90; Bemerkungen zu Aśokas Säulenedikt von Sāṃchī. In: MIO 8, 1961, 30f.

[62] Versuch einer Kritik der Kathopaniṣad, Berlin 1953, 229 S. 4° = Deutsche Akademie der Wissenschaften zu Berlin, Institut für Orientforschung, Veröffentlichung 12; Die Legende von Śunaḥśepa im Aitareyabrāhmaṇa und Śāṅkhāyanaśrautasūtra, Berlin 1956, 91 S. 8° = Berichte über die Verhandlungen der Sächsischen Akademie der Wissenschaften, Philologisch-historische Klasse 102,2; vgl. auch: Bemerkungen zum absolutiven Nominativ im Aitareyabrāhmaṇa. In: MIO 3, 1955, 272–278.

[63] Siehe Anm. 39–41 und 22.

[64] Ein paar Bemerkungen zur Einleitung der uigurischen Übersetzung des Jin'gangjing. In: WZ KMU 28, 1979, 145–148.

[65] 1936 bis 1962 war Weller im Redaktionskollegium der Orientalistischen Literaturzeitung für das Referat über den Fernen Osten (ab 1953: Zentral- und Ostasien) zuständig.

[66] Literatur über F. Weller (Würdigungen zu Geburtstagen, Nachrufe, Sonstiges):

Paul Thieme: Friedrich Weller zum 75. Geburtstag. In: Forschungen und Fortschritte 38, Berlin 1964, 222 f.
Johannes Mehlig: Friedrich Weller — ein Leben für die buddhistische Forschung. In: Buddhist Yearly 1966, Halle/S. 1966, 35—58.
Klaus Mylius: Friedrich Weller — 85 Jahre. In: Asien, Afrika, Lateinamerika 2, Berlin 1974 861 f.
Klaus Mylius: Bedeutende Traditionen der Indologie in Leipzig. In: WZ KMU 28, 1979, 62—65.
Manfred Taube: Tibetologie und Mongolistik an der Leipziger Universität. In: WZ KMU 28, 1979, 44—46.
Manfred Taube: Friedrich Weller 22. 6. 1889—11. 11. 1980. In: Orientalistische Literaturzeitung 76, 1981, 5—6.
Wilhelm Rau: Friedrich Weller 1889—1981. In: ZDMG 132, 1982, 1—21.
Bibliographie 1915—1953 (Monographien, Aufsätze, Rezensionen) in Asiatica. Festschrift F. Weller (siehe Anm. 58), S. XI—XIX; Gesamtbibliographie in W. Rau: F. Weller 1889—1980 (siehe oben).

Dr. phil. habil. Manfred Taube

Claire Préaux

21. 12. 1904—29. 3. 1979

Im Alter von 74 Jahren verstarb am 29. März dieses Jahres das auswärtige Mitglied der philologisch-historischen Klasse Mademoiselle Claire Préaux, em. o. Professor der Klassischen Philologie an der Freien Universität Brüssel, Mitglied der Académie Royale des Sciences de Belgique, korresp. Mitglied der British Academy, des Institut de France/ Académie des Inscription et Belles Lettres und der Koninklijke Nederlandse Akademie van Wetenschappen in Amsterdam.

Nach dem Schulabschluß in ihrer Vaterstadt Liège widmete sich Frau Préaux an der Universität Brüssel dem Studium der Klassischen Philologie und promovierte hier im Jahre 1927 „avec la plus grande distinction" zum Dr. phil. Mehr und mehr von der Welt der griechischen und lateinischen Papyri angezogen, in die sie von dem hervorragenden Gräzisten Marcel *Hombert* eingeführt worden war, machte sie in den folgenden Jahren deren Studium zum Mittelpunkt ihrer Forschertätigkeit und trat als Mitarbeiterin in das von ihrem Lehrer vorbildlich geleitete papyrologische Institut der Fondation Égyptologique Reine Élisabeth ein. Dort rückte sie bald zur wissenschaftlichen Assistentin auf. In derselben Funktion und später als Lehrbeauftragte wirkte Frau Préaux gleichzeitig an der Universität. Im Jahre 1945 erfolgte die Ernennung zum professeur ordinaire à l'Université sowie zum chef de section der Fondation Égyptologique. Beiden Institutionen blieb Frau Préaux auch nach der Emeritierung eng verbunden.

Seit dem Jahre 1931 war Frau Préaux eifrig bemüht, ihre Kenntnisse und ihren Gesichtskreis durch das Studium der in Alexandria, Kairo, England und den Vereinigten Staaten aufbewahrten Papyri, Ostraka und Inschriften ständig zu erweitern. Darüber hinaus hat sie auf wiederholten Reisen zahlreiche weitere Denkmäler der griechischen und römischen Herrschaft im vorderen Orient an Ort und Stelle aufgesucht und, um auch die äußeren Lebensbedingungen der Menschen von einst und jetzt und ihre Umwelt besser würdigen zu können, den Mut und die Energie aufgebracht, nicht nur Ägypten gründlich zu bereisen, sondern auch die arabische Wüste zwischen dem Nil und dem Roten Meer sowie die syrischen Randgebiete zu durchstreifen. All diese Aktivitäten sowie in Ägypten, England, Frankreich, Italien und in der Schweiz gehaltene Vorträge und die Teilnahme an internationalen Kongressen wurden auch immer wieder dazu benutzt, Beziehungen zu Kollegen aus aller Welt anzuknüpfen, die dann oft eine rege wissenschaftliche Korrespondenz einleiteten, wie sie Frau Préaux zeit ihres Lebens eifrig gepflegt hat.

Die reifen Früchte solcher vita activa liegen in fünf Büchern und zahlreichen Abhandlungen vor (das Gesamtverzeichnis der Publikationen von Frau Préaux führt 293 Titel auf). Die letzteren betreffen in der Hauptsache Einzeleditionen von Papyri und Ostraka sowie Aufsätze zur Wirtschafts-, Rechts- und Sozialgeschichte Ägyptens in griechischer und römischer Zeit. Aber daneben findet man auch Beiträge zur politischen wie zur Geistesgeschichte (ein gewisser philosophischer Einschlag ist gelegentlich auch sonst unverkennbar), zu Platon und Dichtern wie Alkaios, Menander und Kallimachos; wie diese Autorin denn überhaupt eine Vertrautheit mit der antiken Literatur verrät, die bei ihrer besonderen Fachrichtung nicht eben gewöhnlich ist. Und neben ausgezeichneten zusammenfassenden Literaturübersichten und immer vorbildlichen sachlichen Einzelrezensionen stehen — sehr bezeichnend für die humanitas dieser ebenso fröhlich-weltoffenen wie vor allem Großen in Ehrfurcht sich neigenden Frau — mehr als 20 Nachrufe auf Fachgenossen aus aller Herren Ländern, alle ausgezeichnet durch wohltuende Schlichtheit und bei aller Objektivität immer auf den ganzen Menschen ausgerichtet und geprägt von persönlicher Nähe, ja Wärme.

Gleich das erste, aus der Beschäftigung mit den Papyri hervorgegangene umfangreichere Werk von Frau Préaux «L économie royale des Lagides» (Brüssel 1939) war ein großer Wurf. Mit seinen 646 Seiten bietet es auf der Grundlage der antiken Quellen und in souveräner Auseinandersetzung mit einer weitläufigen modernen Literatur eine erschöpfende und noch heute gültige, auch schriftstellerisch meisterhaft gelungene Bearbeitung des selbst gestellten Themas. Die Originalität im Erfassen größerer Zusammenhänge und grundsätzlicher Fragestellungen wie die Zuverlässigkeit und Akribie in der Behandlung auch der unscheinbarsten Details, die, wie dieses Buch, alle Leistungen von Frau Préaux auszeichnen, haben der Verfasserin in wenigen Jahren ihren Platz in der ersten Reihe der Altertumswissenschaftler gesichert. Sie hat ihn bis zuletzt mit bescheidenem Stolz zu behaupten gewußt.

Gültiger Beweis für die weltweite Anerkennung des Lebenswerkes von Frau Préaux ist nach dem ihr schon im Jahre 1939 verliehenen Prix de la Société pour l'encouragement des Études grecques en France, dem bald weitere Auszeichnungen und Ehrungen folgten, im besonderen die Festschrift, die der Jubilarin im Jahre 1974 von ihrer Heimatuniversität zum 70. Geburtstag überreicht wurde. Auf den 825 Seiten des im Jahre darauf als Buch mit dem Titel „Le monde grec" erschienenen Bandes haben 89 Fachgenossen aus aller Welt Frau Préaux ihre Verehrung und ihren Dank durch Beiträge bezeugt, die in der Vielfalt ihrer Gegenstände zugleich die Weite der Interessen widerspiegeln, welche die wissenschaftliche Produktion der hier Gefeierten von Anfang an charakterisiert hat. Daß die Liste allein der privaten Subskribenten auf diese Festgabe mehr als 300 Namen aus ziemlich allen Ländern des Erdkreises umfaßt (auch die öffentlicher Institutionen ist ungewöhnlich groß), darf als weiteres beredtes Zeugnis dafür in Anspruch genommen werden, was der Name Claire Préaux in der wissenschaftlichen Welt gegolten hat und was er uns immer wieder bedeuten wird: Sicherheit in der Kunst des Entzifferns auch noch so schlecht erhaltener Urkunden, Zuverlässigkeit in allem Sprachlich-Philologischen, souveräne Beherrschung der Quellen wie der modernen Fachliteratur, Akribie und Sauberkeit der Methode, Unbestechlichkeit des Urteils, Selbständigkeit und Originalität in oft überraschend neuen Problemstellungen, sicheren Blick für alles Wesentliche, Meisterschaft im Aufspüren und Erfassen weitreichender Zusammenhänge.

Unserer Akademie gehörte Frau Préaux seit dem Jahre 1955 als korrespondierendes (später: auswärtiges) Mitglied der philologisch-historischen Klasse an. Wie es ihr Dankschreiben an den Präsidenten lebhaft zum Ausdruck bringt, hat sie in dieser Zuwahl nicht nur eine Ehrung gesehen, sondern sie auch als eine Verpflichtung zur Mitarbeit und als einen Auftrag empfunden. Daß sie es damit ernst meinte, bezeugen nicht nur die regelmäßig und prompt der Akademie jeweils übereigneten Publikationen sowie ihre Korrespondenzen mit dem Präsidium und mehreren ihr fachlich nahestehenden Mitgliedern, sondern beweist im besonderen auch der schöne Vortrag, den Frau Préaux im Jahre 1958 über „Tradition und Neuformungen in der hellenistischen Zivilisation von Ägypten" vor dem erweiterten Forum unserer Akademie gehalten hat. Die Verstorbene hat seither der Verbundenheit mit der Sächsischen Akademie immer wieder schriftlich wie auch mündlich (auf den Kongressen der Union académique) herzlichen Ausdruck gegeben, selbst noch in ihren letzten Tagen aus dem Krankenhaus. Sie wird über den Tod hinaus eine der Unseren bleiben, als Forscherin wie als Mensch, denn allen, die sie auch persönlich kennenlernen durften, wird Claire Préaux in der Lebendigkeit ihrer Anteilnahme, der Wärme ihres Gefühls und dem unversieglichen Charme ihres heiteren Wesens, als eine humaniste de coeur, wie sie von ihren Freunden gern genannt wurde, unvergeßlich sein.

Werner Peek

Anastasios K. Orlandos

23. 12. 1887—6. 10. 1979

Am 6. 10. 1979 verstarb in Athen das auswärtige Mitglied Anastasios K. Orlandos emeritierter ordentlicher Professor für Architektur an der Technischen Hochschule Athen (dem bekannten Polytechnikum) und emeritierter ordentlicher Professor für byzantinische Archäologie an der Universität Athen.

Orlandos entstammte einer berühmten Familie, deren Vertreter seit dem griechischen Befreiungskampf gegen die Türken als Politiker, Beamte, Militärs hervorgetreten sind.[1] Am 23. 12. 1887 als Sohn eines Arztes in Athen geboren, studierte er nach dem Besuch der höheren Schule an der Technischen Hochschule Athen klassische und byzantinische Archäologie sowie Philologie. 1915 promovierte er *summa cum laude* mit einer Dissertation über den Giebel des Poseidon-Tempels auf Kap Sunion. In jenen Jahren besuchte er zugleich Vorlesungen und Seminare im Deutschen Archäologischen Institut Athen.

1920—1958 hatte er eine Professur für Architektur an der Technischen Hochschule Athen inne, 1939—1958 gleichzeitig eine Professur für byzantinische Archäologie an der Universität Athen. Auch nach seiner Emeritierung hielt er noch Lehrveranstaltungen. Er bildete Generationen von Archäologen und Architekten aus.

Ab 1917 war er Direktor des Regierungsamtes für die Restaurierung antiker Denkmäler. Über Jahrzehnte hinweg nahm er zahlreiche Ausgrabungen in verschiedenen Gebieten Griechenlands vor und war maßgeblich an der Restaurierung der Propyläen und des Nike-Tempels auf der Akropolis, des Herodes-Attikus-Odeons nahe der Akropolis, des Poseidon-Tempels auf Kap Sunion und anderer Denkmäler beteiligt.

Er veröffentlichte etwa 280 Arbeiten (darunter gewichtige Monographien), viele davon in englischer, französischer, italienischer und deutscher Sprache, über archäologische und architekturgeschichtliche sowie epigraphische Gegenstände (1973 z. B. publizierte er sämtliche Graffiti des Parthenon).[2] Studien- und Vortragsreisen führten ihn nach West-, Süd- und Mitteleuropa.

Für den bedeutenden klassischen Archäologen Franz *Studniczka*, ebenfalls ein Mitglied der Sächsischen Akademie der Wissenschaften, war Orlandos schon 1921 „der beste griechische Schüler Dörpfelds als Architekturarchäologe".[3] Zusammen mit Wilhelm *Dörpfeld*, der gleichfalls zuerst Architektur studiert hatte, führte Orlandos 1925 Ausgrabungen im Bereich des Dionysostheaters an der Akropolis durch[4]. „Als Dörpfeld seine Arbeit begann [1877ff.], war die Zeit reif geworden für die umfassende Tätigkeit eines Bauforschers ... Man ging damals über von der Untersuchung einzelner Monumente zu größeren Aufgaben, die nicht mehr durch Gastrollen einzelner Architekten zu bewältigen waren", wie Armin von *Gerkan* sagt.[5] Ein solcher „Bauforscher" war Orlandos, ein „wohlerfahrener und anerkannter Kenner antiker Baukunst und antiken Baumaterials" (Andreas Rumpf)[6] ebenso wie ein „mit allen modernen Verfeinerungen der Methode vertrauter Architekt" (Georg Karo)[7]; E. Weigand bezeichnete ihn darüber hinaus als „gewissenhaft *und elegant* arbeitenden Architekten".[8]

Epochemachend war Orlandos' Tätigkeit auch bei der Erschließung byzantinischer Denkmäler. „Die byzantinische Kunstgeschichte ist heute ein Fach, wie sie damals, als Orlandos mit Dörpfeld zu graben begann, nicht gewesen ist. Das danken wir nicht zuletzt dem Jubilar ... Orlandos".[9] In seiner Rezension der 2., erweiterten Auflage von Orlandos' Buch über die griechische Klosterarchitektur (1958) stellte der Altmeister der deutschsprachigen Byzantinistik Franz *Dölger* fest, daß sich dieses Werk „seit Erscheinen der 1. Auflage (1926) klassische Geltung zu verschaffen wußte".[10] Als 1935 Orlandos das 'Αρχεῖον τῶν βυζαντινῶν μνημείων τῆς 'Ελλάδος (Archiv der byzantinischen Denkmäler Griechenlands) begründete, urteilte E. *Weigand*, daß Orlandos „hierzu der geeignete, ja der berufenste Mann ist"; „dies hat er durch eine lange Reihe von Einzelveröffentlichungen ... mehr als genügend bewiesen".[11] Mehrere Jahrzehnte lang wurden durchschnittlich in jedem zweiten Band der „Byzantinischen Zeitschrift" Publikationen von Orlandos durch hervorragende Fachgenossen wie E. *Weigand*, F. W. *Deichmann*, F. *Dölger*, zuletzt auch Herbert *Hunger* durchweg sehr positiv besprochen.[12]

Orlandos' vielfältige Verdienste fanden vielfache Anerkennung. 1926 wurde er Mitglied der Griechischen Akademie der Wissenschaften; 1950 war er ihr Präsident, ab 1956 ihr Generalsekretär. Er gehörte zahlreichen ausländischen Akademien als Mitglied (oder Ehrenmitglied) an, so seit 1974 der Sächsischen Akademie der Wissenschaften, und war Träger vieler in- und ausländischer Auszeichnungen. Die Geschicke der Griechischen Archäologischen Gesellschaft leitete er 1951—65 als Generalsekretär, später als Präsident. 1955 war er Vizepräsident, danach lange Jahre Präsident der Gesellschaft für Byzantinische Studien, 1932 ff. Vizepräsident, 1965ff. Präsident der Christlich-Archäologischen Gesellschaft. 1965—68 brachten ihm 128 Kollegen, Freunde und Schüler eine vierbändige Festschrift dar, s. Anm. 2.

Einer Mitteilung von Herrn Kollegen *Peek* zufolge ist es Orlandos' energischem Eintreten zu verdanken, daß der Direktor des Deutschen Archäologischen Instituts Athen, der namhafte Wissenschaftler Prof. Dr. Georg *Karo*, obwohl Jude, von der Naziregierung wenigstens bis 1936 in seinem Amt belassen wurde[13]. Der militärfaschistischen Junta, die Griechenland von 1967 bis 1974 regierte, stand Orlandos — ebenfalls nach Mitteilung von Herrn Peek — ablehnend gegenüber.

Die Sächsische Akademie wird ihm ein ehrendes Andenken bewahren.[17]

ZOFIA LISSA

19. 10. 1908—26. 3. 1980

JAROSLAV PRŮŠEK

14. 9. 1906—7. 4. 1980

Anmerkungen

[1] 'Ελευθερουδάκη Εγκυκλοπαιδικόν Λεξικόν 10, Athen 1930, 151.

[2] Das Schriftenverzeichnis in der Orlandos-Festschrift Χαριστήριον εἰς Α. Κ. 'Ορλάνδον, 4 Bände, Athen 1965–68) reicht bis 1966 (ΒΙΟΓΡΑΦΙΚΑ ΚΑΙ ΕΠΙΣΤΗΜΟΝΙΚΑΙ ΜΕΛΕΤΑΙ ΑΝΑΣΤΑΣΙΟΥ Κ. ΟΡΛΑΝΔΟΥ: I 17ff.; I 24 sind die damals im Druck befindlichen Werke genannt.) Ergänzungen dazu liegen im Archiv bzw. in den letzten Jahrbüchern der SAW vor. — Ein Abriß der Biographie von Orlandos findet sich in der Festschrift I 11ff. — Mir bekanntgewordene Rezensionen der Festschrift: M. Restle, Jahrb. d. Österr. Byzantinistik 18, 1969, 293ff.; D. M. Pippidi, Studii Clasice 9, 1967, 381f. und 12, 1970, 356f. — Die Festschrift machte mir freundlicherweise Herr I. Akamatis vom Archäologischen Seminar der Universität Thessaloniki zugänglich.

[3] Archäologisches aus Griechenland, in: Archäologischer Anzeiger 1921, 317.

[4] So Peter Gößler, Wilhelm Dörpfeld, Stuttgart 1951, 191.

[5] Nachruf auf Dörpfeld, in: Gnomon 16, 1940, 426.

[6] Bienen als Baumeister, in: Jahrb. d. Berliner Museen 6, 1964, 5ff. (das Zitat: 7).

[7] Denkmalspflege auf der Akropolis von Athen, in: Die Antike 4, 1928, 66ff. (71).

[8] Byzantin. Zeitschr. 28, 1928, 158f. (die Hervorhebung von mir. J. W.).

[9] Restle (s. o. Anm. 2) 297.

[10] Byzantin. Zeitschr. 51, 1958, 503.

[11] Ebd. 36, 1936, 451.

[12] Vgl. etwa auch die Rezension von Orlandos' Arbeit über die altchristliche Basilika von Lesbos durch H. Grégoire, in: Byzantion 4, 1927/28, 711f.

[13] Diesen Punkt behandeln leider nicht F. Matz, Gnomon 36, 1964, 637ff. (Nachruf auf Karo); Christoph Schwingenstein, Georg Karo, Neue Deutsche Biographie 11, 1977, 280f.; Volker Losemann, Nationalsozialismus und Antike, Hamburg 1977, 43; auch nicht Georg Karo, Fünfzig Jahre aus dem Leben eines Archäologen, Baden-Baden 1959 (Karo schließt 1918 und geht nur kurz im Epilog auf das Jahr 1939 ein). Auch Sp. Marinatos in seinem Nachruf auf Karo (American Journal of Archaeology 70, 1966, 73) sagt lediglich: „In 1936 the Partei found that there was Jewish blood in his veins; he was expelled from Athens, and soon afterwards from Germany." Unergiebig ferner: Helmut Kyrieleis, Abteilung Athen, in: Deutsches Archäologisches Institut, Beiträge zur Geschichte des Deutschen Archäologischen Instituts 1929–1979, Teil 1, hrsg. v. Kurt Bittel u. a., Mainz 1979, 41ff. Auch das DAI selbst kann den Fall nicht klären. Die einschlägigen Akten sind im Herbst 1945 beschlagnahmt und offenbar nicht zurückgegeben worden (freundlicher Hinweis von Herrn Prof. Dr. Strocka). In einem Privatbrief Karos vom 6. 12. 1935 an den damaligen DAI-Präsidenten Theodor Wiegand heißt es: „Außerordentlich dankbar bin ich auch den vier Herren, die sich für mich verwendet haben. Es ist eigentlich beschämend, daß so große Persönlichkeiten sich um einen kleinen Archäologen so viel Mühe geben" — leider ist nicht zu klären, wer die „vier Herren" waren; Karos Kollege Orlandos kann kaum gemeint sein. (Für den Hinweis auf diese Briefstelle danke ich Herrn Erwin Wirz/DAI.)

[14] Vgl. ferner den Nachruf von Jacques Heurgon, in: Académie des Inscriptions & Belles Lettres — 1979, H. 1, 512ff., der mir nachträglich durch die Freundlichkeit von Herrn Wirz zugänglich wurde. Auch Seiner Exzellenz dem Herrn Botschafter der Republik Griechenland in der DDR, V. Eleftheriadis, bin ich für liebenswürdige Hinweise dankbar.

Prof. Dr. Jürgen Werner

Zofia Lissa

19. 10. 1908—26. 3. 1980

Am 26. März 1980 verstarb in Warschau unerwartet im 72. Lebensjahr unser 1965 zugewähltes auswärtiges Mitglied der philologisch-historischen Klasse Professor Dr. phil., Dr. mus. Zofia Lissa, außerdem korrespondierendes Mitglied der Akademie der Künste der DDR (seit 1953), der Akademie der Wissenschaften und der Literatur in Mainz (seit 1972), Mitglied des Polnischen Nationalkomitees des Musikrates im Conseil International de Musique/UNESCO, Vizepräsident des wissenschaftlichen Rates der Chopin-Gesellschaft, Inhaber einflußreicher und ehrenvoller Ämter in fachwissenschaftlichen Institutionen, Gesellschaften, Gremien, Organisationen, sowie Träger des Polnischen Staatspreises und Goldenen Verdienstkreuzes und anderer nationaler und internationaler Auszeichnungen. Zeitweilig hatte sie die Vizepräsidentschaft des Polnischen Komponistenverbandes inne (1948—1954) sowie den Vorsitz der Polnischen Musikwissenschaftlichen Gesellschaft (1964—1968). Sie galt als bekannteste und bedeutendste Fachvertreterin ihres Landes, die die polnische Musikwissenschaft aus nationaler Enge zu internationaler Beachtung und Wertschätzung zu führen vermochte. An vielen wissenschaftlichen Kongressen und Symposien hat sie organisierend, vortragend, diskutierend, anregend und publizierend mitgewirkt. Zu Gastvorlesungen wurde sie in zahlreiche Länder, darunter auch in die DDR, eingeladen. An fachwissenschaftlichen Enzyklopädien, Handbüchern, Sammelwerken war sie maßgeblich beteiligt. In ausgedehnten Rundfunkreihen konnte sie musikbildnerische Breitenarbeit leisten und mit wegweisenden Kritiken und Werkeinführungen das zeitgenössische Musikschaffen ihres Landes beeinflussen. Ihre Verbundenheit mit der deutschen Musikwissenschaft und insbesondere mit der progressiven Musikkultur der Deutschen Demokratischen Republik hat sie stets bekundet.

Geboren wurde sie am 19. Oktober 1908 in Lemberg, dem heutigen Lwów. Nach musikalischem Grundstudium (Klavier, Orgel, Musiktheorie) am Lemberger Konservatorium mit Diplom-Abschluß 1924 widmete sie sich an der dortigen Universität dem Studium der Musikwissenschaft, Philosophie, Psychologie, Kunstgeschichte, erwarb 1929 den Grad eines Magisters der Musikwissenschaft und promovierte 1930 mit einer Dissertation „Über die Harmonik A. N. Skrjabins" zum Doktor der Philosophie, dem 1954 der Doktorgrad der Geschichtswissenschaften folgte.

Nachdem sie 1939—1941 als Professor für Musiktheorie am Lemberger Konservatorium gewirkt hatte, verbrachte sie einige Jahre in der UdSSR, bekleidete unter anderem ein Lehramt an einer usbekischen Musikschule und wurde schließlich 1945 als Kulturattaché der polnischen Botschaft nach Moskau berufen. Nach der Rückkehr in ihre Heimat habilitierte sie sich als Dozent der Musikwissenschaft an der Universität Poznań mit einer Studie „Über das Wesen des Komischen in der Musik". 1948 erfolgte der Ruf an den musikwissenschaftlichen Lehrstuhl der Universität Warszawa, wo sie ein Musikwissenschaftliches Institut gründete, zu dessen Direktor sie 1949 ernannt wurde, ein Amt, das sie bis 1975 betreute. 1951 erhielt sie die außerordentliche und 1957 die ordentliche Professur der Warschauer Universität. Neben ihrer Lehrtätigkeit widmete sie sich mit Eifer der Neuorganisation der polnischen Musikforschung und Musikpflege und wirkte zeitweise im Ministerium für Kultur und Kunst in einflußreicher Position. Außerdem arbeitete sie in verschiedenen fachwissenschaftlichen Redaktionskollegien, Komitees und Vorstandsgremien mit. Besondere Verdienste erwarb sie sich um die Inventarisierung und Dokumentation der polnischen Musikdenkmäler, um das Zustandekommen der umfassenden Publikationsreihe „Antiquitates Musicae in Polonia“ und der im Entstehen begriffenen fünfbändigen Polnischen Musikenzyklopädie. Ihre ungemein reiche Publikationstätigkeit, die sich durch imponierende Weite des Themenkreises, aktuelle Fragestellung und dialektische Forschungsmethodik auszeichnet, umfaßt historische Darstellungen und biographische Studien (insbesondere über Frederyk Chopin, Karol Szymanowski, Witold Lutosławski, Sergej Prokofjew), werkanalytische Untersuchungen und musiktheoretische Abhandlungen, Arbeiten zur Musikästhetik, -psychologie, -soziologie, -ethnologie, zur musikalischen Rezeption, Stilgeschichte und musikologischen Methodik, daneben aber auch zahlreiche Konzertkritiken und Buchrezensionen, popularwissenschaftliche Zeitungsartikel und Editionsvorworte, Lexikastichworte und Enzyklopädieartikel. Ihr historiographisches Hauptanliegen blieb indes die Erforschung der polnischen Musikgeschichte mit ihren gesellschaftlichen Bedingtheiten und die Wesensbestimmung des zeitgenössischen polnischen Musikschaffens; aber auch die russische Musikgeschichte hat aus soziologischer Sicht eine interessante Neudarstellung durch sie erfahren. Für die internationale Beethoven-Forschung erbrachte der Nachweis wechselseitiger Beziehungen und Einflüsse zwischen der polnischen Musikkultur und Beethovens Werkschaffen einen willkommenen Erkenntnisgewinn.

Am nachhaltigsten aber hat sie zweifellos auf dem Gebiet der Musikästhetik und Musikpsychologie gewirkt. Besondere Beachtung fanden hier ihre grundlegenden Werke „Fragen der Musikästhetik“, „Über das Spezifische der Musik“, „Ästhetik der Filmmusik“. Eine Sammlung von zehn Aufsätzen aus internationalen Zeitschriften zwischen 1938 und 1968 erschien unter dem Titel „Aufsätze zur Musikästhetik. Eine Auswahl“ im Henschel-Verlag Berlin 1969 als ergiebiges Studien- und Baumaterial für eine marxistische Musikäthetik (darunter „Über das Wesen des Musikwerkes“, „Die Prozessualität der Musik“, „Zeitstruktur und Zeiterlebnis im Musikwerk“, „Über das Komische in der Musik“, „Über den nationalen Stil in der Musik“). Der Ergänzungsband „Neue Aufsätze zur Musikästhetik“ (Heinrichshofen, Wilhelmshaven und Henschel-Verlag, Berlin 1975) enthält unter anderem Abhandlungen und Vorträge über „Ebenen des musikalischen Verstehens“, „Zur Theorie der musikalischen Rezeption“, „Prolegomena zur Theorie der Tradition in der Musik“, „Musik und Revolution“.

Als Zeichen internationaler Wertschätzung erschien für Zofia Lissa anläßlich ihres 70. Geburtstages die umfangreiche Festschrift „Studia musicologica, aesthetica, theoretica, historica“ (Kraków 1979) mit 38 Beiträgen von Fachkollegen aus zehn Ländern und einer Gesamtbibliographie ihrer Publikationen.

Werner Neumann

Jaroslav Průšek

14. 9. 1906—7. 4. 1980

Nach längerer Krankheit verstarb in Prag dreiundsiebzigjährig Jaroslav Průšek, emeritierter ordentlicher Professor für Sinologie und Japanologie der Karls-Universität, der seit 1965 als auswärtiges Mitglied der philologisch-historischen Klasse der Sächsischen Akademie der Wissenschaften angehörte. Mit ihm verließ uns ein Wissenschaftler, dessen Arbeiten in der Sinologie einen bleibenden, ehrenvollen Platz einnehmen.

Jaroslav Průšek wurde am 14. 9. 1906 in Prag geboren. Nach dem Besuch des Gymnasiums studierte er in seiner Vaterstadt von 1925 an zunächst antike und byzantinische

Geschichte. Seine Neigung zu außereuropäischen Kulturen veranlaßte ihn zwei Jahre später, sich der Sinologie zuzuwenden. Da seit dem Tode von Rudolf *Dvořák* (1860—1920) kein Sinologe in Prag tätig war, ging Průšek zunächst 1927 nach Göteborg zu Bernhard *Karlgren*, einem der Begründer der modernen chinesischen Sprachwissenschaft, und zwei Jahre später nach Halle/Saale zu Gustav *Haloun*, der — ein Schüler des Leipziger Sinologen August *Conrady* — vor allem durch seine Arbeiten zur altchinesischen Geographie und Geschichte bekannt ist. Auf Hallouns Anregung wählte Průšek als Thema seiner Dissertation die Wanderungen der Ti-Stämme im 11.—4. Jahrhundert v. u. Z., mit der er im Dezember 1930 in Prag promovierte. Anschließend kam er nochmals nach Deutschland, diesmal nach Leipzig, wo er sich unter André *Wedemeyer* ins Japanische einarbeitete, vor allem aber durch den damaligen sinologischen Ordinarius Erich *Haenisch* in die philologische Textinterpretation eingeführt wurde. Für die Dankbarkeit, mit der Průšek seines Lehrers aus jener Zeit immer gedachte, zeugt sein 1967 für das Jahrbuch der Sächsischen Akademie verfaßter Nachruf auf Haenisch. — Als Abschluß seiner Lehrzeit diente ihm ein fünfjähriger Aufenthalt in Ostasien, zeitweise in Japan, vor allem aber in China. Hier traf er wieder mit Friedrich *Weller* zusammen, den er in Leipzig kennengelernt hatte und der seit 1930 am Sino-Indian Institute der Harvard University in Peking seine buddhologischen Forschungen trieb, aber daneben auch der Pekinger Folklore, den Volksmärchen und Erzählungen seine Aufmerksamkeit schenkte. Průšek selbst war sich allerdings in jenen Jahren — wie er selbst sagt — „weder der Bedeutung einer solchen Forschungstätigkeit noch auch ihrer Perspektiven bewußt", und ebensowenig war er sich „über die ungeheure Bedeutung der buddhistischen Lehre für die Entwicklung des Volksschaffens im klaren". Seine Interessen lagen damals vielmehr auf dem Gebiet der altchinesischen Sozial- und Wirtschaftsgeschichte, und fast nebenbei stieß er in diesem Zusammenhang auf die Geschichtenerzähler, deren Schöpfungen sein Werk später so nachhaltig bestimmten. Es darf allerdings nicht unerwähnt bleiben, daß einer seiner chinesischen Lehrer der bekannte Literaturwissenschaftler Professor *Cheng* Chen-to war und daß Průšek bereits damals persönliche Kontakte auch zu chinesischen Schriftstellern anknüpfte, so zu *Lu Hsün*, der als Begründer der modernen chinesischen Literatur gilt, und zu *Mao Tun*, der später als Kulturminister und — bis zur Kulturrevolution — als Vorsitzender des chinesischen Schriftstellerverbandes die Arbeiten Průšeks unterstützte.

1937, nach Vorträgen an der Universität Berkeley/Kalifornien, kehrte Průšek nach Prag zurück. Es folgten die Vereinbarungen von München, die faschistische Okkupation, der zweite Weltkrieg — Ereignisse, die nicht nur jegliche Verbindung mit China, sondern auch mit der internationalen Wissenschaft unterbrachen und die zur Schließung sämtlicher tschechoslowakischer Hochschulen führten. Průšek arbeitete in dieser Zeit als Übersetzer, lehrte Chinesisch für Exportfirmen und auch am Orientalischen Institut (Orientální ústav), das damals noch kein reines Forschungsinstitut war.

Erst 1945, nachdem die faschistische Besatzung aus der Tschechoslowakei vertrieben und der Krieg zu Ende war, konnte sich Průšek habilitieren. Zwei Jahre später wurde er zum ordentlichen Professor berufen und baute nun an der Prager Philosophischen Fakultät einen Lehrstuhl für die Kulturen des gesamten Fernen Ostens auf. Zugleich leitete er das neueröffnete sinologische Institut der Palacký-Universität Olomouc, führte aber auch die Arbeit am Orientalischen Institut fort. 1950 fuhr unter seiner Leitung die erste Kulturdelegation von Prag in die Chinesische Volksrepublik. Hier konnte er alte Freundschaften erneuern und durch den Erwerb einer beträchtlichen Zahl chinesischer Werke den Grundstein zu einer ausgezeichnet ausgestatteten sinologischen Fachbibliothek legen. — Nach der Reorganisation der tschechoslowakischen Akademie der Wissenschaften 1952 wurde das Orientalische Institut der Akademie angegliedert, und vom folgenden Jahre an, nach dem Tode des bisherigen Direktors, des Indologen V. *Lesný*, arbeitete Průšek, der inzwischen zum ordentlichen Akademiemitglied gewählt worden war, bis zu seiner Emeritierung 1971 hauptamtlich als Direktor dieses Instituts. In dieser Funktion hat er es verstanden, eine „Prager Schule“ der Sinologie zu begründen, aber dennoch nicht nur sein eigenes Fach, sondern auch zahlreiche andere orientalistische Disziplinen mit großem Erfolg zu fördern.

Den Schwerpunkt der wissenschaftlichen Arbeiten Průšeks bildete die Erforschung der chinesischen Literatur von der Chou-Zeit bis in die Gegenwart, wobei sein besonderes Interesse den älteren umgangssprachlichen Werken und der Gegenwartsliteratur galt. In vielen Publikationen ging er der Entwicklung der chinesischen Roman- und Novellenliteratur nach, als deren Anfänge er die umgangssprachliche Prosaliteratur der Sung-Städte erkannte. Er verfolgte die Balladendichtung von ihren Ursprüngen, den buddhistischen *pien-wen*, in Versen geschriebenen Erzählungen mit eingeschobenen Prosapartien, bis zur Revolutionsdichtung unseres Jahrhunderts. Fragen der Stilistik beschäftigten ihn ebenso wie die Literatursoziologie und die vergleichende Literaturwissenschaft. Eine Art Zusammenschau bietet seine bedeutendste monographische Publikation über „Die Literaturen des befreiten China und ihre Volkstraditionen“ (Prag 1955). — Daß er jedoch nicht nur in der Literaturwissenschaft, sondern auch in anderen Bereichen zu Hause war, zeigt beispielsweise sein Aufsatz über die Aspekte im Chinesischen. Und auch sein Interesse für die Wirtschafts- und Sozialgeschichte hat ihn bis ins Alter nicht verlassen. Erwähnt sei nur sein Vortrag über „Das Reiternomadentum und China im 9.—7. Jahrhundert v. u. Z.“ vor dem Plenum der Sächsischen Akademie der Wissenschaften (1966) und seine Monographie „Chinese Statelets and the Northern Barbarians in the Period 1400—300 B. C.“ (Prag 1971). Die Breite seiner sinologischen Bildung, seiner Interessen und Leistungen, die getragen wurden durch „große Genauigkeit, Reichtum der Gedanken und scharfes, strenges Urteil“ (so *Haenisch*), fanden schließlich auch Ausdruck in dem Sammelband „Chinese History and Literature“ (Prag und Dordrecht 1970), in dem in englischer und französischer Sprache verstreut erschienene literaturhistorische Aufsätze Průšeks zusammengefaßt wurden. — Ein besonderes Anliegen Průšeks ist es immer gewesen, breiteren Kreisen seines Landes die chinesische Kultur näherzubringen. Diesem Ziel dienten zahlreiche populärwissenschaftliche Publikationen, vor allem aber eine umfangreiche Reihe von Übersetzungen. Daß er neben allen diesen Arbeiten noch Zeit fand, auch wissenschaftsorganisatorische Aufgaben zu übernehmen, zeugt von seiner enormen Arbeitskraft. Durch den Aufbau der „Prager Schule“ machte er die tschechoslowakische Sinologie weit über die Grenzen seines Landes hinaus bekannt. Aber auch in internationalen Körperschaften wirkte er mit. Als Nachfolger von Friedrich *Weller* war er im Herausgeberkollegium der Orientalistischen Literaturzeitung für die Sparte Ferner Osten zuständig, er war General Editor des dreibändigen „Dictionary of Oriental Literatures“ (London 1974), in der Union Académique Internationale vertrat er viele Jahre hindurch die Prager Akademie. Das hohe Ansehen, das Průšek genoß, bestätigt eine Festschrift mit dem Titel „Études d'Histoire et de Littérature Chinoises offertes au Professeur Jaroslav Průšek“ (Paris 1976), die ihm seine Kollegen in aller Welt zum 70. Geburtstag widmeten. Unter weiteren Ehrungen, die ihm im In- und Ausland zuteil wurden, seien hier nur die zweimalige Verleihung des Klement-Gottwald-Nationalpreises sowie die Ehrendoktorwürde der Universität Stockholm und der Berliner Humboldt-Universität erwähnt. Die Akademie der Wissenschaften der DDR zu Berlin, die Bayerische Akademie der Wissenschaften zu München und die Sächsische Akademie der Wissenschaften zu Leipzig wählten ihn zum auswärtigen Mitglied. — Mit seinem „lieben Leipzig, an das sich so viele schöne Erinnerungen aus der Jugend knüpfen", fühlte sich Průšek besonders verbunden, und nach 1945 kam er mehrmals hierher, um an der Sächsischen Akademie oder — auf Einladung von Eduard *Erkes* — am ehemaligen Ostasiatischen Institut der Karl-Marx-Universität Vorträge zu halten. So mag ihn auch die Würdigung durch seine Aufnahme in die Sächsische Akademie der Wissenschaften besonders erfreut haben, da er sich nun — wie er es in seinem Dank ausdrückte — „der großen orientalischen und speziell sinologischen Leipziger Schule zugeordnet fühlen" dürfe.

Mit Jaroslav Průšek verliert die Sinologie einen ihrer markantesten Vertreter. Seine Schüler, seine Freunde und Kollegen werden sein Andenken in Ehren bewahren. Mit seinem Werk hat er der Sinologie wertvolle Anregungen gegeben und unser Wissen von der chinesischen Literatur und ihrer Geschichte wie auch von der Kultur des chinesischen Altertums wesentlich bereichert.

Dr. phil. habil. Manfred Taube

ZUWAHLEN

In der Plenarsitzung am 8. Oktober 1982 wurden gewählt

Auswärtige Mitglieder der mathematisch-naturwissenschaftlichen Klasse

Blinc, Robert, Prof. Dr. rer. nat. (Physik), Institut „Jožef Stefan", Amoka 39, 61001 Ljubljana, SFR Jugoslavien; Ju-61000 Ljubljana, Kumanovska 1, Tel. (061) 315 213.

Schmetterer, Leopold, Prof. Dr. rer. nat., Dr. rer. nat. h. c. (Mathematik), 1030 Wien, Rennweg 45/15, Österreich.

Auswärtige Mitglieder der philologisch-historischen Klasse

Asmussen, Jes P., Prof. Dr. theol., Dr. phil. (Iranistik/Philologie), DK 1260 Kopenhagen — K, Bredgade 77, Dänemark, Tel. 01-127 675

D'Hondt, Jacques, Prof. Dr. phil. (Philosophiegeschichte), Université de Poitiers, Institut de Philosophie, 8, rue René-Descartes, 86 022 Poitiers; 35, rue Lacépède, F-75005 Paris, Tel. (1) 331-44-31.

Stepanov, Georgij W., Prof. Dr. phil. (Hispanistik/Linguistik), Institut für Sprachwissenschaft der Akademie der Wissenschaften der UdSSR, 103 009 Moskva, ul. Semasko 1/12, UdSSR.

Udal'cova, Zinaida V., Prof. Dr. phil. (Byzantinistik), Institut für Allgemeine Geschichte der Akademie der Wissenschaften der UdSSR, 117 036 Moskva, ul. Uljanova, d. 10, UdSSR.

ABKÜRZUNGEN

Abh.	Abhandlung(en)
AdW	Akademie der Wissenschaften
AfO	Archiv für Orientforschung. (Berlin) Graz
Alman.	Almanach
Ann.	Annalen
Anz.	Anzeige(r)
Arch.	Archiv
Bd	Band, Bände
Beil.	Beilage
Beitr.	Beiträge zur Geschichte der deutschen Sprache und Literatur. Tübingen
Ber.	Berichte
Bespr.	Besprechungen
BO	Bibliotheca Orientalis. Leiden
BrP	Beiträge zur romanischen Philologie. Berlin
CVA	Corpus Vasorum Antiquorum
ders., dies.	derselbe, dieselbe
DLZ	Deutsche Literaturzeitung. Berlin 1880ff.
dtsch.	deutsch(e, er)
EAZ	Ethnographisch-Archäologische Zeitschrift
ebda	ebenda
Festschr.	Festschrift
Forsch.	Forschungen
FuF	Forschungen und Fortschritt. Berlin
H.	Heft
HZ	Historische Zeitschrift
Interv.	Interview
Jahrb., Jb.	Jahrbuch
Jh.	Jahrhundert
Kal.	Kalender
KdT	Kammer der Technik
KMU	Karl-Marx-Universität Leipzig
Ktn	Karten
LAB	Linguistische Arbeitsberichte Leipzig
Lfg	Lieferung
LVZ	Leipziger Volkszeitung

MGH	Monumenta Germaniae Historica
Mitt.	Mitteilungen
MPG	Max-Planck-Gesellschaft
Nachf.	Nachfolger
Nachr.	Nachruf
ND	Neues Deutschland
Nkdl. Inf.	Namenkundliche Informationen
NT	Neues Testament
OLZ	Orientalische Literaturzeitung. (Leipzig) Berlin
o. V.	ohne Verfasser
PGM	Petermanns Geographische Mitteilungen
PH	Pädagogische Hochschule
Pl.	Plan, Pläne
RD	Referatedienst zur Literaturwissenschaft
Rdsch.	Rundschau
Rev.	Revue
Rep.	Report
RGW	Rat für gegenseitige Wirtschaftshilfe
T.	Teil, Titel
TH	Technische Hochschule
ThLZ	Theologische Literaturzeitung. (Leipzig) Berlin
TU	Technische Universität
Vortr.	Vortrag
Vorw.	Vorwort
Wschr.	Wochenschrift
WTA	Wissenschaftlich-technische Assistentin
WWT	Wasserwirtschaft, -technik
WZ	Wissenschaftliche Zeitschrift
Z., Zschr.	Zeitschrift
ZAA	Zeitschrift für Anglistik und Amerikanistik
Zbl.	Zentralblatt
ZfA	Zeitschrift für Archäologie
ZfG	Zeitschrift für Geschichtswissenschaft
ZfS, ZfSl	Zeitschrift für Slawistik
ZrP, ZRPH	Zeitschrift für romanische Philologie, Tübingen
ZRG (GA, RA, KA)	Zeitschrift der Savigny-Stiftung für Rechtsgeschichte (germanistische Abteilung, romanistische Abteilung, kanonistische Abteilung)
Ztg	Zeitung

ZUWAHLEN

In der Plenarsitzung am 9. Oktober 1981 wurden gewählt:

Ordentliche Mitglieder der mathematisch-naturwissenschaftlichen Klasse

Fanghänel, Egon, Dr. rer. nat., o. Professor für organische Chemie an der Technischen Hochschule „Carl Schorlemmer" Leuna—Merseburg, Träger des Vaterländischen Verdienstordens in Bronze, Inhaber des Ordens „Banner der Arbeit" und des Carl-Schorlemmer-Preises der TH „Carl Schorlemmer" Leuna-Merseburg, Mitglied und Vorstandsmitglied der Chemischen Gesellschaft der DDR in Berlin, geb. 25. VI. 1935 in Waldheim (Sachsen), 4020 Halle (Saale), Albrecht-Dürer-Straße 6, Tel. 39822 (9. X. 1981).

Lehmann, Nikolaus Joachim, Dr.-Ing., o. Professor für Mathematische Kybernetik und Rechentechnik an der TU Dresden, Nationalpreisträger, Träger des Vaterländischen Verdienstordens in Bronze, des Ordens „Banner der Arbeit", der Verdienstmedaille der NVA in Gold, der Medaille zum 30. Jahrestag der Gründung der DDR, der Gauß-Ehrenplakette des Gauß-Komitees der AdW der DDR, des Ordens „Kirill i Metodi" 1. Stufe der VR Bulgarien, der Jubiläums-Medaille der Bulgarischen Akademie der Wissenschaften 1978 und des „Silver Core" der Internationalen Förderation für Informationsverarbeitung, korresp. Mitglied der AdW der DDR, DDR-Vertreter und Vizepräsident 1980—1983 der Internationalen Förderation für Informationsverarbeitung, Mitglied der Mathematischen Gesellschaft der DDR in Berlin und des Forschungsrates der DDR, geb. 15. III. 1921 in Camina (Sachsen), 8010 Dresden, Ernst-Thälmann-Straße 9, Tel. 491709 (9. X. 1981).

Müller, Fritz, Dr. med., o. Professor für Pathobiochemie an der Karl-Marx-Universität Leipzig, Leiter der Abteilung für Pathobiochemie, Inhaber des Vaterländischen Verdienstordens in Bronze, der Verdienstmedaille der DDR, des Rudolf-Virchow-Preises und des Preises für Medizin des Bezirkes Leipzig „Prof. Dr. Karl Gelbke", Obermedizinalrat, Vorsitzender der Biochemischen Gesellschaft der DDR, Mitglied der Gesellschaft für Klinische Chemie und Labor-Diagnostik, geb. 28. I. 1935 in Altenburg, 7030 Leipzig, Heilemannstraße 29, Tel. 312592 (9. X. 1981).

Penzlin, Heinz, Dr. rer. nat., o. Professor für Tierphysiologie an der Friedrich-Schiller-Universität Jena, Inhaber der Ehrennadel des Ministeriums für Volksbildung und der Ehrennadel für Verdienste im sozialistischen Bildungswesen, Mitglied und Präsidiumsmitglied der Biologischen Gesellschaft der DDR, Mitglied der Gesellschaft für Neurowissenschaften der DDR, des Nationalkomitees Biowissenschaften, des Wissenschaftlichen Beirates Biologie beim Ministerium für Hoch- und Fachschulwesen und der International Brain Research Organisation (IBRO) der UNESCO, geb. 26. I. 1932 in Waren (Müritz), 6900 Jena, Jenertal 21, Tel. 26820 (9. X. 1981).

Rösler, Hans Jürgen, Dr. rer. nat., o. Professor für Mineralogie und Geochemie an der Bergakademie Freiberg, Verdienter Hochschullehrer der DDR, Inhaber der Verdienstmedaille der DDR, der Pablo-Neruda-Medaille, der Ehrennadel der Bergakademie Freiberg und der Abraham-Gottlob-Werner-Nadel der Gesellschaft für Geologische Wissenschaften der DDR, Mitglied der International Association on the Genesis of Ores und des Nationalen Komitees für Mineralogie, Mitglied und Vorsitzender des Nationalen Komitees für Geochemie und Ehrenmitglied der Gesellschaft für Geologische Wissenschaften der DDR, geb. 14. V. 1920 in Braschen (Kreis Crossen/Oder), 9200 Freiberg, Silberhofstraße 11, Tel. 47855 (9. X. 1981).

Scharf, Joachim-Hermann, Dr. med., Dr. rer. nat., Dr. med. h. c. (Poznań), o. Professor für Anatomie, Histologie und Embryologie an der Martin-Luther-Universität Halle—Wittenberg, Inhaber der Verdienstmedaille der Deutschen Akademie der Naturforscher Leopoldina, der Medaillen „Leningrad — gorod geroj" der Stadt Leningrad und „Quondam ordo" der Medizinischen Akademie Poznań und der Gauß-Ehrenplakette des Gauß-Komitees der AdW der DDR, Mitglied der Deutschen Akademie der Naturforscher Leopoldina in Halle, Director Ephemeridum dieser Akademie, korresp. Mitglied der math.-nat. Kl. der Akademie der Wissenschaften und der Literatur in Mainz, Mitglied der Internationalen Anatomischen Gesellschaft, der International Biometric Society in Washington, der Gesellschaft für Anatomie der DDR, der Gesellschaft für physikalische und mathematische Biologie der DDR, der Mathematischen Gesellschaft der DDR und der Neuen Bachgesellschaft (Sitz Leipzig), Honorary Fellow of the Royal Microscopical Society in Oxford, Ehrenmitglied der Gesellschaft der Anatomen, Histologen und Embryologen Bulgariens in Sofia, der Allunionsgesellschaft der Anatomen, Histologen und Embryologen der UdSSR in Moskau, der Gesellschaft für Anatomie der DDR in Berlin und der Gesellschaft für Topochemie und Elektronenmikroskopie der DDR in Berlin, geb. 7. XI. 1921 in Nebra (Unstrut), 4020 Halle (Saale), Kurallee 12, Tel. 28389 (9. X. 1981).

Schubert, Manfred, Dr.-Ing., o. Professor für Verfahrenstechnik an der TU Dresden, Inhaber des Vaterländischen Verdienstordens in Bronze und Silber, des Ordens „Banner der Arbeit", der Arthur-Becker-Medaille der FDJ in Gold, der Medaille zum 30. Jahrestag der Gründung der DDR, der Ehrennadel der KdT in Bronze und des Preises der TU Dresden 1. Stufe, korresp. Mitglied der Akademie der Wissenschaften der DDR, Präsident der Kammer der Technik, geb. 30. III. 1930 in Reichenstein (Schlesien), 8046 Dresden, Max-Kayser-Straße 22, Tel. 2231819 (9. X. 1981).

Uhlmann, Armin, Dr. rer. nat., o. Professor für theoretische Physik an der Karl-Marx-Universität Leipzig, Nationalpreisträger, Inhaber der Ehrennadel der Karl-Marx-Universität Leipzig, der Ehrennadel des Vereinigten Instituts für Kernforschung (VIK) in Dubna (UdSSR), des Gustav-Hertz-Preises der Karl-Marx-Universität Leipzig, der Gauß-Ehrenplakette des Gauß-Komitees der AdW der DDR und der Humboldt-Medaille in Gold, o. Mitglied der Akademie der Wissenschaften der DDR, Mitglied der International Association of Mathematical Physics (IAMP), der Physikalischen Gesellschaft in der DDR und der Mathematischen Gesellschaft in der DDR, geb. 19. II. 1930 in Chemnitz, 7010 Leipzig, Straße des 18. Oktober 28, Tel. 208536 (9. X. 1981).

Ordentliche Mitglieder
der philologisch-historischen Klasse

Poppe, Eberhard, Dr. jur., Dr. jur. h. c. (Bratislava), o. Professor für Verfassungstheorie, Staats- und Verwaltungsrecht an der Martin-Luther-Universität Halle—Wittenberg, Inhaber des Vaterländischen Verdienstordens in Bronze und Silber, der Verdienstmedaille der DDR, der Verdienstmedaille der NVA in Silber und Gold, der Dr. Theodor-Neubauer-Medaille in Gold, der Humboldt-Medaille in Silber, der Erinnerungsmedaillen der Martin-Luther-Universität Halle—Wittenberg und der Komenski-Universität Bratislava in Gold, der Johannes-R.-Becher-Medaille des Kulturbundes der DDR in Gold, der Ehrennadel der Gesellschaft für deutsch-sowjetische Freundschaft in Gold, der Ehrenmedaillen der Akademie für Staats- und Rechtswissenschaft der DDR, der Mongolischen Staatsuniversität Ulan-Bator, der Staatsuniversität Woronesh (UdSSR), der Adam-Mickiewicz-Universität Poznań, der Universität Bagdad und der Ökonomischen Akademie Katowice, Inhaber der Kopernikus-Medaille der VR Polen, Träger des Ordens des jugoslawischen Banners im goldenen Kranz, o. Mitglied der Akademie der Wissenschaften der DDR, Mitglied des Senates der Martin-Luther-Universität, der Leitung des Rates für staats- und rechtswissenschaftliche Forschung der DDR und der DDR-Sektion der Internationalen Vereinigung für Rechtsphilosophie, geb. 12. IX. 1931 in Wiesenburg (Sachsen), 7010 Leipzig, Davidstraße 1, Tel. 484206 (9. X. 1981).

Ricken, Ulrich, Dr. phil., o. Professor für Allgemeine Sprachwissenschaft und romanische Philologie an der Martin-Luther-Universität Halle—Wittenberg, Chevalier dans l'Ordre des Palmes Académiques, Inhaber der Verdienstmedaille der DDR, der Dr.-Theodor-Neubauer-Medaille in Bronze, der Johann-Heinrich-Pestalozzi-Medaille in Silber und der Ehrennadel für Verdienste um die Freundschaft der Völker in Gold, Mitglied der Société de Linguistique Romane in Paris und Strasbourg, der International Society for Eighteenth Century Studies, der Société française d'Etude du 18e siècle, der Société d'Histoire et d'Epistémologie des Sciences du Langage und der Société d'histoire littéraire de la France, geb. 28. XII. 1926 in Wolgast, 4020 Halle (Saale), Heideallee 11, Post: Wissenschaftsbereich Allgemeine und vergleichende Sprachwissenschaft der Martin-Luther-Universität Halle—Wittenberg, 4020 Halle (Saale), Franckeplatz 1, Haus 5, Tel. 832260, App. 5 (9. X. 1981).

Ullmann, Ernst. Dr. phil., o. Professor für Kunstgeschichte an der Karl-Marx-Universität Leipzig, Inhaber des Vaterländischen Verdienstordens in Bronze, der Ehrennadel der Karl-Marx-Universität Leipzig, der Johannes-R.-Becher-Medaille in Silber und der Humboldt-Medaille in Bronze, Mitglied des Problemrates „Humanistisches Kultur- und Kunsterbe als Bestandteil der sozialistischen Nationalkultur" bei der Akademie für Gesellschaftswissenschaften beim ZK der SED, des Beirates für Kultur-, Kunst- und Sprachwissenschaften beim Ministerium für Hoch- und Fachschulwesen der DDR, des Nationalkomitees für Kunstgeschichte der DDR, des Comité International d'Histoire de l'Art (CIHA), der Association internationale du critique de l'art (AICA) und der Ernst-Barlach-Gesellschaft, geb. 19. XII. 1928 in Reichenberg-Franzendorf/ČSR, 7010 Leipzig, Tschaikowskistraße 31, Tel. 293720 (9. X. 1981).

NAMENREGISTER

(Mitglieder der Akademie und der mit ihnen im Zusammenhang stehende Personenkreis)

FSC
www.fsc.org
MIX
Papier | Fördert
gute Waldnutzung
FSC® C083411

Kolibri 360 GmbH
Ferdinand-Jühlke-Straße 7
99095 Erfurt, Deutschland
produktsicherheit@kolibri360.de